高等学校教材·航空、航天与航海科学技术

线性与非线性振动理论

傅超　杨涛　路宽　编著

西北工業大學出版社
西　安

【内容简介】 本书包含概述、线性振动基础、振动系统建模和求解方法、线性振动实例及应用、非线性振动基础、近似解析方法、运动稳定性与分岔、非线性振动实例及应用等章节内容。新增国内外最新线性与非线性振动的研究进展，紧扣学科前沿；突出核心理论，精选成功应用线性和非线性理论解决基础科学问题的案例，包括减振、能量俘获等，帮助读者掌握基本理论和原理，同时培养科研素质。

本书可作为力学、机械专业高年级本科生专业课和研究生课程的教材，也可作为工程技术人员处理相关振动问题时的参考用书。

图书在版编目(CIP)数据

线性与非线性振动理论 / 傅超，杨涛，路宽编著.
西安 ：西北工业大学出版社，2024. 10.-- ISBN 978-7-5612-9530-4

Ⅰ. O32

中国国家版本馆 CIP 数据核字第 20247QV616 号

XIANXING YU FEIXIANXING ZHENDONG LILUN
线 性 与 非 线 性 振 动 理 论
傅超　杨涛　路宽　编著

责任编辑：孙　倩　王　水　　**策划编辑：**查秀婷
责任校对：胡莉巾　　**装帧设计：**高永斌　李　飞
出版发行：西北工业大学出版社
通信地址：西安市友谊西路 127 号　　邮编：710072
电　　话：(029)88493844,88491757
网　　址：www.nwpup.com
印 刷 者：西安五星印刷有限公司
开　　本：787 mm×1 092 mm　1/16
印　　张：17.625
字　　数：396 千字
版　　次：2024 年 10 月第 1 版　2024 年 10 月第 1 次印刷
书　　号：ISBN 978-7-5612-9530-4
定　　价：89.00 元

如有印装问题请与出版社联系调换

前　言

本书突出线性与非线性振动中的核心理论基础，以促进读者掌握本学科的基础理论；主要面向硕士研究生，在内容上结合最新科研前沿方向和进展，精选线性和非线性理论应用案例分析，包括转子动力学、机械系统减振、非线性能量俘获等问题，以培养硕士研究生把工程问题抽象成力学问题的科研素质及基于理论工具解决工程问题的能力。

全书内容分为8章。第1章为概述，主要介绍振动现象及研究振动问题所必需的基础知识；第2章讲述线性振动基础理论；第3章着重阐述线性振动系统的建模和求解方法；第4章主要描述工程中的线性振动实例及应用；第5章介绍非线性振动基础理论；第6章讲述非线性振动系统的常见近似解析方法；第7章讲述非线性振动中的运动稳定性和分岔；第8章讲述工程中的非线性振动实例与应用。各章都配备了习题，方便读者检查对知识的掌握情况。习题参考答案、正文中部分例题的程序代码及动画结果图已上传至西北工业大学出版社官方网站：https://www.nwpup.com/，读者可自行搜索并下载，并根据章节编号找到对应的文件和内容。本书可作为60学时课程的教材，对于40及以下学时的课程，可略过连续体振动及参激振动等选修性内容，对线性与非线性应用章节中的多个应用场景进行挑选使用。本书同样适用于机械、土木、控制及车辆等专业中与振动相关的课程。

本书由西北工业大学傅超、杨涛和路宽撰写。具体分工如下：第1章至第3章、第4章4.1节和4.2节及第8章8.1节由傅超撰写；第4章4.3节，第5章、第6章及第8章第8.2～8.4节由杨涛撰写；第7章由路宽撰写。全书的统稿和审校工作由傅超负责。

在撰写本书的过程中，得到了西北工业大学振动工程研究所杨永锋教授和秦卫阳教授的指导和帮助，研究生赵恒、张雅琼、崔颖萱、陈锦、郑钰胜、谢佳衡、王福斌和黄子希参与了书稿的具体编辑和修改工作，在此一并致以诚挚的感谢。

由于笔者水平有限，书中难免存在不妥和疏漏之处，敬请广大读者批评指正！

编著者

2024 年 5 月

目　录

第1章

概　　述

1.1　振动现象简介

振动现象是自然界最常见的物理现象之一，广泛存在于人类的日常生活和工程机械的所有领域。从广义的角度来看，微观到宏观世界中所有在时域内以中心位置（或状态）做往复变化（运动）的物理现象都可以理解为振动，只是对应振动所存在的形式及其引起的效果具有差异。如自然界的波浪涌动、声波、光波、粒子热运动、电磁波和地震等自然现象，其根本都源于振动，是特殊的振动形式。图 1－1 所示为日常生活中可以通过肉眼观察到的振动形式，图 1－1(a)为振动的小球，图 1－1(b)为振动的琴弦。而工程技术中有关振动现象的应用更是广泛存在于多个方面，包括建筑工程中必备的凿地机、振动打桩机和夯土机，医疗和探测方面使用的超声波，以及机械设备中的破碎机、振动筛和激振器等。

(a)

(b)

图 1－1　日常生活中肉眼可见的振动形式

(a)振动的小球；(b)振动的琴弦

所谓振动，准确意义上是指一种特定的运动形式，即在此类运动过程中表征运动的物理量在时域内存在反复增大或减小的动态规律。如果表征运动变化特征的物理量是机械量或者力学量，如位移、速度、加速度、应力和应变等，那么此类振动为机械振动。从运动形式的角度来定义，机械振动便是指物体（机械）系统在其静止平衡位置附近做往复运动，物体的相关物理量也随时间做往复变化。另一类振动形式便是非机械振动，属于非机械性运动形式，如声波、光波及电磁波等。

振动现象的发现与利用对于人类文明的进步具有重要意义，不同时期的出土实物和文献记载都已证实：人类在生产实践和文化创作过程中已经广泛应用振动原理，如将其用于建筑、医学、水利、声乐和地震探测等多个领域。在中国历史上，人们对于振动现象的认识可以追溯到有关波动现象或者声现象的猜想与探索，对于振动的概念也主要建立在对波动的传播和发声理论的认识上。古代陶艺工匠便在青铜器或陶器表面利用水波纹饰表示水波翩翩的振动现象，如仰韶文化半坡遗址出土的陶罐、陕西龙山文化遗址中的篮纹陶器和马家窑文化遗址中的水波纹钵等。东汉初期王充便利用水的波动现象对振动产生与传播的物理性质作以说明，其《论衡 · 变虚篇》中的“人在天地之间，犹鱼在水中矣。其能以行动天地，犹鱼鼓而振水也，鱼动而水荡气变”便指出了“振、荡”两字，并在“鱼长一尺，动於水中，振旁侧之水，不过数尺，大若不过与人同，所振荡不过百步，而一里之外淡然澄静”中论述了“振荡”产生的波会传播，并且振荡效果会随观察位置、距离而发生变化。图 1 - 2(a)所示为鼓面上的振动通过水的波动与水珠的跳跃展现出来。随着社会生产力的进步，对于振动发声现象的进一步认识使得用于祭祀活动或者精神文化生活的琴、瑟、钟、鼓和笛等乐器逐渐产生并发展，而古人在声乐方面的研究与进步也多与振动相关。战国中后期庄子所著《庄子 · 杂篇 · 徐无鬼》的“鼓宫宫动，鼓角角动。音律同矣。夫改调一弦，于五音无当也，鼓之，二十五弦皆动”便记载了古人在乐理研究中已经发现了瑟的各弦间所存在的共振现象，这也是世界上最早有关共振现象的文献记载。此外，宋朝刘克庄在《广由女 · 其三》中所写“振笛深宫侧，夫人若罔知”，便将笛子的发声方式定性为振动发声。同样，利用振动的发声特性，古代行军打仗时士兵通过“伏地听声”的方法识别敌军骑兵的规模和距离等动态信息。而在医学应用方面，中医大家孙思邈令人称奇叫绝的“悬丝诊脉”方法便是巧妙利用振动传播特性的实例，如图 1 - 2(b)所示，其原理正是利用细线传递振动的方式诊断人体的动脉搏动状态。除此之外，东汉时期张衡发明的地动仪和古代建筑中的“斗拱”结构都是为了应对地震激励下的振动所带来的危害。

(a) (b)

图 1 - 2　中国古代对于振动现象的认识

(a)鼓面上振动的水波；(b)悬丝诊脉

西方历史上有关振动问题的早期研究则多集中在弦振动与单摆摆动两个典型振动现象的运动规律探索方面，并在随后的发展过程中通过实验与理论相结合的方法将物理概念和数学方法引入振动问题。公元前 500 年，毕达哥拉斯(Pythagoras)与其学生希伯斯(Hippasus)相继利用琴弦与铜盘实验发现了振动物体的固有频率，这是历史上振动问题相关研究的起点。近代物理学之父伽利略 (G. Galileo)通过观察吊灯的往返摆动时间和后续的摆实验发现了摆的等时性定律，在多种声学实验的基础上证实了声音本质上是一种机械振动，并且分析了弦振动频率与其长度、密度和张力的关系，这是有关振动问题的先驱性研究。随后，惠更斯(C. Huygens)发现了单摆大幅度摆动时不具有等时性，其关于两类非线性现象的发现开启了历史上非线性振动问题的研究。法国数学家梅森(M. Mersenne)研究了吉他和钢琴中拉伸弦的振动，总结出梅森定律。胡克(R. Hooke)研究了弹簧的振动方式，提出了弹性定律。泰勒(B. Taylor)不仅用所提的有限差分法确定了振动弦的运动，还讨论了微积分在弦的横向振动求解方面的应用，通过求解方程导出了基本频率公式，开创了弦振动问题研究的先河，为振动问题的研究提供了有力的数学工具。同时，牛顿(I. Newton)等科学家不断发展并丰富了物理与数学理论，在此基础上达朗贝尔(J. D'Alembert)提出了波动方程和广义的波动方程。到 17 世纪，振动问题的研究已经逐渐兴起，进而在物理学领域初步形成了一门基础科学分支，科学家们针对振动理论的探索方向也已经初步成型。

18 世纪，科学家们主要关注离散系统的线性振动问题，并对该部分的基础理论进行了完善。其中，伯努利(J. Bernoulli)在 1727 年通过研究不计质量的弹性弦线上等距分布的等质量质点的振动规律，建立了无阻尼自由振动的动力学方程并求出了解析解。随后，欧拉(L. Euler)研究了单摆在有阻尼介质中的振动规律并建立该运动的微分方程，研究了无阻尼简谐受迫振动规律并建立了共振现象的基础理论。他通过构建由等刚度弹簧连接的 n 个等质量质点系统的微分方程组发现了系统的振动是多阶简谐振动的叠加，特定振型的出现取决于初始条件。

有关弦线振动的驻波解与行波解问题，达朗贝尔用偏微分方程描述弦线振动而得到波动方程并求出行波解，伯努利(D. Bernoulli)则用无穷多个模态叠加的方法得到驻波解。拉格朗日(J. L. Lagrange)在此基础上从驻波解推导得行波解，并建立了离散系统线性振动的基础理论框架。除了欧拉与达朗贝尔进行了有关非均匀弦线和重弦线的研究外，伯努利(D. Bernoulli)研究了梁的横向振动、库仑(C. Coulomb)对圆柱扭转振动进行了理论和实验研究、克拉尼(E. F. F. Chladni)研究了杆的纵向振动、彭赛列(J. V. Poncelet)研究了在冲击作用下杆的纵向振动，艾肯(J. Aiken)研究了轴向运动梁的横向振动。

关于板壳振动问题的研究，克拉尼在 1787 年发表了不同边界条件下玻璃和金属板振动波节线的实验结果。随后，伯努利将板视为两组互相正交的梁而导出不含混合二阶偏导数项的动力学方程。1815 年，法国女数学家热尔曼(S. Germain)在拉格朗日的指导下导出了正确的板横向振动动力学方程。1982 年，纳维(C. L. Navier)建立了板的弯曲振动理论。泊松(S. D. Poisson)在研究了薄膜振动相关内容的同时也导出了板的正确动力学方程，但所建立的边界条件尚有缺陷。1850 年，基尔霍夫(G. R. Kirchhoff)修正了泊松的错误，引入了符合实际的板变形假说，并给出了圆板的自由振动解，比较完整地解释了克拉尼的实验结果。

相比于线性振动，有关非线性振动的研究在19世纪后期才开始慢慢兴起。庞加莱(Poincaré J. H.)开辟了振动问题研究的一个全新方向，即非线性振动的理论基础与定性方法。非线性振动的研究使人们对振动机制有了新的认识：除自由振动和受迫振动以外还广泛存在另一类振动，即自激振动。范德波尔(Van der Pol)与邓哈托(J. P. Den Hartog)分别研究了三极电子管回路与输电线舞动的自激振动。除此之外，庞加莱在19世纪末期便已经认识到不可积系统存在复杂的运动形式，并称之为混沌运动。伴随后续的科学发展，卡特莱特、李特伍德、莱文森以及斯梅尔等众多科学家对此进行了持续关注与研究分析。

工程实际中的具体结构通常具有复杂且难以分析的特点，对复杂系统的振动进行精确求解分析过于困难，于是各种近似计算方法得到快速发展。其中，最令人熟知的级数展开思想被伽辽金(Б. Г. Галёркин)推广应用于杆和板的平衡研究中，形成了伽辽金方法。伽辽金与弗雷泽(B. A. Frazer)等人提出的并置方法以及比齐诺(C. B. Biezeno)和格拉梅尔(R. Grammel)提出的子区域法均是加权残数法的特殊形式。加权残数法的一般形式则由克兰德尔(S. H. Crandall)于1956年提出，并由芬利森(B. A. Finlayson)于1972年加以完善。此外，邓克莱(S. Dunkerley)在分析旋转轴振动的过程中提出了一种估算多圆盘轴横向振动基频的简单实用方法。1902年，法莫(H. Frahm)计算船舶主轴扭振时提出了离散化的思想，被霍尔茨(H. Holzer)于1907年改进为表格化的霍尔茨方法。1904年，斯托德拉(A. Stodola)计算轴杆频率时提出了一种逐步近似方法，成为矩阵迭代法的雏型。汤姆孙(W. Thomson)将这种计算轴系和梁频率的实用方法表述为矩阵形式，最终形成了经典的传递矩阵法。广泛应用于工程振动问题的有限元法，其思想是由库朗(R. Courant)在1943年率先提出的，并由后续科学家在航空、航天等工程研究过程中不断实践，发展为现在大家熟知的有限元法。冯康在1964年同样提出了有限元法的思想，其将之称为基于变分原理的有限差分法。

随着时代的发展，人们发现工程实际中包含随机因素的工程振动问题无法利用以往的确定性的力学模型求解，如车辆行进中的颠簸振动、气流作用下结构的响应、喷气噪声引起的舱壁颤动以及海上钻井平台上的振动现象等。由于此类振动现象无法用确定性函数来描述，但又有一定统计规律，因此人们通过概率论和统计学的方法来描述其变化规律。这便是振动问题中的一个特殊领域，即随机振动。随机振动主要是研究受非确定性载荷作用的机械系统和结构的响应、稳定性和可靠性等问题。起初主要的研究方法是泰勒(Taylor)于1920年提出的相关函数，以及维纳(N. Wiener)和辛钦(А. Я. Хинчин)建立的谱理论。19世纪70年代以后，解决工程中的随机振动问题主要依赖振动信号的采集和处理。因此，计算机相关技术、快速傅里叶变换算法与数字式测试设备被大规模采用。现阶段，工程中存在大量的激励形式，其产生的振动现象也多种多样。图1-3(a)所示为地震导致的房屋墙体开裂现象，图1-3(b)所示为风致桥体的剧烈振动现象。

由于振动现象具有两面性，现实的振动现象不仅可以为人类所利用还可以产生不可想象的危害。因此，现代工程技术在任何领域的实际应用过程中均需重点关注振动问题的应用与预防，包括机械的强度与刚度分析、大型机械的参数识别与故障诊断、特殊设备的防噪和减振、结构的模态及动态响应分析与声疲劳分析以及信号的处理与分析等方面。

(a)　　　　(b)

图 1-3　工程实际中的振动问题

(a)地震导致的房屋墙体开裂现象；(b)风致桥体的剧烈振动现象

1.2　振动的基本概念和表示方法

1.2.1　振动系统

在振动问题的研究过程中，将研究对象(具有往复运动形式的质点或结构)称为振动系统，将外界对系统施加的作用因素(引起研究对象发生运动的原因)称为激励或者输入，将在此激励作用下研究对象所发生的动态行为称为响应或者输出。系统、激励、响应三者之间的关系如图 1-4 所示。

图 1-4　系统、激励、响应三者之间的关系

理论上，振动系统所受激励与其动态响应之间的关系由系统固有性质决定，即三者知道其中两个，便可以求得第三个。在解决实际振动问题的过程中，需要针对具体结构进行全面的振动分析，以实现对振动系统的固有特性、外界激励条件与动态响应等特性的全面掌握，这便形成了振动分析的几项主要研究内容。

(1)固有特性分析：已知振动系统的结构形式和参数，确定振动系统的固有特性参数，包括固有频率、模态振型等。

(2)系统辨识：已知振动系统的载荷和动态响应，识别系统的模型参数，包括结构的质量、刚度和阻尼等。

(3)响应分析：已知振动系统的振动模型与振动系统的输入激励信息，求解系统的动态响应，此类问题主要针对已知结构和振动环境，通过求出振动系统的位移、加速度、速度、应力和应变等动态响应参数，进而实现对结构的强度、刚度和允许的振动能量水平分析。

(4)载荷识别:已知振动系统的振动模型与振动系统的动态响应,计算振动系统所受的外部载荷,识别系统所受的激励参数。

(5)系统设计:已知振动系统的输入激励信息和所需满足的动态响应(输出)要求,合理设计振动系统的结构参数。实际情况下系统设计要与系统响应分析相互配合,两者是相辅相成的关系。

在工程应用中,实际振动问题往往非常复杂,其振动研究不仅需要对振动系统进行动态响应分析与系统设计等正向分析,还涉及振动系统结构参数与载荷识别等逆向分析。

1.2.2 振动系统的分类

针对具体结构开展振动分析,重点便是选取恰当的研究对象(振动系统),进而判定该振动系统对应的振动类型,确定对应的振动问题模型。这样便可以有效地完成理论振动模型的构建和对应求解方法的确定。由于选取对象的不同及判别角度的不同,可以将振动按振动系统特性、激励特性和输出特性等条件进行分类。

1. 按振动系统的自由度数目划分

在振动分析中,振动系统自由度数目指能够完整地描述一个振动系统运动所需要的独立坐标数目。单一质点在空间坐标系中需要用3个独立的坐标 x,y,z 来确定,故单一质点的自由度为3。对于振动系统而言,系统的自由度数目与独立的动力学方程数目相同。一个刚体具有3个力和3个力矩的平衡方程,因此刚体的自由度为6,且相互独立。因此,振动系统可以按自由度数目划分为以下3种。

(1)单自由度系统。可以用一个独立坐标确定的振动系统,称为单自由度系统,如图1-5(a)所示。

(2)多自由度系统。需要用两个或两个以上的有限多(N)个独立坐标(N 个平衡方程)确定的振动系统,称为多自由度系统,如图1-5(b)所示。

(3)无限自由度系统。需要用无限多个独立坐标来描述的振动系统,称为无限自由度系统,如图1-5(c)所示。

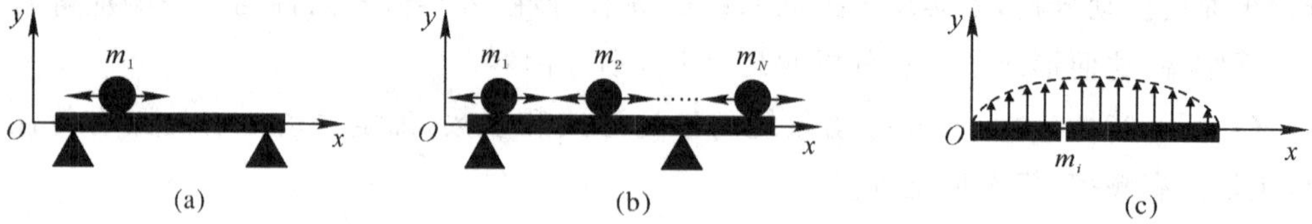

图1-5 不同自由度系统

(a)单自由度系统;(b)多自由度系统;(c)无限自由度系统

2. 按振动系统的参数分布划分

振动系统可以按照质量、弹性、阻尼等物理参数的分布特性进行划分,分为离散系统和连续系统。以下对离散系统与连续系统的基本概念分别作以说明。

(1)离散(集中参数)系统。在实际计算过程中,通常可以将连续系统中分布的无限个参数抽象成有限个离散的参数，即具有有限个自由度，称这种由离散分布的有限个参数元件构成的振动系统为离散系统或者集中参数系统，也可以称为多自由度系统。离散系统是由集中参数元件构成的，其基本集中参数元件有惯性元件、弹性元件和阻尼元件三种。其中：惯性元件可以理解为系统惯性量的集中，是只有惯性（质量、转动惯量）的刚体；弹性元件可以理解为系统弹性量的集中，是只有弹性（拉伸、扭转）而无质量的弹簧；阻尼元件可以理解为系统在有相对运动趋势条件下的阻尼器。离散系统通常用常微分方程表述，且系统自由度数目与方程数目相同。

（2）连续（分布参数）系统。结构的质量、弹性、阻尼等物理参数连续分布，且具有分布参数元件即弹性体元件的振动系统，称为连续系统或者分布参数系统。由于连续系统可以理解为将结构体分解为无限个独立质点，具有无限个自由度，所以又可以称为无限自由度系统。实际结构体（如杆、壳、板等）大部分可以理解为连续系统，通常使用偏微分方程表述。

3.按描述振动系统微分方程划分

（1）线性振动系统：用常系数线性微分方程描述的振动系统，即振动系统的惯性力、阻尼力、弹性力分别与加速度、速度、位移呈线性关系（成正比）。

（2）非线性振动系统：用非线性微分方程描述的振动系统，微分方程中存在非线性项，表示该振动形式为非线性振动，如振动系统的阻尼力或弹性力为非线性。非线性系统的求解方法相对特别，且大多情况下不存在解析解，需要进行近似计算或者作定性分析。

4.按振动系统特性划分

（1）确定性系统：系统参数可以作为时域内的确定性函数表示。

（2）随机性系统：系统参数不可以作为时域内的确定性函数表示，但具有统计规律。

（3）定常系统：系统参数不随时间的变化而变化，为定量，用常系数微分方程。

（4）参变系统：系统参数随时间变化的系统，用变系数微分方程表述。

以上均为基于振动系统性质的分类，以下为按照不同判定角度对振动系统进行分类。

5.按振动系统激励（输入）特性划分

（1）自由振动系统：在初始激励作用后，不受外界激励干扰情况下只利用自身惯性力与弹性恢复力引起振动的振动系统。

（2）强迫振动系统：在持续外界激励作用下引起振动的振动系统。

（3）自激振动系统：外界激励受系统自身控制，激励与响应具有反馈特性并有能源补充的振动系统。

6.按振动系统响应（输出）特性划分

按照响应是否可以作为时域内的确定性函数表示，将振动分为确定性振动与随机性振动两个大类，确定性振动还可以分为周期振动和非周期振动。周期振动中振动响应在时域内的输出为周期函数的振动，即可以用频谱分析法将其展开成一系列简谐振动叠加形式的振动，如简谐振动。根据响应存在时间可分为以下两类。

(1)瞬态振动:振动响应仅在一定时间内出现的振动,如脉冲振动、阶跃性振动。

(2)稳态振动:振动响应可以在时域内稳定输出的振动,其位移、速度与加速度为周期量。

1.2.3 研究振动问题的目的与方法

研究工程中的振动问题主要是为了达到以下目的:

1)确定振动系统的固有频率,避免共振现象;

2)计算系统的动态响应,确定结构所受动载荷或振动能量水平;

3)研究振动平衡与振动隔离的方法,避免振动危害;

4)进行振动监测,分析事故原因,提供解决方案;

5)利用振动,将其应用于工程实践。

为了实现上述研究目的,针对一个振动系统进行动力学分析通常需要开展以下工作:

(1)建立振动系统的数学模型。对振动系统进行数学建模,获取系统的质量、刚度和阻尼矩阵,确定系统所受载荷的表达式。

(2)推导运动控制方程。在振动系统数学模型的基础上,利用能量法、牛顿定律、定轴转动微分方程、达朗贝尔原理等推导运动微分方程。

(3)求解运动控制方程。选择合适的方法进行求解,得到系统的动力学响应。

(4)运用求解结果。对求解结果进行分析,结合具体的应用要求开展后续研究。

1.2.4 简谐振动的表示方法

1. 简谐振动的三角函数表示方法

若振动响应作为时域内的确定性函数表示为 $x(t)$,如果 $x(t)$ 满足如下关系:

$$x(t)=x(t+nT) \tag{1-1}$$

则振动响应在时域内为周期函数,该振动为周期振动,T 为振动周期。

简谐振动作为最简单的周期振动,是在时域内输出为正弦函数或者余弦函数的振动。通常,一般性简谐振动可以使用正弦函数表示为

$$x(t)=A\sin(\omega t+\varphi) \tag{1-2}$$

式中:$x(t)$ 为振动位移;A 为振幅;ω 为角速度;φ 为初相位。

如图 1-6 所示,简谐振动可以理解为动点 P 沿半径为 A 的圆周逆时针以角速度 ω 做匀速圆周运动时,动点位置在铅垂轴上投影的变化规律。动点 P 从初始位置 P_0 开始运动,此时 OP_0 在铅垂轴上的投影为

$$x(t_0)=A\sin\varphi \tag{1-3}$$

式中:φ 为初相位。当动点 P 运动到 P_1 时,OP_1 在铅垂轴上的投影为

$$x(t_1)=A\sin(\omega t_1+\varphi) \tag{1-4}$$

式中:ωt_1 为相位,即 OP_1 相对 OP_0 转过的角度;ω 为频率,单位为 rad/s。

作为周期振动，动点 P 沿圆周转一圈为一个周期，相位角增加 2π，所以简谐振动又可以表示为

$$x(t)=A\sin(\omega t+\varphi)=A\sin\left[\omega\left(t+\frac{2n\pi}{\omega}\right)+\varphi\right] \tag{1-5}$$

式中：n 为非负整数。因此，简谐振动周期 T 为

$$T=\frac{2\pi}{\omega}=\frac{1}{f} \tag{1-6}$$

式中：f 为振动频率，单位为 Hz，表示为单位时间内振动次数；ω 为系统振动的圆频率。振动频率可以表示为

$$f=\frac{1}{T}=\frac{\omega}{2\pi} \tag{1-7}$$

式(1-2)中的振动位移 $x(t)$ 对时间求一阶导数和二阶导数可以分别得到简谐振动的速度与加速度：

$$v=\dot{x}=\omega A\cos(\omega t+\varphi)=\omega A\sin\left(\omega t+\varphi+\frac{\pi}{2}\right) \tag{1-8}$$

$$a=\ddot{x}=-\omega^2 A\sin(\omega t+\varphi)=\omega^2 A\sin(\omega t+\varphi+\pi) \tag{1-9}$$

由式(1-2)、式(1-8)和式(1-9)可知：振动位移、振动速度、振动加速度三者都可用正弦或余弦函数表示，且具有相同的频率。相位上，振动速度比振动位移超前 $\frac{\pi}{2}$，振动加速度比振动位移超前 π，加速度与速度之间的关系为

$$\ddot{x}=-\omega^2 x \tag{1-10}$$

即简谐振动加速度的大小与位移的大小成正比、方向相反，加速度方向始终指向平衡位置，这是简谐振动的一个重要的特性。

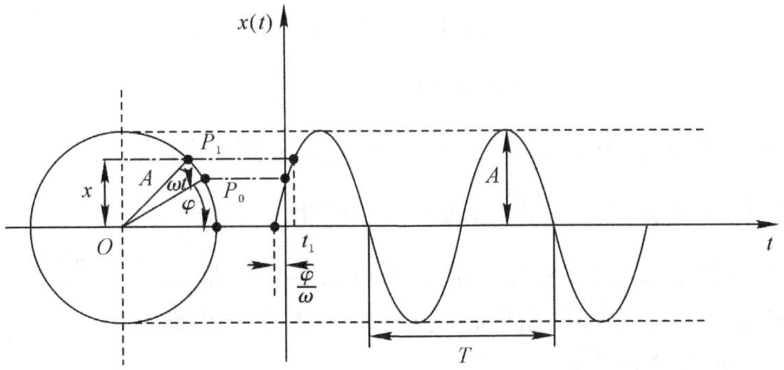

图 1-6　简谐振动的运动规律

2. 简谐振动的矢量表示方法

简谐振动还可以使用平面内的旋转矢量表示，如图 1-7 所示，旋转矢量 $\overrightarrow{OP}$ 的模为 A，从初始位置 OP_0 开始绕 O 点逆时针以角速度 ω 做匀速旋转。任意 t 时刻，旋转矢量 $\overrightarrow{OP}$ 在纵坐标轴上的投影可以表示为

$$x(t)=A\sin(\omega t+\varphi) \tag{1-11}$$

由此可以看出，旋转矢量$\overrightarrow{OP}$在纵坐标轴上的投影可以表示为时域内的简谐函数。因此，简谐振动可以用一个旋转矢量在纵坐标轴上的投影表示，旋转矢量的模便是简谐振动的振幅A，旋转角速度便是简谐振动的圆频率ω。

由于简谐振动的加速度与速度同样是简谐函数，则两者也可以用旋转矢量表示。参考式(1－8)与式(1－9)可知：振动速度旋转矢量的模为ωA，相位角相比于位移旋转矢量超前$\frac{\pi}{2}$；振动加速度旋转矢量的模为$\omega^2 A$，相位角相比于位移旋转矢量超前π。3个旋转矢量的关系如图1－8所示。简谐振动的速度与加速度可以用旋转矢量分别表示为

$$\dot{x}(t)=\omega A\cos(\omega t+\varphi)=\omega A\sin\left(\omega t+\frac{\pi}{2}+\varphi\right) \tag{1-12}$$

$$\ddot{x}(t)=-\omega^2 A\sin(\omega t+\varphi)=\omega^2 A\sin(\omega t+\pi+\varphi) \tag{1-13}$$

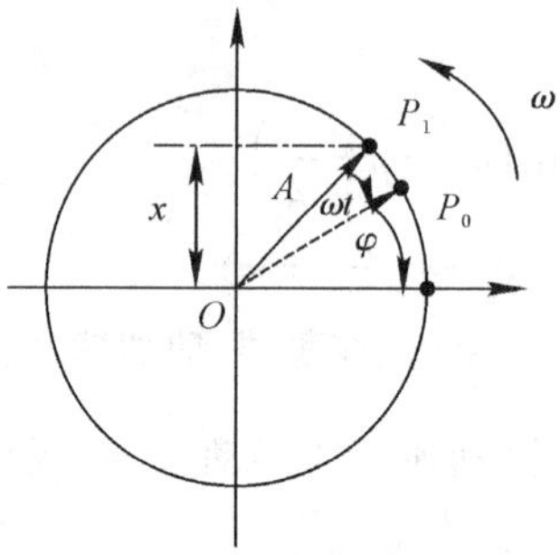

图1－7　位移旋转矢量

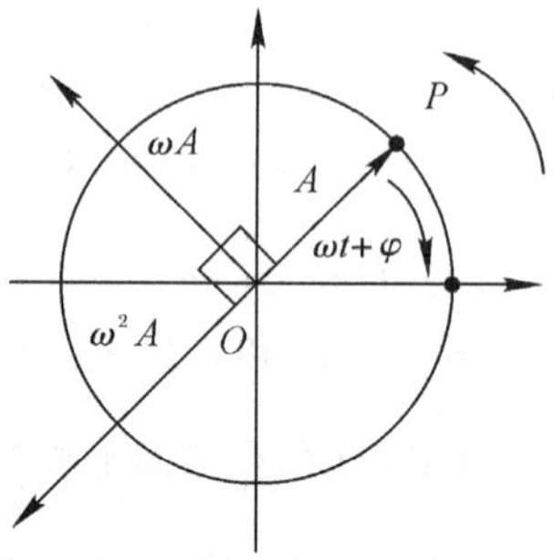

图1－8　位移、速度、加速度旋转矢量

此外，使用旋转矢量表示简谐运动使其更加直观的理解：相同频率的简谐振动之间可以合成与分解。当利用矢量法对相同频率两简谐振动进行合成时，如图1－9所示，两个旋转矢量$\boldsymbol{A}$与$\boldsymbol{B}$在纵坐标轴上的投影$x_1(t)$与$x_2(t)$分别为

$$x_1(t)=A\sin\omega t \tag{1-14}$$

$$x_2(t)=B\sin\left(\omega t+\frac{\pi}{2}\right) \tag{1-15}$$

式中：旋转矢量$\boldsymbol{A}$与$\boldsymbol{B}$的模分别为A与B，相位角分别为ωt与$\omega t+\frac{\pi}{2}$；旋转矢量$\boldsymbol{A}$比$\boldsymbol{B}$相位超前$\frac{\pi}{2}$，两者角速度相同，均为ω。

因此，根据矢量叠加定理，旋转矢量$\boldsymbol{C}$可以由旋转矢量$\boldsymbol{A}$与$\boldsymbol{B}$合成，旋转矢量$\boldsymbol{C}$与$\boldsymbol{A}$之间的角度相差φ。旋转矢量$\boldsymbol{C}$在纵坐标轴上的投影$x(t)$可以表示为

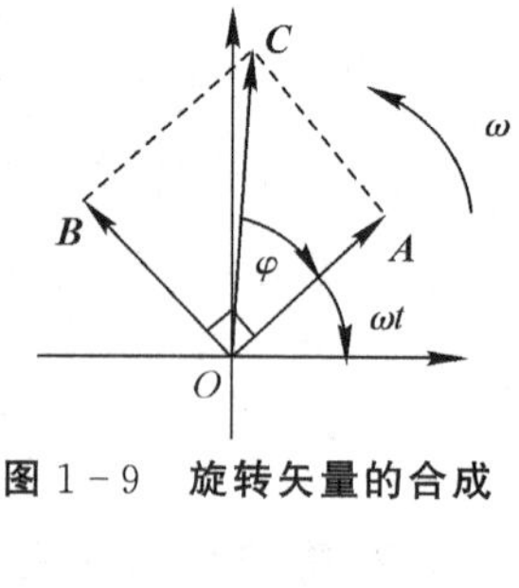

图1－9　旋转矢量的合成

$$x(t)=C\sin(\omega t+\varphi)=A\sin\omega t+B\sin\left(\omega t+\frac{\pi}{2}\right) \tag{1-16}$$

式中：C为旋转矢量$\boldsymbol{C}$的模。它们之间的关系为

$$\left.\begin{aligned}C&=\sqrt{A^2+B^2}\\ \tan\varphi&=\frac{B}{A}\end{aligned}\right\} \tag{1-17}$$

3. 简谐振动的复数表示方法

简谐振动也可以用复数表示，在复平面上一个复数对应一个旋转矢量，即复数旋转矢量。根据矢量表示法，可以利用旋转矢量在纵坐标轴上的投影表示简谐振动。那么，可以用复数旋转矢量在复平面的实轴与虚轴上的投影表示简谐振动。如图 1－10 所示，在复平面上复数 Z 对应的复数旋转矢量$\overrightarrow{OP}$绕 O 点逆时针以角速度 ω 做匀速旋转，该复数旋转矢量可以表示为

$$Z = A\cos\omega t + \mathrm{i}A\sin\omega t \tag{1-18}$$

式中：A 为复数 Z 的模；ωt 为辐角；$\mathrm{i}^2=-1$。

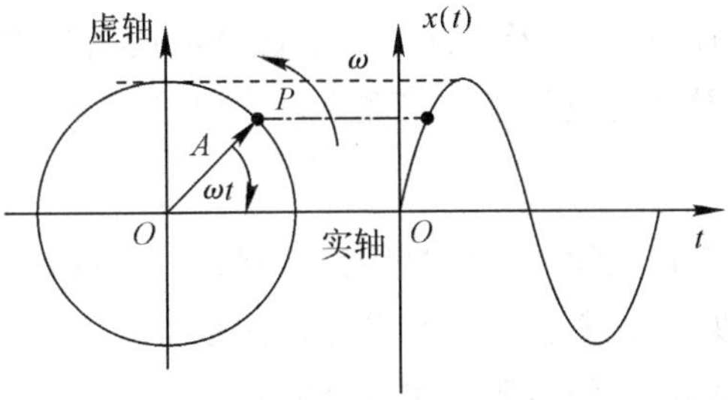

图 1－10　复数旋转矢量

根据欧拉公式，式(1－18)还可以写作

$$Z = A(\cos\omega t + \mathrm{i}\sin\omega t) = A\mathrm{e}^{\mathrm{i}\omega t} \tag{1-19}$$

因此，简谐振动可以表示为复数旋转矢量 $\boldsymbol{Z}$ 在虚轴上的投影，即

$$x(t) = A\sin\omega t = \mathrm{Im}(\boldsymbol{Z}) = \mathrm{Im}(A\mathrm{e}^{\mathrm{i}\omega t}) \tag{1-20}$$

式中：$\mathrm{Im}(\boldsymbol{Z})$为复数 Z 在虚轴上的投影值。

当存在初相位时，简谐振动可以表示为

$$x(t) = A\sin(\omega t + \varphi) = \mathrm{Im}[A\mathrm{e}^{\mathrm{i}(\omega t+\varphi)}] \tag{1-21}$$

由于 A_F 可以同时包含简谐振动的振幅与初相位，为简化方程形式，忽略 Im，所以式(1－21)可进一步写作

$$x(t) = A_F\mathrm{e}^{\mathrm{i}\omega t} \tag{1-22}$$

同样，简谐振动的速度与加速度也可以用复数旋转矢量分别表示为

$$\dot{x}(t) = \mathrm{i}\omega A_F\mathrm{e}^{\mathrm{i}\omega t} = \mathrm{i}\omega A\mathrm{e}^{\mathrm{i}(\omega t+\varphi)} \tag{1-23}$$

$$\ddot{x}(t) = -\omega^2 A_F\mathrm{e}^{\mathrm{i}\omega t} = -\omega^2 A\mathrm{e}^{\mathrm{i}(\omega t+\varphi)} \tag{1-24}$$

由此可知，简谐振动的位移、速度和加速度复数旋转矢量的关系如图 1－11 所示。

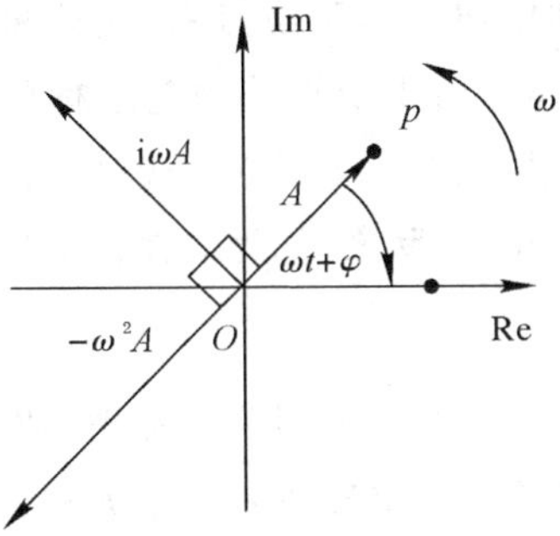

图 1－11　位移、速度、加速度复数旋转矢量

1.3 力学与高等数学基础

1.3.1 力学基础

如前所述，建立振动系统的合理动力学模型是准确反映该系统的动态特性的前提。为了进一步描述振动系统的响应变化规律，还需要根据不同的系统类型选取准确的建模方法，来推导对应系统的运动微分方程。在构建运动微分方程的过程中，需充分考虑振动系统的基本条件与属性特征，以及不同方法的优点与适用条件。下面对几类常用的运动控制方程的构建方法及其对应的基本定理进行梳理。

1. 牛顿运动定律

(1)牛顿第一定律(惯性定律)：任何物体都要保持静止或匀速直线运动状态，直到外界作用于它，迫使它改变运动状态。即不受力作用或受平衡力作用(合外力为零)的质点，将保持静止或做匀速直线运动，质点保持其原有运动状态不变的属性称为惯性。

(2)牛顿第二定律(加速度定律)：动量为 $\boldsymbol{p}$ 的质点，在外力 $\boldsymbol{F}$ 的作用下，其动量随时间的变化率同该质点所受的外力成正比，并与外力的方向相同。用公式表示为

$$\boldsymbol{F}=\frac{\mathrm{d}\boldsymbol{p}}{\mathrm{d}t} \tag{1-25}$$

通常表述为物体的加速度 a 跟物体所受的合外力 $\boldsymbol{F}$ 成正比，跟物体的质量 m 成反比，加速度的方向和合外力的方向相同。比例式为

$$a\propto\frac{F}{m} \tag{1-26}$$

矢量表达式为

$$\boldsymbol{F}=m\boldsymbol{a} \tag{1-27}$$

(3)牛顿第三定律(作用力与反作用力定律)：相互作用的两个物体之间的作用力和反作用力总是大小相等、方向相反，作用在同一条直线上。其表达式为

$$\boldsymbol{F}=-\boldsymbol{F}' \tag{1-28}$$

以上所示牛顿运动定律适用于质点，针对单一质点或平动刚体的运动描述可以根据质点的运动特征使用牛顿运动定律。对于质点系，应该将它们分别应用于每一质点，然后导出质点系的运动规律。此外，由于质点受力与坐标的选择无关，但质点的加速度与坐标系的选择有关，因此牛顿第一、第二定律对坐标系的选择有一定的要求。牛顿定律适用的坐标系可以称为惯性坐标系，反之，称为非惯性坐标系。

2. 动力学基本定理

对于质点系、刚体或者刚体系，可以利用动量定理、动量矩定理、动能定理，以及质心运动定理、机械能守恒定律、能量守恒定理或者功率方程，根据对应振动系统的运动特征构建控制方程。其中，动力学基本定理的普遍内容包括动量定理、动量矩定理、动能定

理，以下便对其作以简单的说明。

（1）动量定理：物体在一个过程始末（给定时间间隔）的动量变化量 Δp 等于它在这个过程中所受力的冲量 $m\Delta v$，即力与力作用时间的乘积，表达式为

$$\Delta p = \int_{t_1}^{t_2} F(t)\mathrm{d}t = p_2 - p_1 = mv_2 - mv_1 \tag{1-29}$$

式中：v_1 和 v_2 为物体运动过程始末速度；p_1 和 p_2 为系统在始末时刻的动量。冲量为所有外力的冲量的矢量和，且对应积分形式可以称为冲量定理。对应冲量 $\boldsymbol{I}$ 可以表示为

$$\boldsymbol{I} = \boldsymbol{p}_2 - \boldsymbol{p}_1 \tag{1-30}$$

（2）动能定理：合外力对物体所做的功，等于物体动能的变化量。合外力（物体所受的外力的总和，根据方向及受力大小通过正交法能计算出物体最终的合力方向及大小）对物体所做的功等于物体动能的变化：

$$\Delta W = \Delta E_k = E_{K2} - E_{K1} \tag{1-31}$$

式中：ΔW 为物体动能的变化，又称为动能的增量；E_{K2}、E_{K1} 分别为运动过程始末物体的末动能与初动能，某一状态下的动能 E_{Ki} 表示为

$$E_{Ki} = \frac{1}{2} m v_i^2 \tag{1-32}$$

对于无阻尼振动系统，可以使用机械能守恒定律代替动能定理。

（3）动量矩定理：质点对某定点的动量矩对时间的一阶导数，等于作用力对同一点的力矩，表示为

$$\frac{\mathrm{d}\boldsymbol{L}_o}{\mathrm{d}t} = \frac{\mathrm{d}M_o(m\boldsymbol{v})}{\mathrm{d}t} = \sum_{i=1}^{n} M_{oi}(\boldsymbol{F}) \tag{1-33}$$

式中：$\boldsymbol{L}_o$ 与 $M_o(m\boldsymbol{v})$ 为质点的动量对于定点 o 的矩，即动量矩，即

$$\boldsymbol{L}_o = M_o(m\boldsymbol{v}) = \boldsymbol{r} \cdot m\boldsymbol{v} \tag{1-34}$$

3. 质点的相对运动

设非惯性坐标系 $OX'Y'Z'$ 对惯性坐标系 $OXYZ$ 做某种已知运动，角速度为 $\boldsymbol{\omega}$，角加速度为 $\boldsymbol{\varepsilon}$。质量为 m 的质点，主动力为 $\boldsymbol{F}$，约束力为 $\boldsymbol{N}$，相对速度为 $\boldsymbol{v}_r$，相对加速度为 $\boldsymbol{a}_r$，牵连加速度为 $\boldsymbol{a}_e$（即动坐标系 $OX'Y'Z'$ 上的质点相对于坐标系 $OXYZ$ 的加速度），科里奥利加速度为 $\boldsymbol{a}_c$。质点的相对运动微分方程为

$$m\boldsymbol{a}_r = \boldsymbol{F} + \boldsymbol{N} + \boldsymbol{Q}_e + \boldsymbol{Q}_c \tag{1-35}$$

式中：科里奥利加速度 $\boldsymbol{a}_c$ 为

$$\boldsymbol{a}_c = 2\boldsymbol{\omega}\boldsymbol{v}_r \tag{1-36}$$

牵连惯性力与科里奥利惯性力分别为

$$\left.\begin{aligned} \boldsymbol{Q}_e &= -m\boldsymbol{a}_e \\ \boldsymbol{Q}_c &= -m\boldsymbol{a}_c \end{aligned}\right\} \tag{1-37}$$

4. 刚体的定轴转动

设刚体在主动力 $\boldsymbol{F}_1, \boldsymbol{F}_2, \cdots, \boldsymbol{F}_i$ 的作用下绕定轴 Z 以角速度 $\boldsymbol{\omega}$ 转动，则对于定轴 Z 的

动量矩$\boldsymbol{L}_Z$可以表示为

$$\boldsymbol{L}_Z = J_Z \boldsymbol{\omega} \tag{1-38}$$

式中：J_Z为刚体对于定轴Z的转动惯量。

$$J_Z = \sum m_i r_i^2 \tag{1-39}$$

式中：m_i与r_i分别为刚体上各个质点的质量与各个质点到轴Z的垂直距离。

由于轴Z两端轴承A、B处的约束力对于轴Z的力矩为零，根据刚体动量矩定理可以得出刚体的定轴转动动力学方程为

$$J_Z \frac{\mathrm{d}^2 \boldsymbol{\varphi}}{\mathrm{d}t^2} = \sum M_Z(\boldsymbol{F}^{(e)}) \tag{1-40}$$

并且，刚体绕定轴转动的微分方程为

$$J_Z \boldsymbol{\alpha} = \sum M_Z(\boldsymbol{F}) \tag{1-41}$$

式中：$\boldsymbol{\alpha} = \mathrm{d}^2 \boldsymbol{\varphi} / \mathrm{d}^2 t$为刚体的角加速度；$\boldsymbol{\varphi}$为刚体的转角。

5. 刚体的平面运动

应用质心运动定理和相对质心的动量矩定理，可建立起刚体平面运动微分方程。设刚体具有质量对称的平面，刚体在该平面内受到平面力系$\boldsymbol{F}_1^{(e)}, \boldsymbol{F}_2^{(e)}, \cdots, \boldsymbol{F}_i^{(e)}$的作用，刚体将在该平面内运动。根据刚体运动学，选取刚体的质心C为基点，刚体在平面的运动可以分解为随基点的平动和绕基点的转动。因此，可以得出刚体随质心的运动规律与绕质心的轴转动的运动规律为

$$\begin{gathered} M\boldsymbol{a}_C = \sum \boldsymbol{F}^{(e)} \\ \frac{\mathrm{d}(J_C \boldsymbol{\omega})}{\mathrm{d}t} = \sum M_C(\boldsymbol{F}^{(e)}) \end{gathered} \tag{1-42}$$

式中：M为刚体的质量；$\boldsymbol{a}_C$为刚体质心处的加速度；J_C为刚体对于质心的转动惯量。注意到

$$\boldsymbol{a}C_x = \frac{\mathrm{d}^2 \boldsymbol{x}_C}{\mathrm{d}t^2}, \quad \boldsymbol{a}C_y = \frac{\mathrm{d}^2 \boldsymbol{y}_C}{\mathrm{d}t^2}, \quad \boldsymbol{\omega} = \frac{\mathrm{d}\boldsymbol{\varphi}}{\mathrm{d}t} \tag{1-43}$$

则刚体的平面运动微分方程可以写成投影形式：

$$\left.\begin{aligned} M\frac{\mathrm{d}^2 x_C}{\mathrm{d}t^2} &= \sum F_x^{(e)} \\ M\frac{\mathrm{d}^2 y_C}{\mathrm{d}t^2} &= \sum F_y^{(e)} \\ J_C\frac{\mathrm{d}^2 \varphi}{\mathrm{d}t^2} &= \sum M_C(F^{(e)}) \end{aligned}\right\} \tag{1-44}$$

6. 达朗贝尔原理

达朗贝尔原理是研究非自由质点系动力学问题最有效的方法之一，特别是研究在非惯性系中的运动问题。该方法是在牛顿运动定律的基础上引入惯性力的概念，将动力学

系统的二阶运动量表示为惯性力，从而用静力学中研究平衡问题的方法来研究动力学中的不平衡问题，所以又称为动静法。达朗贝尔原理一方面广泛应用于刚体动力学求解动约束力，另一方面又普遍应用于弹性杆件求解动应力。

质点的达朗贝尔原理可表述为：在质点运动过程中的任一瞬时，作用于质点上的主动力 $\boldsymbol{F}$、约束力 $\boldsymbol{F}_{\mathrm{N}}$ 和虚拟惯性力 $\boldsymbol{F}_{\mathrm{I}}$ 在形式上组成平衡力系，即

$$\boldsymbol{F}+\boldsymbol{F}_{\mathrm{N}}+\boldsymbol{F}_{\mathrm{I}}=0 \tag{1-45}$$

非自由质点达朗贝尔原理的投影形式为

$$\left.\begin{aligned}F_x+F_{\mathrm{N}x}+F_{\mathrm{I}x}=0\\F_y+F_{\mathrm{N}y}+F_{\mathrm{I}y}=0\\F_z+F_{\mathrm{N}z}+F_{\mathrm{I}z}=0\end{aligned}\right\} \tag{1-46}$$

7. 虚位移原理

在某瞬时，质点系在约束允许的条件下，可能实现的任何微小的位移，称为该质点系的虚位移。具有双面、理想约束的质点系，在给定位置保持平衡的充要条件是：该质点系所有主动力在系统的任何虚位移上所做的虚功之和等于零，即

$$\sum_{i=1}^{n}\boldsymbol{F}_i\cdot\delta\boldsymbol{r}_i=\boldsymbol{0} \tag{1-47}$$

式中：$\boldsymbol{F}_i$ 为主动力；$\delta\boldsymbol{r}_i$ 为主动力作用处的虚位移；两个符号之间的圆点表示点乘关系。

虚功方程可以表示为

$$\sum_{i=1}^{n}(X_i\delta x_i+Y_i\delta y_i+Z_i\delta z_i)=0 \tag{1-48}$$

虚位移原理也称为虚功原理，是通过引入虚功来求解动力学问题的方法。虚位移原理可以得到受理想约束的质点系不含约束力的平衡方程，而达朗贝尔原理则是将建立平衡方程的静力学方法应用于建立质点系的动力学方程，二者结合起来便可得到不含约束力的质点系动力学方程，这就是动力学普遍方程。

8. 拉格朗日方程

拉格朗日方程是动力学普遍方程在广义坐标下的具体表现形式。完整系统用广义坐标表示的动力学方程，通常是指第二类拉格朗日方程。拉格朗日方程是一组关于 m 个广义坐标的二阶微分方程，可以用来建立不含约束力的动力学方程，也可以在给定系统运动规律的情况下用来求解作用在系统上的主动力。要想求约束力，可以将拉格朗日方程与动静法或动量定理（或质心运动定理）联用。因此，拉格朗日方程在动力学建模中用途广泛。一般情况下，拉格朗日方程可以表示为

$$\frac{\mathrm{d}}{\mathrm{d}t}\left(\frac{\partial T}{\partial\dot{\boldsymbol{q}}_j}\right)-\frac{\partial T}{\partial q_j}=\boldsymbol{Q}_j\quad(j=1,2,\cdots,k) \tag{1-49}$$

式中：q_j 为广义坐标；$\dot{\boldsymbol{q}}_j$ 为广义速度；T 为系统用广义坐标与广义速度表示的总动能；$\boldsymbol{Q}_j$ 为对应于第 j 个广义坐标的广义力。它们可表示为

$$\left.\begin{aligned} T &= \frac{1}{2}\sum_{i=1}^{n} m_i v_i^2 \\ \boldsymbol{Q}_j &= \sum_{i=1}^{n} \boldsymbol{F}_i \cdot \frac{\partial \boldsymbol{r}_i}{\partial \boldsymbol{q}_j} \end{aligned}\right\} \tag{1-50}$$

若系统受到的力全是保守系力，则式(1-50)可以简化为

$$\frac{\mathrm{d}}{\mathrm{d}t}\left(\frac{\partial L}{\partial \dot{\boldsymbol{q}}_j}\right)-\frac{\partial L}{\partial q_j}=0 \tag{1-51}$$

式中：L 为拉格朗日函数，$L=T-V$，T 为系统的总动能，V 为系统的总势能。

对于具有保守系力作用和非保守系力作用的混合系统，其方程为

$$\frac{\mathrm{d}}{\mathrm{d}t}\left(\frac{\partial L}{\partial \dot{\boldsymbol{q}}_j}\right)-\frac{\partial L}{\partial q_j}=\boldsymbol{Q}_j^{\,*} \tag{1-52}$$

式中：$\boldsymbol{Q}_j^{\,*}$ 为对应非保守系力的广义力。

1.3.2 二阶常微分方程的求解

简谐振动系统的运动微分方程可以使用统一形式表示为

$$\boldsymbol{M}\ddot{\boldsymbol{x}}(t)+\boldsymbol{C}\dot{\boldsymbol{x}}(t)+\boldsymbol{K}\boldsymbol{x}(t)=\boldsymbol{F}(t) \tag{1-53}$$

式中：$\boldsymbol{M}$、$\boldsymbol{C}$ 和 $\boldsymbol{K}$ 分别为振动系统的等效质量单元、等效阻尼系数和等效刚度单元；$\ddot{\boldsymbol{x}}(t)$ 和 $\dot{\boldsymbol{x}}(t)$ 分别为 $\boldsymbol{x}(t)$ 的二阶导数与一阶导数，三者分别代表加速度、速度和位移；$\boldsymbol{F}(t)$ 为外部激励。

当激励 $\boldsymbol{F}(t)=\boldsymbol{0}$ 时，式(1-53)称为齐次二阶常系数微分方程；当 $\boldsymbol{F}(t)\neq\boldsymbol{0}$ 时，式(1-53)称为非齐次二阶常系数微分方程。因此，简谐振动问题最终都是归结于求解齐次与非齐次二阶常微分方程组，方程组的解可完全描述系统的振动。

根据数学理论，当式(1-53)为齐次二阶常微分方程组时，首先可确定其对应的两个线性无关的特解，然后按照解的叠加理论求得其通解，其通解的标准形式为

$$x(t)=C_1 x_1(t)+C_2 x_2(t) \tag{1-54}$$

式中：$x_1(t)$ 与 $x_2(t)$ 为齐次二阶常微分方程组的两个线性无关的解；C_1 与 C_2 为任意常数。假设解的形式为

$$x(t)=\mathrm{e}^{rt} \tag{1-55}$$

则式(1-53)微分方程组的特征方程为

$$r^2+pr+q=0 \tag{1-56}$$

式中

$$p=\frac{C}{M} \tag{1-57}$$

$$q=\frac{K}{M} \tag{1-58}$$

式(1-56)的两个特征根为 r_1 和 r_2，可通过求根公式求解。下面分 3 种情况讨论：

(1)$\Delta=p^2-4q>0$，r_1 和 r_2 为两个不同实根($r_1\neq r_2$)，通解为

$$x(t)=C_1\mathrm{e}^{r_1 t}+C_2\mathrm{e}^{r_2 t} \tag{1-59}$$

(2)$\Delta=p^2-4q=0$，r_1 和 r_2 为两个相同实根($r_1=r_2$)，通解为

$$x(t)=(C_1+C_2 t)\mathrm{e}^{r_1 t} \tag{1-60}$$

(3)$\Delta=p^2-4q<0$，r_1 和 r_2 为共轭复根：

$$r_{1,2}=a+b\mathrm{i} \tag{1-61}$$

其中
$$a=-\frac{p}{2},\ b=\frac{\sqrt{4q-p^2}}{2}$$

通解为

$$x(t)=\mathrm{e}^{at}(C_1\cos bt+C_2\sin bt) \tag{1-62}$$

当式(1-53)为非齐次二阶常微分方程组时，求解该方程组便是利用对应齐次二阶常微分方程组的通解与该方程组的特解，两者相加形成原方程组的通解。求解对应齐次二阶常微分方程组通解的方法如上所述。设原输入激励可以表示为

$$F(t)=P_m(t)\mathrm{e}^{\lambda t} \tag{1-63}$$

对应特解形式为

$$x^*(t)=t^k Q_m(t)\mathrm{e}^{\lambda t} \tag{1-64}$$

式中：$P_m(t)$ 与 $Q_m(t)$ 均为 m 次多项式。$Q_m(t)$ 可以分为多种形式：

$$Q_m(t)=\begin{cases}C, & m=0\\ \mathrm{i}x+\mathrm{j}, & m=1\\ c_k x^k+c_{k-1}x^{k-1}+\cdots+c_1 x+c_0, & m=k\end{cases} \tag{1-65}$$

而 k 的值需要通过 λ 和特征方程确定：求出 $[x^*(t)]'$ 和 $[x^*(t)]''$，并将 $x^*(t)$、$[x^*(t)]'$ 和 $[x^*(t)]''$ 代入原方程，确定未知参数，求解出特解 $x^*(t)$。原非齐次二阶常微分方程组的解便是原方程对应齐次二阶常微分方程组通解加上特解，即

$$k=\begin{cases}0, & \lambda\neq r_{1,2}\\ 1, & \lambda=r_1 \text{ 或 } \lambda=r_2\\ 2, & \lambda=r_1=r_2\end{cases} \tag{1-66}$$

1.3.3　矩阵的特征值和特征向量

振动系统固有频率与固有振型求解可以归结为系统特征的求解，相应的数学问题便是如何求解矩阵的特征值与特征向量。因此，下面对矩阵特征值与特征向量的概念与求解方法作以简要说明。

当振动系统为多自由度系统时，式(1-53)为微分方程组，也可表示为矩阵形式：

$$\boldsymbol{M}\ddot{\boldsymbol{x}}(t)+\boldsymbol{C}\dot{\boldsymbol{x}}(t)+\boldsymbol{K}\boldsymbol{x}(t)=\boldsymbol{F}(t) \tag{1-67}$$

式中：$\boldsymbol{M}$、$\boldsymbol{C}$ 和 $\boldsymbol{K}$ 分别为质量矩阵、阻尼矩阵和刚度矩阵；$\ddot{\boldsymbol{x}}(t)$、$\dot{\boldsymbol{x}}(t)$ 和 $\boldsymbol{x}(t)$ 分别为加速度列向量、速度列向量和位移列向量；$\boldsymbol{F}(t)$ 为输入激励列向量。对于该振动系统，其特征方

程为

$$(\boldsymbol{K}-\omega_i^2\boldsymbol{M})\boldsymbol{u}^i=\boldsymbol{0}\quad(i=1,2,\cdots,n) \tag{1-68}$$

式中：ω_i 为振动系统的固有频率；$\boldsymbol{u}^i$ 为振动系统的固有振型。该特征方程对应矩阵特征值问题的如下关系式：

$$\boldsymbol{A}\boldsymbol{x}=\lambda\boldsymbol{x} \tag{1-69}$$

式中：$\boldsymbol{A}\in\mathbf{C}^{n\times n}$ 为 n 阶实矩阵；λ 为 $\boldsymbol{A}$ 的特征值($\lambda\in\mathbf{C}$)；$\boldsymbol{x}$ 为 $\boldsymbol{A}$ 的对应特征值 λ 的特征向量($\boldsymbol{0}\neq\boldsymbol{x}\in\mathbf{C}^n$ 为 n 维非零向量)。

将式(1－69)改写为

$$(\lambda\boldsymbol{I}-\boldsymbol{A})\boldsymbol{x}=\boldsymbol{0} \tag{1-70}$$

这是 n 个未知数的 n 个方程的齐次线性方程组，其有非零解的充分必要条件是系数行列式 $\det(\lambda\boldsymbol{I}-\boldsymbol{A})=0$。

计算 n 阶矩阵 $\boldsymbol{A}$ 的特征值与特征向量步骤如下：

第一步，求 $\det(\lambda\boldsymbol{I}-\boldsymbol{A})=0$ 的 n 个根 $\lambda_1,\lambda_2,\cdots,\lambda_n$，它们即为 $\boldsymbol{A}$ 的特征值；

第二步，求解齐次方程组 $(\lambda\boldsymbol{I}-\boldsymbol{A})\boldsymbol{x}=\boldsymbol{0}$，其非零解向量即为对应特征值 λ_i 的特征向量。

考虑到实际计算时存在矩阵阶数较高的情况，因此常用数值方法来近似求解特征值与特征向量。目前，数值方法主要包括迭代法和变换法。其中，针对只需计算振动系统的几个较低频率(从小到大)及其对应振型的问题，对应的便是求解矩阵的主特征值或者前几个模最大的特征值及其特征向量。主特征值是矩阵按模最大的特征值，求解主特征值的方法主要有乘幂法。相反，求解矩阵按模最小的特征值及其特征向量的方法为反幂法。除以上两种迭代法外，还有 Jacobi 方法、Givens 变换法、Householder 变换法与 QR 方法等，其中，前三种方法可直接与二分法结合用于计算实对称矩阵的全部特征值以及特征向量，而 QR 方法则适用于求解一般中小型实矩阵的全部特征值与特征向量。

习　　题

1. 什么是振动？什么是机械振动？

2. 什么是振动系统？振动系统的自由度怎么定义？

3. 比赛过程中球员拍打篮球时，篮球在地面上做完全弹性的上下跳动，试说明这种运动是不是简谐振动，为什么？

4. 如果一个振动系统是线性的，那么它必须满足什么条件？

5. 某机械结构的振动规律为 $x=5\sin\omega t+3\cos\omega t$，单位为 cm；$\omega=10\pi$，单位为 rad/s。判断该结构的振动是否为简谐振动，并求出振动幅值和最大振动速度。

6. 现有两个简谐振动 $x_1=4\mathrm{e}^{\mathrm{i}5\pi t}$ 和 $x_2=3\mathrm{e}^{\mathrm{i}\left(5\pi t+\frac{\pi}{2}\right)}$，试用复数旋转矢量的表示方法将二者进行合成，写出合成后的复数表达式。

7. 如图 1－12 所示，轴 AB 通过刚体质心 C 将刚体固定在一个可以绕定轴 DE 转动的框架上。DE 轴平行于 AB 轴，两轴之间的距离为 h。使刚体绕 DE 轴做微小摆动，并测得其周期为 T。设刚体质量为 P，框架的质量略去不计，试求刚体对 AB 轴的转动惯量。

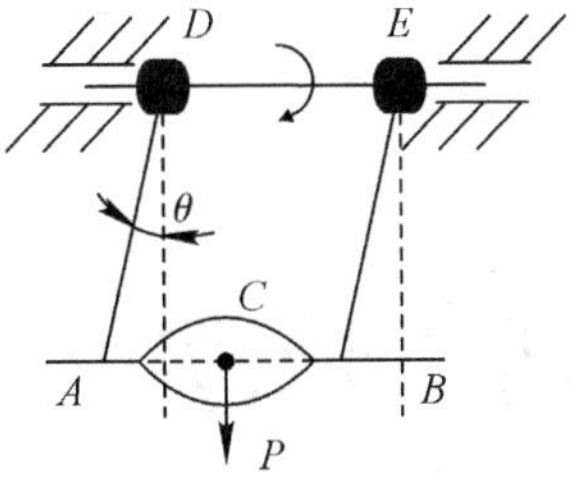

图 1－12　刚体绕轴转动结构

参考文献

[1] THOMSON W T, DAHLEH M D. Theory of vibration with application[M]. 5th ed. Upper Saddle River: Prentice Hall, 2005.

[2] 毛崎波，李奕. 机械振动基础[M]. 北京：北京航空航天大学出版社，2019.

[3] 刘习军，张素侠. 工程振动测试技术[M]. 北京：机械工业出版社，2016.

[4] 欧珠光. 工程振动[M]. 武汉：武汉大学出版社，2003.

[5] 殷祥超. 振动理论与测试技术[M]. 徐州：中国矿业大学出版社，2007.

[6] 苗同臣. 振动力学[M]. 北京：中国建筑工业出版社，2017.

[7] 陈立群，刘延柱. 振动力学发展历史概述[J]. 上海交通大学学报，1997，31(7)：132－136.

第2章

线性振动基础

振动系统根据系统特性参数的连续性可分为两种类型:离散型系统(也称为集中参数系统)和连续型系统。离散型系统由有限个自由度构成,可以用常微分方程描述,其基本元件包括质量块、弹簧和阻尼器,而基本参数则是质量、弹簧刚度和阻尼系数。在本章的前三节中,重点对离散性系统进行描述,分别对单自由度、二自由度和多自由度系统进行分析。连续型系统具有无限自由度,通常使用偏微分方程描述,其基本元件包括弹性元件,例如弦、杆、轴、梁、膜、板和壳。尽管连续型系统更接近于真实系统的原态,但其运算分析相对复杂,在本章第四节将重点对连续性系统进行分析。

2.1 单自由度系统

弹性振动系统中的自由度定义了描述系统所需的变量数量。为了分析振动系统,需要构建一个数学模型,该模型由线性振动的弹簧和质量块组成,图 2-1 为本节讨论的单自由度系统简化模型。此类振动由一个坐标 x 就可以描述质量块在任意时刻的位置,此时该系统被称为单自由度系统。

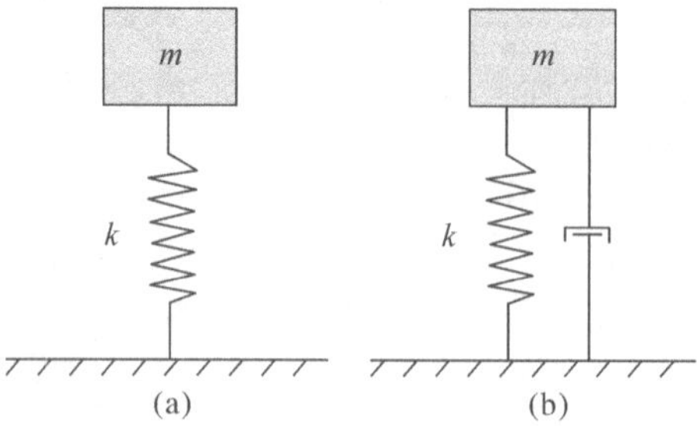

图 2-1 单自由度系统

(a)质量-弹簧模型;(b)质量-阻尼-弹簧模型

本节讨论单自由度系统的自由振动、受迫振动和任意激励下的振动及不同条件下解的性质。虽然很少有实际结构可以用单自由度系统来建模,但这种系统的特性非常重要,因为更复杂的多自由度系统的特性总是可以表示为若干单自由度系统特性的叠加。

2.1.1 无阻尼单自由度系统自由振动

1.振动方程的推导

图 2-1(a)所示为一个单自由度振动系统(质量-弹簧系统),它由一个可视为质点的质量块(质量为 m)和无质量弹簧(弹簧的刚度系数为 k)组成。质量块只能沿 x 方向运动,运动过程中没有摩擦力。

质点 m 在初始扰动下开始运动,产生位移 $\boldsymbol{x}(t)$,此时物体受到反方向的弹簧力 $\boldsymbol{F}(t)$ 的作用,根据牛顿第二定律,有

$$\boldsymbol{F}(t)=\frac{\mathrm{d}}{\mathrm{d}t}\left[m\frac{\mathrm{d}\boldsymbol{x}(t)}{\mathrm{d}t}\right] \tag{2-1}$$

在 m 是常量的情况下,式(2-1)可以简化为

$$\boldsymbol{F}(t)=m\frac{\mathrm{d}^2\boldsymbol{x}(t)}{\mathrm{d}t^2}=m\ddot{\boldsymbol{x}} \tag{2-2}$$

对于做旋转运动的刚体,该式写作

$$\boldsymbol{M}(t)=J\ddot{\boldsymbol{\theta}} \tag{2-3}$$

式中:$\boldsymbol{M}$ 是作用在物体上的合力矩,$\boldsymbol{\theta}$ 和 $\ddot{\boldsymbol{\theta}}=\mathrm{d}^2\theta(t)/\mathrm{d}t^2$ 分别是产生的角位移和角加速度。式(2-2)和式(2-3)为无阻尼单自由度系统振动的运动方程。

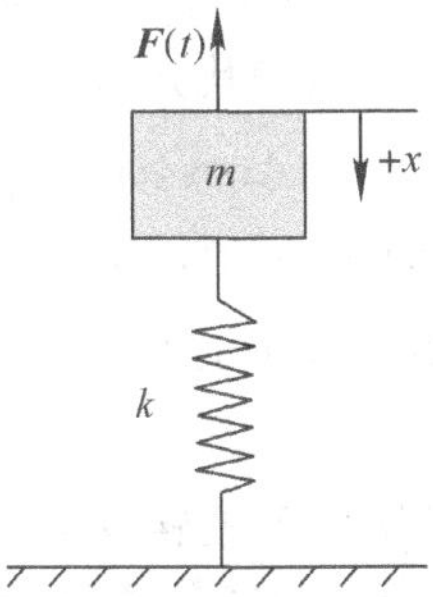

图 2-2 质量-弹簧系统自由振动

当质量块从静态平衡位置偏移 x 的距离时,弹簧中的恢复力为 kx,质量块 m 的受力如图 2-3 所示。将式(2-1)应用于质量块 m 可得到如下运动方程:

$$F(t)=-kx=m\ddot{x} \tag{2-4}$$

或

$$m\ddot{x}+kx=0 \tag{2-5}$$

引入参数 $\omega_n=\sqrt{k/m}$,ω_n 称为系统的无阻尼自然振动频率(固有角频率),单位为 rad/s。$f_n=\frac{\omega_n}{2\pi}$是系统的固有频率,单位为 Hz。系统的固有周期 $T_n=\frac{2\pi}{\omega_n}$,单位为 s。则式(2-5)可改写为

$$\ddot{x}+\omega_n^2x=0 \tag{2-6}$$

2.振动方程的求解

根据常微分方程理论,式(2-6)的特征方程为 $r^2+\omega_n^2=0$,相应的特征值为 $r=\pm\mathrm{i}\omega_n$,

式中，i= $\sqrt{-1}$ 为虚数单位，对应的线性无关特解为 $\cos\omega_n t$ 和 $\sin\omega_n t$。式(2-6)的通解为

$$x(t)=A_1\cos\omega_n t+A_2\sin\omega_n t \tag{2-7}$$

式中：A_1 与 A_2 为待定常数，由系统的初始条件决定。假设 $t=0$ 时，系统的位移为 x_0，初始速度为 $\dot{x}_0$，则

$$\left.\begin{aligned}x(t=0)&=A_1=x_0\\ \dot{x}(t=0)&=\omega_n A_2=\dot{x}_0\end{aligned}\right\} \tag{2-8}$$

由(2-8)可知，$A_1=x_0$，$A_2=\dot{x}_0/\omega_n$，因此，式(2-7)的解可写作

$$x(t)=x_0\cos\omega_n t+\frac{\dot{x}_0}{\omega_n}\sin\omega_n t \tag{2-9}$$

式(2-7)和式(2-9)是时间的谐波函数，表明质量块的运动是围绕其平衡位置的对称运动。每次质量通过该平衡位置时，速度为最大值，加速度为零。在极端偏离位置时，速度为零，加速度为最大值。将式(2-9)中的量写作

$$A_1=A\cos\varphi,\quad A_2=A\sin\varphi \tag{2-10}$$

$$\left.\begin{aligned}A&=\sqrt{A_1^2+A_2^2}=\sqrt{x_0^2+\left(\frac{\dot{x}_0}{\omega_n}\right)}\\ \varphi&=\arctan\frac{A_2}{A_1}=\arctan\left(\frac{\dot{x}_0}{\omega_0}\right)\end{aligned}\right\} \tag{2-11}$$

式中：A 为振幅；φ 为初相角。将式(2-10)代入式(2-7)，利用三角函数变换公式可得

$$x(t)=A\cos(\omega_n t-\varphi) \tag{2-12}$$

式(2-12)括号中的 $\omega_n t-\varphi$ 称为振动的相角，A 和 φ 由初始条件 $x(0)$ 和 $\dot{x}(0)$ 决定。式(2-12)描述的按正弦或余弦函数规律变化的周期运动称为简谐振动，弹簧-质量系统本身被称为谐振子或简谐振荡器。

【例 2-1】 如图 2-3 所示，可绕水平轴转动的细长杆下端附有重锤，直杆的质量和锤的体积不计，组成单摆，亦称数学摆。杆长为 l，锤重为 $P=mg$，求单摆的微幅运动微分方程及周期。

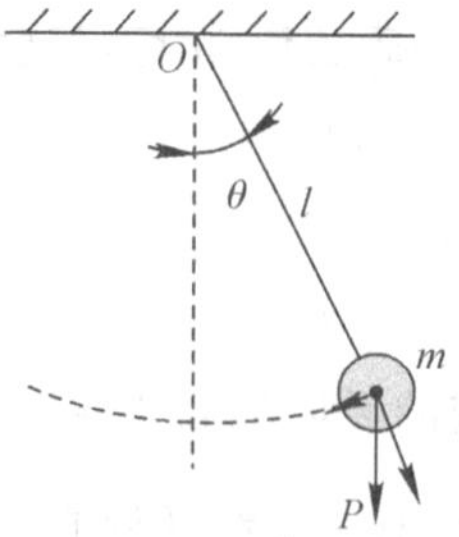

图 2-3 绕水平轴转动的细长杆

解：取锤的偏角 θ 为广义坐标。从平衡位置出发，以逆时针方向为正，锤的切向加速度为 $l\ddot{\theta}$，故有运动微分方程

$$ml^2\ddot{\theta}=-mgl\sin\theta$$

微幅运动时，$\sin\theta\approx\theta$，则可简化为

$$\ddot{\theta}+\frac{g}{l}\theta=0$$

故 $\omega_n^2=\frac{g}{l}$,则振动周期为

$$T=\frac{2\pi}{\omega_n}=2\pi\sqrt{\frac{l}{g}}$$

2.1.2 有阻尼单自由度系统自由振动

1.运动微分方程

一般而言,黏性阻尼力与速度成正比。阻尼常数或黏性阻尼系数用 c 表示,且阻尼力与速度方向相反,可表示为

$$F=-c\dot{x} \tag{2-13}$$

带有阻尼的单自由度系统如图 2-4 所示。从物体的平衡位置开始测量。应用牛顿定律可以得到运动方程:

$$m\ddot{x}+c\dot{x}+kx=0 \tag{2-14}$$

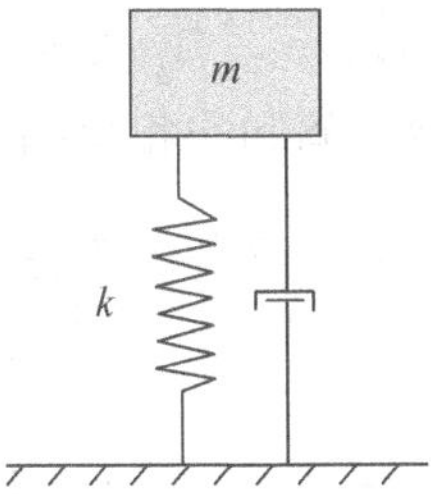

图 2-4 质量-阻尼-弹簧系统

2.振动方程的求解

根据常微分方程理论,式(2-14)的特征方程为 $ms^2+cs+k=0$,相应的特征值为

$$s_{1,2}=\frac{-c\pm\sqrt{c^2-4mk}}{2m}=-\frac{c}{2m}\pm\sqrt{\left(\frac{c}{2m}\right)^2-\frac{k}{m}} \tag{2-15}$$

方程的通解为

$$x(t)=C_1e^{s_1t}+C_2e^{s_2t}=C_1e^{\left[-\frac{c}{2m}+\sqrt{\left(\frac{c}{2m}\right)^2-\frac{k}{m}}\right]t}+C_2e^{\left[-\frac{c}{2m}-\sqrt{\left(\frac{c}{2m}\right)^2-\frac{k}{m}}\right]t} \tag{2-16}$$

式中:C_1 和 C_2 是根据系统的初始条件确定的常数。

式(2-15)中的根式等于 0 时所得到的阻尼常数 c 的值被定义为临界阻尼系数 c_c,即

$$\left(\frac{c_c}{2m}\right)^2-\frac{k}{m}=0$$

或

$$c_c=2m\sqrt{\frac{k}{m}}=2\sqrt{km}=2m\omega_n \tag{2-17}$$

对于任意阻尼系统,将阻尼常数 c 与临界阻尼常数 c_c 的比值定义为阻尼比

$$\zeta=c/c_c \tag{2-18}$$

由式(2-17)与式(2-18)计算得出

$$\frac{c}{2m}=\frac{c}{c_c}\frac{c_c}{2m}=\zeta\omega_n \tag{2-19}$$

则

$$s^2+2\zeta\omega_n s+\omega_n^2=0 \tag{2-20}$$

$$s_{1,2}=(-\zeta\pm\sqrt{\zeta^2-1})\omega_n \tag{2-21}$$

由此,式(2-16)可以写为

$$x(t)=C_1\mathrm{e}^{(-\zeta+\sqrt{\zeta^2-1})\omega_n t}+C_2\mathrm{e}^{(-\zeta-\sqrt{\zeta^2-1})\omega_n t} \tag{2-22}$$

从式(2-22)可以看出,当 $\zeta=0$ 时,系统做无阻尼自由振动。

下面讨论阻尼振动解的特性,考虑如下三种情况。

(1)$\zeta<1$ 时,称为欠阻尼状态,式(2-21)中的两个根可以表示为 $s_1=(-\zeta+\mathrm{i}\sqrt{1-\zeta^2})\omega_n$, $s_2=(-\zeta-\mathrm{i}\sqrt{1-\zeta^2})\omega_n$。

借助 $\mathrm{e}^{\pm\mathrm{i}\alpha t}=\cos\alpha t\pm\mathrm{i}\sin\alpha t$ 的变换关系,方程式(2-22)可以改写如下形式:

$$\begin{aligned}x(t)&=C_1\mathrm{e}^{(-\zeta+\mathrm{i}\sqrt{1-\zeta^2})\omega_n t}+C_2\mathrm{e}^{(-\zeta-\mathrm{i}\sqrt{1-\zeta^2})\omega_n t}\\&=\mathrm{e}^{-\zeta\omega_n t}(C'_1\cos\sqrt{1-\zeta^2}\,\omega_n t+C'_2\sin\sqrt{1-\zeta^2}\,\omega_n t)\end{aligned} \tag{2-23}$$

式中:X_0,φ_0 分别为阻尼振动的初始振幅和初相角,取决于初始条件。当 $t=0$ 时,可得

$$C'_1=x_0,\quad C'_2=\frac{\dot{x}_0+\zeta\omega_n x_0}{\sqrt{1-\zeta^2}\,\omega_n} \tag{2-24}$$

则式(2-23)可表示为

$$x(t)=\mathrm{e}^{-\zeta\omega_n t}\left(x_0\cos\sqrt{1-\zeta^2}\,\omega_n t+\frac{\dot{x}_0+\zeta\omega_n x_0}{\sqrt{1-\zeta^2}\,\omega_n}\sin\sqrt{1-\zeta^2}\,\omega_n t\right) \tag{2-25}$$

进一步简化可得

$$\begin{aligned}x(t)&=X_0\mathrm{e}^{-\zeta\omega_n t}\sin(\sqrt{1-\zeta^2}\,\omega_n t+\varphi_0)\\&=X\mathrm{e}^{-\zeta\omega_n t}\cos(\sqrt{1-\zeta^2}\,\omega_n t-\varphi)\end{aligned} \tag{2-26}$$

式(2-26)中(X,φ)及(X_0,φ_0)可以表示为

$$X=X_0=\sqrt{(C_{1'})^2+(C_{2'})^2}=\frac{\sqrt{x_0^2\omega_n^2+\dot{x}_0^2+2x_0\dot{x}_0\zeta\omega_n}}{\sqrt{1-\zeta^2}\,\omega_n} \tag{2-27}$$

$$\varphi_0=\arctan\left(\frac{C_{1'}}{C_{2'}}\right)=\arctan\left(\frac{x_0\omega_n\sqrt{1-\zeta^2}}{\dot{x}_0+\zeta\omega_n x_0}\right) \tag{2-28}$$

$$\varphi=\arctan\left(\frac{C_{2'}}{C_{1'}}\right)=\arctan\left(\frac{\dot{x}_0+\zeta\omega_n x_0}{x_0\omega_n\sqrt{1-\zeta^2}}\right) \tag{2-29}$$

式(2-26)所描述的运动是角频率为 $\sqrt{1-\zeta^2}\,\omega_n$ 的阻尼谐波运动,但由于系数 $\mathrm{e}^{-\zeta\omega_n t}$ 的存在,振幅随时间呈指数函数规律下降,其振动频率

$$\omega_d=\sqrt{1-\zeta^2}\,\omega_n \tag{2-30}$$

称为阻尼振动频率。可以看出,阻尼振动频率 ω_d 总是小于无阻尼固有频率 ω_n。随着阻

尼的增大，阻尼振动频率也随之减小，图 2-5 为其示意图。

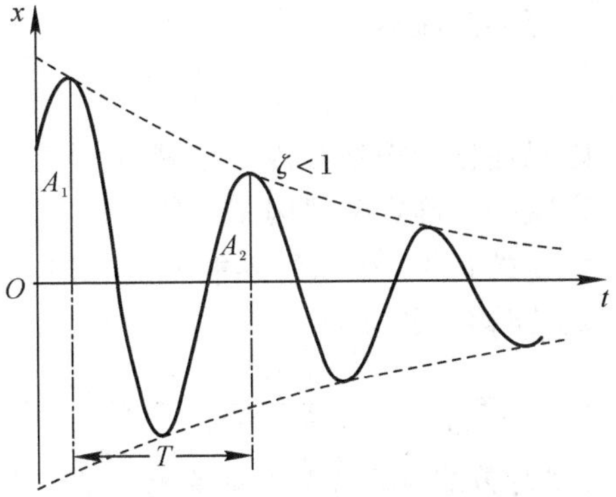

图 2-5　欠阻尼系统的衰减振动

(2)$\zeta>1$ 时，称为过阻尼状态，式(2-21)中的两个根可写为 $s_1=(-\zeta+\sqrt{\zeta^2-1})\omega_n<0$，$s_2=(-\zeta-\sqrt{\zeta^2-1})\omega_n<0$，此时 $s_2\ll s_1$，此时系统的振动方程同式(2-22)。其中 C_1 和 C_2 取决于初始条件。将 $t=0$ 代入式(2-22)并联立式(2-8)可得

$$C_1=\frac{x_0\omega_n(\zeta+\sqrt{\zeta^2-1})+\dot{x}_0}{2\omega_n\sqrt{\zeta^2-1}} \tag{2-31}$$

$$C_2=\frac{-x_0\omega_n(\zeta-\sqrt{\zeta^2-1})-\dot{x}_0}{2\omega_n\sqrt{\zeta^2-1}} \tag{2-32}$$

式(2-31)和式(2-32)表明，无论系统的初始条件如何，其运动都是非周期性的。如图 2-6所示，由于根 s_1 和 s_2 均为负值，运动随时间呈指数函数规律递减。

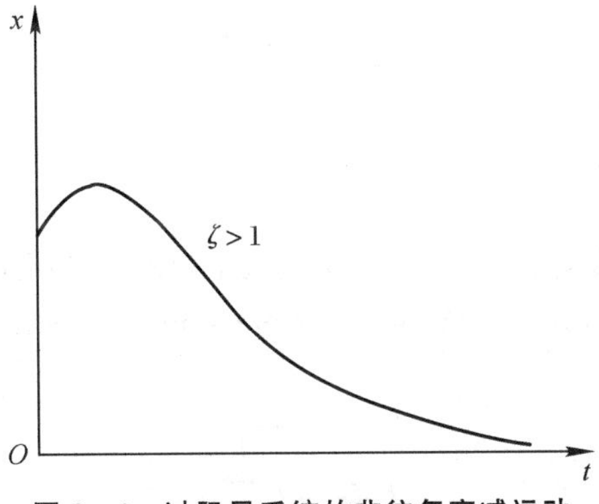

图 2-6　过阻尼系统的非往复衰减运动

(3)$\zeta=1$ 时，称为欠阻尼状态与过阻尼状态之间的临界状态，式(2-21)中的两个根可以表示为 $s_1=s_2=-c_c/2m=-\omega_n$，此时系统的振动方程为 $x(t)=(C_1+C_2t)\mathrm{e}^{-\omega_n t}$，其中 C_1 和 C_2 取决于初始条件。代入 $t=0$，可得

$$\left.\begin{aligned}C_1&=x_0\\C_2&=\dot{x}_0+\omega_n x_0\end{aligned}\right\} \tag{2-33}$$

此时，系统的振动可表示为

$$x(t)=[x_0+(\dot{x}_0+\omega_n x_0)t]e^{-\omega_n t} \tag{2-34}$$

可以看出系统的运动是非往复的衰减运动。

3. 对数衰减率

在小阻尼情况下黏性阻尼使振动按指数规律衰减，而指数本身又是阻尼因子 ζ 的线性函数。下面来寻求通过衰减响应确定阻尼因子 ζ 的途径。

由于阻尼作用导致了能量的耗散，在无外界能量输入时，系统的振幅总是不断衰减的。相邻两个振幅之比，称为减幅系数 η，有

$$\eta=\frac{x_1}{x_2}=\frac{Ae^{-\zeta\omega_n t}}{Ae^{-\zeta\omega_n(t+T_d)}}=e^{\zeta\omega_n T_d} \tag{2-35}$$

在实际计算中，通常会用对数缩减 δ 代替减幅系数

$$\delta=\ln\eta=\zeta\omega_n T_d=\frac{2\pi\zeta}{\sqrt{1-\zeta^2}} \tag{2-36}$$

式中，δ 称为对数衰减率。要确定系统的阻尼，可以测量两任意相邻周期的对应点 x_1 和 x_2，计算对数衰减率 δ，即 $\delta=\ln\frac{x_1}{x_2}$，从而得到 ζ。即

$$\zeta=\frac{\delta}{\sqrt{(2\pi)^2+\delta^2}} \tag{2-37}$$

对于微小阻尼情况，式(2-37)可近似为

$$\zeta\approx\frac{\delta}{2\pi} \tag{2-38}$$

值得注意的是，ζ 可以通过测量相隔任意周期的两对应点的位移 x_1，x_{j+1} 来确定，j 为整数。设 t_1，$t_{j+1}=t_1+jT$ 为 x_1，x_{j+1} 对应的时间，则

$$\frac{x_1}{x_{j+1}}=e^{j\zeta\omega_n T} \tag{2-39}$$

可得

$$\delta=\frac{1}{j}\ln\frac{x_1}{x_{j+1}} \tag{2-40}$$

【例 2-2】 由两弹簧支承的物体 m 落向地板，如图 2-7 所示。假若支承首先接触地板时，弹簧无变形。设 $h=1.5$ m，$m=18$ kg，$c=72$ N·s/m，$k=1.8$ kN/m。求物体的加速度。

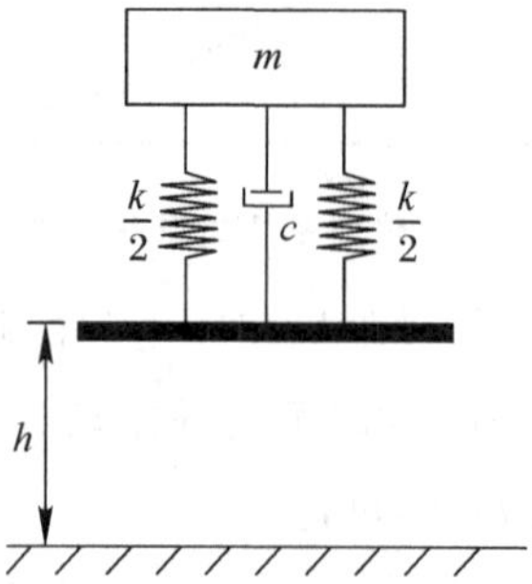

图 2-7 质量-弹簧-支承系统

解：以静平衡位置为坐标原点，向下为正。振动方程为

$$m\ddot{x}+c\dot{x}+kx=0$$

初始条件为

$$x_0=-\frac{mg}{k},\quad \dot{x}_0=\sqrt{2gh}$$

响应为 $$x=\mathrm{e}^{-\zeta\omega_n t}(A_1\cos\omega_d t+A_2\sin\omega_d t)$$

代入初始条件得

$$A_1=x_0=-\frac{mg}{k}$$

$$A_2=\frac{\dot{x}_0+\zeta\omega_n x_0}{\omega_d}=\frac{k\sqrt{2gh}-\zeta\omega_n mg}{k\omega_d}$$

代入响应方程,求两次导数即可。

2.1.3 简谐激励下单自由度系统受迫振动

一个机械或结构系统在振动过程中,只要有外部能量提供给系统,就可以说该系统经历了强迫振动。外能可以通过外加力或外加位移激励来提供。外加力或位移激励可以是简谐、非简谐但具有周期性、非周期性或随机性的。系统对谐激励的响应称为谐响应,对突然施加的非周期激励的响应称为瞬态响应。非周期性激励的持续时间可长可短。本小节考虑单自由度振动系统在简谐激励作用下的动态响应,激励形式为 $F(t)=F_0\mathrm{e}^{\mathrm{i}(\omega t+\varphi)}$ 或 $F(t)=F_0\sin(\omega t+\varphi)$,其中 F_0 为简谐激励的力幅,ω 为频率,φ 为相位角。φ 的值取决于 $t=0$ 时的 $F(t)$值。在简谐激励下,系统的振动响应也是简谐的。当激励频率与系统的固有频率重合时,发生共振,此时振幅将非常大。为防止系统失效,应避免共振现象的发生。

若一个力 $F(t)$作用在一个黏滞阻尼弹簧-质量系统上,其运动方程可表示为

$$m\ddot{x}+c\dot{x}+kx=F(t) \tag{2-41}$$

正如第 2.1.1 节所述,在三种可能的阻尼条件(欠阻尼、临界阻尼和过阻尼)和所有可能的初始条件下,自由振动都会随着时间的推移而消失。因此,式(2-41)的一般解最终会还原为表示稳态振动的特殊解 $x_p(t)$。图 2-8 显示了典型情况下齐次通解、非齐次特解和非齐次通解随时间的变化。可以看出,随着 $x_h(t)$消失,$x(t)$在一段时间后变为 $x_p(t)$。由于阻尼作用而消失的运动部分(自由振动部分)称为瞬态振动。瞬态运动的衰减速度取决于系统参数 k,c 和 m 的值。在大多数振动分析中,可忽略瞬态运动,只推导式(2-41)在外力作用下的非齐次特解,即稳态响应。

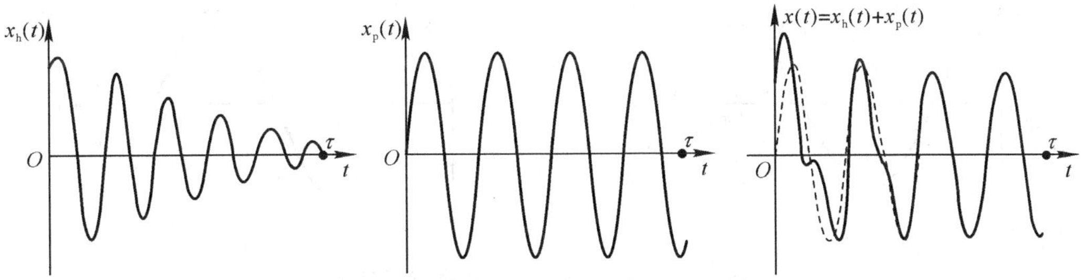

图 2-8 欠阻尼时齐次解、特解和通解随时间的变化

1. 无阻尼系统受迫振动响应

受简谐激励 $F(t)=F_0\cos\omega t$ 的无阻尼单自由度振动系统，运动方程为

$$m\ddot{x}+kx=F_0\cos\omega t \tag{2-42}$$

式(2-42)为非齐次线性常微分方程，全解由齐次方程的通解与非齐次方程的特解组成，即 $x(t)=x_h(t)+x_p(t)$。该齐次方程的通解在分析无阻尼自由振动时已经求解过，可表示为 $x_h(t)=A_1\cos\omega_n t+A_2\sin\omega_n t$。其中 $\omega_n=(k/m)^{1/2}$ 是系统的固有角频率。因为 $F(t)$ 是简谐激振力，所以特解 $x_p(t)$ 也是简谐的，并且具有相同的频率 ω。假设 $x_p(t)$ 的形式为

$$x_p(t)=X\cos\omega t \tag{2-43}$$

式中：X 是一个常数，表示 $x_p(t)$ 的最大振幅。将式(2-43)代入式(2-42)，得到

$$X=\frac{F_0}{k-m\omega^2}=\frac{\delta_{st}}{1-(\omega/\omega_n)^2} \tag{2-44}$$

式中：$\delta_{st}=F_0/k$ 表示物体在力 F_0 作用下弹簧的变形。由于 F_0 是大小恒定的力，δ_{st} 可称为弹簧的静变形。使用式(2-8)中的初始条件，将 $t=0$ 代入齐次方程的通解中，可得 A_1 和 A_2 的值。因此，式(2-42)的解为

$$x(t)=\left(x_0-\frac{F_0}{k-m\omega^2}\right)\cos\omega_n t+\left(\frac{\dot{x}_0}{\omega_n}\right)\sin\omega_n t+\left(\frac{F_0}{k-m\omega^2}\right)\cos\omega t \tag{2-45}$$

当 X 取到最大振幅时，式(2-44)可表示为

$$\frac{X}{\delta_{st}}=\frac{1}{1-(\omega/\omega_n)^2} \tag{2-46}$$

式中：X/δ_{st} 表示运动的动态振幅与静态振幅之比，称为振幅放大系数或振幅比。振幅比 X/δ_{st} 随频率比 $r=\omega/\omega_n$ 的变化情况如图 2-9 所示。

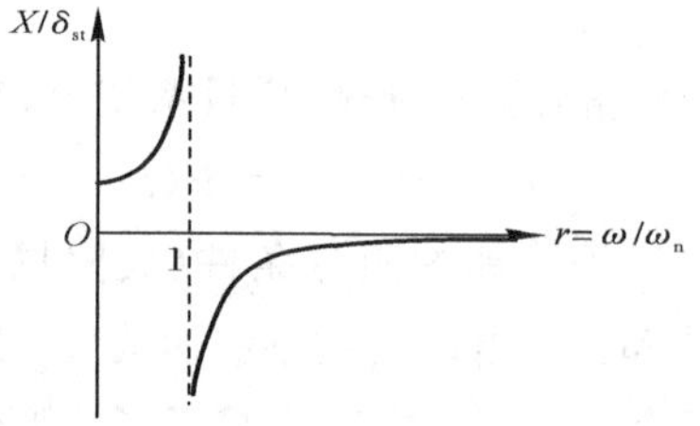

图 2-9 无阻尼系统的振幅放大系数

从图 2-9 中可以看出，系统的响应有三种类型：

(1)当 $0<\omega/\omega_n<1$ 时，振动响应由式(2-43)得出。如图 2-10 所示，系统的响应与外力同相位。

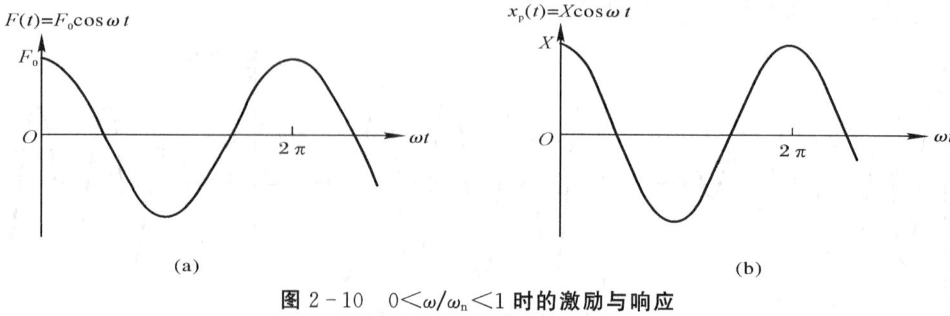

图 2-10 $0<\omega/\omega_n<1$ 时的激励与响应

(a)简谐激励；(b)谐波回应

(2)当 $\omega/\omega_n>1$ 时，稳态解可表示为 $x_p(t)=-X\cos\omega t$，振幅 X 为

$$X=\frac{\delta_{st}}{(\omega/\omega_n)^2-1} \tag{2-47}$$

$F(t)$，$x_p(t)$随时间的变化如图 2-11 所示。$F(t)$，$x_p(t)$的符号相反，说明响应与外力的相位相差 π。随着 $\omega/\omega_n\to\infty$，$X\to 0$，系统对高频简谐激励力的响应接近零。

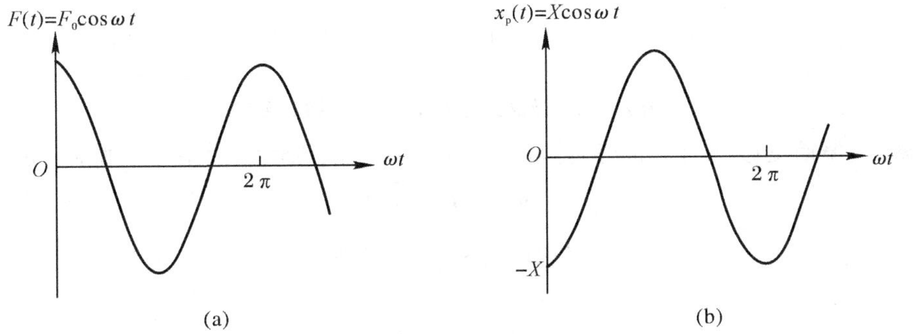

图 2-11　$\omega/\omega_n>1$ 时的激励与响应

(a)简谐激励；(b)谐波响应

(3)当 $\omega/\omega_n=1$ 时，式(2-46)或式(2-47)给出的振幅 X 趋向于无穷大。说明当激振力频率 ω 等于系统固有频率 ω_n 时，就是发生了共振。为了得到共振时的响应，将式(2-44)代入式(2-45)，重新表示为

$$x(t)=x_0\cos\omega_n t+\frac{\dot{x}_0}{\omega_n}\sin\omega_n t+\delta_n\left[\frac{\cos\omega t-\cos\omega_n t}{1-(\omega/\omega_n)^2}\right] \tag{2-48}$$

利用洛必达法则求解方程的最后一项的极限，得到共振时系统的响应为

$$x(t)=x_0\cos\omega_n t+\frac{\dot{x}_0}{\omega_n}\sin\omega_n t+\frac{\delta_{st}\omega_n t}{2}\sin\omega_n t \tag{2-49}$$

由式(2-49)可知，在共振时 $x(t)$无限增加。式(2-49)的最后一项随时间的变化如图 2-12 所示，可以看出响应的振幅随时间呈线性增加。

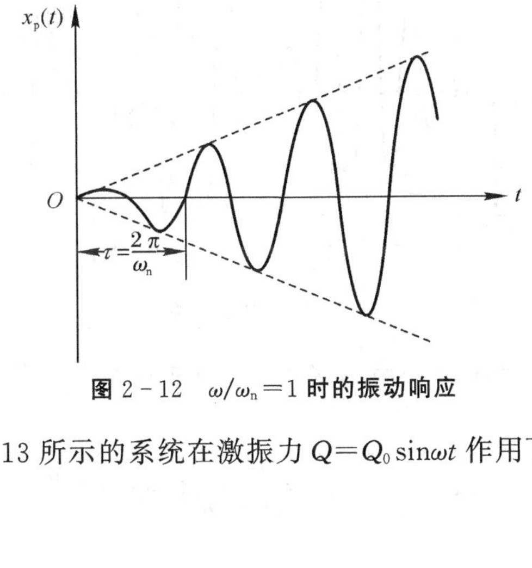

图 2-12　$\omega/\omega_n=1$ 时的振动响应

【例 2-3】　图 2-13 所示的系统在激振力 $Q=Q_0\sin\omega t$ 作用下，求质量块的稳态响应振幅。

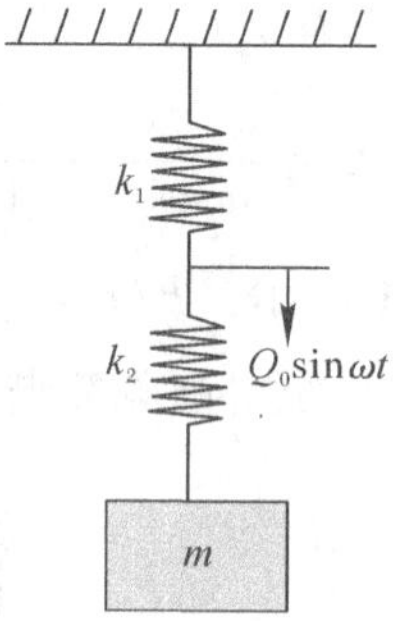

图 2-13 激振力作用下的质量-弹簧系统

解:设振动位移 x 向下为正,引起 k_1 和 k_2 对应的变形为 x_1 和 x_2。由牛顿定律得

$$m\ddot{x}+k_2x_2=0$$

$$k_1x_1=k_2x_2+Q_0\sin\omega t$$

而 $x_1+x_2=x$,则

$$m\ddot{x}+\frac{k_1k_2}{k_1+k_2}x=\frac{k_2}{k_1+k_2}Q_0\sin\omega t$$

$$\omega_n=\sqrt{\frac{k_1k_2}{(k_1+k_2)m}}$$

代入式(2-44),得稳态响应振幅为

$$X=\frac{Q_0k_2}{m(k_1+k_2)(\omega_{\mathrm{n}}^2-\omega^2)}$$

2. 拍振现象

若激振力的频率接近但不等于振动系统的固有频率,则可能发生拍振现象。发生拍振时,质量块的振幅按某种确定的规律时而变大时而变小,如图 2-14 所示。

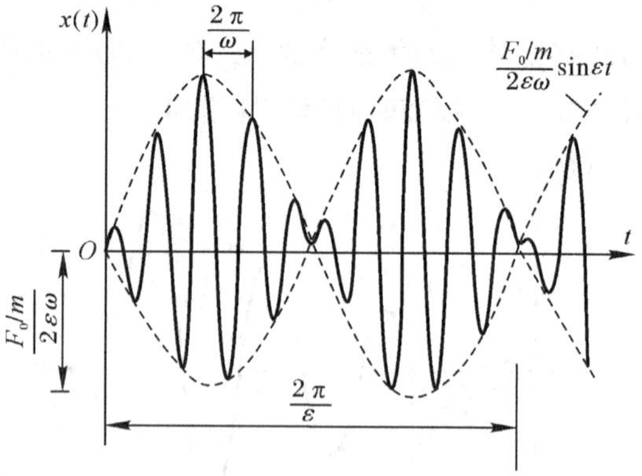

图 2-14 拍振现象

假设初始条件为 $X_0=\dot{X}_0=0$,由式(2-45)知,此时无阻尼受迫振动系统的解可以简化为

$$x(t)=\frac{F_0/m}{\omega_{\mathrm{n}}^2-\omega^2}(\cos\omega t-\cos\omega_{\mathrm{n}}t)=\frac{F_0/m}{\omega_{\mathrm{n}}^2-\omega^2}\left(2\sin\frac{\omega+\omega_{\mathrm{n}}}{2}t\times\sin\frac{\omega_{\mathrm{n}}-\omega}{2}t\right) \quad (2-50)$$

当激振力频率接近固有频率时，有如下等式成立：

$$\left.\begin{aligned}\omega_n-\omega&=2\varepsilon\\ \omega+\omega_n&\approx 2\omega\\ \omega_n^2-\omega^2&=4\varepsilon\omega\end{aligned}\right\}\tag{2-51}$$

式中：ε 为一极小的正数。将式(2－51)代入式(2－50)，可得到此时系统的振动表达式(2－52)，由于 ε 为一极小的正数，则其振动的周期由 $\sin\omega t$ 决定，$T=2\pi/\omega$，振幅为 $A=\dfrac{F_0/m}{2\varepsilon\omega}\sin\varepsilon t$。有

$$x(t)=\left(\frac{F_0/m}{2\varepsilon\omega}\sin\varepsilon t\right)\sin\omega t\tag{2-52}$$

3. 阻尼系统受迫振动响应

若质量为 m 的阻尼系统受到简谐激励 $F(t)=Re(F_0 e^{i\theta})=F_0\cos\theta$ 的作用，其运动方程为

$$m\ddot{x}+c\dot{x}+kx=F(t)=F_0\cos\omega t\tag{2-53}$$

式(2－53)的解由齐次方程的通解和非齐次方程的特解组成。由前面内容可知，含阻尼的自由振动将逐渐衰减，故本节只讨论稳态响应，即非齐次方程的特解。假设式(2－53)的特解是简谐的，有如下形式：

$$x_p(t)=A\cos(\omega t-\varphi)\tag{2-54}$$

式中：A 和 φ 为待定常数；X 和 φ 分别表示响应的振幅和相位角。将式(2－54)代入式(2－53)，可以得出

$$A[(k-m\omega^2)\cos(\omega t-\varphi)-c\omega\sin(\omega t-\varphi)]=F_0\cos\omega t\tag{2-55}$$

利用三角函数变换关系，在式(2－55)中，令 $\cos\omega t$ 和 $\sin\omega t$ 的系数相等，有

$$\left.\begin{aligned}A[(k-m\omega^2)\cos\varphi+c\omega\sin\varphi]&=F_0\\ A[(k-m\omega^2)\sin\varphi-c\omega\cos\varphi]&=0\end{aligned}\right\}\tag{2-56}$$

解得

$$A=\frac{F_0}{[(k-m\omega^2)^2+c^2\omega^2]^{1/2}}\tag{2-57}$$

$$\varphi=\arctan\left(\frac{c\omega}{k-m\omega^2}\right)\tag{2-58}$$

将式(2－57)和式(2－58)的 X 和 φ 的表达式代入式(2－54)，即可得到式(2－53)的特解。

图 2－16(a)显示了典型的受迫函数和(稳态)响应图，图 2－16(b)以矢量方式显示了式(2－55)的各项。将式(2－57)的分子和分母都除以 k，进行以下替换：

$$\left.\begin{aligned}&\omega_n=\sqrt{\frac{k}{m}},\quad \zeta=\frac{c}{c_c}=\frac{c}{2m\omega_n}=\frac{c}{2\sqrt{mk}}\\ &\frac{c}{m}=2\zeta\omega_n,\quad \delta_{st}=\frac{F_0}{k},\quad r=\frac{\omega}{\omega_n}\end{aligned}\right\}\tag{2-59}$$

式中：δ_{st}是以与幅值相等的常值力施加于物体上所引起的弹簧静变形；ω_n 是系统无阻尼

自然频率；r 是频率比。可以计算出

$$\frac{X}{\delta_{st}}=\frac{1}{\{[1-(\omega/\omega_n)^2]^2+[2\zeta\omega/\omega_n]^2\}^{1/2}}=\frac{1}{\sqrt{(1-r^2)^2+(2\zeta r)^2}} \tag{2-60}$$

$$\varphi=\arctan\left\{\frac{2\zeta\omega/\omega_n}{1-(\omega/\omega_n)^2}\right\}=\arctan\left(\frac{2\zeta r}{1-r^2}\right) \tag{2-61}$$

式中：$M=X/\delta_{st}$ 称为振幅放大系数或振幅比，即响应的振幅 X 与最大力幅 F_0 所引起的静位移的比值。

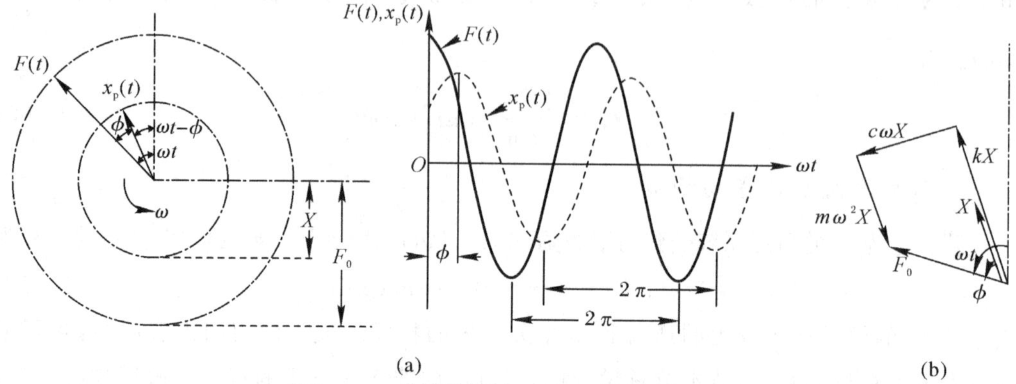

图 2-15　典型的受迫函数和(稳态)响应图

(a)图形表示法；(b)矢量表示法

振幅 X 与相位角 φ 随频率比 r 与阻尼比 ζ 的变化如图 2-16 所示。由幅频特性曲线可以看出：

(1)$r\to 0$ 时，响应幅值 $X\approx 1$，近似等于激振力幅值 F_0 所引起的静位移 F_0/k。

(2)$r\gg 1$ 时，振幅的大小主要决定于系统的惯性，激振频率越高振幅越小，系统运行越平稳。

(3)$r\approx 1$ 时，即激振频率接近固有频率时，X 迅速增大，发生共振。共振频率并不等于激振频率。但小阻尼情况下两者相差非常小，所以在工程中通常认为当 $\omega=\omega_n$ 时发生共振。

(4)阻尼比 r 的影响：阻尼值越大，则 X 越小。

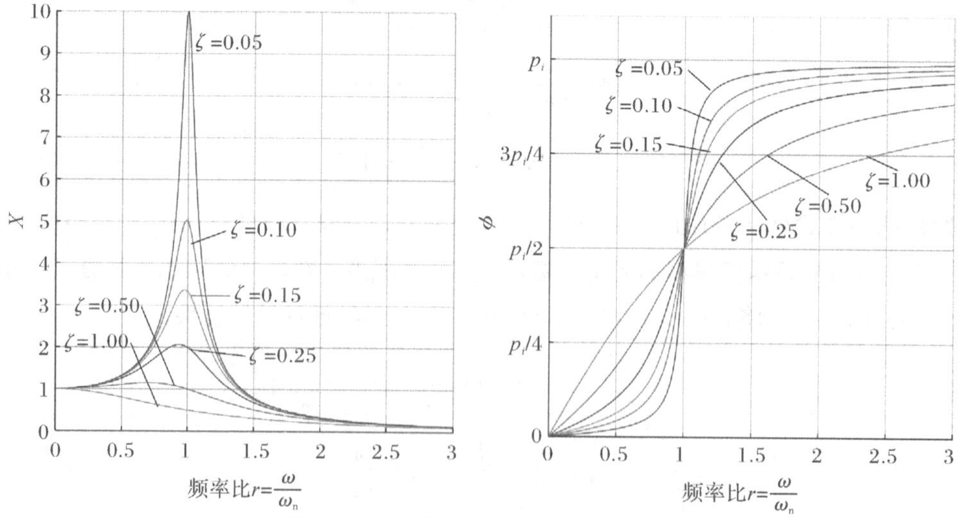

图 2-16　振幅和相位随频率比的变化

将简谐力以复数形式表示为 $F(t)=F_0e^{i\omega t}$，则运动微分方程为

$$m\ddot{x}+c\dot{x}+kx=F(t)=F_0e^{i\omega t} \tag{2-62}$$

由于实际激励仅由 $F(t)$ 的实部决定，因此响应也仅由 $x(t)$ 的实部确定，其中 $x(t)$ 为满足振动方程式(2-62)的复数。式(2-62)中的 F_0 一般来说也为复数。假定此时系统的特解为非齐次方程(2-53)的特解，表示为

$$x_p(t)=Ae^{i\omega t} \tag{2-63}$$

式中：A 为稳态响应的复振幅。将式(2-63)代入式(2-62)，可得

$$A=\frac{F_0}{k-m\omega^2+ic\omega} \tag{2-64}$$

式中：$H(\omega)=X/F_0$ 为激励频率 ω 的复函数，称作复频响应函数。其表达式为

$$H(\omega)=\frac{1}{k-m\omega^2+ic\omega} \tag{2-65}$$

将式(2-64)右边的虚数分母实化，运用 $x+iy=Ae^{i\varphi}$，其中 $A=\sqrt{x^2+y^2}$，$\tan\varphi=y/x$，可得

$$A=\frac{F_0}{[(k-m\omega^2)^2+c^2\omega^2]^{1/2}}e^{-i\varphi} \tag{2-66}$$

$$\varphi=\arctan\frac{c\omega}{k-m\omega^2} \tag{2-67}$$

此时，方程的稳态解为

$$x_p(t)=\frac{F_0}{[(k-m\omega^2)^2+(c\omega)^2]^{1/2}}e^{i(\omega t-\varphi)} \tag{2-68}$$

阻尼受迫振动的复频响应函数(2-65)还有下列形式：

$$\frac{kX}{F_0}=\frac{1}{1-s^2+i2\xi s}\equiv H(i\omega) \tag{2-69}$$

式中：$s=\omega/\omega_n$。复频响应函数的绝对值为 $|H(i\omega)|$，它表示振幅放大系数。由欧拉公式可得式(2-69)与其绝对值之间的关系，φ 则由式(2-67)决定：

$$H(i\omega)=|H(i\omega)|e^{-i\varphi} \tag{2-70}$$

$$\varphi=\arctan\frac{2\xi s}{1-s^2} \tag{2-71}$$

则其稳态解可以表示为

$$x_p(t)=\frac{F_0}{k}|H(i\omega)|e^{i(\omega t-\varphi)} \tag{2-72}$$

【例 2-4】 试求图 2-17 所示的有阻尼弹簧-质量系统的振动微分方程，并求其稳态响应。

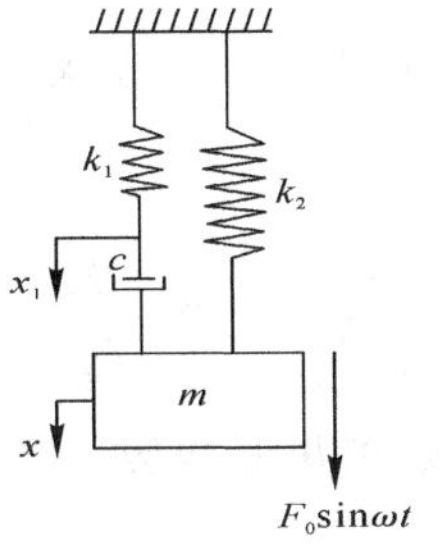

图 2-17　有阻尼弹簧-质量系统

解:取坐标如图 2-7 所示,由牛顿定律得

$$m\ddot{x}-c(\dot{x}_1-\dot{x})+k_2x=F_0\sin\omega t$$

$$k_1x_1+c(\dot{x}_1-\dot{x})=0$$

对这两个方程求导得到 $c\dot{x}_1$ 和 $c\ddot{x}_2$,从而消去 x_1 得

$$m\frac{\mathrm{d}^2x}{\mathrm{d}t^3}+\frac{mk_1}{c}\ddot{x}+(k_1+k_2)\dot{x}+\frac{k_1k_2}{c}x=F_0\left(\omega\cos\omega t+\frac{k_1}{c}\sin\omega t\right)$$

令 $F_0\sin\omega t=F_0\mathrm{e}^{\mathrm{i}\omega t}$,$x=B\mathrm{e}^{\mathrm{i}(\omega t-\varphi)}$,代入上式得到稳态响应:

$$x=B\sin(\omega t-\varphi)$$

式中

$$B=F_0\sqrt{\frac{k_1^2+c^2\omega^2}{k_1^2\ (k_2-m\omega^2)^2+c^2\omega^2\ (k_1+k_2-m\omega^2)^2}}$$

$$\varphi=\arctan\frac{c\omega k_1^2}{k_1^2(k_2-m\omega^2)+c^2\omega^2(k_1+k_2-m\omega^2)}$$

令 $\omega_{\mathrm{n}}^2=\dfrac{k_2}{m}$,$\zeta=\dfrac{c}{2\sqrt{k_2m}}$,$\omega=\omega_{\mathrm{n}}$,可得共振振幅为

$$B=F_0\frac{\sqrt{k_1^2+c^2\omega^2}}{c\omega k_1}=\frac{F_0}{k_2}\frac{1}{2\zeta}\sqrt{1+4\left(\frac{k_2}{k_1}\right)^2\zeta^2}$$

$$\varphi=\arctan\left(\frac{k_1}{\ddot{\omega}}\right)=\arctan\left(\frac{k_1}{2\zeta k_2}\right)$$

这说明阻尼器与基础相连的一端,如果串联一个弹簧 k_1,将降低阻尼器的作用效果,其影响程度决定于 k_2/k_1 值的大小。

2.1.4 任意周期激励下单自由度系统振动

1. 傅里叶级数

在前面讨论了受简谐激励作用系统的强迫振动,实际上系统受到的外力可能是更复杂的时间函数,接下来讨论当外力是周期函数的情况。假设 $f(t)$是周期为 T 的函数:

$$f(t\pm nT)=f(t),\quad n=0,1,2,\cdots \tag{2-73}$$

任何简谐函数都是特殊的周期函数,但是周期函数不限于简谐函数。若 $f(t)$在一个周期内分段光滑,则可以展开为傅里叶级数。实践中遇到的周期函数,几乎都可以表示成如下傅里叶级数:

$$f(t)=\frac{a_0}{2}+\sum_{n=1}^{\infty}\left(a_n\cos\frac{2n\pi}{T}t+b_n\sin\frac{2n\pi}{T}t\right) \tag{2-74}$$

式中:$\dfrac{2\pi}{T}=\Omega$ 是基本频率,简称基频;傅里叶级数中各个简谐分量的系数 a_n 和 b_n 称为傅里叶系数。若 $f(t)$定义在$[-T/2,T/2]$上,则利用三角函数的正交性可得

$$\left.\begin{aligned}a_0&=\frac{2}{T}\int_{-\frac{T}{2}}^{\frac{T}{2}}f(t)\mathrm{d}t\\a_n&=\frac{2}{T}\int_{-\frac{T}{2}}^{\frac{T}{2}}f(t)\cos n\Omega t\mathrm{d}t,\quad n=1,2,\cdots\\b_n&=\frac{2}{T}\int_{-\frac{T}{2}}^{\frac{T}{2}}f(t)\sin n\Omega t\mathrm{d}t\end{aligned}\right\}\tag{2-75}$$

为了求解方便，将展开式用复数形式表示为

$$f(t)=\sum_{n=-\infty}^{\infty}c_n\mathrm{e}^{\mathrm{i}n\Omega t}\tag{2-76}$$

且有

$$c_n=\frac{1}{T}\int_{-\frac{T}{2}}^{\frac{T}{2}}f(t)\mathrm{e}^{-\mathrm{j}n\Omega t}\mathrm{d}t,\quad n=0,\pm1,\pm2,\cdots\tag{2-77}$$

若 $f(t)$具有奇偶性，则

$$\left.\begin{aligned}a_0&=\frac{4}{T}\int_{0}^{\frac{\pi}{2}}F(t)\mathrm{d}t\\a_n&=\frac{4}{T}\int_{0}^{\frac{\pi}{2}}F(t)\cos\Omega t\,\mathrm{d}t,\quad n=1,2,\cdots\\b_n&=\frac{4}{T}\int_{0}^{\frac{\pi}{2}}F(t)\sin\Omega t\,\mathrm{d}t\end{aligned}\right\}\tag{2-78}$$

$f(t)$为奇函数时，则 $a_n=0$；$f(t)$为偶函数时，则 $b_n=0$。

2. 任意周期激励的响应

当单自由度系统受到任意周期激励时，其振动方程为

$$m\ddot{x}+c\dot{x}+kx=f(t)\tag{2-79}$$

式中：$f(t)$即前文提及的傅里叶级数展开式。

级数展开式中除了一个常力分量外，其余每个分量都是一个简谐力。由叠加原理知，该系统所受的周期激励所引起的强迫振动可以由各个分量所引起强迫振动叠加得到。简谐激振 a_n 和 b_n 作用下相应的受迫振动为 x_{n1} 和 x_{n2}，它们可以表示为

$$x_{n1}=\beta_n\left(\frac{a_n}{k}\right)\cos(n\Omega t-\psi_n)\tag{2-80}$$

$$x_{n2}=\beta_n\left(\frac{b_n}{k}\right)\sin(n\Omega t-\psi_n)\tag{2-81}$$

式中

$$\beta_h=[(1-n^2\gamma^2)^2+(2\zeta n\gamma)^2]^{-1/2},\quad\gamma=\frac{\Omega}{p}\tag{2-82}$$

$$\psi_n=\arctan\frac{2\zeta n\gamma}{1-n^2\gamma^2},\quad\zeta=\frac{c}{2m\omega_n}=\frac{c}{2\sqrt{mk}}\tag{2-83}$$

因此，上述系统在任意周期激励 $f(t)$作用下的受迫振动可表示为

$$x(t)=\frac{a_0}{2k}+\sum_{n=1}^{\infty}\beta_n\left\{\frac{a_n}{k}\cos(n\Omega t-\psi_n)+\frac{b_n}{k}\sin(n\Omega t-\psi_n)\right\} \tag{2-84}$$

【例 2-5】 已知周期激励如图 2-18 所示，其表达式为 $F(t)=\frac{A}{T}t,0<t<T,A=87.5\ \text{N},T=2\pi,m=20\ \text{kg},k=7\ \text{kN/m},c=0.2\ \text{kN}\cdot\text{s/m}$。求标准质量-阻尼-弹簧系统的振动响应。

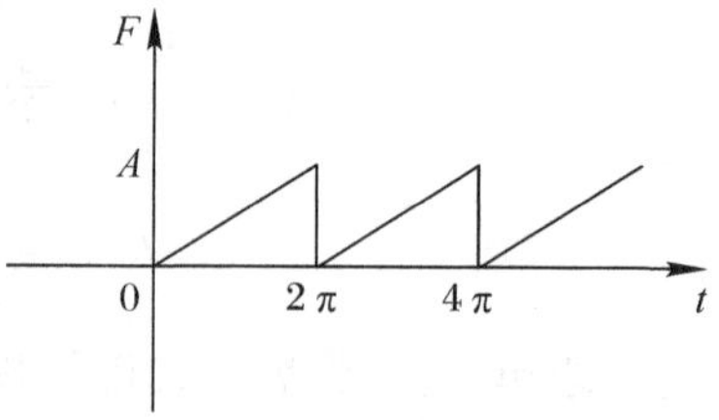

图 2-18 周期激励变化图

解：由式(2-75)确定傅里叶系数

$$a_0=\frac{2}{T}\int_0^T\frac{A}{T}t\,\mathrm{d}t=A$$

$$a_n=\frac{2}{T}\int_0^T\frac{A}{T}t\cos\frac{2n\pi t}{T}\mathrm{d}t$$

$$b_n=\frac{2}{T}\int_0^T\frac{A}{T}t\sin\frac{2n\pi t}{T}\mathrm{d}t=-\frac{A}{n\pi}$$

故得振动方程为

$$m\ddot{x}+c\dot{x}+kx=\frac{A}{2}-\frac{A}{\pi}\sum_{n=1}^{\infty}\left(\frac{1}{n}\sin\frac{2n\pi}{T}t\right)$$

振动响应如下：

$$x(t)=\frac{A}{2k}-\frac{A}{\pi k}\sum_{n=1}^{\infty}\frac{\beta_n}{n}\sin\left(\frac{2n\pi t}{T}-\alpha_n\right)=0.006\,25-\frac{0.012\,5}{\pi}\sum_{n=1}^{\infty}\frac{\beta_n}{n}\sin(nt-\alpha_n)$$

$$\zeta=\frac{c}{2\sqrt{mk}}=0.267$$

响应中的系数为

$$\beta_n=\frac{1}{\sqrt{(1-0.002\,86n^2)^2+0.000\,816n^2}}$$

$$\alpha_n=\arctan\frac{0.028\,6n}{1-0.002\,86n^2}$$

2.1.5 任意激励下单自由度系统受迫振动

具有任意波形的周期激励可以用具有不同频率的简谐函数叠加即傅里叶级数展开来表示。对于线性系统，最终响应即所有激振力的谐响应之和。若激振力是非周期的，则需要用其他方法：①用傅里叶积分来表示激振力；②使用脉冲响应方法；③进行拉普拉斯变换；④对运动微分方程进行数值积分。本节主要描述脉冲响应方法(杜哈美积分)，即将激励描述成一系列脉冲，通过求各个脉冲的响应，然后叠加来求解系统的瞬态响应。

1. 单位脉冲函数

单位脉冲函数可表示为

$$\left.\begin{aligned}&\int_{-\infty}^{\infty}\delta(t-a)\mathrm{d}t=1\\&\delta(t-a)=0,\quad t\neq a\end{aligned}\right\} \tag{2-85}$$

按单位脉冲函数的定义，在 $t=a$ 时刻作用的一个任意幅值 $\hat{F}$ 的脉冲力可表示为

$$F(t)=\hat{F}\delta(t-a) \tag{2-86}$$

系统在零初始条件下，对于 $t=0$ 时的单位脉冲力的响应，称为单位脉冲响应，并用 $h(t)$ 表示。系统对于 $t=a$ 时刻单位脉冲力的响应则相应为 $h(t-a)$。

2. 阶跃函数

如图 2-19 所示，定义阶跃函数为

$$H_0(t)=\begin{cases}1, & t>0\\ 0, & t\leqslant 0\end{cases} \tag{2-87}$$

$$H_0(t-a)=\begin{cases}1, & t>a\\ 0, & t\leqslant a\end{cases} \tag{2-88}$$

单位阶跃函数与单位脉冲函数有密切关系，在数学上可表示为

$$H_0(t-a)=\int_{-\infty}^{t}\delta(t-a)\mathrm{d}\xi \tag{2-89}$$

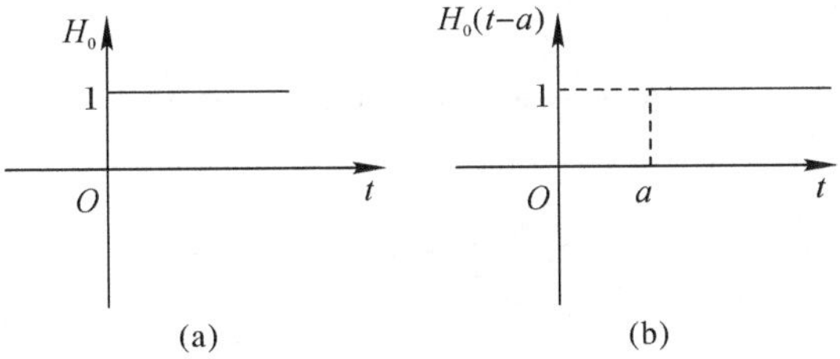

图 2-19　**阶跃函数图像**

(a)单位阶跃函数；(b)延迟 a 时间的阶跃函数

3. 脉冲力作用时系统的响应

有阻尼单自由度系统受到脉冲力 $F(t)=\hat{F}\delta(t)$ 时，系统动力学方程为

$$m\ddot{x}(t)+c\dot{x}(t)+kx(t)=\hat{F}\delta(t) \tag{2-90}$$

由于脉冲的作用时间 ε 极短，即 $\varepsilon\to 0$，对式(2-90)两边在 ε 区间上积分，并设初始条件 $x(0)=\dot{x}(0)=0$，有

$$\lim_{\varepsilon\to 0}\int_0^{\varepsilon}(m\ddot{x}+c\dot{x}+kx)\mathrm{d}x=\lim_{\varepsilon\to 0}\int_0^{\varepsilon}\hat{F}\delta(t)\mathrm{d}t=\hat{F} \tag{2-91}$$

式中

$$\left.\begin{aligned}\lim_{\varepsilon\to 0}\int_0^{\varepsilon}m\ddot{x}\mathrm{d}t=\lim_{\varepsilon\to 0}m\dot{x}\Big|_0^{\varepsilon}=\lim_{\varepsilon\to 0}m[\dot{x}(\varepsilon)-\dot{x}(0)]=m\dot{x}(0_+)\\ \lim_{\varepsilon\to 0}\int_0^{\varepsilon}c\dot{x}\mathrm{d}t=\lim_{\varepsilon\to 0}cx\Big|_0^{\varepsilon}=\lim_{\varepsilon\to 0}c[x(\varepsilon)-x(0)]=0\\ \lim_{\varepsilon\to 0}\int_0^{\varepsilon}kx\mathrm{d}t=0\end{aligned}\right\} \tag{2-92}$$

符号 $\dot{x}(0_+)$ 表示在 $\Delta t=\varepsilon$ 区间内系统速度的变化。另外，由于脉冲作用时间极短，系统在瞬间不可能获得位移增量，即 $x(\varepsilon)=0$。由式(2-91)和式(2-92)得

$$\dot{x}(0_+)=\frac{\hat{F}}{m} \tag{2-93}$$

式(2-93)可以理解为 $t=0$ 时的脉冲力，使系统产生一瞬间的速度增量，这样就可以将这一脉冲作用等价为系统具有初速度 $v_0=\dfrac{\hat{F}}{m}$。因此，系统的响应为

$$x(t)=\begin{cases}\dfrac{\hat{F}}{m\omega_\mathrm{d}}\mathrm{e}^{-\zeta\omega_\mathrm{n}t}\sin\omega_\mathrm{d}t & t>0\\ 0 & t<0\end{cases},\omega_\mathrm{d}=\omega_\mathrm{n}(1-\zeta^2)^{\frac{1}{2}} \tag{2-94}$$

单位脉冲响应可以由式(2-94)得到，令 $\hat{F}=1$，则有

$$h(t)=\begin{cases}\dfrac{1}{m\omega_\mathrm{d}}\mathrm{e}^{-\zeta\omega_\mathrm{n}t}\sin\omega_\mathrm{d}t, & t>0\\ 0, & t<0\end{cases} \tag{2-95}$$

因此，任意激励函数 $F(t)$ 可以看成由一系列变幅值的脉冲函数所组成。在任意时刻 $t=\tau$，对应一时间增量 $\Delta\tau$，相应的脉冲幅值为 $F(\tau)\Delta\tau$，脉冲力在数学上可描述为 $F(\tau)\Delta\tau\delta(t-\tau)$，此时系统的响应为

$$\Delta x(t-\tau)=F(\tau)\Delta\tau h(t-\tau) \tag{2-96}$$

系统总的响应为

$$x(t)\cong\sum F(\tau)h(t-\tau)\Delta\tau \tag{2-97}$$

令 $\Delta\tau\to0$，有

$$x(t)=\int_0^t F(\tau)h(t-\tau)\mathrm{d}\tau \tag{2-98}$$

式(2-97)称为卷积，表示系统的响应为一系列脉冲响应的叠加。将式(2-95)代入式(2-98)得

$$x(t)=\frac{1}{m\omega_\mathrm{d}}\int_0^t F(\tau)\mathrm{e}^{-\zeta\omega_n(t-\tau)}\sin\omega_\mathrm{d}(t-\tau)\mathrm{d}\tau \tag{2-99}$$

这就是有阻尼单自由度系统对任意激励 $F(t)$ 的响应。注意，式(2-99)未考虑系统的初始条件。根据卷积的性质，式(2-98)可写为另一种形式：

$$x(t)=\int_0^t F(\tau)h(t-\tau)\mathrm{d}\tau=\int_0^t F(t-\tau)h(\tau)\mathrm{d}\tau \tag{2-100}$$

4. 阶跃响应

系统对于作用于 $t=0$ 时的单位阶跃力的响应称为单位阶跃响应，并用 $g(t)$ 表示。将 $F(\tau)=u(\tau)$ 和 $h(t)$ 代入卷积公式，可得单位阶跃响应

$$g(t)=\int_0^t u(\tau)h(t-\tau)\mathrm{d}\tau=\frac{1}{m\omega_\mathrm{d}}\int_0^t \mathrm{e}^{-\zeta\omega_n(t-\tau)}\sin\omega_\mathrm{d}(t-\tau)\mathrm{d}\tau \tag{2-101}$$

经积分可得

$$g(t)=\int_0^t u(\tau)h(t-\tau)\mathrm{d}\tau=\frac{1}{m\omega_\mathrm{d}}\int_0^t e^{-\zeta\omega_n(t-\tau)}\sin\omega_\mathrm{d}(t-\tau)\mathrm{d}\tau \tag{2-102}$$

此处 $u(t)$ 的作用是使在 $t<0$ 时，$g(t)=0$。

2.2 二自由度系统

二自由度系统，是指需要用两个独立的坐标来描述其运动的系统，简化模型如图 2-20 所示。由于两质量块之间存在弹簧，两个质量块的运动相互关联，其为一个线性耦合问题，需要用两个微分方程描述其运动。系统的运动可以由坐标 $x_1(t)$ 和 $x_2(t)$ 来描述，它们分别为质量 m_1 和 m_2 在任意时刻 t 离开各自平衡位置的位移。$F_1(t)$ 和 $F_2(t)$ 分别为作用在 m_1 和 m_2 上的激励力。对质量块 m_1 和 m_2 绘制分离体受力图，如图 2-20(b)所示。

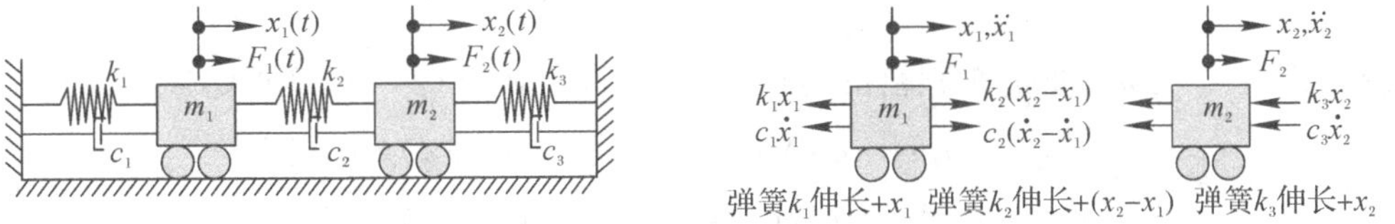

(a) (b)

图 2-20 二自由度弹簧-质量-阻尼系统

(a)二自由度系统；(b)分离体受力图

用牛顿第二定律对每个质量块列写运动微分方程：

$$m_1\ddot{x}_1+(c_1+c_2)\dot{x}_1-c_2\dot{x}_2+(k_1+k_2)x_1-k_2x_2=F_1 \tag{2-103}$$

$$m_2\ddot{x}_2-c_2\dot{x}_1+(c_2+c_3)\dot{x}_2-k_2x_1+(k_2+k_3)x_2=F_2 \tag{2-104}$$

将上述两个式子写成矩阵的形式：

$$\boldsymbol{M}\ddot{\boldsymbol{x}}(t)+\boldsymbol{C}\dot{\boldsymbol{x}}(t)+\boldsymbol{K}\boldsymbol{x}(t)=\boldsymbol{f}(t) \tag{2-105}$$

式中：$\boldsymbol{M}$,$\boldsymbol{C}$ 和 $\boldsymbol{K}$ 分别称为质量矩阵、阻尼矩阵和刚度矩阵，$\boldsymbol{x}(t)$ 和 $\boldsymbol{f}(t)$ 分别为位移向量和力向量，具体形式如下

$$\boldsymbol{M}=\begin{bmatrix}m_1 & 0\\ 0 & m_2\end{bmatrix},\quad \boldsymbol{C}=\begin{bmatrix}c_1+c_2 & -c_2\\ -c_2 & c_2+c_3\end{bmatrix},\quad \boldsymbol{K}=\begin{bmatrix}k_1+k_2 & -k_2\\ -k_2 & k_2+k_3\end{bmatrix} \tag{2-106}$$

$$\boldsymbol{x}(t)=\begin{bmatrix}x_1(t)\\ x_2(t)\end{bmatrix},\boldsymbol{f}(t)=\begin{bmatrix}F_1(t)\\ F_2(t)\end{bmatrix} \tag{2-107}$$

上述矩阵均为对称矩阵。

如果施加合适的初始激励，系统将按某一个固有频率振动。此时，这两个自由度(坐标)的振幅具有特殊的关系，二者之间确定的空间位形称为振动的规范型(normal mode)、主振型(principal mode)或固有振型(natural mode)。一个二自由度振动系统具有两个主振型，分别与固有频率对应。

2.2.1 无阻尼二自由度系统自由振动

当系统没有阻尼和外激励时，二自由度振动系统可以简化为如下形式：

$$m_1\ddot{x}_1(t)+(k_1+k_2)x_1(t)-k_2x_2(t)=0 \tag{2-108}$$

$$m_2\ddot{x}_2(t)-k_2x_1(t)+(k_2+k_3)x_2(t)=0 \tag{2-109}$$

由式(2-106)可得

$$k_1+k_2=k_{11},\quad k_2+k_3=k_{22},\quad -k_2=k_{12}=k_{21} \tag{2-110}$$

此时,式(2-108)和式(2-109)可以化简为如下形式:

$$\begin{gathered}m_1\ddot{x}_1(t)+k_{11}x_1(t)+k_{12}x_2(t)=0\\ m_2\ddot{x}_2(t)+k_{12}x_1(t)+k_{22}x_2(t)=0\end{gathered} \tag{2-111}$$

式(2-111)为一组常微分齐次方程。假设 m_1 和 m_2 以相同的频率和相角做简谐运动,取式(2-111)的解为如下形式:

$$\left.\begin{aligned}x_1(t)=A_1\cos(\omega t+\varphi)\\ x_2(t)=A_2\cos(\omega t+\varphi)\end{aligned}\right\} \tag{2-112}$$

式中:A_1 和 A_2 为 m_1 和 m_2 的振幅;φ 为相角。将所设的解[式(2-112)]代入式(2-111),可得

$$\left.\begin{aligned}[(-m_1\omega^2+k_{11})A_1+k_{12}A_2]\cos(\omega t+\varphi)=0\\ [k_{21}A_1+(-m_2\omega^2+k_{22})A_2]\cos(\omega t+\varphi)=0\end{aligned}\right\} \tag{2-113}$$

由于系统做简谐运动,则方程组(2-113)在任意 t 时刻都成立,所以各式中三角函数的系数必须为0。即

$$\left.\begin{aligned}(-m_1\omega^2+k_{11})A_1+k_{12}A_2=0\\ k_{21}A_1+(-m_2\omega^2+k_{22})A_2=0\end{aligned}\right\} \tag{2-114}$$

为满足式(2-114)要求,其系数矩阵的行列式必须为0,即

$$\Delta(\omega^2)=\det\begin{bmatrix}-m_1\omega^2+k_{11} & k_{12}\\ k_{21} & -m_2\omega^2+k_{22}\end{bmatrix}=0 \tag{2-115}$$

利用 $k_{12}=k_{21}$,计算得

$$m_1m_2\omega^4-(m_1k_{22}+m_2k_{11})\omega^2+k_{11}k_{22}-k_{12}{}^2=0 \tag{2-116}$$

式(2-116)称为频率方程或特征方程,因为据其可求得系统的固有频率或特征值。它的两个根为

$$\begin{matrix}\omega_1^2\\ \omega_2^2\end{matrix}=\frac{1}{2}\frac{m_1k_{22}+m_2k_{11}}{m_1m_2}\mp\frac{1}{2}\sqrt{\left[\left(\frac{m_1k_{22}+m_2k_{11}}{m_1m_2}\right)^2-4\frac{k_{11}k_{22}-k_{12}{}^2}{m_1m_2}\right]} \tag{2-117}$$

这表明,当 ω 等于式(2-117)中的 ω_1 或 ω_2 时系统具有如式(2-112)所示的非零简谐解是可能的。ω_1 和 ω_2 称为系统的固有频率。

最后确定常数 A_1 和 A_2 的值。A_1 和 A_2 的值与自然频率 ω_1 和 ω_2 有关,将对应于 ω_1 的值表示成 $A_1^{(1)}$ 和 $A_2^{(1)}$,对应于 ω_2 的值表示成 $A_1^{(2)}$ 和 $A_2^{(2)}$,将 ω_1^2 和 ω_2^2 代入式(2-114)可得

$$\left.\begin{aligned}r_1=\frac{A_2^{(1)}}{A_1^{(1)}}=\frac{m_1\omega_1^2-k_{11}}{k_{12}}=\frac{k_{12}}{k_{22}-m_2\omega_1^2}\\ r_2=\frac{A_2^{(2)}}{A_1^{(2)}}=\frac{m_1\omega_2^2-k_{11}}{k_{12}}=\frac{k_{12}}{k_{22}-m_2\omega_2^2}\end{aligned}\right\} \tag{2-118}$$

式(2-118)给出的 r_i 的两个值是一样的,$A_1^{(1)}$、$A_2^{(1)}$ 和 $A_1^{(2)}$、$A_2^{(2)}$ 分别描述系统在以频率

ω_1 和 ω_2 作同步简谐运动时系统的形状，或称为系统的自然模态。与 ω_1^2 和 ω_2^2 对应的两个振动模式分别为

$$\left.\begin{aligned}\boldsymbol{A}^{(1)}=\begin{bmatrix}A_1^{(1)}\\A_2^{(1)}\end{bmatrix}=\begin{bmatrix}A_1^{(1)}\\r_1A_1^{(1)}\end{bmatrix}\\\boldsymbol{A}^{(2)}=\begin{bmatrix}A_1^{(2)}\\A_2^{(2)}\end{bmatrix}=\begin{bmatrix}A_1^{(2)}\\r_2A_1^{(2)}\end{bmatrix}\end{aligned}\right\}\tag{2-119}$$

式中：$\boldsymbol{A}^{(1)}$ 和 $\boldsymbol{A}^{(2)}$ 称为模态向量，也叫(主)振型、固有振型或(主)模态。由自然频率 ω_1 和模态向量 $\boldsymbol{A}^{(1)}$ 构成系统的一阶振动模态，而 ω_2 和 $\boldsymbol{A}^{(2)}$ 构成系统的二阶振动模态。

$$\begin{aligned}\boldsymbol{x}^{(1)}(t)=\begin{bmatrix}x_1^{(1)}(t)\\x_2^{(1)}(t)\end{bmatrix}=\begin{bmatrix}A_1^{(1)}\cos(\omega_1t+\varphi_1)\\r_1A_1^{(1)}\cos(\omega_1t+\varphi_1)\end{bmatrix}\ \text{第 1 阶振型}\\\boldsymbol{x}^{(2)}(t)=\begin{bmatrix}x_1^{(2)}(t)\\x_2^{(2)}(t)\end{bmatrix}=\begin{bmatrix}A_1^{(2)}\cos(\omega_2t+\varphi_1)\\r_2A_1^{(2)}\cos(\omega_2t+\varphi_2)\end{bmatrix}\ \text{第 2 阶振型}\end{aligned}\tag{2-120}$$

【例 2-6】 考虑本节开始时的二自由度系统，(见图 2-20)，设 $c_1=c_2=c_3=0$，$F_1(t)=F_2(t)=0$，并设 $m_1=m,m_2=2m,k_1=k_2=k,k_3=2k$，求系统的自然模态。由(2-110)可得刚度矩阵 $\boldsymbol{k}$ 的元素为

$$k_{11}=k_1+k_2=2k,\quad k_{22}=k_2+k_3=3k,\quad k_{12}=-k_2=-k$$

由(2-115)，系统的频率方程为

$$\Delta(\omega^2)=2m^2\omega^4-7mk\omega^2+5k^2=0$$

其根为

$$\begin{matrix}\omega_1^2\\\omega_2^2\end{matrix}=\left[\frac{7}{4}\mp\sqrt{\left(\frac{7}{4}\right)^2-\frac{5}{2}}\right]\frac{k}{m}=\begin{cases}\dfrac{k}{m}\\\dfrac{5}{2}\dfrac{k}{m}\end{cases}$$

系统的自然频率为

$$\omega_1=\sqrt{\frac{k}{m}},\quad \omega_2=1.581\ 1\sqrt{\frac{k}{m}}$$

将 ω_1^2 和 ω_2^2 代入式(2-118)，得

$$r_1=\frac{A_2^{(1)}}{A_1^{(1)}}=-\frac{k_{11}-\omega_1^2m_1}{k_{12}}=-\frac{2k-(k/m)m}{-k}=1$$

$$r_2=\frac{A_2^{(2)}}{A_1^{(2)}}=-\frac{k_{11}-\omega_2^2m_1}{k_{12}}=-\frac{2k-(5k/2m)m}{-k}=-0.5$$

则自然模态向量为

$$\boldsymbol{A}^{(1)}=\begin{bmatrix}1\\1\end{bmatrix},\quad \boldsymbol{A}^{(2)}=\begin{bmatrix}1\\-0.5\end{bmatrix}$$

绘制出模态形状，如图 2-21 所示。注意到第二阶模态有一个位移为零的点，此点称为节点。

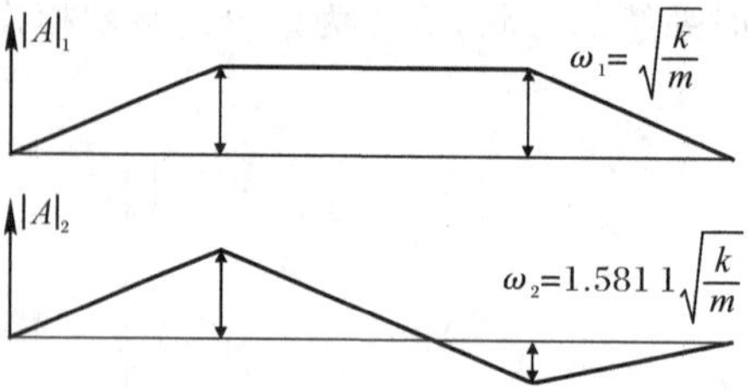

图 2-21　模态振型图

2.2.2　有阻尼二自由度系统受迫振动

受外部激励的二自由度系统的运动微分方程为

$$\begin{bmatrix} m_{11} & m_{12} \\ m_{12} & m_{22} \end{bmatrix}\begin{bmatrix} \ddot{x}_1 \\ \ddot{x}_2 \end{bmatrix}+\begin{bmatrix} c_{11} & c_{12} \\ c_{12} & c_{22} \end{bmatrix}\begin{bmatrix} \dot{x}_1 \\ \dot{x}_2 \end{bmatrix}+\begin{bmatrix} k_{11} & k_{12} \\ k_{12} & k_{22} \end{bmatrix}\begin{bmatrix} x_1 \\ x_2 \end{bmatrix}=\begin{bmatrix} F_1 \\ F_2 \end{bmatrix} \tag{2-121}$$

假设系统受简谐激励，且只考虑 $m_{11}=m_1, m_{22}=m_2$ 和 $m_{12}=m_{21}=0$ 时的情况。设简谐激振力为

$$F_j(t)=F_j\mathrm{e}^{\mathrm{i}\omega t},\quad j=1,2 \tag{2-122}$$

相应的系统的稳态解可表示为

$$x_j(t)=X_j\mathrm{e}^{\mathrm{i}\omega t},\quad j=1,2 \tag{2-123}$$

式中：X_1 和 X_2 一般为与激振力频率 ω 和系统参数有关的复数。将式(2-122)和式(2-123)代入式(2-121)，得两个代数方程

$$\left.\begin{aligned} (-\omega^2 m_{11}+\mathrm{i}\omega c_{11}+k_{11})X_1+(-\omega^2 m_{12}+\mathrm{i}\omega c_{12}+k_{12})X_2=F_1 \\ (-\omega^2 m_{12}+\mathrm{i}\omega c_{12}+k_{12})X_1+(-\omega^2 m_{22}+\mathrm{i}\omega c_{22}+k_{22})X_2=F_2 \end{aligned}\right\} \tag{2-124}$$

为方便表示，引入新的定义机械抗阻 $Z_{ij}(\mathrm{i}\omega)$ 如下：

$$Z_{ij}(\mathrm{i}\omega)=-\omega^2 m_{ij}+\mathrm{i}\omega c_{ij}+k_{ij},\quad i,j=1,2 \tag{2-125}$$

式(2-124)可以改写成比较紧凑的矩阵形式，即

$$[\boldsymbol{Z}(\mathrm{i}\omega)]\boldsymbol{X}=\boldsymbol{F}_0 \tag{2-126}$$

式中

$$\boldsymbol{Z}(\mathrm{i}\omega)=\begin{bmatrix} Z_{11}(\mathrm{i}\omega) & Z_{12}(\mathrm{i}\omega) \\ Z_{12}(\mathrm{i}\omega) & Z_{22}(\mathrm{i}\omega) \end{bmatrix},\quad \boldsymbol{x}=\begin{bmatrix} X_1 \\ X_2 \end{bmatrix},\quad \boldsymbol{f}_0=\begin{bmatrix} F_1 \\ F_2 \end{bmatrix} \tag{2-127}$$

式中：$\boldsymbol{Z}(\mathrm{i}\omega)$ 为阻抗矩阵；$\boldsymbol{x}$ 为位移幅值列向量；$\boldsymbol{f}_0$ 为激振力幅值列向量。解式(2-126)得

$$\boldsymbol{x}=[\boldsymbol{Z}(\mathrm{i}\omega)]^{-1}\boldsymbol{f}_0 \tag{2-128}$$

$[\boldsymbol{Z}(\mathrm{i}\omega)]^{-1}$ 的形式如下：

$$[\boldsymbol{Z}(\mathrm{i}\omega)]^{-1}=\frac{1}{Z_{11}(\mathrm{i}\omega)Z_{22}(\mathrm{i}\omega)-Z_{12}^2(\mathrm{i}\omega)}\begin{bmatrix} Z_{22}(\mathrm{i}\omega) & -Z_{12}(\mathrm{i}\omega) \\ -Z_{12}(\mathrm{i}\omega) & Z_{11}(\mathrm{i}\omega) \end{bmatrix} \tag{2-129}$$

由此得

$$\left.\begin{aligned} X_1(\mathrm{i}\omega)=\frac{Z_{22}(\mathrm{i}\omega)F_1-Z_{12}(\mathrm{i}\omega)F_2}{Z_{11}(\mathrm{i}\omega)Z_{22}(\mathrm{i}\omega)-Z_{12}^2(\mathrm{i}\omega)} \\ X_2(\mathrm{i}\omega)=\frac{-Z_{12}(\mathrm{i}\omega)F_1+Z_{11}(\mathrm{i}\omega)F_2}{Z_{11}(\mathrm{i}\omega)Z_{22}(\mathrm{i}\omega)-Z_{12}^2(\mathrm{i}\omega)} \end{aligned}\right\} \tag{2-130}$$

2.2.3 无阻尼二自由度系统受迫振动

当系统无阻尼且 $F_2=0$ 时，式(2－125)变为

$$Z_{11}(\omega)=k_{11}-\omega^2 m_1,\quad Z_{22}(\omega)=k_{22}-\omega^2 m_2,\quad Z_{12}(\omega)=k_{12} \tag{2-131}$$

将式(2－131)代入式(2－130)中，可得

$$\left.\begin{aligned} X_1(\omega)&=\frac{(k_{22}-\omega^2 m_2)F_1}{(k_{11}-\omega^2 m_1)(k_{22}-\omega^2 m_2)-k_{12}{}^2}\\ X_2(\omega)&=\frac{-k_{12}F_1}{(k_{11}-\omega^2 m_1)(k_{22}-\omega^2 m_2)-k_{12}{}^2}\end{aligned}\right\} \tag{2-132}$$

对于一组给定的系统参数，由式(2－132)可给出 $X_1(\omega)$ 和 $X_2(\omega)$ 随 ω 的变化曲线，即系统相应幅值随激振频率的变化曲线-频响曲线。

【例 2－7】 考虑例 2－6，绘制系统的频响曲线。

由例 2－6 中参数及式(2－132)得到系统相应幅值为

$$X_1(\omega)=\frac{(3k-2m\omega^2)F_1}{2m^2\omega^4-7mk\omega^2+5k^2}$$

$$X_2(\omega)=\frac{kF_1}{2m^2\omega^4-7mk\omega^2+5k^2}$$

幅值表达式中，$X_1(\omega)$ 和 $X_2(\omega)$ 表达式的分母为特征行列式：

$$\Delta(\omega^2)=2m^2\omega^4-7mk\omega^2+5k^2=2m^2(\omega^2-\omega_1^2)(\omega^2-\omega_2^2)$$

式中

$$\omega_1^2=\frac{k}{m},\quad \omega_2^2=\frac{5}{2}\frac{k}{m}$$

为系统自然频率的二次方。这样幅值表达式可以写为如下形式：

$$X_1(\omega)=\frac{2F_1}{5k}\frac{\frac{3}{2}-(\omega/\omega_1)^2}{[1-(\omega/\omega_1)^2][1-(\omega/\omega_2)^2]}$$

$$X_2(\omega)=\frac{F_1}{5k}\frac{1}{[1-(\omega/\omega_1)^2][1-(\omega/\omega_2)^2]}$$

系统的频响曲线，即 $X_1(\omega)$ 和 $X_2(\omega)$ 随 ω/ω_1 的变化曲线如图 2－22 所示。

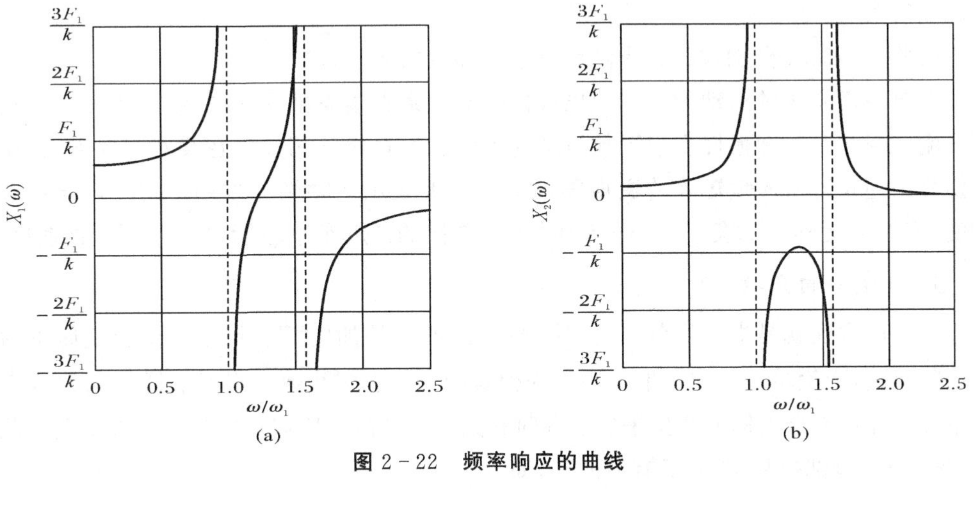

图 2－22 频率响应的曲线

2.3 多自由度系统

工程实际中常见的系统大多数为连续系统，具有无限多个自由度。为了方便求解，可以运用多种方法将它们近似为多自由度系统。多自由度系统与前面各节的所有概念都是类似的，可以相互推广。本节以质量-弹簧模型为例，来探究多自由度振动的相关规律。一个 n 自由度的系统，就有 n 个固有频率，每一个固有频率对应一个固有振型。2.2 节中求固有振型的方法，可以直接推广至多自由度系统中，令行列式为 0 得到特征方程来确定固有频率。但是与前面有所区别的是，多自由度系统的特征方程会越来越复杂，计算时需要采取一些方法来简化其求解过程。

2.3.1 多自由度系统的动力学方程

无阻尼多自由度系统的作用力方程的一般形式为

$$\boldsymbol{M}\ddot{\boldsymbol{x}}+\boldsymbol{K}\boldsymbol{x}=\boldsymbol{f} \tag{2-133}$$

式中：$\boldsymbol{M}$ 为质量矩阵；$\boldsymbol{K}$ 为刚度矩阵；$\boldsymbol{f}$ 为激励力向量。在讨论系统的自由振动时，则令 $\boldsymbol{f}=\boldsymbol{0}$，可以得到系统的自由振动振动方程。

建立多自由度系统的运动微分方程和单自由度、二自由度系统中一样，可以采取：①动力学基本定理，包括牛顿定律、动量定理、动量矩定理、动能定理或功率方程、达朗贝尔原理等；②影响系数方法；③能量法；④拉格郎日方程。本节重点介绍影响系数法。

影响系数法阐明了刚度矩阵和质量矩阵中每一个元素的物理意义，对于简单的多自由度系统，可以使用此方法构建作用力方程。这里给出在影响系数法下，刚度矩阵和质量矩阵中各个元素的物理意义：

(1)刚度矩阵中 k_{ij} 的含义：表示系统使得第 j 个坐标产生单位位移时，在第 i 个坐标上施加的力。

(2)量矩阵中 m_{ij} 的含义：表示系统使得第 j 个坐标产生单位加速度时，在第 i 个坐标上施加的力。

因此，k_{ij} 和 m_{ij} 分别被称为质量影响系数和刚度影响系数。

多自由度系统的运动微分方程也可根据影响系数法来推导，这在结构工程中广泛使用。刚度影响系数和惯性影响系数与刚度矩阵和质量矩阵相关。在某些情况下，使用刚度矩阵的逆矩阵或质量矩阵的逆矩阵可更方便地表示运动微分方程。柔度影响系数与刚度矩阵的逆矩阵(柔度矩阵)相对应，而与质量矩阵的逆矩阵对应的系数称为逆惯性系数。

1. 刚度影响系数

所谓的刚度就是指产生单位“位移”所需的各个外加“力”。对于一个产生简单的线位移的弹簧，产生单位轴向变形的力称为弹簧的刚度影响系数。刚度系数 k_{ij} 可以定义为使系统仅在第 j 个坐标上产生单位位移时在第 i 个坐标上所需加的外力。在 i 点的总力 F_i 等于导致全部位移 x_i 的所有力的和，即

$$F_i = \sum_{j=1}^{n} k_{ij} x_j, \quad i=1,2,\cdots,n \tag{2-134}$$

采用矩阵的形式表示为

$$\boldsymbol{f} = \boldsymbol{K}\boldsymbol{x} \tag{2-135}$$

式中：$\boldsymbol{x}$ 和 $\boldsymbol{f}$ 分别是定义的位移和力矢量，$\boldsymbol{K}$ 为刚度矩阵。

一个 n 自由度系统有 n 个独立的坐标，对应着 n 个单位位移，而每个单位位移又对应着 n 个刚度系数，所以系统总共有 $n\times n$ 个刚度系数，则刚度矩阵中有 $n\times n$ 个项，即

$$\boldsymbol{K} = \begin{bmatrix} k_{11} & k_{12} & \cdots & k_{1n} \\ k_{21} & k_{22} & \cdots & k_{2n} \\ \vdots & \vdots & & \vdots \\ k_{n1} & k_{n2} & \cdots & k_{nn} \end{bmatrix}$$

多自由度系统的刚度影响系数可以按如下步骤确定：

(1)假设 x_j 等于1(从 $j=1$ 开始)，而在其他全部各点($j=1,2,\cdots,j-1,j+1,\cdots,n$)的位移 $x_1,x_2,\cdots,x_{j-1},x_{j+1},\cdots,x_n$ 均为零。根据定义，一系列的力 k_{ij}($i=1,2,\cdots,n$)应使系统保持为这一假定的构型($x_j=1,x_1=x_2=\cdots=x_{j-1}=x_{j+1}=\cdots=x_n=0$)。那么根据每个质量的全部 n 个静力学平衡方程，可得 n 个影响系数 k_{ij}($i=1,2,\cdots,n$)。

(2)对 $j=1$ 完成第(1)步后，对 $j=2,3,\cdots,n$ 重复上述步骤。

【例 2-8】 求图 2-23 中所示系统的刚度影响系数。

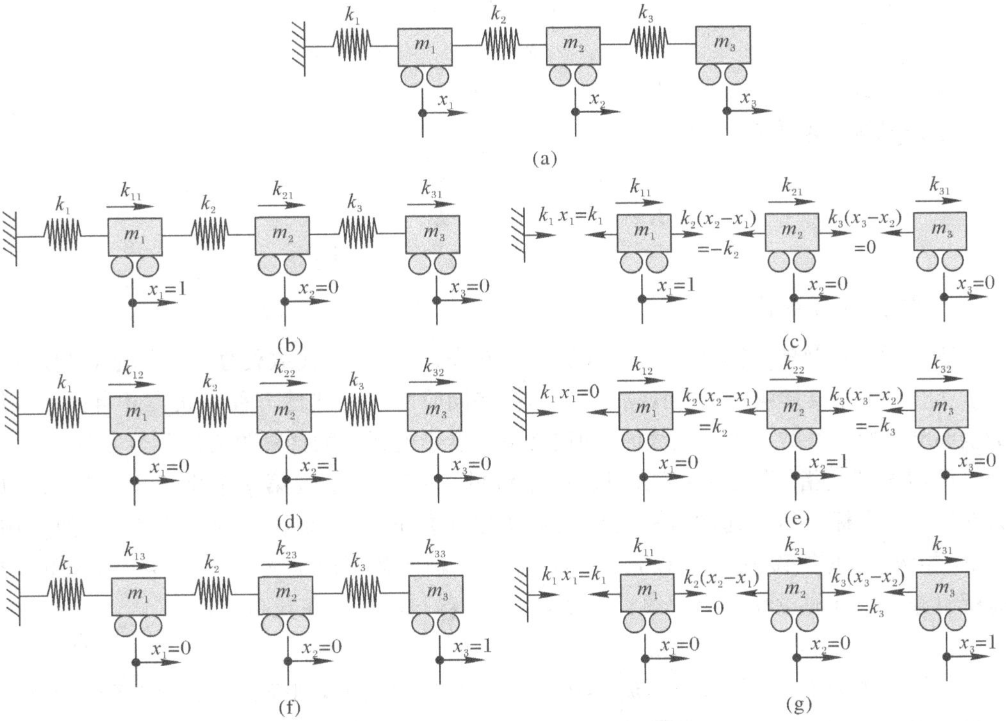

图 2-23 三自由度系统刚度影响系数

(a)三自由度系统；(b)m_1 产生单位位移系统；(c)m_1 产生单位位移分离体受力图；(d)m_2 产生单位位移系统；(e)m_2 产生单位位移分离体受力图；(f)m_3 产生单位位移系统；(g)m_3 产生单位位移分离体受力图

解:设 x_1,x_2 和 x_3 分别表示质量 m_1,m_2 和 m_3 的位移。刚度影响系数 k_{ij} 可根据弹簧刚度 k_1,k_2 和 k_3 求得。

令 $x_1=1,x_2=x_3=0$,在施加力 $k_{i1}(i=1,2,3)$ 可使系统处于图 2-23(b)所示的位置,则该系统中各质量块的受力如图 2-23(c)所示。由于 m_1,m_2 和 m_3 沿水平方向受力平衡,则

$$k_1=-k_2+k_{11}$$
$$k_{21}=-k_2$$
$$k_{31}=0$$

由上述三个式子可得:$k_{11}=k_1+k_2,k_{21}=-k_2,k_{31}=0$。

如图 2-23(d)所示,令 $x_1=x_3=0,x_2=1$。在 $k_{i2}(i=1,2,3)$ 作用下,系统保持平衡,则系统的受力如图 2-23(e)所示,各质量 m_1,m_2 和 m_3 所受的力的平衡方程为

$$k_{12}+k_2=0$$
$$k_{22}-k_3=k_2$$
$$k_{32}=-k_3$$

由上面三个式子可得:$k_{12}=-k_2,k_{22}=k_2+k_3,k_{32}=-k_3$。

同理,一系列力的 $k_{i3}(i=1,2,3)$ 使系统保持 $x_1=x_2=0,x_3=1$,该系统中各物体的受力如图 2-23(g)所示,各质量 m_1,m_2 和 m_3 所受的力的平衡方程变为

$$k_{13}=0$$
$$k_{23}+k_3=0$$
$$k_{33}=k_3$$

由上面三个式子可得:$k_{13}=0,k_{23}=-k_3,k_{33}=k_3$。

于是系统的刚度矩阵为

$$\boldsymbol{K}=\begin{bmatrix} k_1+k_2 & -k_2 & 0 \\ -k_2 & k_2+k_3 & -k_3 \\ 0 & -k_3 & k_3 \end{bmatrix}$$

2.柔度影响系数

刚度影响系数的计算要用到静力学平衡方程,并要进行代数处理。实际上,对任意指定 j 点的 n 个刚度影响系数 $k_{1j},k_{2j},\cdots,k_{nj}$,需要同时解 n 个线性方程以获得 n 自由度系统的全部刚度影响系数。当 n 较大时,相比之下柔度影响系数的计算更为简单与方便。

所谓柔度是指“单位外力”所引起的系统的“位移”。系统第 j 个坐标上作用的单位力在第 i 个坐标上所引起的位移就定义为柔度系数 r_{ij}。设系统只受一个力 F_j 的作用,由 F_j 导致 m_i 的位移为 x_{ij}。以 a_{ij} 表示的柔度影响系数可以定义为 j 点上作用的单位载荷所引起的 i 点的位移。对于线性系统,由于位移与载荷成正比例,故

$$x_{ij}=a_{ij}F_j \tag{2-136}$$

如果 n 个力 $F_j(j=1,2,\cdots,n)$ 作用在系统的不同点上,则任意 i 点的总变形可以通过对所有力 F_j 的贡献求和得到,即

$$x_i=\sum_{j=1}^{n}x_{ij}=\sum_{j=1}^{n}a_{ij}F_j,\quad i=1,2,\cdots,n \tag{2-137}$$

式(2－137)可以用矩阵的形式表示为

$$\boldsymbol{x}=\boldsymbol{A}\boldsymbol{f} \tag{2-138}$$

式中：$\boldsymbol{x}$ 与 $\boldsymbol{f}$ 是定义的位移与力矢量；$\boldsymbol{A}$ 是柔度矩阵，形式为

$$\boldsymbol{A}=\begin{bmatrix} a_{11} & a_{12} & \cdots & a_{1n} \\ a_{21} & a_{22} & \cdots & a_{2n} \\ \vdots & \vdots & & \vdots \\ a_{n1} & a_{n2} & \cdots & a_{nn} \end{bmatrix} \tag{2-139}$$

由式(2－138)和式(2－135)可以得知，柔度矩阵和刚度矩阵相关，两个矩阵互为逆矩阵。

多自由度系统柔度影响系数的求解过程如下：

(1)假定在 j 点(从 $j=1$ 开始)作用一单位载荷，据定义可得其他各点 $i(i=1,2,\cdots,n)$ 产生的位移即为柔度影响系数 $a_{ij}\,(i=1,2,\cdots,n)$，于是 a_{ij} 能用静力学与固体力学中的简单原理求得。

(2)在完成对 $j=1$ 的第(1)步后，对 $j=2,3,\cdots,n$ 重复以上步骤。

(3)不利用第(1)步与第(2)步，如果刚度矩阵已知，柔度矩阵 $\boldsymbol{A}$ 也可以通过求刚度阵 $\boldsymbol{K}$ 的逆矩阵求得。

【例 2－9】 求图 2－24(a)所示系统的柔度影响系数。

解：设 x_1，x_2 和 x_3 分别表示质量 m_1，m_2 和 m_3 的位移。柔度影响系数 a_{ij} 可根据弹簧刚度 k_1，k_2 和 k_3 求得，即施加单位力在所求的质量块上，计算其位移。

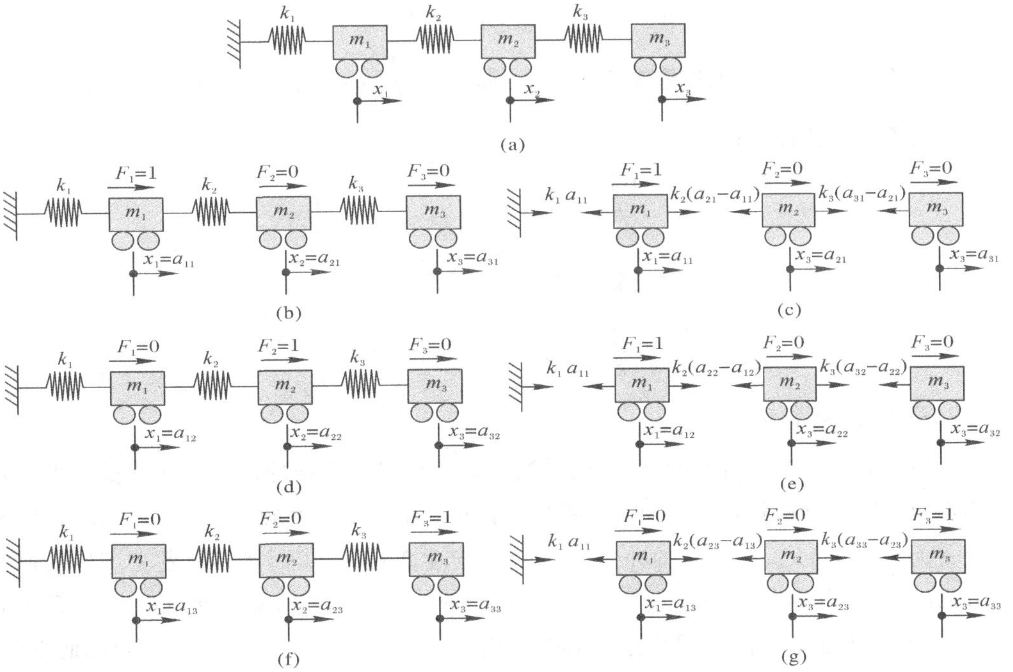

图 2－24 三自由度系统柔度影响系数

(a)三自由度系统；(b)m_1 受单位载荷系统；(c)m_1 受单位载荷分离体受力图；(d)m_2 受单位载荷系统；(e)m_2 受单位载荷分离体受力图；(f)m_3 受单位载荷系统；(g)m_3 受单位载荷分离体受力图

令 $F_1=1,F_2=F_3=0$，如图 2-24(b)所示。根据定义，质量 m_1,m_2 和 m_3 的位移 x_1，x_2 和 x_3 分别等于 a_{11},a_{21},a_{31}[见图 2-24(b)]。图 2-24(c)为各质量的受力分析图，各质量沿水平方向的力平衡可表示如下：

$$k_1a_{11}=k_2(a_{21}-a_{11})+1$$
$$k_2(a_{21}-a_{11})=k_3(a_{31}-a_{21})$$
$$k_3(a_{31}-a_{21})=0$$

上述三个式子的解为 $a_{11}=\frac{1}{k_1},a_{21}=\frac{1}{k_1},a_{31}=\frac{1}{k_1}$。

令 $F_2=1,F_1=F_3=0$，如图 2-24(d)所示。根据定义，质量 m_1,m_2 和 m_3 的位移 x_1，x_2 和 x_3 分别等于 a_{11},a_{21},a_{31}[见图 2-24(d)]。图 2-24(e)为各质量的受力分析，根据平衡方程得

$$k_1a_{12}=k_2(a_{22}-a_{12})$$
$$k_2(a_{22}-a_{12})=k_3(a_{32}-a_{22})+1$$
$$k_3(a_{32}-a_{22})=0$$

解上述三个式子可以得 $a_{12}=\frac{1}{k_1},a_{22}=\frac{1}{k_1}+\frac{1}{k_2},a_{32}=\frac{1}{k_1}+\frac{1}{k_2}$。

同理，图 2-24(g)为各质量的受力分析，分析得下列平衡方程：

$$k_1a_{13}=k_2(a_{23}-a_{13})$$
$$k_2(a_{23}-a_{13})=k_3(a_{33}-a_{23})$$
$$k_3(a_{33}-a_{23})=1$$

由上述三个式子可以解出柔度影响系数 a_{i3}，即 $a_{13}=\frac{1}{k_1},a_{23}=\frac{1}{k_1}+\frac{1}{k_2},a_{33}=\frac{1}{k_1}+\frac{1}{k_2}+\frac{1}{k_3}$。

于是系统的柔度矩阵为

$$\boldsymbol{A}=\begin{bmatrix}\frac{1}{k_1} & \frac{1}{k_1} & \frac{1}{k_1}\\ \frac{1}{k_1} & \frac{1}{k_1}+\frac{1}{k_2} & \frac{1}{k_1}+\frac{1}{k_2}\\ \frac{1}{k_1} & \frac{1}{k_1}+\frac{1}{k_2} & \frac{1}{k_1}+\frac{1}{k_2}+\frac{1}{k_3}\end{bmatrix}$$

3. 惯性影响系数

质量矩阵的元素 m_{ij} 即为惯性影响系数。虽然可以从系统的动能表达式推导出惯性影响系数，但也可以利用冲量-动量关系进行计算。惯性影响系数 $m_{1j},m_{2j},\cdots,m_{ij}$ 可以分别定义为作用在 $1,2,\cdots,n$ 点的冲量，以使 j 点产生单位速度，而在其他各点产生的速度为零(即 $\dot{x}_j=1,\dot{x}_1=\dot{x}_2=\cdots=\dot{x}_{j-1}=\dot{x}_{j+1}=\cdots=\dot{x}_n=0$)。于是，对一个多自由度系统而言，作用在 i 点的总冲量 F_i 可以通过对引起速度 $\dot{x}_j(j=1,2,\cdots,n)$ 的各冲量求和而得到，即

$$F_i=\sum_{j=1}^{n}m_{ij}\dot{x}_j \tag{2-140}$$

式(2－140)的矩阵形式为

$$\boldsymbol{f}=\boldsymbol{m}\dot{\boldsymbol{x}} \tag{2-141}$$

式中：$\dot{\boldsymbol{x}}$ 与 $\boldsymbol{f}$ 分别为速度矢量和冲量矢量，即

$$\dot{\boldsymbol{x}}=\begin{bmatrix}\dot{x}_1\\ \dot{x}_2\\ \vdots\\ \dot{x}_n\end{bmatrix},\quad \boldsymbol{f}=\begin{bmatrix}F_1\\ F_2\\ \vdots\\ F_n\end{bmatrix} \tag{2-142}$$

$\boldsymbol{M}$ 为质量矩阵，可表示为

$$\boldsymbol{M}=\begin{bmatrix}m_{11} & m_{12} & \cdots & m_{1n}\\ m_{21} & m_{22} & \cdots & m_{2n}\\ \vdots & \vdots & & \vdots\\ m_{n1} & m_{n2} & \cdots & m_{nn}\end{bmatrix} \tag{2-143}$$

多自由度系统的惯性影响系数的推导步骤如下：

(1)假设一组作用在各个点 $i(i=1,2,\cdots,n)$ 上的冲量 $\underset{\sim}{f_{ij}}$ 所引起 j 点的速度为单位速度($\dot{x}_j=1$，从 $j=1$ 开始)，而其他各点的速度为零($\dot{x}_1=\dot{x}_2=\cdots=\dot{x}_{j-1}=\dot{x}_{j+1}=\cdots=\dot{x}_n=0$)。根据定义，这组冲量 $\underset{\sim}{f_{ij}}(i=1,2,\cdots,n)$ 就表示惯性影响系数 $m_{ij}(i=1,2,\cdots,n)$。

(2)在完成对 $j=1$ 的计算后，对 $j=2,3,\cdots,n$，分别重复以上计算。

上述影响系数法阐述了刚度矩阵、质量矩阵以及惯性矩阵中每一个元素的物理意义，将系统中的刚度矩阵或柔度矩阵求出后，就可以列出自由振动的运动方程：

$$\boldsymbol{Kx}=-\boldsymbol{M}\ddot{\boldsymbol{x}} \tag{2-144}$$

或写成

$$\boldsymbol{M}\ddot{\boldsymbol{x}}+\boldsymbol{Kx}=\boldsymbol{0} \tag{2-145}$$

从柔度矩阵出发可以得到系统运动微分方程的另一种形式：

$$\boldsymbol{x}=-\boldsymbol{AM}\ddot{\boldsymbol{x}}$$

或写成

$$\boldsymbol{AM}\ddot{\boldsymbol{x}}+\boldsymbol{x}=\boldsymbol{0} \tag{2-146}$$

系统运动微分方程的这两种形式[式(2－145)与式(2－146)]是完全等价的。

【例 2－10】 图 2－25 所示为三个质量为 m_1，m_2 和 m_3 的小球，固定在一张紧的弦上，各跨距相等，求系统在垂直方向的自由振动方程。

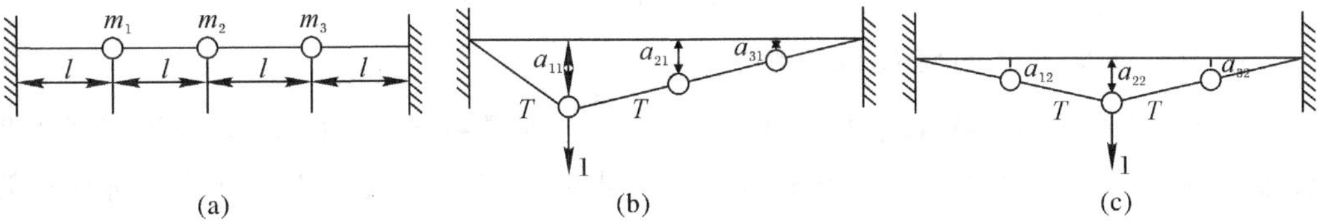

图 2－25 质量-弦系统

(a)球-弦三自由度系统；(b)a_{11}产生单位位移；(c)a_{22}产生单位位移

解：根据柔度系数的定义，首先对 m_1 施加垂直的单位力，于是系统产生图 2－25(b)

所示的变形。这时假定弦的张力 T 较大而质量振动位移较小,因此振动中弦的张力 T 保持不变。质量 m_1 的受力平衡方程为

$$T\sin\theta_1 + T\sin\theta_2 = 1$$

由于

$$\sin\theta_1 \approx a_{11}/l, \quad \sin\theta_2 \approx a_{11}/3l$$

因此有

$$\frac{Ta_{11}}{l} + \frac{Ta_{11}}{3l} = 1, \quad a_{11} = \frac{3l}{4T}$$

a_{21}和 a_{31}可按图 2-25(b)的比例求得,即

$$\frac{a_{21}}{2l} = \frac{a_{11}}{3l}$$

所以

$$a_{21} = \frac{3l}{4T} \times \frac{2}{3} = \frac{l}{2T}$$

$$a_{31} = \frac{a_{21}}{2} = \frac{l}{4T}$$

由于对称关系,当对 m_3 施加一铅垂方向的单位力时,有

$$a_{13} = a_{31} = l/(4T), \quad a_{23} = a_{21} = l/(2T), \quad a_{33} = a_{11} = 3l/(4T)$$

对 m_2 施加一铅垂方向的单位力时,它的变形如图 2-25(c)所示,由此得

$$a_{22} = \frac{l}{T}, \quad a_{12} = a_{32} = \frac{l}{2T}$$

把系数写到矩阵中,得

$$\mathbf{A} = \frac{l}{4T}\begin{bmatrix} 3 & 2 & 1 \\ 2 & 4 & 2 \\ 1 & 2 & 3 \end{bmatrix}$$

系统的自由振动运动方程为

$$\begin{bmatrix} x_1 \\ x_2 \\ x_3 \end{bmatrix} + \frac{l}{4T}\begin{bmatrix} 3 & 2 & 1 \\ 2 & 4 & 2 \\ 1 & 2 & 3 \end{bmatrix}\begin{bmatrix} m_1 & 0 & 0 \\ 0 & m_2 & o \\ 0 & 0 & m_3 \end{bmatrix}\begin{bmatrix} \ddot{x}_1 \\ \ddot{x}_2 \\ \ddot{x}_3 \end{bmatrix} = \begin{bmatrix} 0 \\ 0 \\ 0 \end{bmatrix}$$

2.3.2 多自由度无阻尼系统自由振动

无外力作用的多自由度系统受到初始扰动后,产生自由振动。当动力学方程式(2-133)中的外力 $F=0$ 时,得到无阻尼系统自由振动的微分方程

$$\boldsymbol{M}\ddot{\boldsymbol{x}} + \boldsymbol{K}\boldsymbol{x} = \boldsymbol{0}$$

1. 多自由度系统的特征值问题

系统的无阻尼自由振动即为式(2-147)的解。如果系统以初始位移、初始速度或两者兼有的形式获得一定的能量,由于不存在能量耗散,系统将无限振动下去。可通过假定解的形式求得式(2-147)的解

$$x_i(t) = X_i\cos(\omega t + \varphi), \quad i = 1, 2, \cdots, n \tag{2-148}$$

式中:X_i 为常数;$\cos(\omega t + \varphi)$是时间的函数,其中相角 φ 为常数。系统的位形可以矢量的

形式表示为

$$\boldsymbol{x}=\begin{bmatrix}X_1\\X_2\\\vdots\\X_n\end{bmatrix} \tag{2-149}$$

称之为系统的模态。将式(2－148)代入式(2－147)得到广义特征值问题

$$(\boldsymbol{K}-\omega^2\boldsymbol{M})\boldsymbol{x}=\boldsymbol{0} \tag{2-150}$$

由于式(2－150)表示未知量为 $X_i(i=1,2,\cdots,n)$ 的 n 个齐次线性方程，其存在非零解要求系数矩阵的行列式必须为零，即

$$\Delta=\left|k_{ij}-\omega^2 m_{ij}\right|=\left|\boldsymbol{K}-\omega^2\boldsymbol{M}\right|=0 \tag{2-151}$$

式(2－151)还可表示为

$$\begin{vmatrix}k_{11}-\omega^2 m_{11} & k_{12}-\omega^2 m_{12} & \cdots & k_{1n}-\omega^2 m_{1n}\\ k_{21}-\omega^2 m_{21} & k_{22}-\omega^2 m_{22} & \cdots & k_{2n}-\omega^2 m_{2n}\\ \vdots & \vdots & & \vdots\\ k_{n1}-\omega^2 m_{n1} & k_{n2}-\omega^2 m_{n2} & \cdots & k_{nn}-\omega^2 m_{nn}\end{vmatrix}=0 \tag{2-152}$$

式(2－152)可以展开成以 ω^2 表示的 n 次多项式方程

$$\omega^{2n}+a_1\omega^{2(n-1)}+\cdots+a_{n-1}\omega^2+a_n=0 \tag{2-153}$$

该多项式或特征方程的解(根)给出 n 个 ω^2 的值。对于平衡状态稳定的正定系统，各坐标只能在平衡位置附近做微幅简谐振动。

当矩阵 $\boldsymbol{K}$ 与 $\boldsymbol{M}$ 均为对称的正定阵时，则得 n 个正的实根。若 $\omega_1^2,\omega_2^2,\cdots,\omega_n^2$ 表示 n 个按递增顺序排列的根，则它们的正二次方根给出了系统的 n 个固有频率，即 $\omega_1\leqslant\omega_2\leqslant\cdots\leqslant\omega_n$，最小值 ω_1 叫作基频或第 1 阶固有频率。一般来说各阶固有频率 ω_i 是不同的，但在有些情况下两个固有频率也可能相等。

将每个特征根(固有频率)代入广义特征值问题 $(\boldsymbol{K}-\omega^2\boldsymbol{M})\boldsymbol{x}=\boldsymbol{0}$，可得到对应的 n 个非零向量 $\boldsymbol{x}^{(i)}$，称为固有振型(特征向量或模态向量)，每一个主振动称为一阶模态，ω_i 和对应的 $\boldsymbol{x}^{(i)}$ 组成第 i 阶模态参数。由上述分析可知，主振动只决定于系统的固有参数，与其他外界条件无关，是系统的固有特性，而不是一种响应。

由以上求解结果可知，式(2－147)的一般解可表示为

$$\boldsymbol{x}(t)=\sum_{i=1}^{n}\boldsymbol{x}^{(i)}A_i\cos(\omega_i t+\varphi_i) \tag{2-154}$$

式中：$\boldsymbol{x}^{(i)}$ 为第 i 阶振型矢量；ω_i 是相应的固有频率；A_i 和 φ_i 是常数，$i=1,2,\cdots,n$，可根据系统的初始条件来确定。若用

$$\boldsymbol{x}(0)=\begin{bmatrix}x_1(0)\\x_2(0)\\\vdots\\x_n(0)\end{bmatrix},\quad \dot{\boldsymbol{x}}(0)=\begin{bmatrix}\dot{x}_1(0)\\\dot{x}_2(0)\\\vdots\\\dot{x}_n(0)\end{bmatrix} \tag{2-155}$$

表示系统的初始位移与初始速度，则由式(2-154)得

$$\boldsymbol{x}(0)=\sum_{i=1}^{n}\boldsymbol{x}^{(i)}A_i\cos\varphi_i \tag{2-156}$$

$$\dot{\boldsymbol{x}}(0)=-\sum_{i=1}^{n}\boldsymbol{x}^{(i)}A_i\omega_i\sin\varphi_i \tag{2-157}$$

2. 特征值问题求解

式(2-150)也可以表示为

$$(\lambda\boldsymbol{K}-\boldsymbol{M})\boldsymbol{x}=\boldsymbol{0} \tag{2-158}$$

式中

$$\lambda=\frac{1}{\omega^2} \tag{2-159}$$

式(2-158)两边左乘 $\boldsymbol{K}^{-1}$，可得

$$(\lambda\boldsymbol{I}-\boldsymbol{D})\boldsymbol{x}=\boldsymbol{0}\text{ 或 }\lambda\boldsymbol{I}\boldsymbol{x}=\boldsymbol{D}\boldsymbol{x} \tag{2-160}$$

式中：$\boldsymbol{I}$ 为单位矩阵；

$$\boldsymbol{D}=\boldsymbol{K}^{-1}\boldsymbol{M} \tag{2-161}$$

$\boldsymbol{D}$ 为动力矩阵。为求 $\boldsymbol{x}$ 的非零解，令特征行列式为零，即

$$\Delta=|\lambda\boldsymbol{I}-\boldsymbol{D}|=0 \tag{2-162}$$

将式(2-162)展开后得到一个关于 λ 的 n 次多项式方程，称为特征方程或频率方程。如果系统的自由度 n 较大，则多项式方程的求解将十分复杂，必须借助数值方法求解。

3. 主振型的正交性

主振型的一个重要性质是正交性。这种正交性表现为关于质量矩阵与刚度矩阵的加权正交性，即当 $i\neq j$ 时，有

$$\boldsymbol{x}_i^{\mathrm{T}}\boldsymbol{K}\boldsymbol{x}_j=\boldsymbol{0},\quad \boldsymbol{x}_i^{\mathrm{T}}\boldsymbol{M}\boldsymbol{x}_j=\boldsymbol{0} \tag{2-163}$$

事实上，$\boldsymbol{x}_i$ 与 $\boldsymbol{x}_j$ 分别为系统的第 i 个与第 j 个主振型，因而有

$$\boldsymbol{K}\boldsymbol{x}_i=\omega_i^2\boldsymbol{M},\quad \boldsymbol{x}_i\boldsymbol{K}\boldsymbol{x}_j=\omega_j^2\boldsymbol{M}\boldsymbol{x}_j \tag{2-164}$$

将第一式转置，再后乘以 $\boldsymbol{x}_j$；对第二式前乘以 $\boldsymbol{x}_i^{\mathrm{T}}$。然后两者相减，可得

$$(\omega_i^2-\omega_j^2)\boldsymbol{x}_i^{\mathrm{T}}\boldsymbol{M}\boldsymbol{x}_j=\boldsymbol{0} \tag{2-165}$$

考虑到 ω_i 不等于 ω_j，于是式(2-163)中的第一式得证；同理可证明其第二式。

注意到当 $i=j$ 时，不论 $\boldsymbol{x}_i^{\mathrm{T}}\boldsymbol{M}\boldsymbol{x}_i$ 取何有限值，式(2-165)恒成立，因而可取

$$\boldsymbol{M}_i=\boldsymbol{x}_i^{\mathrm{T}}\boldsymbol{M}\boldsymbol{x}_i,\quad \boldsymbol{K}_i=\boldsymbol{x}_i^{\mathrm{T}}\boldsymbol{K}\boldsymbol{x}_i \tag{2-166}$$

式中：$\boldsymbol{M}_i$ 称为模态刚度。在多数情况下，将主振型矢量 $\boldsymbol{x}_i$ 正则化，使得 $\boldsymbol{M}=\boldsymbol{I}$，且有

$$\boldsymbol{x}_i^{\mathrm{T}}\boldsymbol{M}\boldsymbol{x}_i=\boldsymbol{I} \tag{2-167}$$

$$\omega_i^2=\frac{\boldsymbol{K}_i}{\boldsymbol{M}_i} \tag{2-168}$$

引入实模态矩阵 $\boldsymbol{A}$，则

$$\boldsymbol{A}=[x_1 \cdots x_2] \tag{2-169}$$

则上述结果可写成矩阵形式

$$\boldsymbol{A}^{\mathrm{T}}\boldsymbol{M}\boldsymbol{A}=\mathrm{diag}[\boldsymbol{M}_i],\quad \boldsymbol{A}^{\mathrm{T}}\boldsymbol{K}\boldsymbol{A}=\mathrm{diag}[\boldsymbol{K}_i] \tag{2-170}$$

系统的主振型通常包含一个任意常数乘子，因而可以选取归一化振型如下：选取这样的 $\boldsymbol{x}_i$，使式(2-166)中各个$\boldsymbol{M}_i$ 都等于 **1**，而这时各个$\boldsymbol{K}_i$ 就等于 ω_i^2。

2.3.3 多自由度无阻尼系统受迫振动

多自由度系统受到外力激励所产生的运动为受迫振动。设 n 自由度系统沿各个广义坐标均受到频率和相位相同的广义简谐激励。将式(2-133)的右边以 $\boldsymbol{F}_0\mathrm{e}^{\mathrm{i}\omega t}$ 代入，得到系统的受迫振动方程，有

$$\boldsymbol{M}\ddot{\boldsymbol{x}}+\boldsymbol{K}\boldsymbol{x}=\boldsymbol{F}_0\mathrm{e}^{\mathrm{i}\omega t} \tag{2-171}$$

式中：$\boldsymbol{x}$ 为复数列阵，其实部或虚部为实际广义坐标，分别为余弦或正弦激励的响应；ω 为激励频率；$\boldsymbol{F}_0$ 为广义激励力的幅值，有

$$\boldsymbol{F}_0=[F_{01}\quad F_{02}\quad \cdots \quad F_{0n}]^{\mathrm{T}} \tag{2-172}$$

设式(2-171)的特解为

$$\boldsymbol{x}=\boldsymbol{X}\mathrm{e}^{\mathrm{i}\omega t} \tag{2-173}$$

式中：$\boldsymbol{x}$ 为各复数广义坐标的受迫振动复振幅组成的列阵，有

$$\boldsymbol{X}=[X_1\quad X_2\quad \cdots \quad X_n]^{\mathrm{T}} \tag{2-174}$$

将式(2-174)代入式(2-171)，可得

$$(\boldsymbol{K}-\omega^2\boldsymbol{M})\boldsymbol{X}=\boldsymbol{F}_0 \tag{2-175}$$

对式(2-175)作逆运算，将 $\boldsymbol{k}-\omega^2\boldsymbol{m}$ 的逆矩阵记作 $\boldsymbol{H}=(H_{ij})$，称作多自由度系统的复频响应矩阵，有

$$\boldsymbol{H}(\omega)=(\boldsymbol{K}-\omega^2\boldsymbol{M})^{-1} \tag{2-176}$$

则

$$\boldsymbol{X}=\boldsymbol{H}\boldsymbol{F}_0 \tag{2-177}$$

代入式(2-173)，得

$$\boldsymbol{x}=\boldsymbol{H}\boldsymbol{F}_0\mathrm{e}^{\mathrm{i}\omega t} \tag{2-178}$$

工程中将 $\boldsymbol{K}-\omega^2\boldsymbol{M}$ 称作系统的阻抗矩阵或动刚度矩阵，其逆矩阵 $\boldsymbol{H}$ 相应的也称作导纳矩阵或动柔度矩阵。为便于理解 $\boldsymbol{H}$ 矩阵的物理意义，写出式(2-177)沿 i 坐标的投影式

$$X_i=\sum_{j=1}^{n}H_{ij}F_{0j} \tag{2-179}$$

因此矩阵 $\boldsymbol{H}$ 的各元素 H_{ij} 等于仅沿坐标 j 作用频率为 ω 的单位幅度简谐力时，沿坐标 i 所引起的受迫振动的复振幅，在工程中常利用实验方法测出 H_{ij}。由于 $\boldsymbol{H}$ 含有因子$|\boldsymbol{K}-\omega^2\boldsymbol{M}|^{-1}$，而$|\boldsymbol{K}-\omega^2\boldsymbol{M}|^{-1}=0$ 为系统的特征方程，因此激励频率 ω 接近系统的任何一个固有频率都会使受迫振动的振幅无限增大而引起共振。受迫振动的相位取决于列阵 $\boldsymbol{H}\boldsymbol{F}_0$ 各元素的符

号，正号则与激励同相，负号则与激励反相。

多自由度系统的受迫振动也可以运用模态叠加法进行分析。当系统受到非周期性作用力或系统的自由度较大时，其微分方程的求解会非常复杂。这种情况下，可以使用模态叠加法进行求解。模态叠加法即利用前面的主坐标变换或正则坐标变换实现方程的解耦，将此时的运动微分方程变为非耦合的二阶微分方程，即转换为求解的 n 个单自由度系统方程的解。

在外力作用下多自由度系统的运动微分方程为 $\boldsymbol{M}\ddot{\boldsymbol{x}}+\boldsymbol{K}\boldsymbol{x}=\boldsymbol{F}$，使用模态叠加法需要先求解方程的特征值问题，即求解式(2-150)，由此确定固有频率 ω_i 和相应的固有振型 $\boldsymbol{x}^{(i)}$。

模态的正交性表明各个特征向量是线性独立的，特征向量构成了 n 维空间的一组正交基。故 n 维空间中的任意向量都可以表示为这 n 个线性独立向量的线性组合。若 $\boldsymbol{x}$ 是 n 维空间中的任意一个向量，则其可表示为

$$\boldsymbol{x}=\sum_{i=1}^{n} c_i \boldsymbol{x}^{(i)} \tag{2-180}$$

系统的解矢量也可以通过固有振型的线性组合来表示，即

$$\boldsymbol{x}(t)=c_1(t)\boldsymbol{x}^{(1)}+c_2(t)\boldsymbol{x}^{(2)}+\cdots+c_n(t)\boldsymbol{x}^{(n)} \tag{2-181}$$

式中：$c_1(t),c_2(t),\cdots,c_n(t)$是依赖于时间的广义坐标，为主坐标或振型参与系数。

各阶主坐标组成的列阵为主坐标列阵：

$$\boldsymbol{C}=[c_1 \quad c_2 \quad \cdots \quad c_n]^{\mathrm{T}} \tag{2-182}$$

根据定义，振型矩阵 $\boldsymbol{X}$ 的第 j 列为矢量$\boldsymbol{x}^{(j)}$，即

$$\boldsymbol{X}=[\boldsymbol{x}^{(1)} \quad \boldsymbol{x}^{(2)} \quad \cdots \quad \boldsymbol{x}^{(n)}] \tag{2-183}$$

式(2-181)可以用矩阵的形式表达为

$$\boldsymbol{x}(t)=\boldsymbol{X}\boldsymbol{c}(t) \tag{2-184}$$

由于 $\boldsymbol{X}$ 不是时间的函数，据式(2-184)可得

$$\ddot{\boldsymbol{x}}(t)=\boldsymbol{X}\ddot{\boldsymbol{c}}(t) \tag{2-185}$$

利用式(2-184)与式(2-185)，可将多自由度系统的运动微分方程表示为

$$\boldsymbol{M}\boldsymbol{X}\ddot{\boldsymbol{c}}+\boldsymbol{K}\boldsymbol{X}\boldsymbol{c}=\boldsymbol{F} \tag{2-186}$$

将式(2-186)两边均前乘以$\boldsymbol{X}^{\mathrm{T}}$，有

$$\boldsymbol{X}^{\mathrm{T}}\boldsymbol{M}\boldsymbol{X}\ddot{\boldsymbol{c}}+\boldsymbol{X}^{\mathrm{T}}\boldsymbol{K}\boldsymbol{X}\boldsymbol{c}=\boldsymbol{X}^{\mathrm{T}}\boldsymbol{F} \tag{2-187}$$

若已将固有振型关于式(2-163)正则化，则有

$$\left.\begin{aligned}&\boldsymbol{X}^{\mathrm{T}}\boldsymbol{M}\boldsymbol{X}=\boldsymbol{I}\\&\boldsymbol{X}^{\mathrm{T}}\boldsymbol{K}\boldsymbol{X}=\mathrm{diag}(\omega_1^2,\omega_2^2,\cdots,\omega_n^2)\end{aligned}\right\} \tag{2-188}$$

与广义坐标 $\boldsymbol{c}(t)$对应的广义力 $\boldsymbol{C}(t)$为

$$\boldsymbol{C}(t)=\boldsymbol{X}^{\mathrm{T}}\boldsymbol{F}(t) \tag{2-189}$$

式(2-187)可表示为

$$\ddot{\boldsymbol{c}}(t)+\mathrm{diag}(\omega_1^2,\omega_2^2,\cdots,\omega_n^2)\boldsymbol{c}(t)=\boldsymbol{C}(t) \tag{2-190}$$

式(2-190)表示以下 n 个二阶非耦合微分方程

$$\ddot{c}_i(t)+\omega_i^2 c_i(t)=C_i(t),\quad i=1,2,\cdots,n \tag{2-191}$$

由式(2-191)可以看出它与无阻尼单自由度系统的运动微分方程完全一样,式(2-191)的解由式(2-99)可知,其还可表示为

$$c_i(t)=c_i(0)\cos\omega_i t+\frac{\dot{c}_i(0)}{\omega_i}\sin\omega_i t+\frac{1}{\omega_i}\int_0^t C_i(\tau)\sin\omega_i(t-\tau)\mathrm{d}\tau,\quad i=1,2,\cdots,n \tag{2-192}$$

初始广义位移 $c_i(0)$ 与初始广义速度 $\dot{c}_i(0)$ 可根据物理位移与物理速度的初始值 $x_i(0)$ 与 $\dot{x}_i(0)$ 确定,即

$$\left.\begin{aligned}\boldsymbol{c}(0)&=\boldsymbol{X}^{\mathrm{T}}\boldsymbol{M}\boldsymbol{x}(0)\\ \dot{\boldsymbol{c}}(0)&=\boldsymbol{X}^{\mathrm{T}}\boldsymbol{M}\dot{\boldsymbol{x}}(0)\end{aligned}\right\} \tag{2-193}$$

式中

$$\boldsymbol{c}(0)=\begin{Bmatrix}c_1(0)\\ c_2(0)\\ \vdots\\ c_n(0)\end{Bmatrix},\quad \dot{\boldsymbol{c}}(0)=\begin{Bmatrix}\dot{c}_1(0)\\ \dot{c}_2(0)\\ \vdots\\ \dot{c}_n(0)\end{Bmatrix},\quad \boldsymbol{x}(0)=\begin{Bmatrix}x_1(0)\\ x_2(0)\\ \vdots\\ x_n(0)\end{Bmatrix},\quad \dot{\boldsymbol{x}}(0)=\begin{Bmatrix}\dot{x}_1(0)\\ \dot{x}_2(0)\\ \vdots\\ \dot{x}_n(0)\end{Bmatrix} \tag{2-194}$$

利用式(2-192)与式(2-193)将广义位移 $c_i(t)$ 求出后,根据式(2-184)就可求出物理位移 $x_i(t)$。

2.3.4 多自由度黏性阻尼系统受迫振动

由于阻尼的存在,初始条件和外激励引起的自由振动响应(瞬态振动)很快消失,只需研究稳态响应。通过上面的主坐标变换或正则坐标变换可以将无阻尼振动方程解耦,但阻尼矩阵不具有正交性,无法使有阻尼振动系统解耦,也就不能通过振型叠加法求解响应。

工程中一般是将阻尼矩阵进行处理,使系统能够通过振型叠加法求响应。现假设阻尼矩阵 $\boldsymbol{C}$ 是质量矩阵 $\boldsymbol{M}$ 和刚度矩阵 $\boldsymbol{K}$ 的线性组合,称之为黏性阻尼(或比例阻尼),表示为

$$\boldsymbol{C}=\alpha\boldsymbol{M}+\beta\boldsymbol{K} \tag{2-195}$$

式中:α、β 为常数。对阻尼矩阵进行正则变换得

$$\boldsymbol{U}_{\mathrm{N}}^{\mathrm{T}}\boldsymbol{C}\boldsymbol{U}_{\mathrm{N}}=\alpha\boldsymbol{I}+\beta\omega_i^2 \tag{2-196}$$

这样,对有阻尼振动方程进行正则坐标后即可得到解耦方程

$$\ddot{q}_{\mathrm{N}i}+(\alpha+\beta\omega_i^2)\dot{q}_{\mathrm{N}i}+\omega_i^2 q_{\mathrm{N}i}=F_{\mathrm{N}i}(t) \tag{2-197}$$

相应的第 i 阶阻尼和阻尼比可写为

$$\left.\begin{aligned}c_i&=\alpha+\beta\omega_i^2\\ \zeta_i&=\frac{\alpha+\beta\omega_i^2}{2\omega_i}\end{aligned}\right\} \tag{2-198}$$

正则坐标下的稳态响应为

$$q_{Ni}=\frac{1}{\omega_i\sqrt{1-\zeta_i^2}}\int_0^t e^{-\zeta_i\omega_i(t-\tau)}F_{Ni}(\tau)\cdot\sin[\omega_N\sqrt{1-\zeta_i^2}(t-\tau)]d\tau \tag{2-199}$$

广义坐标下的稳态响应为

$$\boldsymbol{x}=\boldsymbol{U}_N\boldsymbol{q}_N=\sum_{i=1}^{n}\boldsymbol{U}_N^{(i)}q_{Ni} \tag{2-200}$$

2.4 连续振动系统

理想连续体需要满足三个假设：①材料是均匀且连续的；②在所有情况下应力都不超过其弹性极限，并满足胡克定律；③任一点的变形都是微小的并满足连续条件。材料力学和弹性力学对杆、轴、梁、板等连续体进行过研究，但研究的是其静态问题。对于它们的动态问题，相关力学方程的推导方法和思路是类似的。本书将会介绍杆的纵向振动、轴的扭转振动、弦的横向振动和梁的横向振动，以及如何对这些研究对象建立振动方程与开展固有特性和响应分析。

工程结构的质量大部分都是连续分布的，连续系统可以看作是离散系统(多自由度系统)当自由度无限增加时的极限情形。因而多自由度系统线性振动的一些重要性质在连续系统中仍然成立，且连续系统的很多特性可以从离散系统通过取极限的方法得到。这样，求解多自由度系统线性振动的一些方法，可以推广用来分析连续系统的振动。

连续振动系统和离散系统既有联系又有区别：

(1)离散系统包含个别的、分离的、理想化的质量、刚度和阻尼，而连续系统具有分布质量、分布刚度和分布阻尼；

(2)离散系统在数学上的表达为方程数目与自由度数相等的二阶常微分方程，而连续系统的运动方程是偏微分方程；

(3)离散系统的自由度是有限的，与之相对应的固有频率也是有限的，对应每一阶固有频率都有主振型，并由有限元素组成其特征向量，而连续系统对于任一固有频率也有一个振型，但需用广义坐标的函数来表示。

若把连续系统的质量分段凝缩到有限个点上，各点之间再用弹性元件联结起来便成为离散系统；反之，离散系统的质点趋于无限多的极限情况就是连续系统。它们之间具有相同的动力特性，可以说离散系统是连续系统的近似描述。描述连续系统的偏微分方程求解方法与单自由度、二自由度和多自由度有所不同。多自由度系统的固有振动(主振动)，各广义位移均随时间同步变化，同时通过平衡位置、同时达到最大值，振动形态不依赖于时间。可借鉴离散系统的这一性质来寻求连续系统自由振动的分离变量形式的解。

2.4.1 具有一维波动方程的振动系统

1.振动方程及推导

(1)杆的纵向振动。假设杆在振动过程中的横截面保持为平面，并沿杆的轴线做平移，忽略轴向应力所引起的横向位移对纵向振动的影响。(这与材料力学的基本假设相同。)

研究图2-26(a)所示的长为l、横截面积为$A(x)$的弹性直杆，弹性模量为E，密度为$\rho(x)$，作用在每单位长度上的轴向外力为$f(x,t)$。取轴向坐标为x，坐标原点在杆的左端，轴向振动位移用u表示。在x处取dx微段，横截面上的轴力为P，σ表示横截面所受的轴向应力，该微段的受力如图2-26(b)所示，P的表达式由轴向变形关系可得，即

$$P=\sigma A=EA\frac{\partial u}{\partial x} \tag{2-201}$$

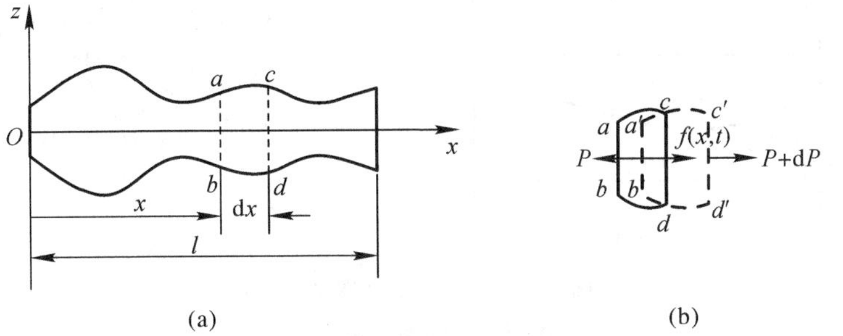

图2-26 细直杆纵向振动示意图

(a)细直杆;(b)细直杆微段受力

已知$dP=(\partial P/\partial x)dx$，由牛顿定律分析$x$方向力的总和，可得系统的运动微分方程为

$$P+\frac{\partial P}{\partial x}dx-P+fdx=\rho Adx\frac{\partial^2 u}{\partial t^2} \tag{2-202}$$

由式(2-201)将式(2-202)化简，得杆的纵向受迫振动方程为

$$\frac{\partial}{\partial x}\left[EA(x)\frac{\partial u(x,t)}{\partial x}\right]+f(x,t)=\rho(x)A(x)\frac{\partial^2 \omega(x,t)}{\partial t^2},\quad 0<x<l \tag{2-203}$$

令方程中的$f(x,t)$等于零，得自由振动方程为

$$\frac{\partial}{\partial x}\left[EA(x)\frac{\partial u(x,t)}{\partial x}\right]=\rho(x)A(x)\frac{\partial^2 u(x,t)}{\partial t^2},\quad 0<x<l \tag{2-204}$$

对于变截面杆或质量分布不均匀的杆，获得上述封闭形式的精确解是极其困难的。对于等截面均匀杆，自由振动方程简化为

$$\frac{\partial^2 u(x,t)}{\partial x^2}=\frac{1}{a^2}\frac{\partial^2 u(x,t)}{\partial t^2},\quad 0<x<l \tag{2-205}$$

式中：$a=\sqrt{\frac{E}{\rho}}$。

这种等截面均匀杆的自由振动方程为数学中的一维波动方程，a 的量纲与速度的量纲相同，是声波以杆的材料为介质的纵向传播速率。

(2)圆轴的扭转振动。假设圆轴扭转振动过程中的横截面保持为平面，广义坐标 θ 表示横截面的扭转角。研究图 2－27(a)的圆轴，在单位长度上所受到的外力偶矩为 $M'_t(x,t)$。在坐标 x 处取 $\mathrm{d}x$ 微段，受力如图 2－27(b)所示。设 M_t 为横截面上的扭矩，G 为材料的剪切弹性模量，J_P 为横截面对扭转中心的极惯性矩。扭矩 $M(t)$ 与扭转角 θ 之间的关系为

$$M_t=GJ_P\frac{\partial\theta}{\partial x} \tag{2-206}$$

若 J 为单位长度的圆轴对轴线的转动惯量，则作用在 $\mathrm{d}x$ 单元上的惯性扭矩为 $J\mathrm{d}x\dfrac{\partial^2\theta}{\partial t^2}$。

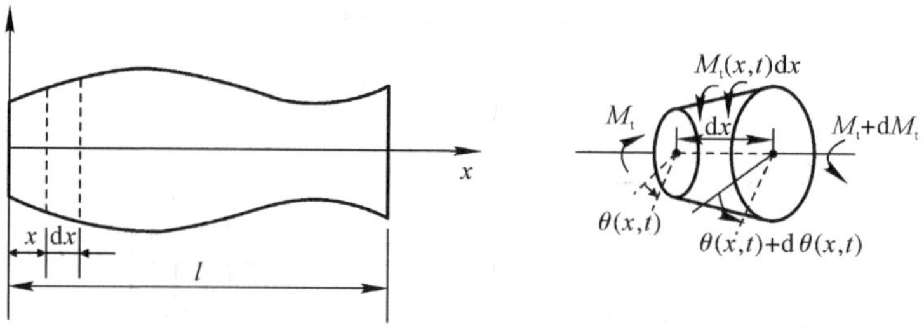

图 2－27　圆轴扭转振动示意图

(a)圆轴；(b)圆轴扭转微段受力

根据定轴转动微分方程得

$$J\mathrm{d}x\frac{\partial^2\theta}{\partial t^2}=M_t+\mathrm{d}M_t-M_t+M'_t\mathrm{d}x=\frac{\partial M_t}{\partial x}\mathrm{d}x+M'_t\mathrm{d}x \tag{2-207}$$

将式(2－206)代入式(2－207)即得圆轴的扭转振动方程

$$\frac{\partial}{\partial x}\left[GJ_P(x)\frac{\partial\theta(x,t)}{\partial x}\right]+M'_t(x,t)=J(x)\frac{\partial^2\theta(x,t)}{\partial t^2},\quad 0<x<l \tag{2-208}$$

对于等截面轴，GJ_P 与 J 均为常量，方程可写成

$$GJ_P\frac{\partial^2\theta(x,t)}{\partial^2 x}+M'_t(x,t)=J(x)\frac{\partial^2\theta(x,t)}{\partial t^2},\quad 0<x<l \tag{2-209}$$

自由振动时

$$\frac{\partial^2\theta(x,t)}{\partial x^2}=\frac{1}{b^2}\frac{\partial^2\theta(x,t)}{\partial t^2},\quad 1<x<l \tag{2-210}$$

式中：$b=\sqrt{GJ_P/J}=\sqrt{G/\rho}$。

与杆的纵向振动方程一样，其自由振动方程为一维波动方程，b 是扭转波的传播速率。

(3)弦的横向振动。如图 2－28(a)所示的弹性弦或索，长度为 l，质量密度为 ρ，横截面积为 A。单位长度所受的横向外力为 $f(x,t)$，张力为 T，θ 为弦相对于 x 轴偏离的

角度。

以变形前弦的方向为 x 轴，横向振动位移为 $u(x,t)$。作用在单元体 $\mathrm{d}x$ 上的外力等于作用在单元体上的惯性力，受力如图 2－28(b)所示，由平衡关系可得

$$(T+\mathrm{d}T)\sin(\theta+\mathrm{d}\theta)-T\sin\theta+f\mathrm{d}x=\rho A\mathrm{d}x\frac{\partial^2 u}{\partial t^2} \tag{2-211}$$

微振动时

$$\left.\begin{aligned}\mathrm{d}T&=\frac{\partial T}{\partial x}\mathrm{d}x\\ \sin\theta&\approx\tan\theta=\frac{\partial u}{\partial x}\end{aligned}\right\} \tag{2-212}$$

$$\sin(\theta+\mathrm{d}\theta)\approx\sin\theta+\frac{\partial\theta}{\partial x}\mathrm{d}x\cos\theta=\frac{\partial u}{\partial x}+\frac{\partial^2 u}{\partial x^2}\mathrm{d}x \tag{2-213}$$

将式(2－212)和式(2－213)代入式(2－211)，忽略高阶微量并化简，得

$$\frac{\partial}{\partial x}\left[T\frac{\partial u(x,t)}{\partial x}\right]+f(x,t)=\rho(x)A(x)\frac{\partial^2 u(x,t)}{\partial t^2},\quad 0<x<l \tag{2-214}$$

如果弦是均匀的，且张力 T 为常量，则式(2－214)可进一步简化为

$$T\frac{\partial^2 u(x,t)}{\partial x^2}+f(x,t)=\rho A\frac{\partial^2 u(x,t)}{\partial t^2},\quad 0<x<l \tag{2-215}$$

如果外力 $f(x,t)$ 为零，则自由振动方程为

$$\frac{\partial^2 u(x,t)}{\partial x^2}=\frac{1}{c^2}\frac{\partial^2 u(x,t)}{\partial t^2},\quad 0<x<l \tag{2-216}$$

式中：$c=\sqrt{T/(\rho A)}$。

弦的横向振动与杆的纵向振动方程相同，为一维波动方程。

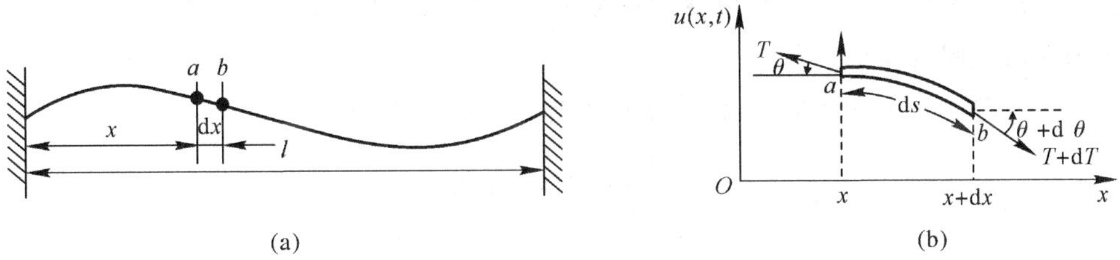

图 2－28　弦或索横向振动示意图

(a)弹性弦或索；(b)弹性弦或索微段受力

2. 一维波动方程的求解

(1)分离变量解。以杆的纵向振动为例。假设

$$u(x,t)=U(x)q(t) \tag{2-217}$$

将其代入杆纵向振动的自由振动方程

$$\frac{\partial}{\partial x}\left[EA(x)\frac{\partial u(x,t)}{\partial x}\right]=\rho(x)A(x)\frac{\partial^2 u(x,t)}{\partial t^2} \tag{2-218}$$

可得到

$$\frac{\frac{\mathrm{d}}{\mathrm{d}x}\left[EA(x)\frac{\mathrm{d}U(x)}{\mathrm{d}x}\right]}{\rho(x)A(x)U(x)}=\frac{1}{q(t)}\frac{\mathrm{d}^2q(t)}{\mathrm{d}t^2} \tag{2-219}$$

式(2－219)左边只依赖于空间变量，而右边仅依赖于时间。因此，只可能等式两边均等于同一常数，此常数记作$-\omega^2$，于是得到如下两个方程：

$$\left.\begin{aligned}&\frac{\mathrm{d}^2q(t)}{\mathrm{d}t^2}+\omega^2q(t)=0\\&-\frac{\mathrm{d}}{\mathrm{d}x}\left[EA(x)\frac{\mathrm{d}U(x)}{\mathrm{d}x}\right]=\omega^2\rho(x)A(x)U(x)\end{aligned}\right\} \tag{2-220}$$

式中：只有前式两边等于一个负常数时，才能得到具有振动特征的非零解。

从变量分离后的方程可以得到

$$q(t)=D_1\cos\omega t+D_2\sin\omega t \tag{2-221}$$

或

$$q(t)=D\sin(\omega t+\varphi) \tag{2-222}$$

式中的常数D_1，D_2，D和φ由初始条件确定。

(2)固有频率和振型函数。将$q(t)$的解代入分离变量解，并把任意常数合并到函数$U(x)$中，有

$$u(x,t)=U(x)\sin(\omega t+\varphi) \tag{2-223}$$

在形如式(2－223)的解中，$U(x)$称为系统的固有振型或振型函数，ω称为系统的固有频率。必须满足方程

$$-\frac{\mathrm{d}}{\mathrm{d}x}\left[EA(x)\frac{\mathrm{d}U(x)}{\mathrm{d}x}\right]=\omega^2\rho(x)A(x)U(x) \tag{2-224}$$

及相应的边界条件。式(2－224)称为特征方程，其特征值等于系统固有频率的二次方，特征函数就是固有振型。

对于等截面均匀杆的波动方程，特征方程相应地简化为

$$-\frac{\mathrm{d}^2U(x)}{\mathrm{d}x^2}=\frac{\omega^2}{a^2}U(x) \tag{2-225}$$

其通解为

$$U(x)=C_1\cos\frac{\omega}{a}x+C_2\sin\frac{\omega}{a}x,\quad 0<x<l \tag{2-226}$$

式中常数与的比值及固有频率由边界条件确定。

(3)边界条件。运动微分方程与相应的边界条件确定了所描述的连续系统的固有频率与固有振型。

下面给出两种简单边界条件。这里需用到材料力学内力与变形的关系式

$$P=EA\frac{\partial u}{\partial x} \tag{2-227}$$

以左端$x=0$为例：

固定边界：位移等于零，边界条件为

$$u(0,t)=0 \tag{2-228}$$

自由边界：内力等于零，可得边界条件

$$\left.\frac{\partial u(x,t)}{\partial x}\right|_{x=0}=0 \tag{2-229}$$

至于其他较复杂的边界条件，可利用截面法研究分离体的动平衡得到，对此将在后面例题中加以阐述。由于特征方程和边界条件均是齐次的，则固有振型有一个常数因子不能确定，这和多自由度系统的情形一样。

对于圆轴的扭转振动和弦的横向振动，由于都是一样的一维波动方程，因此可得到完全类似的分离变量结果。

【例 2-11】 图 2-29(a)所示杆，杆长 l，横截面积 A，材料弹性模量为 E，求其纵向振动的边界条件。

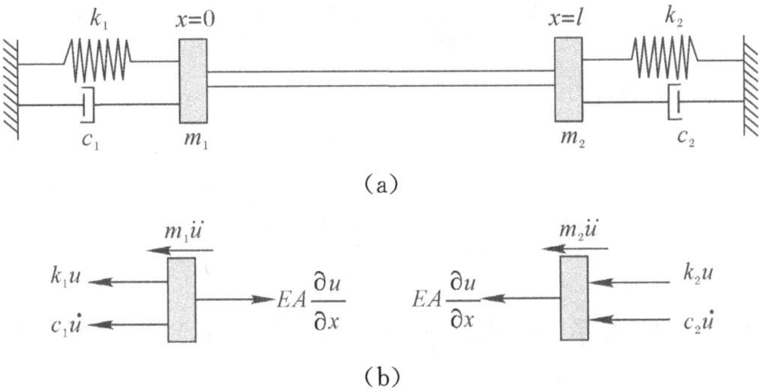

图 2-29 杆的纵向振动系统

解：用截面截开质量块内侧，受力如图 2-29(b)所示。

根据达朗贝尔原理，得边界条件为

$$EA\frac{\partial}{\partial x}u(0,t)=k_1u(0,t)+c_1\frac{\partial}{\partial t}u(0,t)+m_1\frac{\partial^2}{\partial t^2}u(0,t)$$

$$EA\frac{\partial}{\partial x}u(l,t)=-k_2u(l,t)-c_2\frac{\partial}{\partial t}u(l,t)-m_2\frac{\partial^2}{\partial t^2}u(l,t)$$

2.4.2 梁的横向振动

1. 振动方程及推导

本节讨论等截面细直梁的平面弯曲振动。假设梁具有对称平面，且在弯曲振动中梁的轴线（以下称为挠曲线）始终保持在这一对称平面内。取梁未变形时的轴线方向为 x 轴（向右为正），取对称面内与 x 轴垂直的方向为 z 轴（向上为正），图 2-30(a)即为梁在弯曲振动时的示意图。

假设梁的长度为 l，横截面对中性轴的惯性矩为 I，材料的弹性模量为 E，质量密度为 ρ。图 2-30(b)为梁单元的受力示意图，$f(x,t)$为梁单位长度上作用的横向外力，$m(x,t)$

为梁单位长度上作用的力偶，$M(x,t)$为弯矩，$V(x,t)$是剪力。

假设梁在振动过程中，轴线上任一点的位移 $u(x,t)$ 均沿 z 轴方向，材料力学针对弯曲变形做的平面假设为：细长梁在弯曲时，横截面仍保持为平面，且与梁变形后的轴线仍保持正交，只是绕垂直于纵向对称平面的某一轴转动。由此可知，梁内任意一点的位移均可用轴线的位移表达。

当忽略微段梁转动惯量的影响时，沿 z 方向的作用力方程以及绕中心点 O 转动的力矩方程为

$$V-(V+\mathrm{d}V)+f(x,t)\mathrm{d}x=\rho A(x)\mathrm{d}x\frac{\partial^2 u(x,t)}{\partial t^2} \tag{2-230}$$

$$(M+\mathrm{d}M)-M+m(x,t)\mathrm{d}x-V\frac{\mathrm{d}x}{2}-(V+\mathrm{d}V)\frac{\mathrm{d}x}{2}=0 \tag{2-231}$$

利用

$$\mathrm{d}V=\frac{\partial V}{\partial x}\mathrm{d}x,\quad \mathrm{d}M=\frac{\partial M}{\partial x}\mathrm{d}x \tag{2-232}$$

略去高阶小量，得

$$\left.\begin{aligned} f(x,t)-\rho A(x)\frac{\partial^2 u}{\partial t^2}&=\frac{\partial V}{\partial x}\\ V&=m(x,t)+\frac{\partial M}{\partial x}\end{aligned}\right\} \tag{2-233}$$

将材料力学内力与变形的关系 $M=EI\dfrac{\partial^2 w}{\partial x^2}$代入式(2-233)，得到梁的横向振动微分方程

$$\frac{\partial^2}{\partial x^2}\left[EI(x)\frac{\partial^2 u(x,t)}{\partial x^2}\right]+\rho(x)A(x)\frac{\partial^2 u(x,t)}{\partial t^2}=f(x,t)-\frac{\partial}{\partial x}m(x,t) \tag{2-234}$$

令方程右边的外力等于零，得到梁的自由振动方程

$$\frac{\partial^2}{\partial x^2}\left[EI(x)\frac{\partial^2 u}{\partial x^2}\right]=-\rho(x)A(x)\frac{\partial^2 u}{\partial t^2} \tag{2-235}$$

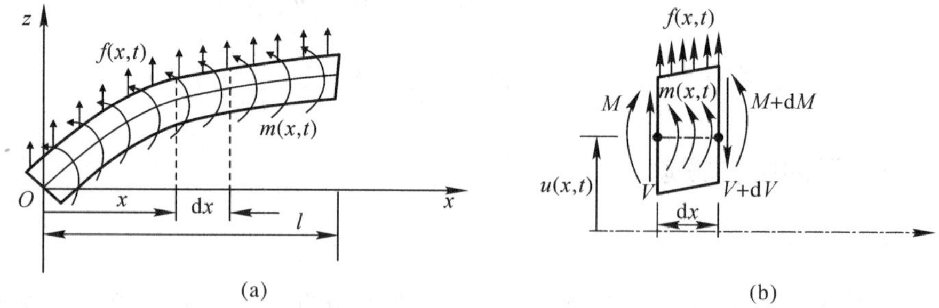

图 2-30　梁的横向振动示意图

(a)等截面细直梁；(b)梁平面弯曲时的微段受力

2. 梁的横向振动方程的求解

(1)分离变量解。和一维波动方程类似，对梁的自由振动方程

$$\frac{\partial^2}{\partial x^2}\left[EI(x)\frac{\partial^2 u}{\partial x^2}\right]=-\rho(x)A(x)\frac{\partial^2 u}{\partial t^2} \tag{2-236}$$

假定有分离变量形式的解存在：

$$u(x,t)=W(x)q(t) \tag{2-237}$$

$q(t)$解的形式与一维波动方程一样，于是式(2-237)可表示为

$$u(x,t)=W(x)\sin(\omega t+\varphi) \tag{2-238}$$

(2)固有频率和振型函数。将解代入振动方程，得到特征方程

$$\frac{\mathrm{d}^2}{\mathrm{d}x^2}\left[EI(x)\frac{\mathrm{d}^2W(x)}{\mathrm{d}x^2}\right]=\rho(x)A(x)\omega^2W(x) \tag{2-239}$$

式(2-239)为变系数微分方程。除了少数特殊情形外，一般不能得到封闭形式的解，只能用近似方法去计算。

对于均匀梁，振动方程简化为

$$\frac{\partial^4 u(x,t)}{\partial x^4}=-\frac{1}{a^2}\frac{\partial^2 u(x,t)}{\partial t^2} \tag{2-240}$$

特征方程简化为

$$\frac{\mathrm{d}^4W(x)}{\mathrm{d}x^4}=\beta^4W(x) \tag{2-241}$$

式中

$$a=\sqrt{\frac{EI}{\rho A}},\quad \beta^4=\frac{\omega^2}{a^2} \tag{2-242}$$

此时特征方程是四阶常系数线性常微分方程，其通解可表示为

$$W(x)=C_1\sin\beta x+C_2\cos\beta x+C_3\sinh\beta x+C_4\cosh\beta x \tag{2-243}$$

式中：$C_i(i=1,2,3,4)$为积分常数。

和一维波动方程一样，由于特征方程与边界条件均是齐次的，特征函数包含一个任意常数因子，用四个边界条件只能确定四个积分常数之间的比值，但能导出频率方程，从而确定系统的固有频率。

(3)边界条件。根据两个材料力学中的内力与变形的关系：

$$\left.\begin{aligned}M&=EI\frac{\partial^2 u}{\partial x^2}\\ Q&=m(x,t)+\frac{\partial M}{\partial x}\end{aligned}\right\} \tag{2-244}$$

以左边($x=0$)为例，列出几种典型的边界条件：

固定端：挠度和横截面的转角均等于零，有

$$\left.\begin{aligned}&u(0,t)=0\\ &\left.\frac{\partial u(x,t)}{\partial x}\right|_{x=0}=0\end{aligned}\right\} \tag{2-245}$$

简支端：挠度和弯矩均等于零，有

$$\left.\begin{aligned}&u(0,t)=0\\ &\left.EI(x)\frac{\partial^2 u(x,t)}{\partial x^2}\right|_{x=0}=0\end{aligned}\right\} \tag{2-246}$$

自由端:弯矩和剪力均等于零,有

$$\left.\begin{aligned} EI(x)\frac{\partial^2 u(x,t)}{\partial x^2}\bigg|_{x=0}&=0\\ \frac{\partial}{\partial x}\left[EI(x)\frac{\partial^2 u(x,t)}{\partial x^2}\right]\bigg|_{x=0}&=0 \end{aligned}\right\}\tag{2-247}$$

【例 2-12】 如图 2-31 所示,求左端固定、右端用刚度为 k 的弹簧支承的均匀梁弯曲振动的频率方程。

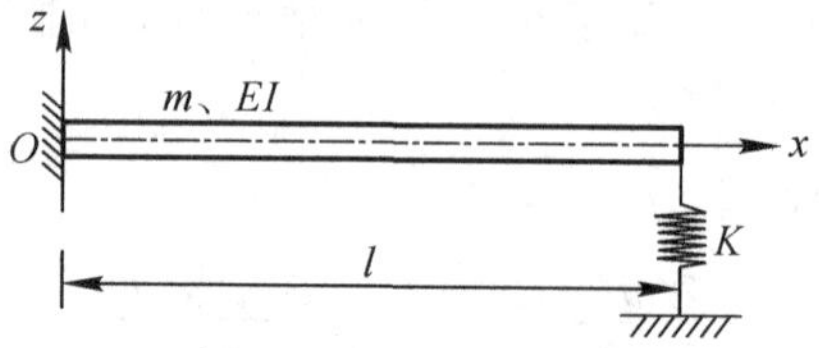

图 2-31 弹簧支承的均匀梁

解:弹性支承端的弯矩为零,剪力等于弹性力,边界条件为

$$W(0)=0,\quad \frac{\mathrm{d}W}{\mathrm{d}x}\bigg|_{x=0}=0$$

$$\frac{\mathrm{d}^2W}{\mathrm{d}x^2}\bigg|_{x=l}=0,\quad EI\,\frac{\mathrm{d}^3W}{\mathrm{d}x^3}\Big|_{x=}\bigg|=kW(l)$$

代入振型函数

$$W(x)=C_1\sin\beta x+C_2\cos\beta x+C_3\sinh\beta x+C_4\cosh\beta x$$

简化后得

$$C_1(\sin\beta l+\sinh\beta l)+C_2(\cos\beta l+\cosh\beta l)=0$$

$$C_1\left[(\beta l)^3(\cos\beta l+\cosh\beta l)+\frac{kl^3}{EI}(\sin\beta l-\sinh\beta l)\right]+$$

$$C_2\left[(\beta l)^3(\sinh\beta l-\sin\beta l)+\frac{kl^3}{EI}(\cos\beta l-\cosh\beta l)\right]=0$$

令以上两式的系数行列式等于零,整理后得到频率方程

$$\frac{kl^3}{EI}=-(\beta l)^3\ \frac{\cosh\beta l\cos\beta l+1}{\cosh\beta l\sin\beta l-\cos\beta l\sinh\beta l}$$

对上式用数值方法求得其正根 $\beta_i(i=1,2,\cdots)$后,计算得固有频率为 $\omega_i=\beta_i^2\sqrt{\frac{EI}{\rho A}}$。

2.4.3 薄膜的振动

薄膜是一种受拉伸同时可忽略弯曲阻力的板。考虑图 2-32 所示的 xOy 平面内边界曲线为 S 的薄膜。设 $f(x,y,t)$表示沿 z 方向作用的压力,P 表示在某点处张力的密度,等于拉压力与薄膜厚度的乘积,通常为常量。若考虑单元面积 $\mathrm{d}x\mathrm{d}y$,则作用在该单元与 y 轴和 z 轴平行的边上的力分别为 $P\mathrm{d}x$ 和 $P\mathrm{d}y$。

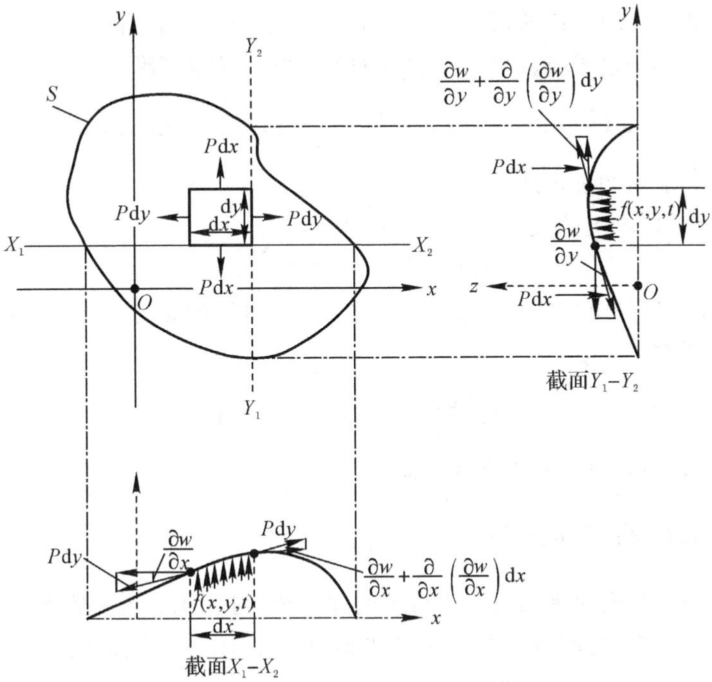

图 2-32 均匀张力作用下的薄膜

由这些力的作用而引起的沿 z 方向的力分别为 $P\dfrac{\partial^2 w}{\partial y^2}\mathrm{d}x\mathrm{d}y$ 和 $P\dfrac{\partial^2 w}{\partial x^2}\mathrm{d}x\mathrm{d}y$，沿 z 方向的压力为 $f(x,y,z)\mathrm{d}x\mathrm{d}y$，惯性力为 $\rho(x,y)\dfrac{\partial^2 w}{\partial t^2}\mathrm{d}x\mathrm{d}y$，这里 $\rho(x,y)$ 为单位面积的质量。故薄膜横向强迫振动的运动微分方程为

$$P\left(\frac{\partial^2 w}{\partial x^2}+\frac{\partial^2 w}{\partial y^2}\right)+f=\rho\frac{\partial^2 w}{\partial t^2} \tag{2-248}$$

或

$$P\,\nabla^2 w+f=\rho\frac{\partial^2 w}{\partial t^2} \tag{2-249}$$

若外力为 0，即得自由振动方程

$$c^2\left(\frac{\partial^2 w}{\partial x^2}+\frac{\partial^2 w}{\partial y^2}\right)=\frac{\partial^2 w}{\partial t^2} \tag{2-250}$$

或

$$c^2\,\nabla^2 w=\frac{\partial^2 w}{\partial t^2} \tag{2-251}$$

式中

$$c=\sqrt{\frac{P}{\rho}} \tag{2-252}$$

$$\nabla^2=\frac{\partial^2 w}{\partial x^2}+\frac{\partial^2 w}{\partial y^2} \tag{2-253}$$

式(2-253)为拉普拉斯算子。

由于运动式(2-248)或式(2-250)涉及关于 t、x 与 y 的二阶偏微分，所以需要确定两个初始条件与四个边界条件以得到方程的唯一解。通常薄膜的初始条件表示为

$$w(x,y,0)=w_0(x,y),\quad \frac{\partial w}{\partial t}(x,y,0)=\dot{w}_0(x,y) \tag{2-254}$$

边界条件一般为如下形式：

(1)若薄膜在边界上的任一点 (x_1,y_1) 处固定，有

$$w(x_1,y_1,t)=0,\quad t\geqslant 0 \tag{2-255}$$

(2)若薄膜在边界上的任一点 (x_2,y_2) 处沿 z 方向的横向变形是自由的，则沿 z 方向的力为零。于是有

$$P\frac{\partial w}{\partial n}(x_2,y_2,t)=0,\quad t\geqslant 0 \tag{2-256}$$

这里 n 为点 (x_2,y_2) 处与边界垂直的方向。

2.4.4 薄板的横向振动

弹性薄板是指厚度比平面尺寸小得多的弹性体，与 2.4.3 节薄膜不同的是它可提供抗弯刚度。在薄板中，与两表面等距离的平面称为中面。为了描述薄板的振动，建立直角坐标系，其 (x,y) 平面与中面重合，z 轴垂直于板面。对板横向振动的分析基于下述基尔霍夫(Kirchhoff)假设：

(1)微振动时，板的挠度远小于厚度，从而中面挠曲为中性面，中性面内无应变。

(2)垂直于平面的法线在板弯曲变形后仍为直线，且垂直于挠曲后的中性面；该假设等价于忽略横向剪切变形，即 $\gamma_{yz}=\gamma_{xz}=0$。

(3)板弯曲变形时，板的厚度变化可忽略不计，即 $\varepsilon_z=0$。

(4)板的惯性主要由平动的质量提供，忽略由弯曲而产生的转动惯量。

设板的厚度为 h，材料密度为 ρ，弹性模量为 E，泊松比为 μ，中性面上的各点只做沿 z 轴方向的微幅振动，运动位移为 w。下面根据虚功原理导出薄板振动微分方程。薄板上任意点 $a(x,z,y)$ 的位移为

$$u_a=-z\frac{\partial w}{\partial x},\quad v_a=-z\frac{\partial w}{\partial y},\quad w_a=w+O(2) \tag{2-257}$$

$$\left.\begin{aligned}&\varepsilon_x=\frac{\partial u_a}{\partial x}=-z\frac{\partial^2 w}{\partial x^2},\quad \varepsilon_y=\frac{\partial v_a}{\partial y}=-z\frac{\partial^2 w}{\partial y^2}\\&\gamma_{xy}=\frac{\partial u_a}{\partial y}+\frac{\partial v_a}{\partial x}=-2z\frac{\partial^2 w}{\partial x\partial y}\end{aligned}\right\} \tag{2-258}$$

根据胡克定律，沿 x，y 方向的法向应力和在板面内的剪切应力为

$$\left.\begin{aligned}&\sigma_x=\frac{E}{1-\mu^2}(\varepsilon_x+\mu\varepsilon_y)=-\frac{Ez}{1-\mu^2}\left(\frac{\partial^2 w}{\partial x^2}+\mu\frac{\partial^2 w}{\partial y^2}\right)\\&\sigma_y=\frac{E}{1-\mu^2}(\varepsilon_y+\mu\varepsilon_x)=-\frac{Ez}{1-\mu^2}\left(\frac{\partial^2 w}{\partial y^2}+\mu\frac{\partial^2 w}{\partial x^2}\right)\\&\tau_{xy}=G\gamma_{xy}=-\frac{Ez}{1+\mu}\frac{\partial^2 w}{\partial x\partial y}\end{aligned}\right\} \tag{2-259}$$

于是得到板的势能表达式

$$V=\frac{1}{2}\iint\int_{-h/2}^{h/2}(\sigma_x\varepsilon_x+\sigma_y\varepsilon_y+\tau_{xy}\gamma_{xy})\mathrm{d}z\mathrm{d}x\mathrm{d}y=$$

$$\frac{1}{2}\iint D\left\{(\nabla^2 w)^2-2(1-\mu)\left[\frac{\partial^2 w}{\partial x^2}\frac{\partial^2 w}{\partial y^2}-\left(\frac{\partial^2 w}{\partial x\partial y}\right)^2\right]\right\}\mathrm{d}x\mathrm{d}y \tag{2-260}$$

式中：$D=\dfrac{Eh^3}{12(1-\mu^2)}$为板的抗弯刚度。板的动能为

$$T=\frac{1}{2}\iiint_{-h/2}^{h/2}\rho\dot{w}^2\mathrm{d}z\mathrm{d}x\mathrm{d}y=\frac{1}{2}\iint\rho h\dot{w}^2\mathrm{d}x\mathrm{d}y \tag{2-261}$$

考虑作用于板上的载荷和边界力，对于作用于板上的分布载荷 $q(x,y,z)$，其虚功可表示为

$$\delta W_1=\iint q\delta w\mathrm{d}x\mathrm{d}y \tag{2-262}$$

对于边界力，设板的边界曲线为 $x=x(s)$，$y=y(s)$，这里 s 为弧长。边界上点的外法线单位向量和切向单位向量记为 $\boldsymbol{n}$ 和 $\boldsymbol{\tau}$，在边界上各点作用有弯矩 M_n、横向力 Q_n 和扭矩 M_τ，如图 2-33 所示。这些边界力的虚功为

$$\delta W_2=-\oint\left(M_n\delta\frac{\partial w}{\partial n}-Q_n\delta w-M_\tau\delta\frac{\partial w}{\partial s}\right)\mathrm{d}s \tag{2-263}$$

根据变分方程

$$\delta\int_{t_1}^{t_2}(T-V)\mathrm{d}t+\int_{t_1}^{t_2}(\delta W_1+\delta W_2)\mathrm{d}t=0 \tag{2-264}$$

并利用格林公式

$$\iint\left(\frac{\partial Y}{\partial x}-\frac{\partial X}{\partial y}\right)\mathrm{d}x\mathrm{d}y=\oint(X\mathrm{d}x+Y\mathrm{d}y) \tag{2-265}$$

可得

$$\begin{aligned}&\int_{t_1}^{t_2}\iint\Bigg((D\nabla^4 w+\rho h\ddot{w}-q)\delta w\mathrm{d}x\mathrm{d}y+\oint\Bigg\{D\Bigg[\left(\frac{\partial^2 w}{\partial x^2}+\mu\frac{\partial^2 w}{\partial y^2}\right)\cos^2\theta+\\&\left(\frac{\partial^2 w}{\partial y^2}+\mu\frac{\partial^2 w}{\partial x^2}\right)\sin^2\theta+2(1-\mu)\frac{\partial^2 w}{\partial x\partial y}\sin\theta\cos\theta\Bigg]+M_n\Bigg\}\delta\frac{\partial w}{\partial n}\mathrm{d}s-\\&\oint\Bigg\{D\Bigg[\left(\frac{\partial^3 w}{\partial x^3}+\frac{\partial^3 w}{\partial x\partial y^2}\right)\cos\theta+\left(\frac{\partial^3 w}{\partial y^3}+\mu\frac{\partial^3 w}{\partial x^2\partial y}\right)\sin\theta\Bigg]+\\&\frac{D}{2}\Bigg[\frac{\partial}{\partial s}\left(\frac{\partial^2 w}{\partial y^2}+\mu\frac{\partial^2 w}{\partial x^2}\right)\sin2\theta-\left(\frac{\partial^2 w}{\partial x^2}+\mu\frac{\partial^2 w}{\partial y^2}\right)\sin2\theta+\\&(1-\mu)\frac{\partial^2 w}{\partial x\partial y}\cos2\theta\Bigg]+Q_n-\frac{\partial M_\tau}{\partial s}\Bigg\}\delta w\mathrm{d}s\Bigg)\mathrm{d}t=0\end{aligned} \tag{2-266}$$

式中：$\nabla^4=\dfrac{\partial^4}{\partial x^4}+2\dfrac{\partial^4 w}{\partial x^2\partial y^2}+\dfrac{\partial^4}{\partial y^4}$为直角坐标系中的二重拉普拉斯算子；$\theta$ 为边界线的外法线和 x 轴之间的夹角。因 δw 任意，$\delta\left(\dfrac{\partial w}{\partial n}\right)$和 δw 相互独立，因此可得到板的振动微分方程

$$\rho h\ddot{w}+D\nabla^4 w(x,y,t)=0 \tag{2-267}$$

考虑简支-自由以及自由边界的情形时，还可由式(2-266)得到相应的动力边界条件。

求解长为a，宽为b的矩形薄板，可采用分离变量法。设$w(x,y,t)=W(x,y)q(t)$，代入式(2-267)，可得出

$$\frac{\ddot{q}(t)}{q(t)}=-\frac{D}{\rho h}\frac{\nabla^4 W(x,y)}{W(x,y)}=-\omega^2 \tag{2-268}$$

分离为

$$\nabla^4 W(x,y)-\beta^4 W(x,y)=0 \tag{2-269}$$

$$\ddot{q}(t)+\omega^2 q(t)=0 \tag{2-270}$$

式中

$$\beta^4=\frac{\rho h}{D}\omega^2 \tag{2-271}$$

如果板的四边均为简支，可设满足边界条件的试探解

$$W(x,y)=W_0\sin\frac{m\pi x}{a}\sin\frac{n\pi y}{b} \tag{2-272}$$

将式(2-272)代入式(2-269)，得板的固有频率方程

$$\beta_{mn}{}^4=\pi^4\left[\left(\frac{m}{a}\right)^2+\left(\frac{n}{b}\right)^2\right]^2,\quad m,n=1,2,\cdots \tag{2-237}$$

将式(2-273)代入式(2-271)，得固有频率

$$\omega_{mn}=\pi^2\sqrt{\frac{D}{\rho h}}\left(\frac{m^2}{a^2}+\frac{n^2}{b^2}\right),\quad m,n=1,2,\cdots \tag{2-274}$$

相应的固有振型函数为

$$W_{mn}(x,y)=\sin\frac{m\pi x}{a}\sin\frac{n\pi y}{b},\quad m,n=1,2,\cdots \tag{2-275}$$

当a/b为有理数时，矩形板的固有频率会出现重频；对应重频的固有振型，其形态不唯一。若令$m=n=1$，则在$x=0$、a和$y=0$、b四条边上的点没有振动位移；若$m=2$，$n=1$，则除了板的四条边界线外，在$x=a/2$时也有$z=0$，故在$x=a/2$上没有振动位移。通常将$x=a/2$这条线称为节线。若取$m=1,n=2$，则$y=b/2$成为线。对于矩形板而言，节线总和四边平行。

至于其他边界条件的矩形板或其他形状的板，目前尚未得到显式的解析解。

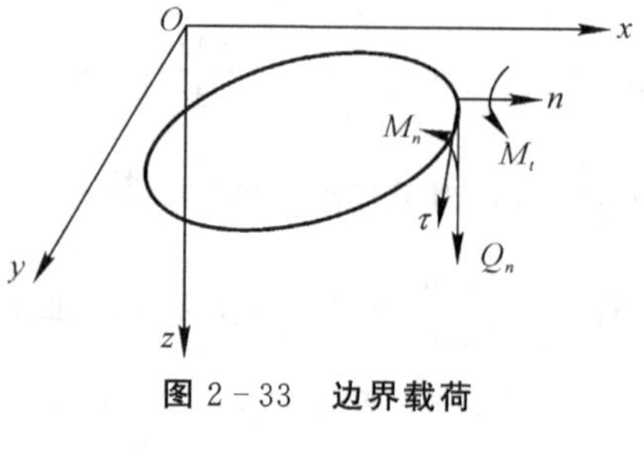

图 2-33　边界载荷

2.4.5 固有振型的正交性

离散系统固有振型的正交性质可以推广到连续系统中。对于连续系统，由于振动形式不同，对应的特征值方程的形式也不同。不像离散系统，连续系统特征值方程有一个统一的形式。

1. 一维波动方程

一维波动方程为

$$\left.\begin{aligned}&\int_0^l U_i\rho A U_j\,\mathrm{d}x=\begin{cases}1, & i=j\\0, & i\neq j\end{cases}\\&\int_0^l -U_i\frac{\mathrm{d}}{\mathrm{d}x}\left(EA\frac{\mathrm{d}U_j}{\mathrm{d}x}\right)\mathrm{d}x=\begin{cases}\omega_i^2, & i=j\\0, & i\neq j\end{cases}\quad(i,j=1,2,\cdots)\end{aligned}\right\}\tag{2-276}$$

2. 梁的横向振动

梁的横向振动方程为

$$\left.\begin{aligned}&\int_0^l W_i\rho A W_j\,\mathrm{d}x=\begin{cases}1, & i=j\\0, & i\neq j\end{cases}\\&\int_0^l W_i\frac{\mathrm{d}^2}{\mathrm{d}^2x}\left(EA\frac{\mathrm{d}^2W_j}{\mathrm{d}^2x}\right)\mathrm{d}x=\begin{cases}\omega_i^2, & i=j\\0, & i\neq j\end{cases}\quad(i,j=1,2,\cdots)\end{aligned}\right\}\tag{2-277}$$

上述正交性质中的振型 U 和 W 均为正规化(标准化)后的振型。

3. 振型的正规化

和多自由度系统一样，也需要对振型进行正规化(标准化)操作。连续系统的正规化满足以下条件：

$$\int_0^l U_i\rho A U_i\,\mathrm{d}x=1,\quad i=1,2,\cdots\tag{2-278}$$

或(梁)

$$\int_0^l W_i\rho A W_i\,\mathrm{d}x=1,\quad i=1,2,\cdots\tag{2-279}$$

【例 2-13】 左端固定、右端自由的均匀杆，长度为 l，在自由端带有集中质量 M，试求该系统纵向振动的固有频率与固有振型。

解：固定端的边界条件为

$$u(0,t)=0$$

在振动过程中，集中质量作用于杆端的轴向力等于质量的惯性力，由此可以导出自由端的边界条件

$$EA\left.\frac{\partial u(x,t)}{\partial x}\right|_{x=l}=-M\left.\frac{\partial^2u(x,t)}{\partial t^2}\right|_{x=l}$$

以分离变量解 $u(x,t)=U(x)q(t)$ 和式 $q(t)=D\sin(\omega t+\varphi)$，代入上面的边界条件得

$$U(0)=0$$

$$EA\left.\frac{\mathrm{d}U(x)}{\mathrm{d}x}\right|_{x=l}=M\omega^2U(l)$$

代入式

$$U(x)=C_1\cos\frac{\omega}{a}x+C_2\sin\frac{\omega}{a}x$$

得到 $C_1=0$ 及频率方程

$$\xi\tan\xi=\eta$$

式中：$\xi=\omega l\sqrt{\dfrac{\rho}{E}}$，$\eta=\dfrac{\rho Al}{M}$。频率方程是超越方程，它的根必须用数值方法求解得到。当依次计算出正根 $\xi_i(i=1,2,\cdots)$ 后，即可计算出固有频率和相应的固有振型：

$$\omega_i=\frac{\xi_i}{l}\sqrt{\frac{E}{\rho}}$$

$$U_i(x)=D_i\sin\frac{\xi_i x}{l}$$

2.4.6 连续系统响应分析

1. 振型叠加法求响应

和离散系统一样，对连续系统也用振型叠加法来分析系统的响应。响应在每一时刻均满足边界条件，将其写为正规化固有振型的绝对一致收敛级数

$$u(x,t)=\sum_{i=1}^{\infty}q_i(t)u_i(x) \tag{2-280}$$

式中：$q_i(t)$称为系统的主坐标或标准坐标、正则坐标，不同振动系统的响应和正规化振型这里统一写为 $u(x,t)$和 $u_i(x)$。

将式(2-280)代入前述强迫振动方程，并可利用振型的正交性得到无穷多个不耦合的常微分方程

$$\ddot{q}_i(t)+\omega_i^2 q_i(t)=f_i(t),\quad i=1,2,\cdots \tag{2-281}$$

这里广义干扰力 $f_i(t)$对不同的振动系统有不同的形式，对分布激振力 $f(x,t)$和分布力偶 $m(x,t)$，有

$$f_i(t)=\int_0^l\left[f(x,t)-\frac{\partial}{\partial x}m(x,t)\right]u_i(x)\mathrm{d}x \tag{2-282}$$

式中的分布力偶 $m(x,t)$只适用于梁的横向弯曲。

利用单自由度系统振动理论可得到主坐标下的响应 $q_i(t)$，代入式

$$u(x,t)=\sum_{i=1}^{\infty}q_i(t)u_i(x) \tag{2-283}$$

即得广义坐标响应。

2. 初始条件的响应

设初始条件为

$$\left.\begin{aligned}u\big|_{t=0}&=u_0(x)\\ \left.\frac{\partial u}{\partial t}\right|_{t=0}&=\dot{u}_0(x)\end{aligned}\right\} \tag{2-284}$$

将其按振型叠加法的级数式展开，可得主坐标下的初始条件。

对于杆的轴向振动、弦的横向振动和梁的横向振动系统，有

$$\left.\begin{aligned} q_i(0) &= q_{i0} = \int_0^l u_0(x)\rho A u_i(x)\mathrm{d}x \\ \dot{q}_i(0) &= \dot{q}_{i0} = \int_0^l \hat{u}_0(x)\rho A u_i(x)\mathrm{d}x \end{aligned}\right\} \tag{2-285}$$

对于圆轴的扭转振动，式(2-285)变为

$$\left.\begin{aligned} q_i(0) &= q_{i0} = \int_0^l J\theta_0(x)\theta_i(x)\mathrm{d}x \\ \dot{q}_i(0) &= \dot{q}_{i0} = \int_0^l J\dot{\theta}_0(x)\theta_i(x)\mathrm{d}x \end{aligned}\right\} \tag{2-286}$$

由单自由度振动系统的方法可得到主坐标下的初始激励响应

$$q_i(t)=q_{i0}\cos\omega_i t+\frac{\dot{q}_{i0}}{\omega_i}\sin\omega_i t,\quad i=1,2,\cdots \tag{2-287}$$

代入式(2-280)可得物理坐标下的响应。

3. 外激励的响应

对式

$$\ddot{q}_i(t)+\omega_i^2 q_i(t)=f_i(t) \tag{2-288}$$

可直接通过杜哈美积分得到外激励的主坐标响应

$$q_i(t)=\frac{1}{\omega_i}\int_0^t f_i(\tau)\sin\omega_i(t-\tau)\mathrm{d}\tau,\quad i=1,2,\cdots \tag{2-289}$$

(1)分布激振力 $f(x,t)$ 和分布力偶 $m(x,t)$

$$f_i(t)=\int_0^l\left[f(x,t)-\frac{\partial}{\partial x}m(x,t)\right]u_i(x)\mathrm{d}x \tag{2-290}$$

式中的分布力偶 $m(x,t)$ 只适用于梁的横向弯曲。

(2)简谐激励。设有分布简谐激励

$$f(x,t)=F(x)\cos\omega t \tag{2-291}$$

则广义力为

$$\left.\begin{aligned} f_i(t) &= F_i\cos\omega t \\ F_i &= \int_0^l F(x)u_i(x)\mathrm{d}x \end{aligned}\right\} \tag{2-292}$$

利用杜哈美积分可计算出主坐标响应

$$q_i(t) = \frac{P_i}{\omega_i}\int_0^t \cos\omega\tau\sin\omega_i(t-\tau)\mathrm{d}\tau = \frac{F_i}{\omega_i^2-\omega^2}(\cos\omega t-\cos\omega_i t),\quad i=1,2,\cdots \tag{2-293}$$

强迫振动的零初值响应

$$u(x,t)=\sum_{i=1}^{\infty}u_i(x)\frac{F_i}{\omega_i^2-\omega^2}(\cos\omega t-\cos\omega_i t) \tag{2-294}$$

同样，对于正弦激振力

$$\left.\begin{aligned} &f(x,t)=F(x)\sin\omega t \\ &-q_i(t)=\frac{F_i}{\omega_i^2-\omega^2}\left(\sin\omega t-\frac{\omega}{\omega_i}\sin\omega_i t\right),\quad i=1,2,\cdots \end{aligned}\right\} \tag{2-295}$$

(3)集中力。设在 $x=x_1$ 处受集中力 $F(t)$,这时可以用函数表示为分布形式 $F(x,t)\delta(x-x_1)$,则主坐标响应

$$f_i(t)=\int_0^l F(x,t)\delta(x-x_1)u_i(x)\mathrm{d}x=u_i(x_1)F(t),\quad i=1,2,\cdots \tag{2-296}$$

对于圆轴的扭转,上述集中力变为集中外扭矩。

(4)集中力偶。集中力偶只适用于梁的横向振动。设在 $x=x_1$ 处受集中力偶 $M(t)$ 作用,则

$$f_i(t)=u'_i(x_1)M(t) \tag{2-298}$$

主坐标响应

$$q_i(t)=\frac{1}{\omega_i}\int_0^t u'_i(x_1)M(\tau)\sin\omega_i(t-\tau)\mathrm{d}\tau,\quad i=1,2,\cdots \tag{2-298}$$

(5)基础运动。设基础(以左端为例)有位移 $u_s(t)$,则绝对位移为

$$u(x,t)=u_s(t) \tag{2-299}$$

相对基础的主坐标响应

$$q_{ir}(t)=\frac{1}{\omega_i}\int_0^t\int_0^l u_i(x)\left[f(x,\tau)-\frac{\partial}{\partial x}m(x,\tau)-\rho A\ddot{u}_s(\tau)\right]\sin\omega_i(t-\tau)\mathrm{d}x\mathrm{d}\tau,\quad i=1,2,\cdots \tag{2-300}$$

代入

$$u_r(x,t)=\sum_{i=1}^{\infty}q_{ir}(t)u_i(x) \tag{2-301}$$

求出物理坐标下的相对响应 $u_r(x,t)$,最后得到绝对响应

$$u(x,t)=u_s(t)+u_r(x,t) \tag{2-302}$$

式中:$m(x,\tau)$ 只适用于梁的横向振动;对扭转振动 ρA 变为 J。

上述求解思路为:首先按照没有基础位移时的边界条件计算振型函数 $u_i(x)$ 和固有频率 ω_i,再利用上面的方法计算 $u_r(x,t)$,最后得到 $u(x,t)$。也可以直接利用分离变量解,将基础位移作为边界条件处理,这样得出的封闭解在形式上和振型叠加的级数解不同。但对其进行级数展开以后就是振型叠加解。若同时考虑初始条件和外激励的响应,只需将初始条件引起的响应式和外激励的响应同时代入振型叠加解即可。

$$u(x,t)=\sum_{i=1}^{\infty}\left[\frac{1}{\omega_i}\int_0^t f_i(\tau)\sin\omega_i(t-\tau)\mathrm{d}\tau+q_{i0}\cos\omega_i t+\frac{\varphi_{i0}}{\omega_i}\sin\omega_i t\right]u_i(x) \tag{2-203}$$

4. 响应求解步骤

连续系统响应的求解可总结为以下步骤:

(1)根据边界条件求解固有频率和固有振型。

(2)利用标准化条件

$$\int_0^l u_i\rho A u_i\mathrm{d}x=1 \tag{2-304}$$

确定振型中的常数因子。

(3)利用

$$f_i(t)=\int_0^l\left[f(x,t)-\frac{\partial}{\partial x}m(x,t)\right]u_i(x)\mathrm{d}x \tag{2-305}$$

将外激振力变换到标准坐标，其中 $f(x,t)$ 向上为正，$m(x,t)$ 逆时针方向为正。

(4)利用

$$q_i(0)=q_{i0}=\int_0^l u_0(x)\rho A u_i(x)\mathrm{d}x \tag{2-306}$$

$$\dot{q}_i(0)=\dot{q}_{i0}=\int_0^l \dot{u}_0(x)\rho A u_i(x)\mathrm{d}x \tag{2-307}$$

将初始条件变换到标准坐标。

(5)利用

$$q_i(t)=q_{i0}\cos\omega_i t+\frac{\dot{q}_{i0}}{\omega_i}\sin\omega_i t \tag{2-308}$$

和

$$\dot{q}_i(t)=\frac{1}{\omega_i}\int_0^t f_i(\tau)\sin\omega_i(t-\tau)\mathrm{d}\tau \tag{2-309}$$

求标准坐标下的响应。

(6)最后通过

$$\begin{aligned} u(x,t) &= \sum_{i=1}^{\infty} q_i(t)u_i(x) \\ &= \sum_{i=1}^{\infty}\left[\frac{1}{\omega_i}\int_0^t f_i(\tau)\sin\omega_i(t-\tau)\mathrm{d}\tau+q_{i0}\cos\omega_i t+\frac{\varphi_{i0}}{\omega_i}\sin\omega_i t\right]u_i(x) \end{aligned} \tag{2-310}$$

得到广义坐标下的响应。

习　　题

1. 建立图 2-34 所示简单振动系统的运动方程：

(1)图 2-34(a)所示圆盘做扭转振动。

(2)如图 2-34(b)所示，一个复摆受到 mg 的重力，C 点为该系统的重心，OC 点之间的距离为 a。

(3)质量为 m 的重物放在简支梁的中部，如图 2-34(c)所示，不计梁的质量。设梁长为 l，材料的弹性模量为 E，截面惯性矩为 I。

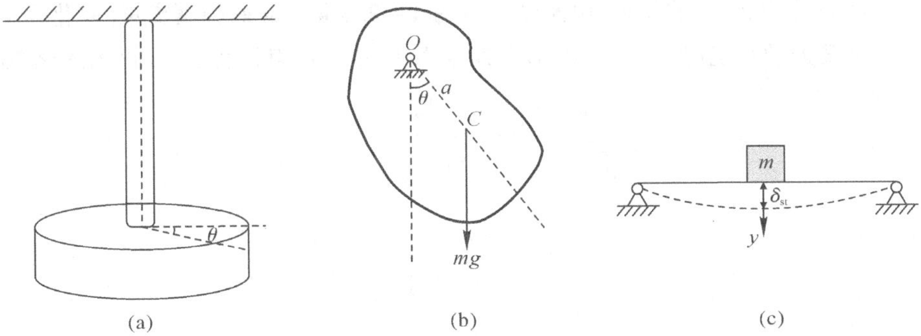

图 2-34　三个振动系统

(a)扭转圆盘模型；(b)复摆模型；(c)重物-简支梁模型

2. 如图 2-35 所示系统，物体与弹簧固定在一段铰支的梁上，该梁在距铰支处 a 的位置受弹簧的约束，求该系统的固有频率。

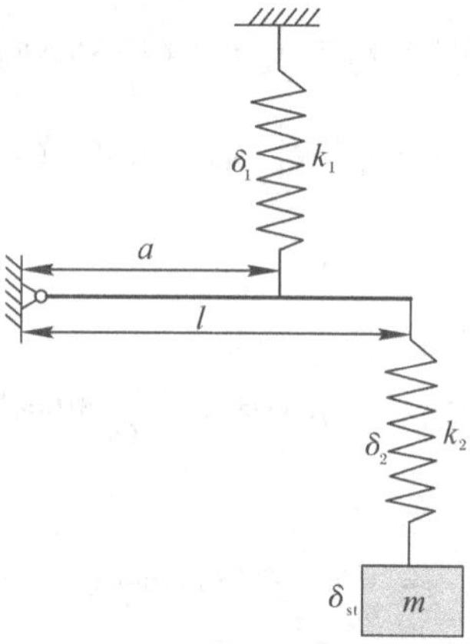

图 2-35　弹簧-梁-质量系统

3. 汽车拖车的质量为 m，以匀速 v 在不平的路面上行驶，路面的形状为 $h=h_0\left(1-\cos\dfrac{2\pi x}{l_1}\right)$，式中 $x=vt$。如图 2-37 所示，设拖车与汽车的连接点 O 无垂直位移，已知板簧的 k 和 c，拖车对 O 点的转动惯量为 J_O。不计轮胎的弹性和车轮的质量，h 远小于 l(即可视绕 O 点的转动对于 A 点只产生垂直位移)，已知 h_0 和 l_1。试求拖车的微幅振动方程。

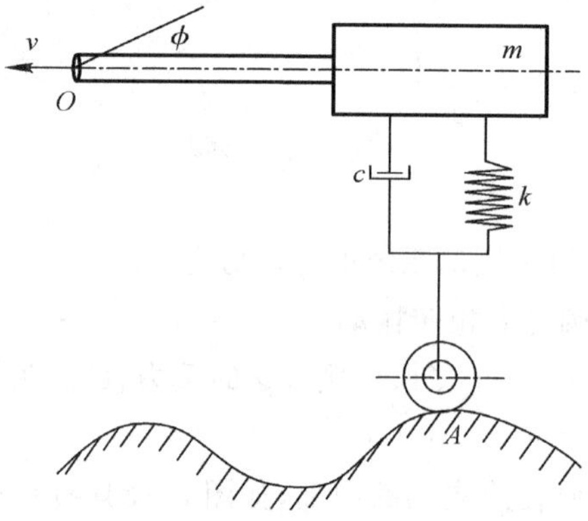

图 2-36　拖车在不平的路面行驶

4. 一个重力为 98 N 的物体，由刚性系数为 $k=9.8$ kN/m 的弹簧支承[简化为标准质量-阻尼-弹簧振动系统(见图 2-37)]，在速度为 1 cm/s 时其阻力为 0.98 N。求 10 周振幅减小比。

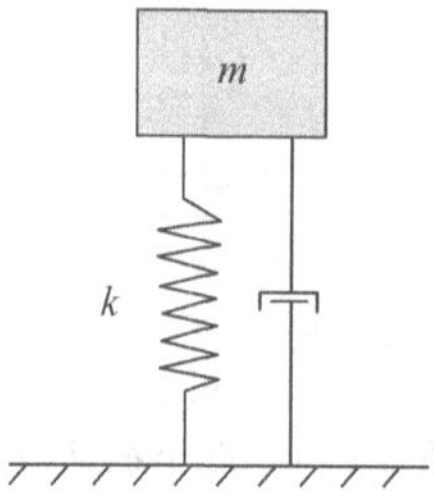

图 2-37　标准质阻弹振动系统

5. 质量可以不计的刚杆，可绕杆端的水平轴 O 转动；另一端附有质点，并用弹簧吊挂另一质点；中点支以弹簧使杆呈水平。设弹簧的刚度系数均为 k，质点的质量均为 m。如图 2-38 所示，试求振系的固有频率。

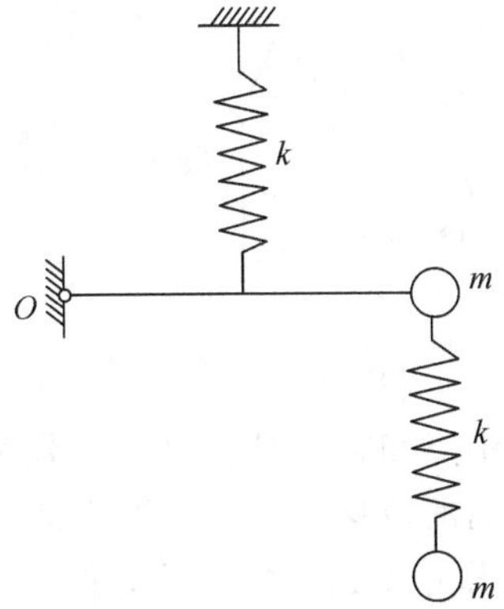

图 2-38 弹簧-刚杆-质量系统

6. 如图 2-39 所示，试用 m 的坐标 x_1 与 $2m$ 的坐标 x_2 写出振动系统的运动微分方程。刚杆 AB 的重量可以不计。

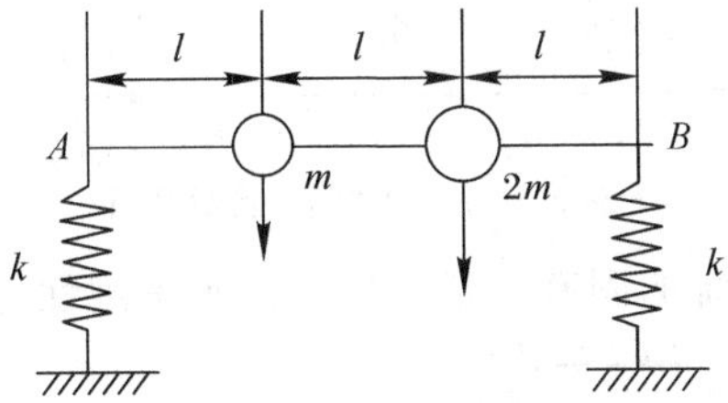

图 2-39 弹簧-质量振动系统

7. 二层楼房简化成集中质量的二自由度振系，如图 2-40 所示。设 $m_2=2m_1$，$k_2=2k_1$。

(1)试证明主振型为 $\left(\dfrac{A}{B}\right)_1=2.0$ 对应于 $p_1^2=\dfrac{k_1}{2m_1}$，$\left(\dfrac{A}{B}\right)_2=-1.0$ 对应于 $p_2^2=\dfrac{2k_1}{m_1}$；

(2)有水平扰力 $F_0\sin\omega t$ 作用于 m_1，试求每层楼的稳态运动方程；

(3)设有水平力作用于 m_1，使它产生单位挠度，然后突然释放，试用主振型叠加写出 m_1 与 m_2 的运动方程。

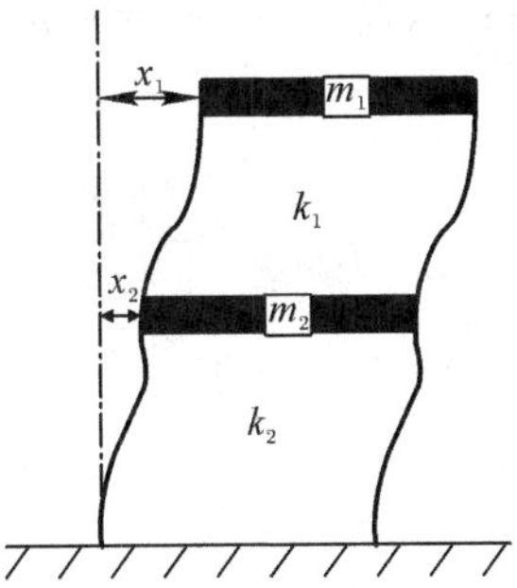

图 2-40 二自由度楼房

8. 设有集中质量 m_1 与 m_2 以及长为 s_1 与 s_2 的无重刚杆构成的复合摆，如图 2-41

所示。假定摆在其铅垂稳定平衡位置附近做微振动。取质量 m_1 与 m_2 的水平位置 x_1 与 x_2 为坐标，求系统的柔度矩阵与刚度矩阵。

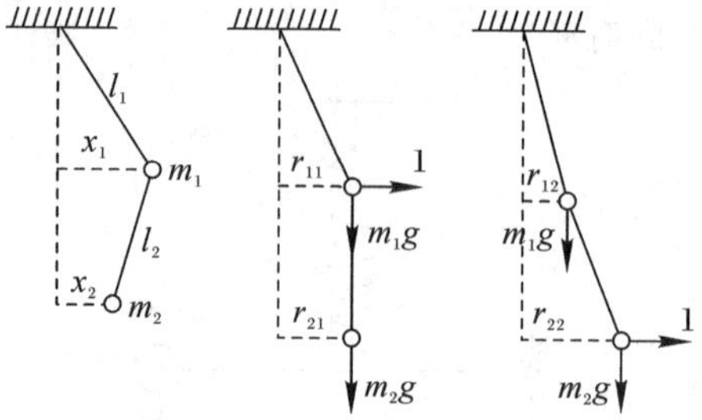

图 2-41　复合摆

9.图 2-42 所示悬臂梁的中点和自由端分别与质量为 m_1 和 m_2 的质点连接。梁的弯曲刚度为 EI，取质点在 y 方向的位移 y_1 和 y_2 为广义坐标，只考虑弯曲变形。试用柔度系数建立系统在力 P_1 和 P_2 作用下运动的位移方程。

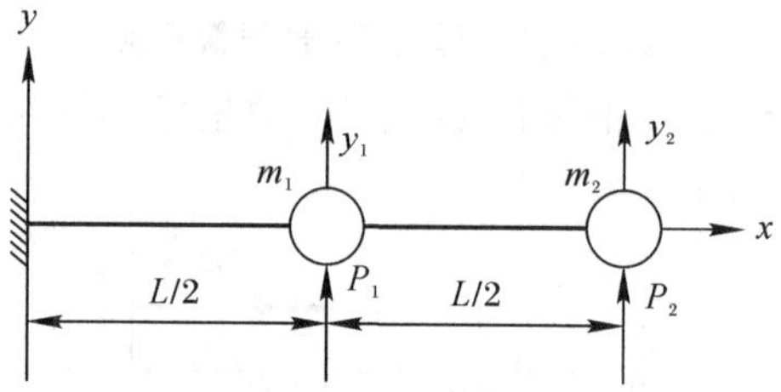

图 2-42　悬臂梁-质量系统

10.求图 2-43 所示系统的固有频率和振型。水平刚性杆的质量不计。

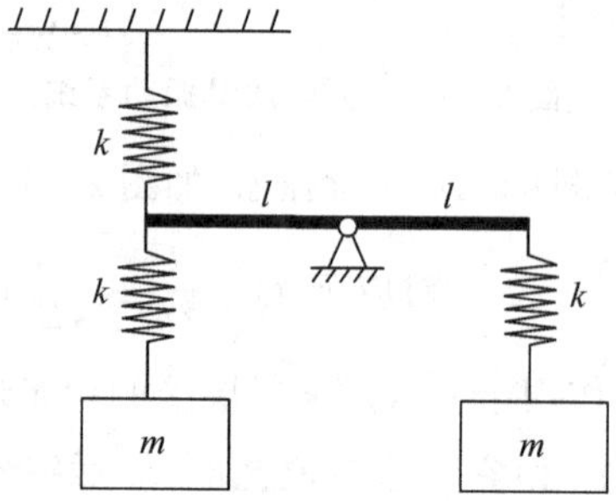

图 2-43　三弹簧-两质量系统

11.已知图 2-44 所示振动系统，设 $m_1=m_3=1, m_2=2, r=1, k_1=k_2=k_3=1$。求固有频率和振型。

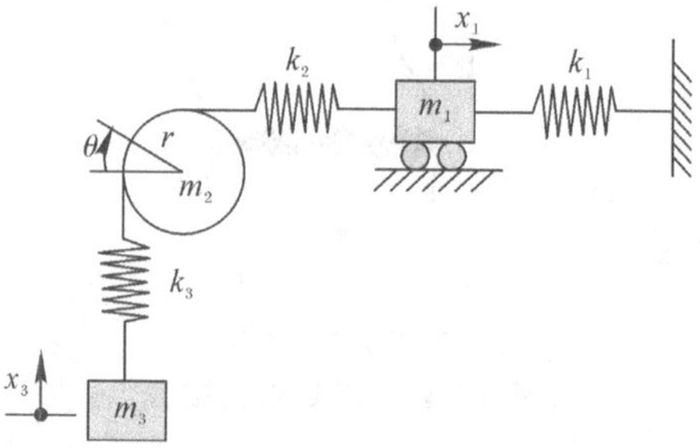

图 2-44　小车-弹簧系统

12. 质量为 m_2 的物块从高 h 处自由落下，然后与弹簧质量系统一起做自由振动，如图 2－45 所示。已知 $m_1=m_2=m$，$k_1=k_2=k$，$h=100\ mg/k$，求系统的振动响应。

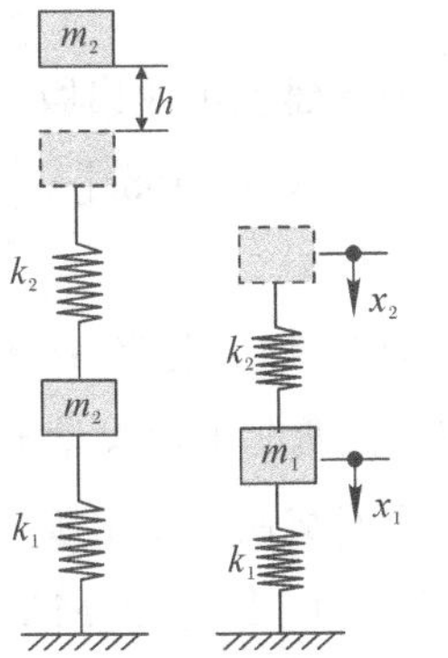

图 2－45 质量-弹簧系统

13. 一根长为 l 的柔性钢丝，其单位长度的质量为 ρ，在上端自由悬挂，如图 2－46 所示。

(1)设其在铅垂平面内振动，试导出运动方程；

(2)用分离变量法将方程分离成二个常数分方程。

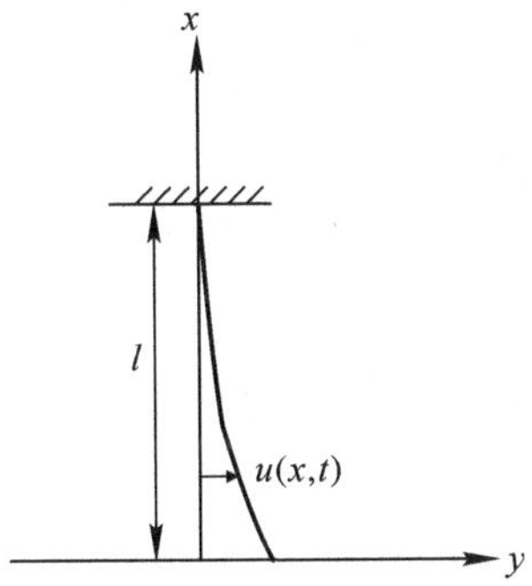

图 2－46 固定柔性钢丝

14. 一根长为 L 的弦，质量密度为 ρ，设弦的张力 T 不变，左端固定，右端连接在弹簧质量系统的质量 M 上，其静平衡位置在 $y=0$ 处，如图 2－47 所示。求弦横向振动的频率方程。

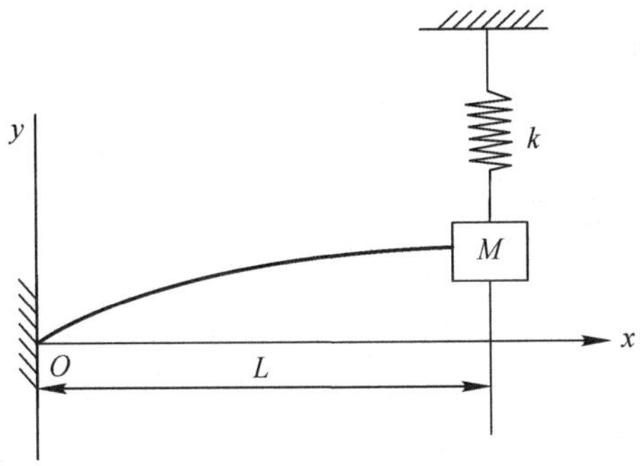

图 2－47 弦-弹簧-质量系统

参考文献

[1] 苗同臣.振动力学[M].北京:中国建筑工业出版,2017.

[2] RAO S S,FAH Y F. Mechanical vibrations[M]. 5th ed. Singapore:Prentice Hall/Pearson,2011.

[3] 刘延柱,陈立群,陈文良.振动力学[M].北京:高等教育出版社,2011.

[4] 方同,薛璞.振动力学 [M].西安:西北工业大学出版社,2002.

[5] 倪振华.振动力学[M].西安:西安交通大学出版社,1988.

[6] 苗同臣.振动力学习题精解与 MATLAB 应用[M].北京:中国建筑工业出版社,2018.

第3章 振动系统建模和求解方法

本章介绍振动问题的建模和求解方法。首先，介绍传递矩阵法和有限单元法这两种经典的建模方法及其在解决振动问题中的应用。传递矩阵法通过系统的传递矩阵描述了结构中各个节点之间的相互关系，为解决复杂结构振动问题提供了一种有效的数学工具。而有限单元法则将结构划分为有限数量的单元，利用数值方法近似求解整个结构的振动特性，为实际工程问题提供了比较精确而高效的分析手段。其次，介绍特征值问题的求解方法，包括标准特征值问题、Jacobi 迭代法、幂方法和瑞利-里兹子空间法等。这些方法不仅在振动问题中起到关键作用，而且在其他科学和工程领域也有广泛应用。最后，介绍经典的数值积分法，包括 Newmark-β 法和龙格库塔方法。这两种方法在解决结构的动力学问题时具有灵活性和高效性，为解决实际振动问题提供了有力工具。

3.1 传递矩阵法

传递矩阵法是一种适用于分析具有线性排列单元的结构(链状结构)振动的代表性建模方法。如带有多个转盘的转子系统或划分为多个杆、梁单元的梁结构都是链状结构。这种方法的优点是运算结构相对简单，所需的计算机内存容量远远小于有限元法等其他方法。由于它具有的独特优点，自从提出一直为人们所重视，并得到不断的改进与发展。在本节，通过轴的横向振动和转子系统用的自由振动介绍它的基本原理及应用。

3.1.1 弹簧振子的自由振动

为了解释该方法的计算原理，首先使用具有轴向振动的弹性杆来解释该方法的一般流程。自由振动分析的步骤如下。

1. 系统建模

图 3-1(a)为一根被分为 n 个单元的轴向振动细杆。位移 x_i 和相关力 F_i 代表系统的"状态"，因此称为状态变量。定义如下的列向量(称之为状态向量)：

$$\boldsymbol{z}_i=\begin{bmatrix}x\\F\end{bmatrix}_i \tag{3-1}$$

设第 i 个单元的质量为 $\overline{m}_i$，将该质量分成两等份并作为集中质量放置在两端，通过刚度系数为 k_i 的弹簧将它们连接起来，如图 3-1(b)所示。然后将$\boldsymbol{z}_i^{\mathrm{L}}$ 和$\boldsymbol{z}_i^{\mathrm{R}}$ 分别定义为接近质量 m_i 的左侧和右侧的状态向量，如图 3-1(c)所示。则以下关系成立：

$$x_i^{\mathrm{R}}=x_i^{\mathrm{L}}=x_i \tag{3-2}$$

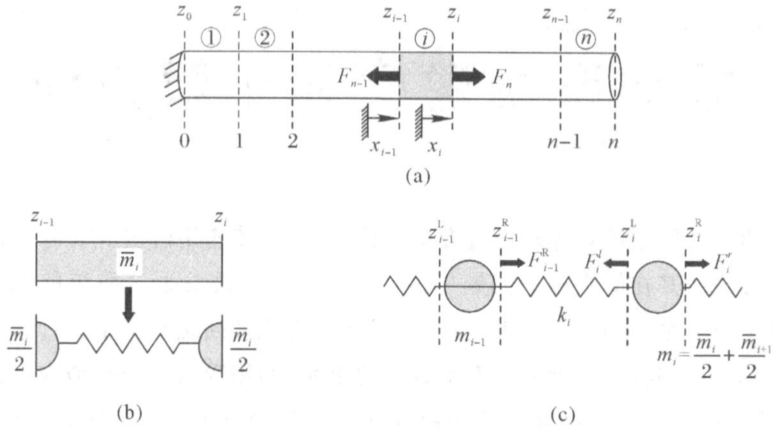

图 3-1 轴向振动杆

(a)轴向振动弹性杆；(b)第 i 个单元；(c)定义新的状态变量

2. 建立单元传递矩阵

由于单元截面两端的内力 F_i^{L} 和 F_{i-1}^{R} 大小相等、方向相反，所以力与位移存在关系：

$$F_i^{\mathrm{L}}=F_{i-1}^{\mathrm{R}}=k_i(x_i^{\mathrm{L}}-x_i^{\mathrm{R}}) \tag{3-3}$$

因此，据式(3-3)可得到方程组

$$\left.\begin{aligned}x_i^{\mathrm{L}}&=x_{i-1}^{\mathrm{R}}+\frac{1}{k_i}F_{i-1}^{\mathrm{R}}\\F_i^{\mathrm{L}}&=F_{i-1}^{\mathrm{R}}\end{aligned}\right\} \tag{3-4}$$

将式(3-4)中的关系可用矩阵形式表示为

$$\begin{bmatrix}x\\F\end{bmatrix}_i^{\mathrm{L}}=\begin{bmatrix}1&1/k\\0&1\end{bmatrix}_i\begin{bmatrix}x\\F\end{bmatrix}_{i-1}^{\mathrm{R}} \tag{3-5}$$

也可用状态向量表示为

$$\boldsymbol{z}_i^{\mathrm{L}}=\boldsymbol{F}_i\,\boldsymbol{z}_{i-1}^{\mathrm{R}} \tag{3-6}$$

矩阵$\boldsymbol{F}_i$ 称为场传递矩阵(Field Transfer Matrix)，下标表示单元序号，上标表示单元截面。

接下来，考虑第 i 个单元的质量 m_i，其运动方程为

$$m_i\ddot{x}_i^{\mathrm{L}}=F_i^{\mathrm{R}}-F_i^{\mathrm{L}} \tag{3-7}$$

如果杆件以 $x_i=A\sin\omega t$ 的形式作自由振动，那么可得以下表达式：

$$F_i^{\mathrm{R}}=-m_i\omega^2x_i^{\mathrm{L}}+F_i^{\mathrm{L}} \tag{3-8}$$

由式(3-8)和式(3-2)得到

$$\begin{bmatrix} x \\ F \end{bmatrix}_i^{\mathrm{R}} = \begin{bmatrix} 1 & 0 \\ -m\omega^2 & 1 \end{bmatrix}_i \begin{bmatrix} x \\ F \end{bmatrix}_{i-1}^{\mathrm{L}} \Rightarrow \boldsymbol{z}_i^{\mathrm{R}} = \boldsymbol{P}_i \boldsymbol{z}_i^{\mathrm{L}} \tag{3-9}$$

矩阵$\boldsymbol{P}_i$ 被称为单元 i 的点传递矩阵(Point Transfer Matrix)。从方程式(3－6)和式(3－9)得知

$$\boldsymbol{z}_i^{\mathrm{R}} = \boldsymbol{P}_i \boldsymbol{F}_i \boldsymbol{z}_{i-1}^{\mathrm{R}} = \boldsymbol{T}_i \boldsymbol{z}_{i-1}^{\mathrm{R}} \tag{3-10}$$

式中

$$\boldsymbol{T}_i = \begin{bmatrix} 1 & 1/k \\ -m\omega^2 & 1-m\omega^2/k \end{bmatrix}_i \tag{3-11}$$

$\boldsymbol{T}_i$ 就是单元 i 的传递矩阵(Transfer Matrix)。

3. 确定总体传递矩阵

将各个单元的传递矩阵 $\boldsymbol{T}_i$ 依次相乘，可以得到总体传递矩阵 $\boldsymbol{T}$。据式(3－9)可得

$$\boldsymbol{z}_n^{\mathrm{R}} = \boldsymbol{T}_n \cdots \boldsymbol{T}_2 \boldsymbol{T}_1 \boldsymbol{z}_0^{\mathrm{R}} = \boldsymbol{T}_n \cdots \boldsymbol{T}_2 \boldsymbol{T}_1 \boldsymbol{T}_0 \boldsymbol{z}_0^{\mathrm{L}} = \boldsymbol{T} \boldsymbol{z}_0^{\mathrm{L}} \tag{3-12}$$

式中

$$\boldsymbol{T} = \boldsymbol{T}_n \cdots \boldsymbol{T}_2 \boldsymbol{T}_1 \boldsymbol{P}_0 \tag{3-13}$$

矩阵 $\boldsymbol{T}$ 就是总体传递矩阵。

4. 施加边界条件

给定轴端的支撑条件，则可确定一些相应的状态变量。例如，由于图 3－1(a)中杆的左端和右端分别是固定的和自由的，因此左端的挠度为零，右端的力为零。将这些条件代入式(3－12)，得到

$$\begin{bmatrix} x \\ 0 \end{bmatrix}_n = \begin{bmatrix} T_{11} & T_{12} \\ T_{21} & T_{22} \end{bmatrix} \begin{bmatrix} 0 \\ N \end{bmatrix}_0 \tag{3-14}$$

5. 求解固有频率

从方程式(3－14)中可得知，当 $T_{22}=0$ 时，T_{22}是关于 ω 的复函数，通过数值求解可以获得结构(系统)的固有频率。

6. 求解模态振型

将其中一个固有频率 ω_i 代入式(3－11)中，即可确定矩阵$\boldsymbol{T}_i$ 的元素。通过给定状态变量 F_0 就可以确定状态向量$\boldsymbol{z}_0$。然后，利用关系式$\boldsymbol{z}_n^{\mathrm{R}} = \boldsymbol{T}_n \cdots \boldsymbol{T}_2 \boldsymbol{T}_1 \boldsymbol{z}_0^{\mathrm{R}}$ 可以依次确定状态向量 $\boldsymbol{z}_1^{\mathrm{R}}, \boldsymbol{z}_2^{\mathrm{R}}, \cdots, \boldsymbol{z}_n^{\mathrm{R}}$，然后便可得固有频率 ω_i 对应的振型。

【例 3－1】 用传递矩阵法计算图 3－2 所示的 2－DOF 弹簧-质量系统的固有频率和振型。

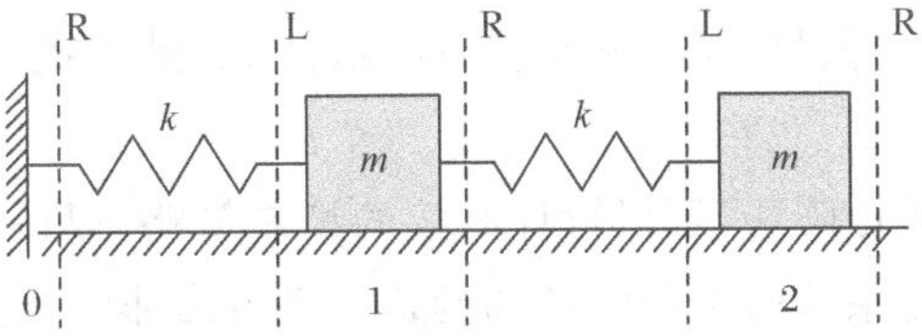

图 3－2　2－DOF 弹簧-质量系统

解:定义状态变量 $\boldsymbol{z}=[x \quad F]^{\mathrm{T}}$,则系统的整体传递方程写作

$$\begin{bmatrix}x\\0\end{bmatrix}_2^{\mathrm{R}}=\begin{bmatrix}1 & 1/k\\-m\omega^2 & 1-m\omega^2/k\end{bmatrix}\begin{bmatrix}1 & 1/k\\-m\omega^2 & 1-m\omega^2/k\end{bmatrix}\begin{bmatrix}x\\F\end{bmatrix}_0^{\mathrm{R}}=$$

$$\begin{bmatrix}1-mp^2/k & 2/k-mp^2/k^2\\-2m\omega^2+m^2\omega^4/k & -m\omega^2/k+(1-m\omega^2/k)^2\end{bmatrix}\begin{bmatrix}x\\F\end{bmatrix}_0^{\mathrm{R}}$$

由 $T_{22}=0$ 得频率方程

$$-\frac{m\omega^2}{k}+\left(1-\frac{m\omega^2}{k}\right)^2=0$$

由该方程的根给出的固有频率为

$$\omega_1=\sqrt{\left(\frac{3-\sqrt{5}}{2}\right)\frac{k}{m}},\quad \omega_2=\sqrt{\left(\frac{3+\sqrt{5}}{2}\right)\frac{k}{m}}$$

接下来推导 ω_1 的振型。为了确定左端的状态向量 $\boldsymbol{z}_0^{\mathrm{R}}$,令 $F_0^{\mathrm{R}}=1$,可得 $\boldsymbol{z}_1^{\mathrm{R}}$ 的表达式

$$\begin{bmatrix}x\\F\end{bmatrix}_1^{\mathrm{R}}=\begin{bmatrix}1 & 1/k\\-mp_1^2 & 1-mp_1^2/k\end{bmatrix}\begin{bmatrix}0\\1\end{bmatrix}=\begin{bmatrix}1/k\\(-1+\sqrt{5})/2\end{bmatrix}$$

同理,通过下式得 $\boldsymbol{z}_2^R$ 表达式

$$\begin{bmatrix}x\\0\end{bmatrix}_2^{\mathrm{R}}=\begin{bmatrix}1 & 1/k\\-mp_1^2 & 1-mp_1^2/k\end{bmatrix}\begin{bmatrix}1/k\\(-1+\sqrt{5})/2\end{bmatrix}=\begin{bmatrix}(1+\sqrt{5})/2k\\0\end{bmatrix}$$

由此可得到系统的一阶模态振型为

$$\begin{bmatrix}x_1^{\mathrm{R}}\\x_2^{\mathrm{R}}\end{bmatrix}=\begin{bmatrix}1\\(1+\sqrt{5})/2\end{bmatrix}$$

3.1.2 转子系统的自由振动

传递矩阵法也被广泛应用于转子动力学的研究中。在转子动力学中,传递矩阵法用于描述转子系统的振动特性和动力学行为,如风力发电机、涡轮机、压缩机等。

传递矩阵法在转子动力学中的应用包括以下几方面。

振动分析:传递矩阵法用于分析转子系统的振动响应。通过应用边界条件和初始条件,可以得到系统的传递函数,从而研究系统在不同激励下的振动响应,这对于评估系统的稳定性和性能至关重要。

模态分析:传递矩阵法可以用于进行转子系统的模态分析,确定系统的固有频率和振型。这对于设计和优化转子系统的结构参数以及减小振动幅度具有重要意义。

故障诊断:在实际运行中,转子系统可能会出现故障,如不平衡、轴承故障等。传递矩阵法可以用于分析振动信号,识别和定位这些故障,有助于提前发现并解决问题,减小设备损耗。

控制设计:通过传递矩阵法,可以设计有效的控制策略,以调节和维持转子系统的稳定性和性能,这对于提高系统的工作效率和延长设备寿命非常重要。

接下来,通过讨论图 3-3 所示转子系统的自由振动介绍传递矩阵法在转子动力学分

析中的应用。根据转子的结构可将转子简化为由弹性轴段、集中质量、轮盘和弹性支承等单元构成的离散模型。这些离散单元一环接一环地结合起来，形成一种链式结构，每段都看成是无质量等截面梁，将各段的质量集中在其两端的节点上，这些节点称为站。通常转子系统上有集中质量、轮盘、弹性铰链和弹性支承等四种站。

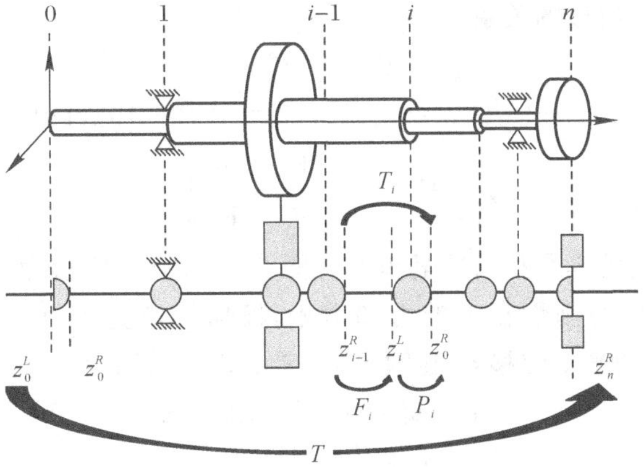

图 3－3　转子示意图

考虑作用在转子上的陀螺力矩，但忽略作用在轴上的陀螺力矩，因为后者相对于前者较小。如图 3－4(a)所示，轴 i 站的平动位移为 u_i 和 v_i，倾角为 φ_{xi} 和 φ_{yi}。内力包括剪力 V_{xi} 和 V_{yi} 以及力矩 M_{xi} 和 M_{yi}。这些参数的正方向定义如图 3－4(a)所示。

内力的符号定义如下：对于单元边缘的面，当其法线指向 z 坐标的正方向时，该面为正；当法线指向 z 坐标的负方向时，该面为负。类似地，当剪力在正面上指向坐标的正方向或在负面上指向负方向时，力被定义为正。在按照右旋法则确定其矢量后，以相同的方式定义力矩的符号。

图 3－4(b)(d)所示分别为 xOz 和 yOz 平面内作用在长度为 l_i 的第 i 个单元上的位移和内力分量。从 xOz 平面上的图形来看，力和力矩平衡时

$$\left.\begin{aligned} &V_{xi}^{\mathrm{L}}-V_{xi-1}^{\mathrm{R}}=0\\ &M_{yi}^{\mathrm{L}}-M_{yi-1}^{\mathrm{R}}+l_iV_{xi-1}^{\mathrm{R}}=0\end{aligned}\right\}\tag{3-15}$$

根据梁的材料强度理论得位移和转角与剪力和力矩的关系为

$$\left.\begin{aligned} &\varphi_{yi}^{\mathrm{L}}=\varphi_{yi-1}^{\mathrm{R}}+\left(\frac{l_i}{EI_i}\right)M_{yi}^{\mathrm{L}}+\left(\frac{l_i^2}{2EI_i}\right)V_{xi}^{\mathrm{L}}\\ &u_i^{\mathrm{L}}=u_{i-1}^{\mathrm{R}}+l_i\varphi_{yi-1}^{\mathrm{R}}+\left(\frac{l_i^2}{2EI_i}\right)M_{yi}^{\mathrm{L}}+\left(\frac{l_i^3}{6EI_i}\right)V_{xi}^{\mathrm{L}}\end{aligned}\right\}\tag{3-16}$$

定义状态向量为 $\boldsymbol{z}_{xi}=[u\quad \varphi_y\quad M_y\quad V_x]_i^{\mathrm{T}}$，据式(3－15)和式(3－16)得

$$\begin{bmatrix}u\\ \varphi_y\\ M_y\\ V_x\end{bmatrix}_i^{\mathrm{L}}=\begin{bmatrix}1 & l & l^2/(2EI) & -l^3/(6EI)\\ 0 & 1 & l/(EI) & -l^2/(2EI)\\ 0 & 0 & 1 & -l\\ 0 & 0 & 0 & 1\end{bmatrix}_i\begin{bmatrix}u\\ \varphi_y\\ M_y\\ V_x\end{bmatrix}_{i-1}^{\mathrm{R}}\tag{3-17}$$

用矩阵和向量符号可以表示为

$$z_{xi}^{\mathrm{L}} = \boldsymbol{F}'_i z_{xi-1}^{\mathrm{R}} \tag{3-18}$$

接下来，考虑 yOz 平面上的分量，利用上面的结果推导出类似的关系。在 xOz 平面中，矢量 $\boldsymbol{M}_{yi}^{\mathrm{L}}$ 和 $\boldsymbol{\varphi}_{yi}^{\mathrm{L}}$ 垂直于 xOz 平面并指向上方。因此，为了利用对应关系，考虑 y 轴负值范围内反向的剪力。通过替换 $v_i \to -v_i$ 和 $V_{yi} \to -V_{yi}$，利用式(3－18)的结果得出 yOz 平面中得分量也具有类似的关系：

$$z_{yi}^{\mathrm{L}} = \boldsymbol{F}'_i z_{yi-1}^{\mathrm{R}} \tag{3-19}$$

式中：$\boldsymbol{z}_{yi} = [u \quad \varphi_x \quad M_x \quad -V_y]^{\mathrm{T}}$。由式(3－17)和式(3－19)可得

$$\boldsymbol{z}_i^{\mathrm{L}} = \boldsymbol{F}_i \boldsymbol{z}_{i-1}^{\mathrm{R}} = \begin{bmatrix} \boldsymbol{F}'_i & \boldsymbol{0} \\ \boldsymbol{0} & \boldsymbol{F}'_i \end{bmatrix} \boldsymbol{z}_{i-1}^{\mathrm{R}} \tag{3-20}$$

现在考虑集中质量单元和刚性盘单元。图 3－4(c)(e)所示为作用在集中分布的轴质量 m_i 和质量为 M_i 的刚性盘上的力和力矩，极惯性矩为 I_{Pi} 和径向惯性矩为 I_i。在 xOz 平面上，刚性盘的平动位移 u_i 和倾角 $\varphi_{y,i}$ 具有以下关系：

$$u_i^L = u_i^R = u_i, \varphi_{yi}^L = \varphi_{yi}^R = \varphi_{yi} \tag{3-21}$$

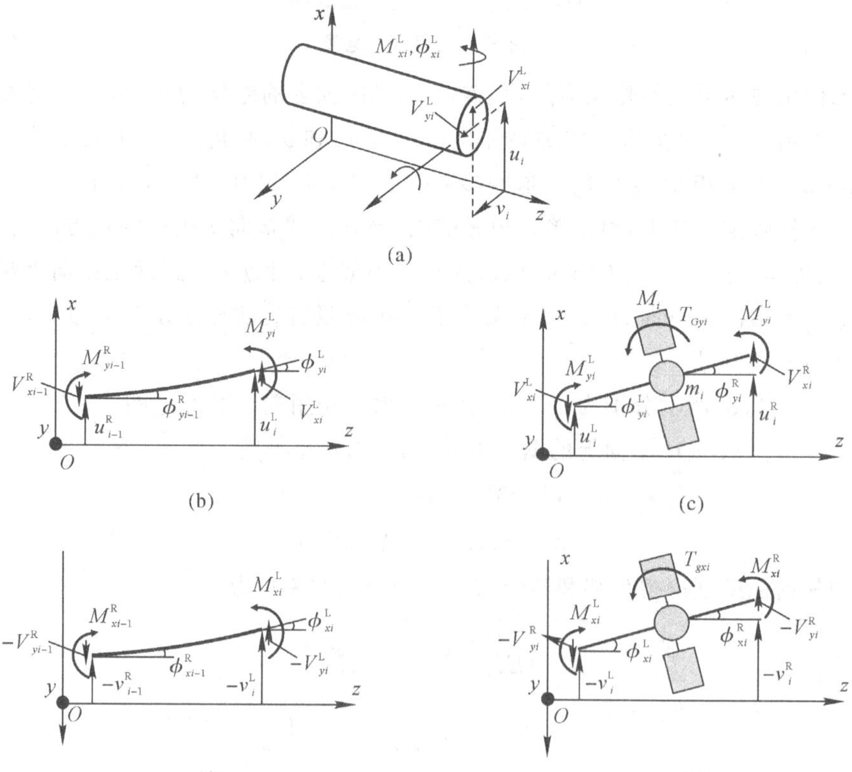

图 3－4　作用在单元上的力与力矩

(a)参数的正方向定义；(b)xOs 平面内梁的自由体；(c)xOs 平面内质量的自由体；
(d)yOs 平面内梁的自由体；(e)yOs 平面内质量的自由体

当转子以频率 f 旋转时，可得到以下运动方程：

$$\left.\begin{aligned} (m_i + M_i)\ddot{u}_i &= (m_i + M_i)(-f^2 u_i) = V_{xi}^{\mathrm{R}} - V_{xi}^{\mathrm{L}} \\ I_i \ddot{\varphi}_{yi} &= I_i(-f^2 \varphi_{yi}) = M_{yi}^{\mathrm{R}} - M_{yi}^{\mathrm{L}} + T_{Gyi} \end{aligned}\right\} \tag{3-22}$$

式中：T_{Gyi}是陀螺力矩。由于满足 $\theta_x=\varphi_{yi}$，$\theta_y=-\varphi_{xi}$关系，给出

$$\left.\begin{aligned} I_i\ddot{\varphi}_{yi}=I_{pi}\omega\dot{\varphi}_{xi}+\delta\varphi_{yi} \\ I_i\ddot{\varphi}_{xi}=-I_{pi}\omega\dot{\varphi}_{yi}+\delta\varphi_{xi} \end{aligned}\right\}\Rightarrow T_{Gxi}=-I_{pi}\omega\dot{\varphi}_{yi},T_{Gyi}=I_{pi}\omega\dot{\varphi}_{xi} \tag{3-23}$$

如果转子以 $\theta_x=\varphi_{yi}=R\cos ft$ 和 $\theta_y=-\varphi_{xi}=R\sin ft$ 的形式旋转，则陀螺力矩的表达式变为

$$T_{Gxi}=-I_{pi}\omega f\varphi_{xi},\quad T_{Gyi}=-I_{pi}\omega f\varphi_{yi} \tag{3-24}$$

将这些表达式代入式(3-22)，可得到

$$\boldsymbol{z}_{xi}^{\mathrm{R}}=\boldsymbol{P}'_i\boldsymbol{z}_{xi}^{\mathrm{L}} \tag{3-25}$$

式中

$$\boldsymbol{P}'_i=\begin{bmatrix} 1 & 0 & 0 & 0 \\ 0 & 1 & 0 & 0 \\ 0 & (I_p\omega f-If^2) & 1 & 0 \\ -(m+M)f^2 & 0 & 0 & 1 \end{bmatrix}_i \tag{3-26}$$

同理

$$\boldsymbol{z}_{yi}^{\mathrm{R}}=\boldsymbol{P}'_i\boldsymbol{z}_{yi}^{\mathrm{L}} \tag{3-27}$$

与场传递矩阵类似，点传递矩阵可表示为

$$\boldsymbol{z}_i^{\mathrm{R}}=\boldsymbol{P}_i\boldsymbol{z}_{i-1}^{\mathrm{L}}=\begin{bmatrix} \boldsymbol{P}'_i & \boldsymbol{0} \\ \boldsymbol{0} & \boldsymbol{P}'_i \end{bmatrix}\boldsymbol{z}_{i-1}^{\mathrm{L}} \tag{3-28}$$

据式(3-20)和式(3-28)可推导出

$$\boldsymbol{z}_i^{\mathrm{R}}=\boldsymbol{T}_i\boldsymbol{z}_{i-1}^{\mathrm{R}}=\boldsymbol{P}_i\boldsymbol{F}_i\boldsymbol{z}_{i-1}^{\mathrm{R}} \tag{3-29}$$

式中：$\boldsymbol{T}_i=\boldsymbol{P}_i\boldsymbol{F}_i$ 是单元的传递矩阵。

在实际工程应用中，转子系统的支承部件往往不是刚性的。为了考虑支承部件的位移，通常将转子的支承部件简化为各向同性的弹簧(弹簧常数 k)。作用在支承位置的质量上的弹簧力表示为

$$F_{xi}=-k_iu_i,\quad F_{yi}=-k_iv_i \tag{3-30}$$

在如图 3-4(c)所示的 xOz 平面中，由于 F_{xi}与 V_{xi}^{R}的作用方向相同，因此式(3-26)中 $\boldsymbol{P}'_i$ 的修正为

$$\boldsymbol{P}'_i=\begin{bmatrix} 1 & 0 & 0 & 0 \\ 0 & 1 & 0 & 0 \\ 0 & (I_p\omega f-If^2) & 1 & 0 \\ k-(m+M)f^2 & 0 & 0 & 1 \end{bmatrix}_i \tag{3-31}$$

由式(3-31)可知，当考虑图 3-5 所示的弹性支承时，转子系统的传递矩阵$\boldsymbol{T}_i$ 为

$$\begin{bmatrix} 1 & l & l^2/(2EI) & -l^2/(6EI) \\ 0 & 1 & l/(EI) & -l^2/(2EI) \\ 0 & I_p\omega f-If^2 & 1+(I_p\omega f-If^2)l/EI & -l-(I_p\omega f-If^2)l^2/(2EI) \\ k-(m+M)f^2 & (k-(m+M)f^2)l & (k-(m+M)f^2)l^2/2EI & 1-(k-(m+M)f^2)l^2/(6EI) \end{bmatrix}_i \tag{3-32}$$

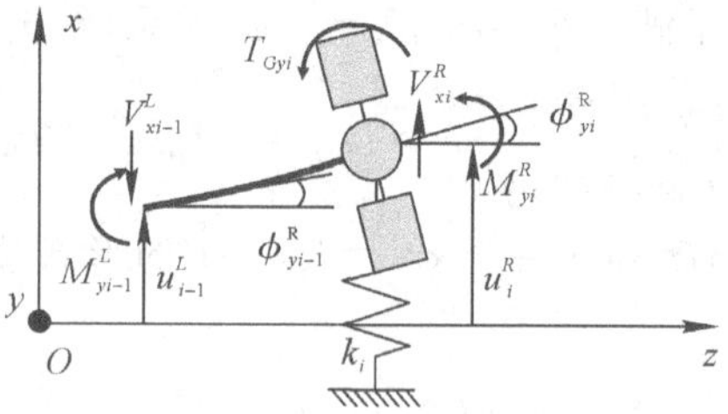

图 3-5　支承处弹性单元

通过重复应用式(3-29)中的关系，可以得到一个将第 i 站的状态向量$\boldsymbol{z}_i^R$ 与系统最左端的状态向量$\boldsymbol{z}_0^L=\boldsymbol{z}_0$ 联系起来的表达式：

$$\boldsymbol{z}_i^R=\boldsymbol{T}_i\boldsymbol{T}_{i-1}\cdots\boldsymbol{T}_1\boldsymbol{z}_0^R=\boldsymbol{T}_i\,\boldsymbol{T}_{i-1}\cdots\boldsymbol{T}_1\boldsymbol{T}_0\boldsymbol{P}_0\boldsymbol{z}_0 \tag{3-33}$$

最后可以将系统左端的状态向量 $\boldsymbol{z}_0^L=\boldsymbol{z}_0$ 与右端的状态向量 $\boldsymbol{z}_n^R=\boldsymbol{z}_n$ 联系起来，即

$$\boldsymbol{z}_n=\boldsymbol{T}\boldsymbol{z}_0=\boldsymbol{T}_n\boldsymbol{T}_{n-1}\cdots\boldsymbol{T}_1\boldsymbol{T}_0\boldsymbol{P}_0\boldsymbol{z}_0 \tag{3-34}$$

矩阵 $\boldsymbol{T}=\boldsymbol{T}_n\boldsymbol{T}_{n-1}\cdots\boldsymbol{T}_1\boldsymbol{T}_0\boldsymbol{P}_0$ 就是转子系统的总体传递矩阵。

将边界条件代入式(3-34)中即可得到系统的频率方程，对于复杂的系统需要使用数值方法求解这个频率方程以找到系统的固有频率。一旦得到固有频率，就可以通过将其代入动力学方程来计算对应的振型。

传递矩阵法除了应用于计算系统的固有特性外，还广泛应用于工程结构的强迫振动和阻尼振动以及分叉结构的不平衡响应和应变能分析等。传递矩阵法的计算精度随着模型的精细化而不断提高，它的计算规模并不会像有限元方法那样迅速增长。但是传递矩阵法通常基于线弹性假设，因此不适用于非线性或大变形问题。传递矩阵法在处理非均匀或非匀质结构时也面临一些限制，因为它是基于均匀和均质的假设。总体而言，传递矩阵法是一种有效的工具，特别适用于多自由度系统的线性振动问题。然而，在具体应用中，需根据具体问题的特点权衡其优缺点，并结合其他方法来得到更准确的结果。

3.2　有限单元法

有限元法(Finite Element Method，FEM)是一种数值分析方法，适用于求解复杂的工程问题。有限元法将一个大型、连续的问题分割成很多个小规模、简单的部分，每部分称为单元。这些单元通过数学方法近似描述结构的行为，从而使对整个系统的分析成为可能。

3.2.1　有限元单元法分析流程

有限元法的一般步骤如下。

1. 模型离散

将实际结构或问题通过有限元法离散化为有限元模型，选择合适的有限元类型和网格划分。有限元法中有许多不同类型的有限元，每种类型的有限元适用于不同类型的工程和物理问题。

一维单元：最简单的一维单元是由两个节点构成的线性一维单元，通常用于模拟线性分布的结构，如杆或梁。在线性元素的基础上引入额外的节点，如二次单元，可以提高对非线性问题的建模能力。一维单元通常用于分析细长结构，如梁或柱，适用于模拟轴向变形和弯曲。

二维单元：二维单元根据形状可分为三角形单元和四边形单元。三角形单元是有限元分析中最基本的二维单元。由于三角形的三个顶点总是共面，任何复杂的几何形状都可以用许多三角形近似表示。三角形单元具有几何灵活性、稳定性和适应性强等优点，使其可以很好地适应复杂和不规则的几何形状并在变形和网格扭曲时保持稳定。但是三角形单元作为常应变单元在求解应变和应力的时候精度较差。四边形单元是由四个节点定义的四边形，适用于矩形或正方形区域的建模。四边形单元可以采用线性或双线性应变假设，相比于三角形单元更加准确。线性四边形单元适用于对结构进行线弹性分析的情况，它基于小变形假设。当需要考虑大形变或非线性材料行为时，双线性四边形单元通常更为适用。二维单元通常用于平面结构的建模，如板、壳体或薄膜。

三维单元：四面体单元是由四个节点定义的三维四面体，适用于各种三维几何形状和结构。在有限元分析中四面体单元与三角形单元一样，也是采用常应变假设的。六面体单元，由八个节点定义的三维六面体，适用于矩形或正方体区域的建模。三维单元用于对立体结构进行建模，如立方体、球体或其他复杂的三维形状。四面体单元适用于不规则几何形状，而六面体元素适用于规则几何形状。

选择适当的有限元类型取决于要模拟的结构类型、几何形状和所关注的物理现象。在实际应用中，需要根据具体问题的性质和数值模拟的要求选择合适的有限元单元。图3-6所示为采用不同类型单元的有限元模型。

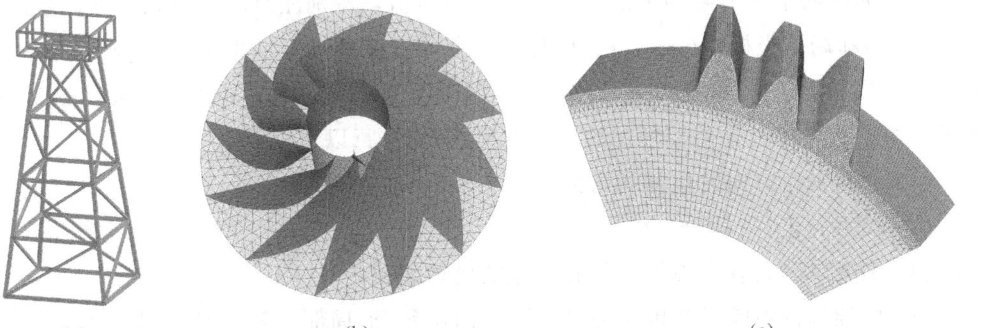

(a)　　(b)　　(c)

图3-6　采用不同类型单元的有限元模型

(a)一维单元模型；(b)二维单元模型；(c)三维单元模型

2. 建立数学模型

对每个有限元建立数学模型，通常采用弱形式(变分原理)来描述结构的行为。有多种方法可以表达域中各个单元的属性。推导单元矩阵常用的方法有直接法、变分法、能量法和加权残差法。

3. 装配系统方程

根据单元自由度与全局自由度之间的映射关系将单元矩阵组装为结构总体矩阵。

4. 施加边界条件

给定边界条件，即结构的某些部分或节点上的位移、力或约束条件，建立关于节点状态的代数方程组。

5. 求解方程

通过数值方法求解得到结构的位移、应变和应力等信息。

6. 后处理

对计算结果进行分析和后处理，获取感兴趣的信息，例如应力及变形分布等。

3.2.2 杆单元

在本节中，将推导线弹性桁架（或杆）单元的单元刚度矩阵。引入局部和全局坐标系以方便公式表达。每个单元都有自己的局部坐标系，用 x'，y'，z' 表示，而全局坐标系（即参考坐标）用 x，y，z 表示。类似地，相对于局部坐标系的位移分量用 u'，v'，w' 表示，而相对于全局坐标系的位移分量则用 u，v，w 表示。当参考局部和全局坐标系时，单元级矩阵和向量同样用上标“′”来区分。因此，$\boldsymbol{K}'^e$ 和 $\boldsymbol{K}^e$ 分别表示局部和全局坐标系中的单元刚度矩阵，$\boldsymbol{f}'^e$ 和 $\boldsymbol{f}^e$ 分别表示局部和全局坐标系中的单元载荷向量。同理，单元 DOF 向量在局部坐标系中被表示为 $\boldsymbol{q}_l^e$，在全局坐标系中被表示为 $\boldsymbol{q}^e$。

1. 单元矩阵推导

一个典型的平面桁架例子如图 3-7(a)所示，值得特别注意的是单元 i 和 j 的全局坐标系(x，y)和局部坐标系(x'，y')。只有一个全局坐标系来表示整个结构，而每个单元都有自己的局部坐标系，如图 3-7(b)所示。该平面桁架的长度为 L 的通用单元如图 3-7(c)所示。根据能量法推导桁架杆件的单元方程，首先进行以下假设：

(1) 指向轴正方向的位移和力为正；

(2) 拉力为正；

(3) 桁架（杆）具有线弹性且具有恒定的横截面积；

(4) 桁架构件不能承受剪切力，因此，横向位移（沿局部 y 轴）的影响被忽略；

(5) 适用胡克定律，即 $\sigma_x = E\varepsilon_x$。

杆的平衡可以根据哈密顿原理表示为

$$\int_{t_1}^{t_2} \delta K - (\delta U - \delta W)\mathrm{d}t = 0 \tag{3-35}$$

式中：δ 表示变化；K 是动能；U 是内能（应变能）；W 是施加载荷引起的外部功。所以，$\Pi = U - W$ 表示系统的总势能。

动能可表示为

$$K = \frac{1}{2}\int_V \rho \left(\frac{\partial u}{\partial t}\right)^2 \mathrm{d}V = \frac{\rho A}{2}\int_{-a}^{a}\left(\frac{\partial u}{\partial t}\right)^2 \mathrm{d}x \tag{3-36}$$

式中:V 表示杆的体积;ρ 表示其密度。通过评估动能的变化并分部积分,可得以下表达式:

$$\delta K = -\rho A\int_{-a}^{a}\frac{\partial^2 u}{\partial t^2}\delta u \mathrm{d}x \tag{3-37}$$

杆单元所做的内功(或储存的应变能)为

$$U = \frac{1}{2}\int_V \sigma_x \varepsilon_x \mathrm{d}V = \frac{A}{2}\int_{-a}^{a}\sigma_x \varepsilon_x \mathrm{d}x \tag{3-38}$$

应变-位移和应力-位移关系为

$$\varepsilon_x = \frac{\partial u}{\partial x},\quad \sigma_x = E\varepsilon_x = E\frac{\partial u}{\partial x} \tag{3-39}$$

式中:E 为弹性模量。内能的变化推导为

$$U = \frac{EA}{2}\int_{-a}^{a}\left(\frac{\partial u}{\partial x}\right)^2 \mathrm{d}x \Leftrightarrow \delta U = EA\int_{-a}^{a}\frac{\partial u}{\partial x}\frac{\partial \delta u}{\partial x}\mathrm{d}x \tag{3-40}$$

如果将载荷 p 视作单位长度上的作用力,则每个单元上的虚外功为

$$\delta W = \int_{-a}^{a} p\,\delta u \mathrm{d}x \tag{3-41}$$

最后,杆的平衡可表示为

$$\rho A\int_{-a}^{a}\frac{\partial^2 u}{\partial t^2}\delta u \mathrm{d}x + EA\int_{-a}^{a}\frac{\partial u}{\partial x}\frac{\partial \delta u}{\partial x}\mathrm{d}x - \int_{-a}^{a} p\,\delta u \mathrm{d}x = 0 \tag{3-42}$$

现在,如图 3-7(c)所示,将局部坐标系转换为自然坐标系 $x=a\xi(\mathrm{d}x=a\mathrm{d}\xi)$,单元轴向位移可插值为

$$u = N_1(\xi)u_1 + N_2(\xi)u_2 \tag{3-43}$$

其中形函数为

$$N_1(\xi) = \frac{1}{2}(1-\xi),\quad N_2(\xi) = \frac{1}{2}(1+\xi) \tag{3-44}$$

在自然坐标系中 $\xi \in [-1,+1]$,插值方程式(3-43)可用矩阵形式表示为

$$\boldsymbol{u} = [N_1 \quad N_2]\begin{bmatrix} u_1 \\ u_2 \end{bmatrix} = \boldsymbol{N}\boldsymbol{u}^{\mathrm{e}} \tag{3-45}$$

经过坐标变换后,单元的应变能可在自然系统中表示为

$$\delta U = \delta \boldsymbol{u}^{\mathrm{eT}} EA\int_{-1}^{1}\frac{1}{a^2}\frac{\mathrm{d}\boldsymbol{N}^{\mathrm{T}}}{\mathrm{d}\xi}\frac{\mathrm{d}\boldsymbol{N}}{\mathrm{d}\xi}a\,\mathrm{d}\xi\boldsymbol{u}^{\mathrm{e}} = \delta \boldsymbol{u}^{\mathrm{eT}}\frac{EA}{a}\int_{-1}^{1}\boldsymbol{N}'^{\mathrm{T}}\boldsymbol{N}'\mathrm{d}\xi\boldsymbol{u}^{\mathrm{e}} \tag{3-46}$$

式中:$\boldsymbol{N}' = \frac{\mathrm{d}\boldsymbol{N}}{\mathrm{d}\xi}$,且 δU 用矩阵形式可表示为

$$\delta U = \delta \boldsymbol{u}^{\mathrm{eT}}\boldsymbol{K}^{\mathrm{e}}\boldsymbol{u}^{\mathrm{e}} \tag{3-47}$$

式中:$\boldsymbol{K}^{\mathrm{e}}$为单元矩阵,有

$$\boldsymbol{K}^{\mathrm{e}} = \frac{EA}{a}\int_{-1}^{1}\boldsymbol{N}'^{\mathrm{T}}\boldsymbol{N}'\mathrm{d}\xi \tag{3-48}$$

通过几何变换映射，在自然坐标系中求解积分。引入 Jacobi 矩阵，形函数的导数为

$$\frac{\mathrm{d}N_1}{\mathrm{d}\xi}=-\frac{1}{2},\quad \frac{\mathrm{d}N_2}{\mathrm{d}\xi}=\frac{1}{2} \tag{3-49}$$

在这种情况下，刚度矩阵可表示为

$$\boldsymbol{K}^{\mathrm{e}}=\frac{EA}{a}\int_{-1}^{1}\begin{bmatrix}-\frac{1}{2}\\ \frac{1}{2}\end{bmatrix}\begin{bmatrix}-\frac{1}{2} & \frac{1}{2}\end{bmatrix}\mathrm{d}\xi=\frac{EA}{2a}\begin{bmatrix}1 & -1\\ -1 & 1\end{bmatrix}=\frac{EA}{L}\begin{bmatrix}1 & -1\\ -1 & 1\end{bmatrix} \tag{3-50}$$

外力所做虚功定义为

$$\delta W^{\mathrm{e}}=\int_{-a}^{a}p\,\delta u\mathrm{d}x=\delta\boldsymbol{u}^{\mathrm{eT}}a\int_{-1}^{1}p\boldsymbol{N}^{\mathrm{T}}\mathrm{d}\xi\Leftrightarrow\delta W^{\mathrm{e}}=\delta\boldsymbol{u}^{\mathrm{eT}}\boldsymbol{f}^{\mathrm{e}} \tag{3-51}$$

式中：与分布力等效的节点力矢量（仅当分布力为均匀分布时）为

$$\boldsymbol{f}^{\mathrm{e}}=a\int_{-1}^{1}p\boldsymbol{N}^{\mathrm{T}}\mathrm{d}\xi=\frac{ap}{2}\int_{-1}^{1}\begin{bmatrix}1-\xi\\ 1+\xi\end{bmatrix}\mathrm{d}\xi=ap\begin{bmatrix}1\\ 1\end{bmatrix} \tag{3-52}$$

杆单元的质量矩阵由动能的变化推导出，即

$$\boldsymbol{M}^{\mathrm{e}}=\rho A\int_{-a}^{a}\boldsymbol{N}^{\mathrm{T}}\boldsymbol{N}\mathrm{d}x=\rho A\int_{-1}^{1}\boldsymbol{N}^{\mathrm{T}}\boldsymbol{N}a\,\mathrm{d}\xi \tag{3-53}$$

根据形函数的定义，一致质量矩阵为

$$\boldsymbol{M}^{\mathrm{e}}=\frac{\rho A}{4}\int_{-1}^{1}\begin{bmatrix}1-\xi\\ 1+\xi\end{bmatrix}\begin{bmatrix}1-\xi & 1+\xi\end{bmatrix}a\,\mathrm{d}\xi=\frac{\rho AL}{6}\begin{bmatrix}2 & 1\\ 1 & 2\end{bmatrix} \tag{3-54}$$

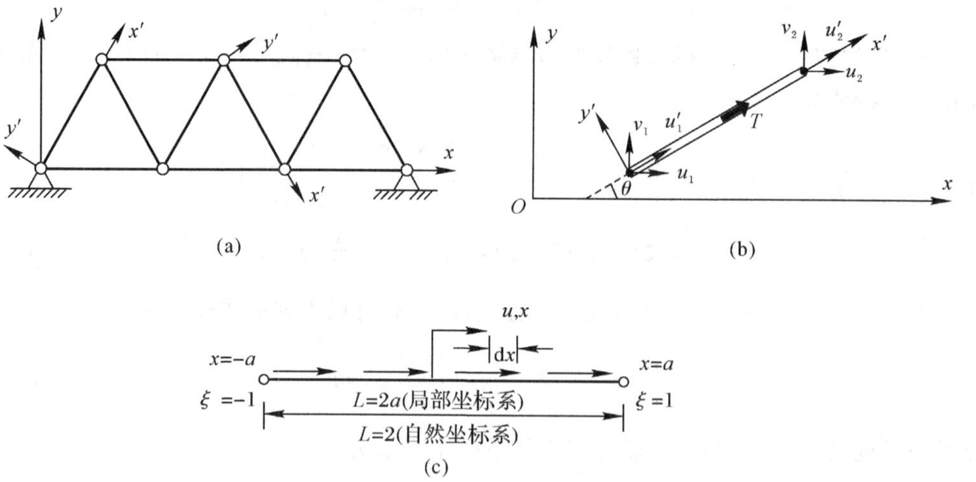

图 3-7 受拉力 T 的双节点桁架单元

(a)平面桁架示意图；(b)受拉力 T 的双节点桁架单元；(c)两种坐标系下的双节点桁架单元

2. 平面桁架

如图 3-7(a)(b)所示，考虑全局 xOy 平面中的典型二维桁架。局部坐标系 $Ox'y'$ 定义了 2 个节点的局部位移 u'_1，u'_2。该单元在局部坐标中具有 2 个自由度：

$$\boldsymbol{u}'=[u'_1\quad u'_2]^{\mathrm{T}} \tag{3-55}$$

而在平面全局坐标系中，单元由 4 个自由度定义：

$$\boldsymbol{u}=[u_1 \quad v_1 \quad u_2 \quad v_2]^{\mathrm{T}} \tag{3-56}$$

局部位移和全局位移之间的关系由下式给出：

$$\left.\begin{aligned} u'_1 &= u_1\cos\theta + v_1\sin\theta \\ u'_2 &= u_2\cos\theta + v_2\sin\theta \end{aligned}\right\} \tag{3-57}$$

式中：θ 是局部轴 x' 与全局轴 x 之间的夹角，或用矩阵形式表示为

$$\boldsymbol{u}'=\boldsymbol{L}\boldsymbol{u}=\begin{bmatrix} l & m & 0 & 0 \\ 0 & 0 & l & m \end{bmatrix}\boldsymbol{u} \tag{3-58}$$

矩阵 $\boldsymbol{L}$ 的 l，m 元素可以由节点坐标定义为

$$l=\cos\theta=\frac{x_2-x_1}{L_e},\quad m=\sin\theta=\frac{y_2-y_1}{L_e} \tag{3-59}$$

式中：$L_e=\sqrt{(x_2-x_1)^2+(y_2-y_1)^2}$ 是单元的长度。由式(3-50)可知，在局部坐标系中，二维桁架单元的刚度矩阵为

$$\boldsymbol{K}'^{e}=\frac{EA}{L_e}\begin{bmatrix} 1 & -1 \\ -1 & 1 \end{bmatrix} \tag{3-60}$$

根据 $\boldsymbol{u}'=\boldsymbol{L}\boldsymbol{u}$，单元在局部坐标系和全局坐标系下的应变能变为

$$U^e=\frac{1}{2}\boldsymbol{u}'^{\mathrm{T}}\boldsymbol{K}'^{e}\boldsymbol{u}' \Leftrightarrow U^e=\frac{1}{2}\boldsymbol{u}^{\mathrm{T}}[\boldsymbol{L}^{\mathrm{T}}\boldsymbol{K}'^{e}\boldsymbol{L}]\boldsymbol{u} \tag{3-61}$$

现在可以将全局坐标系下的单元刚度矩阵表示为

$$\boldsymbol{K}^e=\boldsymbol{L}^{\mathrm{T}}\boldsymbol{K}'^{e}\boldsymbol{L}=\frac{EA}{L_e}\begin{bmatrix} l^2 & lm & -l^2 & -lm \\ lm & m^2 & -lm & -m^2 \\ -l^2 & -lm & l^2 & lm \\ -lm & -m^2 & lm & m^2 \end{bmatrix} \tag{3-62}$$

同理，可以将全局坐标系下的单元一致质量矩阵表示为

$$\boldsymbol{M}^e=\boldsymbol{L}^{\mathrm{T}}\boldsymbol{M}'^{e}\boldsymbol{L}=\frac{\rho AL_e}{6}\begin{bmatrix} 2l^2 & 2lm & l^2 & lm \\ 2lm & 2m^2 & lm & m^2 \\ l^2 & lm & 2l^2 & 2lm \\ lm & m^2 & 2lm & 2m^2 \end{bmatrix} \tag{3-63}$$

全局坐标系下结构载荷向量为

$$\boldsymbol{f}^e=\boldsymbol{L}^{\mathrm{T}}\boldsymbol{f}'^{e} \tag{3-64}$$

当然，对于集中节点载荷也可以直接在全局坐标系中求得。

求得所有单元在全局坐标系下的单元矩阵和载荷向量后即可组装结构整体矩阵和载荷向量。如图 3-8 所示，首先根据结构所有的节点编号建立全局自由度，再将每个单元矩阵中的元素根据其在全局矩阵中所在的位置映射过去并叠加。最后根据结构的边界条件，将全局矩阵和向量中被约束的自由度消去即可得到结构的总体控制方程：

$$\boldsymbol{M}\ddot{\boldsymbol{u}}+\boldsymbol{K}\boldsymbol{u}=\boldsymbol{f} \tag{3-65}$$

利用特征值分析方法和数值分析方法即可求解结构的特征值和特征向量(固有频率

和模态振型)和时间历程响应等,并可进一步获得应变和应力等信息。

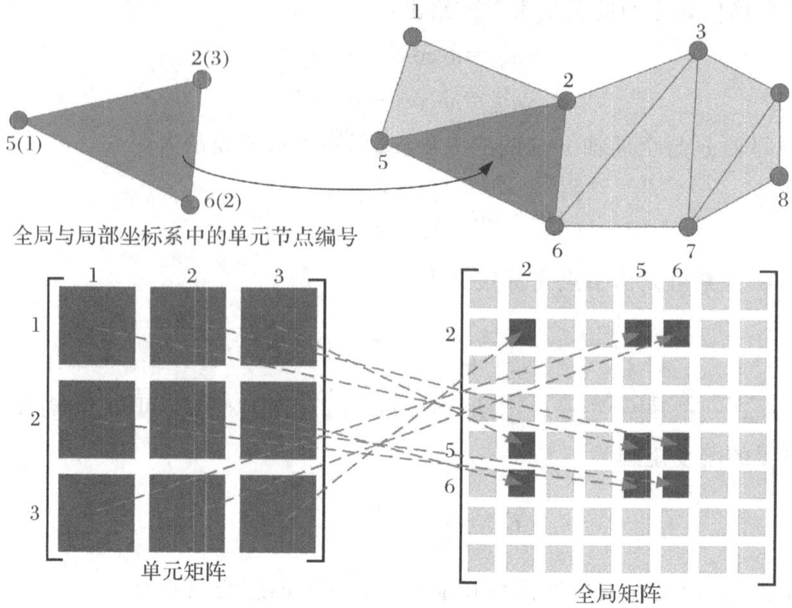

图 3-8　全局矩阵组装示意图

【例 3-2】 分析图 3-9 所示的一个 2D 桁架问题,在节点 1 处施加大小为 1 000 N 的向下的节点力。三个杆件的弹性模量均为 $E=700\times10^6$ Pa,并且所有单元都应具有恒定的横截面积 $A=10\times10^{-6}$ m²。固定约束位于节点 2、3 和 4。求解结构的静态位移。

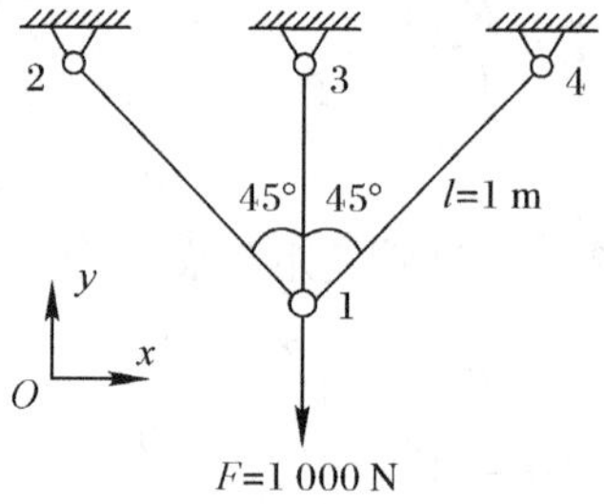

图 3-9　平面 3 杆桁架

解:由于 3 个单元具有相同的弹性模量和横截面积,所以根据每个单元的长度可得 3 个单元在局部坐标系中的单元刚度矩阵为

$$\boldsymbol{K}'^{e}_{1}=\boldsymbol{K}'^{e}_{3}=7\ 000\times\begin{bmatrix}1 & -1\\ -1 & 1\end{bmatrix},\quad \boldsymbol{K}'^{e}_{2}=7\ 000\sqrt{2}\times\begin{bmatrix}1 & -1\\ -1 & 1\end{bmatrix}$$

3 个单元的局部-全局变换矩阵为

$$\boldsymbol{L}_1=\begin{bmatrix}-\frac{\sqrt{2}}{2} & \frac{\sqrt{2}}{2} & 0 & 0\\ 0 & 0 & \frac{\sqrt{2}}{2} & -\frac{\sqrt{2}}{2}\end{bmatrix},\quad \boldsymbol{L}_2=\begin{bmatrix}0 & 1 & 0 & 0\\ 0 & 0 & 0 & 1\end{bmatrix},\quad \boldsymbol{L}_3=\begin{bmatrix}\frac{\sqrt{2}}{2} & -\frac{\sqrt{2}}{2} & 0 & 0\\ 0 & 0 & -\frac{\sqrt{2}}{2} & \frac{\sqrt{2}}{2}\end{bmatrix}$$

3 个单元在全局坐标系中的刚度矩阵为

$$\boldsymbol{K}_1^e=3\ 500\times\begin{bmatrix}1&-1&-1&1\\-1&1&1&-1\\-1&1&1&-1\\1&-1&-1&1\end{bmatrix},\quad \boldsymbol{K}_2^e=7\ 000\times\begin{bmatrix}0&0&0&0\\0&\sqrt{2}&0&-\sqrt{2}\\0&0&0&0\\0&-\sqrt{2}&0&\sqrt{2}\end{bmatrix}$$

$$\boldsymbol{K}_3^e=3\ 500\times\begin{bmatrix}1&1&-1&-1\\1&1&-1&-1\\-1&-1&1&1\\-1&-1&1&1\end{bmatrix}$$

按照 $1x,1y,\cdots,4x,4y$ 的顺序对全局自由度编号,可得全局载荷向量为

$$\boldsymbol{f}=[0\quad 1000\quad 0\quad 0\quad 0\quad 0\quad 0\quad 0]^{\mathrm{T}}$$

根据全局自由度的编号组装全局刚度矩阵,并施加边界条件,可得静态平衡方程:

$$\begin{bmatrix}7\ 000&0\\0&7\ 000\times(1+\sqrt{2})\end{bmatrix}\boldsymbol{u}=\begin{Bmatrix}0\\1\ 000\end{Bmatrix}$$

求解得 $\boldsymbol{u}=[0\quad 0.059\ 2]^{\mathrm{T}}$。说明节点 1 的水平位移为 0,竖直方向位移为 0.059 2 m,其余被约束节点位移均为 0。

3. 空间桁架

图 3-10 所示是一个典型的双节点三维桁架单元。对于空间中的双节点桁架单元,每个节点都有三个全局自由度。局部坐标系中的位移矢量与式(3-55),相同并没有改变。节点 1 和节点 2 投影到全局坐标中的位移向量为

$$\boldsymbol{u}^{\mathrm{T}}=[u_1\quad u_2\quad u_3\quad u_4\quad u_5\quad u_6] \tag{3-66}$$

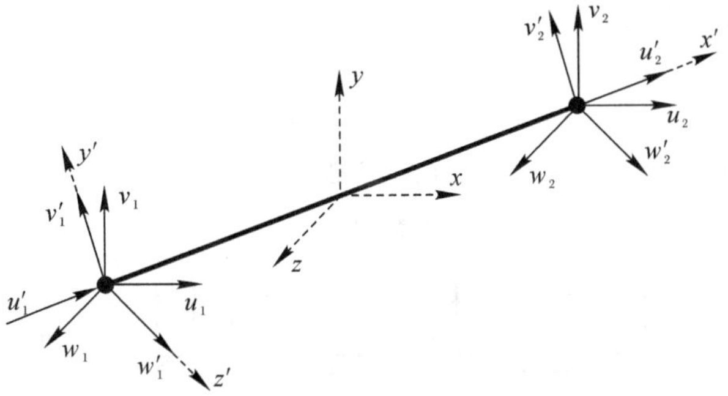

图 3-10 三维坐标中的桁架:局部和全局坐标系

局部坐标和全局坐标之间的变换矩阵为

$$\boldsymbol{L}=\begin{bmatrix}l_x&l_y&l_z&0&0&0\\0&0&0&l_x&l_y&l_z\end{bmatrix} \tag{3-67}$$

式中:局部坐标系与全局坐标系的夹角余弦为

$$l_x=\frac{x_2-x_1}{L_e},\quad l_y=\frac{y_2-y_1}{L_e},\quad l_z=\frac{z_2-z_1}{L_e} \tag{3-68}$$

全局坐标中的单元刚度矩阵由下式给出:

$$\boldsymbol{K}^{e}=\boldsymbol{L}^{T}\boldsymbol{K}'^{e}\boldsymbol{L}=\frac{EA}{L_e}\begin{bmatrix} l_x^2 & l_xl_y & l_xl_z & -l_x^2 & -l_xl_y & -l_xl_z \\ & l_y^2 & l_yl_z & -l_xl_y & -l_y^2 & -l_yl_z \\ & & l_z^2 & -l_xl_z & -l_yl_z & -l_z^2 \\ & & & l_x^2 & l_xl_y & l_xl_z \\ & & & & l_y^2 & l_yl_z \\ \text{sym} & & & & & l_z^2 \end{bmatrix} \tag{3-69}$$

对全局质量矩阵进行类似的变换，单元的一致质量矩阵变为

$$\boldsymbol{M}^{e}=\boldsymbol{L}^{T}\boldsymbol{M}'^{e}\boldsymbol{L}=\frac{\rho A}{6}L_e\begin{bmatrix} 2 & 0 & 0 & 1 & 0 & 0 \\ & 2 & 0 & 0 & 1 & 0 \\ & & 2 & 0 & 0 & 1 \\ & & & 2 & 0 & 0 \\ & & & & 2 & 0 \\ \text{sym} & & & & & 2 \end{bmatrix} \tag{3-70}$$

与平面桁架一样，对所有单元逐单元分析计算单元矩阵。组装结构全局矩阵和载荷向量后施加边界条件即可得到结构控制方程。

3.2.3 梁单元

1.局部坐标单元矩阵

如图 3-11 所示，在 xOz 平面中定义一个横截面积 A 恒定的梁。根据伯努利梁理论假设梁受力发生变形时，横截面依然为一个平面，且始终垂直于中性轴。在距离梁中轴 z 处的轴向位移 u 由下式给出：

$$u=-z\frac{\partial w}{\partial x} \tag{3-71}$$

式中：w 是横向位移。因此，梁的运动完全由垂直位移来描述。

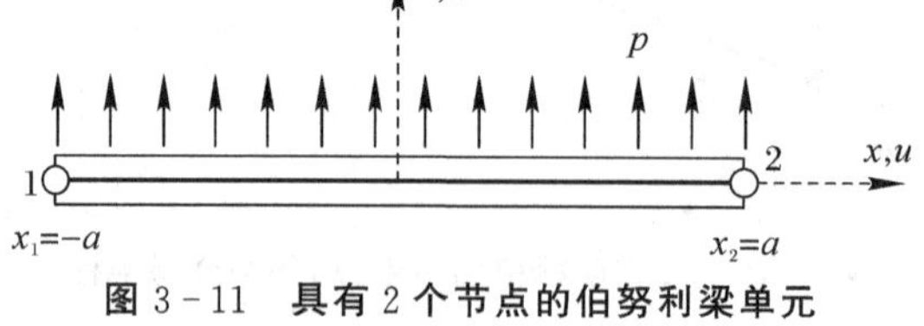

图 3-11　具有 2 个节点的伯努利梁单元

应变定义为

$$\epsilon_x=\frac{\partial u}{\partial x}=-z\frac{\partial^2 w}{\partial x^2},\quad \gamma_{xz}=\frac{\partial u}{\partial z}+\frac{\partial w}{\partial x}=0 \tag{3-72}$$

弹性应变变形如下：

$$U=\frac{1}{2}\int_V \sigma_{xx}\,\mathrm{d}V=\frac{1}{2}\int_V E\epsilon_x^2\,\mathrm{d}V \tag{3-73}$$

取 $\mathrm{d}V=\mathrm{d}A\mathrm{d}x$，并对面积 A 进行积分，可以得到

$$U=\frac{1}{2}\int_{-a}^{a}EI_y\left(\frac{\partial^2 w}{\partial x^2}\right)^2\mathrm{d}x \tag{3-74}$$

式中：I_y 是梁横截面面积的二阶矩。梁的动能为

$$K=\frac{1}{2}\int_V(\rho\dot{u}^2+\rho\dot{w}^2)\mathrm{d}V=\frac{1}{2}\int_{-a}^{a}\left[\rho I_y\left(\frac{\partial\dot{w}}{\partial x}\right)^2+\rho A\dot{w}^2\right]\mathrm{d}x \tag{3-75}$$

式中：上标"·"表示时间导数，被积的第一项表示旋转惯量，第二项表示梁横截面的垂直体积惯量。对于细长梁，旋转惯量可以忽略不计。

通过考虑横向压力 p 和轴向载荷 N^0（考虑非线性 Von Kármán 应变）得出该单元的外力做功为

$$\delta W=\int_{-a}^{a}p\,\delta w\mathrm{d}x-\int_{-a}^{a}N^0\,\frac{\partial w}{\partial x}\frac{\partial\delta w}{\partial x}\mathrm{d}x \tag{3-76}$$

有了动能、应变能和外部功，就可以表述哈密顿原理了。

在每个节点上，考虑 2 个自由度，w 和 $\partial w/\partial x$ 分别为横截面的横向位移和旋转，即

$$\boldsymbol{w}^{\mathrm{eT}}=\begin{bmatrix}w_1 & \dfrac{\partial w_1}{\partial x} & w_2 & \dfrac{\partial w_2}{\partial x}\end{bmatrix} \tag{3-77}$$

横向位移由 Hermite 形状函数插值为

$$w=\boldsymbol{N}(\xi)\boldsymbol{w}^{\mathrm{e}} \tag{3-78}$$

形函数定义为

$$\left.\begin{aligned}N_1(\xi)&=\frac{1}{4}(2-3\xi+\xi^3)n\\N_2(\xi)&=\frac{a}{4}(1-\xi-\xi^2+\xi^3)n\\N_3(\xi)&=\frac{1}{4}(2+3\xi-\xi^3)n\\N_4(\xi)&=\frac{a}{4}(-1-\xi+\xi^2+\xi^3)\end{aligned}\right\} \tag{3-79}$$

式中：$\xi=x/a$ 表示无量纲轴坐标。这些形函数（Hermite 近似函数）可以由悬臂梁自由端施加单位位移和旋转的弹性解得出。应变能可由下式得到：

$$\begin{aligned}U&=\frac{1}{2}\int_{-a}^{a}EI_y\left(\frac{\partial^2 w}{\partial x^2}\right)^2\mathrm{d}x=\frac{1}{2}\int_{-1}^{1}\frac{EI_y}{a^4}\left(\frac{\partial^2 w}{\partial\xi^2}\right)^2a\mathrm{d}\xi=\\&\frac{1}{2}\boldsymbol{w}^{\mathrm{eT}}\frac{EI_y}{a^3}\int_{-1}^{1}\boldsymbol{N}''^{\mathrm{T}}\boldsymbol{N}\mathrm{d}\xi\,\boldsymbol{w}^{\mathrm{e}}\end{aligned} \tag{3-80}$$

式中：$\boldsymbol{N}''=\dfrac{\mathrm{d}^2\boldsymbol{N}}{\mathrm{d}\xi^2}$。然后，得到如下单元刚度矩阵：

$$\boldsymbol{K}^{\mathrm{e}}=\frac{EI_y}{a^3}\int_{-1}^{1}\boldsymbol{N}''^{\mathrm{T}}\boldsymbol{N}''\mathrm{d}\xi=\frac{EI_y}{2a^3}\begin{bmatrix}3 & 3a & -3 & 3a\\3a & 4a^2 & -3a & 2a^2\\-3 & -3a & 3 & -3a\\3a & 2a^2 & -3a & 4a^2\end{bmatrix} \tag{3-81}$$

动能用形函数形式表示为

$$K=\frac{1}{2}\int_{-a}^{a}\rho A\dot{w}^{2}\mathrm{d}x=\frac{1}{2}\int_{-1}^{1}\rho A\dot{w}^{2}a\mathrm{d}\xi=\frac{1}{2}\dot{\boldsymbol{w}}^{\mathrm{eT}}\int_{-1}^{1}\rho Aa\boldsymbol{N}^{\mathrm{T}}\boldsymbol{N}\mathrm{d}\xi\dot{\boldsymbol{w}}^{\mathrm{e}} \tag{3-82}$$

质量矩阵为

$$\boldsymbol{M}^{\mathrm{e}}=\int_{-1}^{1}\rho Aa\boldsymbol{N}^{\mathrm{T}}\boldsymbol{N}\mathrm{d}\xi=\frac{\rho Aa}{210}\begin{bmatrix}156 & 44a & 54 & -26a\\ 44a & 16a^{2} & 26a & -12a^{2}\\ 54 & 26a & 156 & -44a\\ -26a & -12a^{2} & -44a & 16a^{2}\end{bmatrix} \tag{3-83}$$

分布力所做的功定义为

$$\delta W_{1}^{\mathrm{e}}=\int_{-a}^{a}p\,\delta w\mathrm{d}x=\int_{-1}^{1}p\delta wa\,\mathrm{d}\xi=\delta\boldsymbol{w}^{\mathrm{eT}}a\int_{-1}^{1}p\,\boldsymbol{N}^{\mathrm{T}}\mathrm{d}\xi \tag{3-84}$$

分布均匀力 p 的等效节点力向量为

$$\boldsymbol{f}^{\mathrm{e}}=ap\int_{-1}^{1}\boldsymbol{N}^{\mathrm{T}}\mathrm{d}\xi=\frac{ap}{3}\begin{bmatrix}3\\ a\\ 3\\ -a\end{bmatrix} \tag{3-85}$$

轴向力 N^{0} 所做的功定义为

$$\delta W_{2}^{\mathrm{e}}=\int_{-a}^{a}N^{0}\frac{\partial w}{\partial x}\frac{\partial\delta w}{\partial x}\mathrm{d}x=\int_{-1}^{1}\frac{N^{0}}{a^{2}}\frac{\partial w}{\partial\xi}\frac{\partial\delta w}{\partial\xi}a\,\mathrm{d}\xi=\delta\boldsymbol{w}^{\mathrm{eT}}\frac{N^{0}}{a}\int_{-1}^{1}\boldsymbol{N}'^{\mathrm{T}}\boldsymbol{N}'\mathrm{d}\xi\boldsymbol{w} \tag{3-86}$$

稳定性矩阵为

$$\boldsymbol{G}^{\mathrm{e}}=\frac{1}{a}\int_{-1}^{1}\boldsymbol{N}'^{\mathrm{T}}\boldsymbol{N}'\mathrm{d}\xi=\frac{1}{60a}\begin{bmatrix}36 & 6a & -36 & 6a\\ 3L & 16a^{2} & -6a & -4a^{2}\\ -36 & -6a & 36 & -6a\\ 6a & -4a^{2} & -6a & 16a^{2}\end{bmatrix} \tag{3-87}$$

2. 平面框架

图 3-12 所示为一个平面内的双节点伯努利梁单元。每个节点有三个全局自由度：两个沿全局坐标轴方向的平动自由度和一个绕坐标系平面法线旋转的旋转自由度。

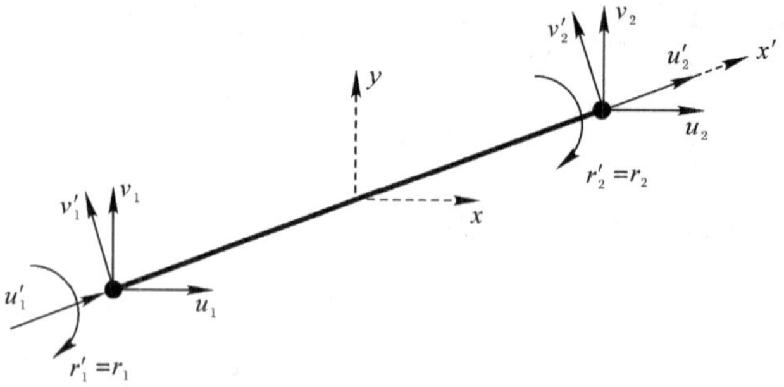

图 3-12 平面框架单元

全局自由度的向量由下式给出：

$$\boldsymbol{u}^{\mathrm{T}}=[u_1\quad u_2\quad v_1\quad v_2\quad r_1\quad r_2] \tag{3-88}$$

与 3.2.2 节中介绍的二维桁架问题相同，局部坐标轴 x' 与全局坐标轴 x 之间的夹角为 θ，m 和 l 分别为夹角的正、余弦。在局部坐标系中，位移向量为

$$\boldsymbol{u}'^{\mathrm{T}}=[u'_1 \quad u'_2 \quad v'_1 \quad v'_2 \quad r'_1 \quad r'_2] \tag{3-89}$$

式中：$r'_1=r_1$，$r'_2=r_2$，根据式(3-88)和式(3-89)可推导出局部-全局变换方程，其表达式为

$$\boldsymbol{u}'=\boldsymbol{L}\boldsymbol{u} \tag{3-90}$$

$$\boldsymbol{L}=\begin{bmatrix} l & 0 & m & 0 & 0 & 0 \\ 0 & l & 0 & m & 0 & 0 \\ -m & 0 & l & 0 & 0 & 0 \\ 0 & -m & 0 & l & 0 & 0 \\ 0 & 0 & 0 & 0 & 1 & 0 \\ 0 & 0 & 0 & 0 & 0 & 1 \end{bmatrix} \tag{3-91}$$

在局部坐标系下，框架单元的刚度矩阵由杆单元和伯努利梁单元的刚度组合得到，表达式为

$$\boldsymbol{K}'^{\mathrm{e}}=\frac{E}{L^3}\begin{bmatrix} AL^2 & -AL^2 & & & & \\ & AL^2 & & & & \\ & & 12I & -12I & 6IL & 6IL \\ & & & 12I & -6IL & -6IL \\ & & & & 4IL^2 & 2IL^2 \\ \mathrm{sym} & & & & & 4IL^2 \end{bmatrix} \tag{3-92}$$

在全局坐标系中，应变能的计算公式为

$$U^{\mathrm{e}}=\frac{1}{2}\boldsymbol{u}'^{\mathrm{T}}\boldsymbol{K}'\boldsymbol{u}'=\frac{1}{2}\boldsymbol{u}^{\mathrm{T}}\boldsymbol{L}^{\mathrm{T}}\boldsymbol{K}'\boldsymbol{L}\boldsymbol{u}=\boldsymbol{u}^{\mathrm{T}}\boldsymbol{K}\boldsymbol{u} \tag{3-93}$$

式中：$\boldsymbol{K}=\boldsymbol{L}^{\mathrm{T}}\boldsymbol{K}'\boldsymbol{L}$ 为全局坐标系中的单元刚度矩阵。在局部坐标系下，框架单元的质量矩阵同样由杆单元和伯努利梁单元的质量组合得到，其形式为

$$\boldsymbol{M}'^{\mathrm{e}}=\frac{\rho AL}{420}\begin{bmatrix} 140 & 70 & 0 & 0 & 0 & 0 \\ & 140 & 0 & 0 & 0 & 0 \\ & & 156 & 54 & 22L & -13L \\ & & & 156 & 13L & -22L \\ & & & & 4L^2 & -3L^2 \\ \mathrm{sym} & & & & & 4L^2 \end{bmatrix} \tag{3-94}$$

节点载荷向量必须根据全局坐标系和全局矩阵中的自由度顺序来定义，如下所示：

$$\boldsymbol{f}=[F_{x,1} \quad \cdots \quad F_{x,n} \quad F_{y,1} \quad \cdots \quad F_{y,n} \quad M_1 \quad \cdots \quad M_n]^{\mathrm{T}} \tag{3-95}$$

式中：F_x，F_y 和 M 是施加在节点上的水平和垂直集中力和力矩，网格中的节点编号用 n 表示。

【例 3-3】 试求解图 3-13 所示的平面框架的静态响应。三个单元的弹性模量均为 $E=210\ 000$ MPa，横截面积均为 $A=200\ \mathrm{mm}^2$，横截面积惯性矩 $I=2\times10^8\ \mathrm{mm}^4$。

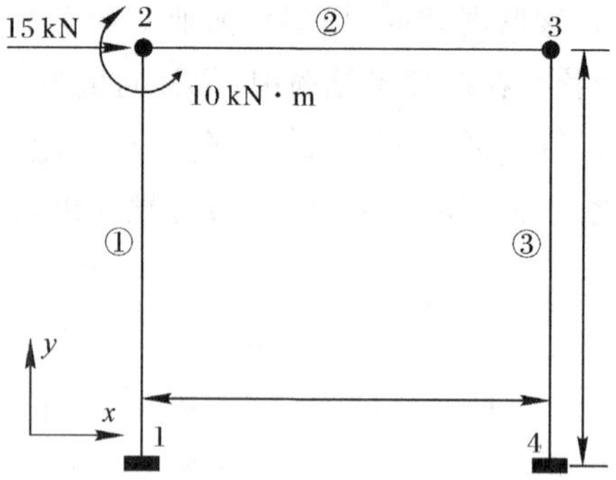

图 3-13　平面框架

解:首先计算梁单元在局部坐标系中的单元刚度矩阵和单元质量矩阵。由于 3 个单元的长度、截面和材料属性参数相同,由式(3-92)可得

$$\boldsymbol{K}'^{e}_{1}=\boldsymbol{K}'^{e}_{2}=\boldsymbol{K}'^{e}_{3}=\begin{bmatrix} 7\times10^{3} & -7\times10^{3} & 0 & 0 & 0 & 0 \\ -7\times10^{3} & 7\times10^{3} & 0 & 0 & 0 & 0 \\ 0 & 0 & 2.333\times10^{3} & -2.333\times10^{3} & 7\times10^{6} & 7\times10^{6} \\ 0 & 0 & -2.333\times10^{3} & 2.333\times10^{3} & -7\times10^{6} & -7\times10^{6} \\ 0 & 0 & 7\times10^{6} & -7\times10^{6} & 2.8\times10^{10} & 1.4\times10^{10} \\ 0 & 0 & 7\times10^{6} & -7\times10^{6} & 1.4\times10^{10} & 2.8\times10^{10} \end{bmatrix}$$

单元 1～3 的变换矩阵分别为

$$\boldsymbol{L}_1=\begin{bmatrix} 0 & 0 & 1 & 0 & 0 & 0 \\ 0 & 0 & 0 & 1 & 0 & 0 \\ -1 & 0 & 0 & 0 & 0 & 0 \\ 0 & -1 & 0 & 0 & 0 & 0 \\ 0 & 0 & 0 & 0 & 1 & 0 \\ 0 & 0 & 0 & 0 & 0 & 1 \end{bmatrix},\quad \boldsymbol{L}_2=\begin{bmatrix} 1 & 0 & 0 & 0 & 0 & 0 \\ 0 & 1 & 0 & 0 & 0 & 0 \\ 0 & 0 & 1 & 0 & 0 & 0 \\ 0 & 0 & 0 & 1 & 0 & 0 \\ 0 & 0 & 0 & 0 & 1 & 0 \\ 0 & 0 & 0 & 0 & 0 & 1 \end{bmatrix},\quad \boldsymbol{L}_3=\begin{bmatrix} 0 & 0 & -1 & 0 & 0 & 0 \\ 0 & 0 & 0 & -1 & 0 & 0 \\ 1 & 0 & 0 & 0 & 0 & 0 \\ 0 & 1 & 0 & 0 & 0 & 0 \\ 0 & 0 & 0 & 0 & 1 & 0 \\ 0 & 0 & 0 & 0 & 0 & 1 \end{bmatrix}$$

将局部坐标系中的单元刚度矩阵变换到全局坐标系,并按照 $u_1,\cdots,u_4,v_1,\cdots,v_4,r_1,\cdots,r_4$ 自由度编号。然后组装全局刚度矩阵和全局质量矩阵,全局载荷向量为

$$\boldsymbol{f}=\begin{bmatrix}0 & 15\,000 & 0 & 0 & 0 & 0 & 0 & 0 & 0 & 10\,000\,000 & 0 & 0\end{bmatrix}^{\mathrm{T}} \tag{3-96}$$

根据边界条件约束自由度 1、4、5、8、9、12 后可得结构静力学平衡方程,求解可得结构静态响应为

$$\boldsymbol{u}=\begin{bmatrix} 0 & 5.284 & 4.405 & 0 & 0 & 0.652 \\ -0.652 & 0 & 0 & 4.977\times10^{-4} & 5.893\times10^{-4} & 0 \end{bmatrix}^{\mathrm{T}} \tag{3-97}$$

3. 空间框架

如图 3-14 所示,假定局部轴 x' 与横梁主轴对齐。对于二维框架,只需旋转一次即可在 xOy 平面上定义横梁,而在三维空间中至少需要旋转三次。坐标轴 x' 的方向余弦的定义很简单,遵循二维坐标系中给出的表达式:

$$C_{xx'}=\frac{x_2-x_1}{L_e},\quad C_{yx'}=\frac{y_2-y_1}{L_e},\quad C_{zx'}=\frac{z_2-z_1}{L_e} \tag{3-97}$$

式中：x，y 和 z 指的是全局参考坐标系，x'，y' 和 z' 指的是局部参考系，梁的长度为

$$L_e=\sqrt{(x_2-x_1)^2+(y_2-y_1)^2+(z_2-z_1)^2} \tag{3-98}$$

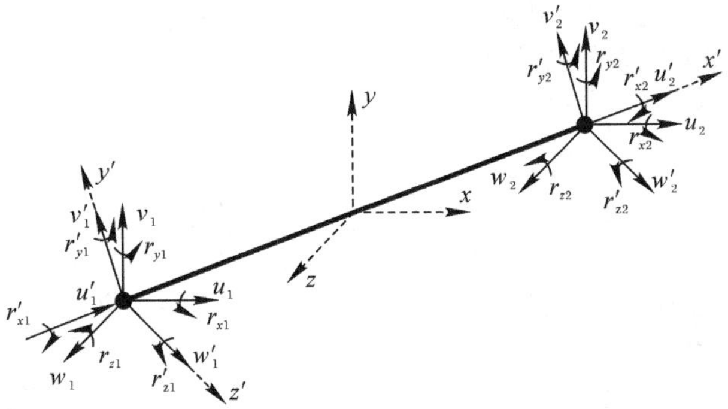

图 3-14　3D 框架单元及其局部和全局参考系

向量旋转矩阵可以用矩阵形式表示为

$$\widetilde{\boldsymbol{R}}=\begin{bmatrix} C_{xx'} & C_{yx'} & C_{zx'} \\ C_{xy'} & C_{yy'} & C_{zy'} \\ C_{xz'} & C_{yz'} & C_{zz'} \end{bmatrix} \tag{3-99}$$

式(3-99)中三维空间中的向量旋转矩由三个旋转矩阵的乘积定义，即

$$\widetilde{\boldsymbol{R}}=\boldsymbol{R}_\alpha\boldsymbol{R}_\beta\boldsymbol{R}_\gamma \tag{3-100}$$

式中：α，β 和 γ 分别是围绕 x'，y' 和 z' 轴的旋转角度。绕 z 轴的旋转矩阵 $\boldsymbol{R}_\gamma$ 为

$$\boldsymbol{R}_\gamma=\begin{bmatrix} \cos\gamma & \sin\gamma & 0 \\ -\sin\gamma & \cos\gamma & 0 \\ 0 & 0 & 1 \end{bmatrix} \tag{3-101}$$

式中：$\cos\gamma=C_{xx'}/C_{xy}$；$\sin\gamma=C_{yx'}/C_{xy}$；$C_{xy}=\sqrt{C_{xx'}^2+C_{yx'}^2}$。绕 y 轴的旋转矩阵 $\boldsymbol{R}_\beta$ 为

$$\boldsymbol{R}_\beta=\begin{bmatrix} \cos\beta & 0 & \sin\beta \\ 0 & 1 & 0 \\ -\sin\beta & 0 & \cos\beta \end{bmatrix} \tag{3-102}$$

式中：$\cos\beta=C_{xy}$，$\sin\beta=C_{yx'}$。结合绕 y 轴和 z 轴的旋转，向量旋转矩阵为

$$\widetilde{\boldsymbol{R}}=\boldsymbol{R}_\beta\boldsymbol{R}_\gamma=\begin{bmatrix} C_{xx'} & C_{yx'} & C_{zx'} \\ -C_{yx'}/C_{xy} & C_{xx'}/C_{xx'} & 0 \\ -C_{xx'}C_{zx'}/C_{xy} & -C_{yx'}C_{zx'}/C_{xy} & C_{xy} \end{bmatrix} \tag{3-103}$$

如果梁单元存在绕 x 轴的旋转 α，则其旋转矩阵为

$$\boldsymbol{R}_\alpha=\begin{bmatrix} 1 & 0 & 0 \\ 0 & \cos\alpha & -\sin\alpha \\ 0 & \sin\alpha & \cos\alpha \end{bmatrix} \tag{3-104}$$

最后，向量旋转矩阵变为

$$\widetilde{\boldsymbol{R}}=\boldsymbol{R}_{\alpha}\boldsymbol{R}_{\beta}\boldsymbol{R}_{\gamma}=\begin{bmatrix} C_{xx'} & C_{yx'} & C_{zx'} \\ \dfrac{C_{xx'}C_{zx'}\sin\alpha-C_{yx'}\cos\alpha}{C_{xy}} & \dfrac{C_{yx'}C_{zx'}\sin\alpha+C_{xx'}\cos\alpha}{C_{xy}} & -C_{xy}\sin\alpha \\ \dfrac{-C_{xx'}C_{zx'}\cos\alpha+C_{yx'}\sin\alpha}{C_{xy}} & \dfrac{-C_{yx}C_{zx'}\cos\alpha+C_{xx'}\sin\alpha}{C_{xy}} & C_{xy}\cos\alpha \end{bmatrix} \quad (3-105)$$

在局部坐标系中，单元刚度矩阵由下式给出：

$$\boldsymbol{K}'^{\mathrm{e}}=\begin{bmatrix}
\frac{EA}{L} & 0 & 0 & 0 & 0 & 0 & -\frac{EA}{L} & 0 & 0 & 0 & 0 & 0 \\
 & \frac{12EI_z}{L^3} & 0 & 0 & 0 & \frac{6EI_z}{L^2} & 0 & -\frac{12EI_z}{L^3} & 0 & 0 & 0 & \frac{6EI_z}{L^2} \\
 & & \frac{12EI_y}{L^3} & 0 & -\frac{6EI_y}{L^2} & 0 & 0 & 0 & -\frac{12I_y}{L^3} & 0 & -\frac{6EI_y}{L^2} & 0 \\
 & & & \frac{GJ}{L} & 0 & 0 & 0 & 0 & 0 & -\frac{GJ}{L} & 0 & 0 \\
 & & & & \frac{4EI_y}{L} & 0 & 0 & 0 & \frac{6EI_y}{L^2} & 0 & \frac{2EI_y}{L} & 0 \\
 & & & & & \frac{4EI_z}{L} & 0 & -\frac{6EI_z}{L^2} & 0 & 0 & 0 & \frac{2EI_z}{L^2} \\
 & & & & & & \frac{EA}{L} & 0 & 0 & 0 & 0 & 0 \\
 & & & & & & & \frac{12EI_z}{L^3} & 0 & 0 & 0 & \frac{-6EI_z}{L^2} \\
 & & & & & & & & \frac{12EI_y}{L^3} & 0 & \frac{6EI_y}{L^2} & 0 \\
 & & & & & & & & & \frac{GJ}{L^3} & 0 & 0 \\
 & & & & & & & & & & \frac{4EI_y}{L} & 0 \\
\mathrm{sym} & & & & & & & & & & & \frac{4EI_z}{L}
\end{bmatrix}$$

(3－106)

变换到全局轴后，得到全局坐标中的刚度矩阵为

$$\boldsymbol{K}^{\mathrm{e}}=\boldsymbol{R}^{\mathrm{T}}\boldsymbol{K}'^{\mathrm{e}}\boldsymbol{R} \quad (3-107)$$

式中：旋转矩阵 $\boldsymbol{R}$ 定义为

$$\boldsymbol{R}=\begin{bmatrix} \widetilde{\boldsymbol{R}} & \boldsymbol{0} & \boldsymbol{0} & \boldsymbol{0} \\ \boldsymbol{0} & \widetilde{\boldsymbol{R}} & \boldsymbol{0} & \boldsymbol{0} \\ \boldsymbol{0} & \boldsymbol{0} & \widetilde{\boldsymbol{R}} & \boldsymbol{0} \\ \boldsymbol{0} & \boldsymbol{0} & \boldsymbol{0} & \widetilde{\boldsymbol{R}} \end{bmatrix} \quad (3-108)$$

局部坐标系中的一致质量矩阵定义为

$$
\boldsymbol{M}'^{e}=\frac{\rho AL}{420}\begin{bmatrix}
140 & 0 & 0 & 0 & 0 & 0 & 70 & 0 & 0 & 0 & 0 & 0 \\
 & 156 & 0 & 0 & 0 & 22L & 0 & 54 & 0 & 0 & 0 & -13L \\
 & & 156 & 0 & -22L & 0 & 0 & 0 & 54 & 0 & 13L & 0 \\
 & & & 140r_x^2 & 0 & 0 & 0 & 0 & 70r_x^2 & 0 & 0 & \\
 & & & & 4L^2 & 0 & 0 & -13L & 0 & -3L^2 & 0 & \\
 & & & & & 4L^2 & 0 & 13L & 0 & 0 & -3L^2 & \\
 & & & & & & 140 & 0 & 0 & 0 & 0 & 0 \\
 & & & & & & & 156 & 0 & 0 & 0 & -22L \\
 & & & & & & & & 156 & 0 & 22L & 0 \\
 & & & & & & & & & 140r_x^2 & 0 & 0 \\
 & & & & & & & & & & 4L^2 & 0 \\
 & & & & & & & & & & & 4L^2
\end{bmatrix} \tag{3-109}
$$

式中：$r_x^2=(I'_y+I'_z)/A$，I'_y 和 I'_z 分别为横截面绕 y' 和 z' 轴的惯性矩。

全局坐标系中的质量矩阵采用以下形式：

$$
\boldsymbol{M}^{e}=\boldsymbol{R}^{T}\boldsymbol{M}'^{e}\boldsymbol{R} \tag{3-110}
$$

3.3 特征值问题

对于总自由度数量为 N 的结构系统，式(3－65)中的刚度矩阵 $\boldsymbol{K}$ 和质量矩阵 $\boldsymbol{M}$ 的维数为 $N\times N$。通过求解上述方程，可以得到位移场，进而计算出应力和应变。对于实际工程结构而言，N 通常非常大。求解方程的一种方法是使用直接积分法，这将在下一节中讨论。求解式(3－65)的另一种方法是使用或模态叠加技术。在这种方法中，首先求解外力 $\boldsymbol{f}=\boldsymbol{0}$ 时的齐次方程，因此它也被称为自由振动分析。对于自由振动的结构，离散化系统方程式(3－65)变为

$$
\boldsymbol{K}\boldsymbol{u}+\boldsymbol{M}\ddot{\boldsymbol{u}}=\boldsymbol{0} \tag{3-111}
$$

结构自由振动的解可以假设为

$$
\boldsymbol{u}=\boldsymbol{\varphi}e^{i\omega t} \tag{3-112}
$$

式中：$\boldsymbol{\varphi}$ 是节点位移的幅值；ω 是自由振动的频率；t 是时间。通过将式(3－112)代入式(3－111)，得到特征值方程

$$
\boldsymbol{K}\boldsymbol{\varphi}=\lambda\boldsymbol{M}\boldsymbol{\varphi} \tag{3-113}
$$

式中：$\lambda=\omega^2$ 为特征值；ω 是结构固有频率；$\boldsymbol{\varphi}$ 是特征向量。

要使 $\boldsymbol{\varphi}$ 的解不为零，矩阵的行列式必须为零，即

$$
\det[\boldsymbol{K}-\lambda\boldsymbol{M}]=|\boldsymbol{K}-\lambda\boldsymbol{M}|=0 \tag{3-114}
$$

对上述方程进行展开，可以得到一个 N 阶的 λ 多项式。这个多项式方程有 N 个根，分别为 $\lambda_1,\lambda_2,\cdots,\lambda_N$。将特征值 λ_i 重新代入特征值方程式(3－113)并求解，得到一个用 $\boldsymbol{\varphi}_i$ 表示的向量。这个与第 i 个特征值 λ_i 相对应的向量称为第 i 个特征向量。一个特征向

量 $\boldsymbol{\varphi}_i$ 对应一个振动模式，它给出了第 i 个模式下的结构的振动形状。在数学上，特征向量可用于构建位移场。研究发现，使用最低几阶模态可以使许多工程问题获得非常精确的结果。模态分析技术就是利用自然模态的这些特性开发出来的。

3.3.1 标准特征值问题

前面给出的求解特征值问题的过程看似简单，但对于高阶矩阵来说，N 次多项式的根并不容易求得。因此，在大多数用于求解式(3-113)的方法中，特征值问题首先被转换成标准特征值问题的形式：

$$\boldsymbol{H\varphi}=\lambda\boldsymbol{\varphi} \text{ 或 } (\boldsymbol{H}-\lambda\boldsymbol{I})\boldsymbol{\varphi}=\boldsymbol{0} \tag{3-115}$$

将式(3-113)的两边同时乘以 $\boldsymbol{M}^{-1}$，得到式(3-115)，其中

$$\boldsymbol{H}=\boldsymbol{M}^{-1}\boldsymbol{K} \tag{3-116}$$

然而，尽管 $\boldsymbol{M}$ 和 $\boldsymbol{K}$ 都是对称的，这种形式的矩阵 $\boldsymbol{H}$ 一般是非对称的。从存储和计算机时间的角度考虑，对称矩阵是最可取的，因此可以采用以下步骤来推导对称 $\boldsymbol{H}$ 矩阵的标准特征值问题。

假设 $\boldsymbol{M}$ 是对称且正定的，通过 Cholesky 分解法将 $\boldsymbol{M}$ 表示为 $\boldsymbol{M}=\boldsymbol{L}^{\mathrm{T}}\boldsymbol{L}$。把 $\boldsymbol{M}$ 代入式(3-113)，可得到

$$\boldsymbol{K\varphi}=\lambda\boldsymbol{L}^{\mathrm{T}}\boldsymbol{L\varphi} \tag{3-117}$$

因此

$$(\boldsymbol{L}^{-1})^{\mathrm{T}}\boldsymbol{KL}^{-1}\boldsymbol{L\varphi}=\lambda\boldsymbol{L\varphi} \tag{3-118}$$

通过定义新向量 $\boldsymbol{y}$ 为 $\boldsymbol{y}=\boldsymbol{L\varphi}$，可以将式(3-118)写成一个标准的特征值问题：

$$(\boldsymbol{H}-\lambda\boldsymbol{I})\boldsymbol{y}=\boldsymbol{0} \tag{3-119}$$

现在矩阵 $\boldsymbol{H}$ 是对称的，其值为

$$\boldsymbol{H}=(\boldsymbol{L}^{-1})^{\mathrm{T}}\boldsymbol{KL}^{-1} \tag{3-120}$$

为了根据式(3-120)求出 $\boldsymbol{H}$，首先将对称矩阵 $\boldsymbol{M}$ 分解为 $\boldsymbol{M}=\boldsymbol{L}^{\mathrm{T}}\boldsymbol{L}$，求出 $\boldsymbol{L}^{-1}$ 和 $(\boldsymbol{L}^{-1})^{\mathrm{T}}$，然后进行式(3-120)所述的矩阵乘法。求解式(3-119)所述的特征值问题，可以得到 λ_i 和 $\boldsymbol{y}_i$。然后应用逆变换得到所需的特征向量为

$$\boldsymbol{\varphi}_i=\boldsymbol{L}^{-1}\boldsymbol{y}_i \tag{3-121}$$

求解特征值问题一般有两种方法，即变换方法和迭代方法。当需要所有特征值和特征向量时，最好使用变换方法，如 Jacobi、Givens 和 Householder 方法。当需要的特征值和特征向量较少时，幂方法等迭代法更为理想。

3.3.2 Jacobi 迭代法

在本节中，将介绍用于求解标准特征值问题的 Jacobi(雅可比)迭代方法，即

$$\boldsymbol{H\varphi}=\lambda\boldsymbol{\varphi} \tag{3-122}$$

式中：$\boldsymbol{H}$ 是一个对称矩阵。

该方法基于线性代数中的一个定理，即实对称矩阵 $\boldsymbol{H}$ 只有实特征值，并且存在一个

实正交矩阵 $\boldsymbol{P}$，使得 $\boldsymbol{P}^{\mathrm{T}}\boldsymbol{H}\boldsymbol{P}$ 是对角的。对角元素是特征值，矩阵 $\boldsymbol{P}$ 的列向量是特征向量。

在雅可比法中，矩阵 $\boldsymbol{P}$ 是由多个"旋转"矩阵相乘得到的，其形式为

$$\boldsymbol{P}_1 = \begin{bmatrix} 1 & 0 & & & & & \\ 0 & 1 & & & & & \\ & & \ddots & & & & \\ & & & \cos\theta & & -\sin\theta & \\ & & & & \ddots & & \\ & & & \sin\theta & & \cos\theta & \\ & & & & & & \ddots \\ & & & & & & & 1 \end{bmatrix} \begin{matrix} \\ \\ \\ \text{第 } i \text{ 行} \\ \\ \text{第 } j \text{ 行} \\ \\ \end{matrix} \tag{3-123}$$

$$\text{第 } i \text{ 列} \qquad \text{第 } j \text{ 列}$$

式中：除了出现在第 i 和第 j 行、列的元素之外，其他所有元素都与单位矩阵 $\boldsymbol{I}$ 相同。如果正弦和余弦项出现在 (i,i)，(i,j)，(j,i) 和 (j,j) 位置，则 $\overline{\boldsymbol{H}} = \boldsymbol{P}_1^{\mathrm{T}}\boldsymbol{H}\boldsymbol{P}_1$ 的相应元素可计算为

$$\left.\begin{array}{l} \overline{h}_{ii} = h_{ii}\cos^2\theta + 2h_{ij}\sin\theta\cos\theta + h_{jj}\sin^2\theta \\ \overline{h}_{ij} = \overline{h}_{ji} = (h_{jj} - h_{ii})\sin\theta\cos\theta + h_{ij}(\cos^2\theta - \sin^2\theta) \\ \overline{h}_{jj} = h_{ii}\sin^2\theta - 2h_{ij}\sin\theta\cos\theta + h_{jj}\cos^2\theta \end{array}\right\} \tag{3-124}$$

如果 θ 选为

$$\tan 2\theta = 2h_{ij} / (h_{ii} - h_{jj}) \tag{3-125}$$

则 $\overline{h}_{ij} = \overline{h}_{ji} = 0$。因此，雅可比方法的每一步都会将一对对角元素化为零。尽管在下一步中该方法减少了一对新的零，但却在以前的零位置引入了非零贡献。连续矩阵的形式为

$$\overline{\boldsymbol{H}} = \boldsymbol{P}_2^{\mathrm{T}}\boldsymbol{P}_1^{\mathrm{T}}\boldsymbol{H}\boldsymbol{P}_1\boldsymbol{P}_2, \quad \overline{\boldsymbol{H}} = \boldsymbol{P}_3^{\mathrm{T}}\boldsymbol{P}_2^{\mathrm{T}}\boldsymbol{P}_1^{\mathrm{T}}\boldsymbol{H}\boldsymbol{P}_1\boldsymbol{P}_2\boldsymbol{P}_3, \cdots \tag{3-126}$$

收敛到对角线形式所需的矩阵 $\boldsymbol{P}$（其列为特征向量）将由下式给出：

$$\boldsymbol{P} = \boldsymbol{P}_1\boldsymbol{P}_2\boldsymbol{P}_3\cdots\boldsymbol{P}_l \tag{3-127}$$

式中：l 为总的旋转次数。特征值可以表示为矩阵 $\boldsymbol{H}$ 经过 l 次旋转后的对角元素：

$$\boldsymbol{\lambda} = \boldsymbol{\Omega}^2 = \mathrm{diag}(\boldsymbol{P}^{\mathrm{T}}\boldsymbol{H}\boldsymbol{P}) \tag{3-128}$$

3.3.3 幂方法

1. 通过幂方法计算最大特征值

幂方法是用于计算矩阵的最大或主特征值 (λ_1) 和相应特征向量 $(\boldsymbol{\varphi}_1)$ 的最简单的迭代过程。假设 $N \times N$ 矩阵 $\boldsymbol{H}$ 是实对称的，具有 N 个独立特征向量 $\boldsymbol{\varphi}_1, \boldsymbol{\varphi}_2, \cdots, \boldsymbol{\varphi}_n$。在该方法中，首先选择一个初始向量 $\boldsymbol{z}_0$ 并生成向量序列 $\boldsymbol{z}_1, \boldsymbol{z}_2, \cdots$，如

$$\boldsymbol{z}_i = \boldsymbol{H}\boldsymbol{z}_{i-1} \tag{3-129}$$

因此，第 p 个向量一般由下式给出：

$$\boldsymbol{z}_p = \boldsymbol{H}\boldsymbol{z}_{p-1} = \boldsymbol{H}^2\boldsymbol{z}_{p-2} = \cdots = \boldsymbol{H}^p\boldsymbol{z}_0 \tag{3-130}$$

式(3－129)的迭代过程一直持续到满足以下关系式为止

$$\frac{z_{p,1}}{z_{p-1,1}} \simeq \frac{z_{p,2}}{z_{p-1,2}} \simeq \cdots \simeq \frac{z_{p,n}}{z_{p-1,n}} = \lambda_1 \tag{3-131}$$

式中：$z_{p,j}$ 和 $z_{p-1,j}$ 分别是向量 $\boldsymbol{z}_p$ 和 $\boldsymbol{z}_{p-1}$ 的第 j 个分量。此时，λ_1 就是对应于特征向量 $\boldsymbol{z}_p$ 的特征值。

该方法的收敛性可以解释如下。由于初始(任意)向量 $\boldsymbol{z}_0$ 可以表示为特征向量的线性组合，因此 $\boldsymbol{z}_0$ 可以写成

$$z_0 = a_1\varphi_1 + a_2\varphi_2 + \cdots + a_n\varphi_n \tag{3-132}$$

式中：$a_1, a_2, \cdots, a_n$ 是常数。如果 λ_i 是对应于 $\boldsymbol{\varphi}_i$ 的特征值，那么

$$\begin{aligned} \boldsymbol{H}\boldsymbol{z}_0 &= a_1\boldsymbol{H}\boldsymbol{z}_1 + a_2\boldsymbol{H}\boldsymbol{z}_2 + \cdots + a_n\boldsymbol{H}\boldsymbol{z}_n = \\ & a_1\lambda_1\boldsymbol{\varphi}_1 + a_2\lambda_2\boldsymbol{\varphi}_2 + \cdots + a_n\lambda_n\boldsymbol{\varphi}_n \end{aligned} \tag{3-133}$$

并且

$$\begin{aligned} \boldsymbol{H}^p\boldsymbol{z}_0 &= a_1\lambda_1^p\boldsymbol{\varphi}_1 + a_2\lambda_2^p\boldsymbol{\varphi}_2 + \cdots + a_n\lambda_n^p\boldsymbol{\varphi}_n = \\ & \lambda_1^p\left[a_1\boldsymbol{\varphi}_1 + \left(\frac{\lambda_2}{\lambda_1}\right)^p a_2\boldsymbol{\varphi}_2 + \cdots + \left(\frac{\lambda_n}{\lambda_1}\right)^p a_n\boldsymbol{\varphi}_n\right] \end{aligned} \tag{3-134}$$

如果 λ_1 是最大(主)特征值

$$|\lambda_1| > |\lambda_2| > \cdots > |\lambda_n|, \quad \left|\frac{\lambda_i}{\lambda_1}\right| < 1 \tag{3-135}$$

当 $p\to\infty$ 时，$\left(\frac{\lambda_i}{\lambda_1}\right)^p \to 0$。因此，式(3－134)在 $p\to\infty$ 的极限条件下可以写成

$$\boldsymbol{H}^{p-1}\boldsymbol{z}_0 = \lambda_1^{p-1}a_1\boldsymbol{\varphi}_1 \tag{3-136}$$

并且

$$\boldsymbol{H}^p\boldsymbol{z}_0 = \lambda_1^p a_1\boldsymbol{\varphi}_1 \tag{3-137}$$

因此，如果取向量 $\boldsymbol{H}^p\boldsymbol{z}_0$ 和 $\boldsymbol{H}^{p-1}\boldsymbol{z}_0$ 的任何对应分量之比，它应该具有相同的极限值，即 λ_1。这一特性可用于停止迭代过程。此外，当 $p\to\infty$ 时

$$\frac{\boldsymbol{H}^p\boldsymbol{z}_0}{\lambda_1^p} \to a_1\boldsymbol{\varphi}_1 \tag{3-138}$$

2. 用幂方法计算最小特征值

为了找到最小特征值和相关特征向量，将式(3－122)乘以 $\boldsymbol{H}^{-1}$ 并经过运算得到

$$\boldsymbol{H}^{-1}\boldsymbol{\varphi} = \frac{1}{\lambda}\boldsymbol{\varphi} \tag{3-139}$$

式(3－139)可写成

$$\underset{\sim}{\boldsymbol{H}}\boldsymbol{\varphi} = \underset{\sim}{\lambda}\boldsymbol{\varphi} \tag{3-140}$$

式中

$$\left.\begin{aligned} \underset{\sim}{\boldsymbol{H}} &= \boldsymbol{H}^{-1} \\ \underset{\sim}{\lambda} &= \lambda^{-1} \end{aligned}\right\} \tag{3-141}$$

这意味着 $\boldsymbol{H}$ 的绝对最小特征值可以通过求解式(3-140)中所述的最大特征值问题来找到。请注意，在找到最小特征值 λ 之前，必须先计算 $\boldsymbol{H}^{-1}$。虽然这需要额外的计算，但在某些情况下这可能是最好的求解方法。

3. 用幂方法计算中间特征值

将主特征向量 $\boldsymbol{\varphi}_1$ 归一化，使其第一个分量为 1，可得

$$\boldsymbol{\varphi}_1=[1 \quad \varphi_2 \quad \varphi_3 \quad \cdots \quad \varphi_n]^{\mathrm{T}} \tag{3-142}$$

用 $\boldsymbol{r}^{\mathrm{T}}$ 表示矩阵 $\boldsymbol{H}$ 的第一行，即 $\boldsymbol{r}^{\mathrm{T}}=[h_{11}\ h_{12}\cdots h_{1n}]$。然后形成矩阵 $\widetilde{\boldsymbol{H}}$

$$\widetilde{\boldsymbol{H}}=\boldsymbol{\varphi}_1\boldsymbol{r}^{\mathrm{T}}=\begin{bmatrix}1\\ \varphi_2\\ \varphi_3\\ \vdots\\ \varphi_n\end{bmatrix}[h_{11} \quad h_{12} \quad \cdots \quad h_{1n}]=\begin{bmatrix}h_{11} & h_{12} & \cdots & h_{1n}\\ \varphi_2 h_{11} & \varphi_2 h_{12} & \cdots & \varphi_2 h_{1n}\\ \vdots & \vdots & & \vdots\\ \varphi_n h_{11} & \varphi_n h_{12} & \cdots & \varphi_n h_{1n}\end{bmatrix} \tag{3-143}$$

设下一个主特征值为 λ_2，并将其特征向量 $\boldsymbol{\varphi}_2$ 归一化，使其第一个分量为 1。

如果 $\boldsymbol{\varphi}_1$ 或 $\boldsymbol{\varphi}_2$ 的第一个元素为零，则可以对其他不为零的元素进行归一化处理，并使用矩阵 $\boldsymbol{H}$ 的相应行 $\boldsymbol{r}^{\mathrm{T}}$。由于 $\boldsymbol{H}\boldsymbol{\varphi}_1=\lambda_1\boldsymbol{\varphi}_1$ 和 $\boldsymbol{H}\boldsymbol{\varphi}_2=\lambda_2\boldsymbol{\varphi}_2$，所以只需考虑这些乘积的 $\boldsymbol{r}^{\mathrm{T}}$ 行，即可得到

$$\left.\begin{aligned}\boldsymbol{r}^{\mathrm{T}}\boldsymbol{\varphi}_1=\lambda_1\\ \boldsymbol{r}^{\mathrm{T}}\boldsymbol{\varphi}_2=\lambda_2\end{aligned}\right\} \tag{3-144}$$

基于归一化的特征向量还可以得到

$$\widetilde{\boldsymbol{H}}\boldsymbol{\varphi}_1=(\boldsymbol{\varphi}_1\boldsymbol{\varphi}^{\mathrm{T}})\boldsymbol{\varphi}_1=\boldsymbol{\varphi}_1(\boldsymbol{r}^{\mathrm{T}}\boldsymbol{\varphi}_1)=\lambda_1\boldsymbol{\varphi}_1 \tag{3-145}$$

$$\widetilde{\boldsymbol{H}}\boldsymbol{\varphi}_2=(\boldsymbol{\varphi}_2\boldsymbol{\varphi}^{\mathrm{T}})\boldsymbol{\varphi}_2=\boldsymbol{\varphi}_2(\boldsymbol{r}^{\mathrm{T}}\boldsymbol{\varphi}_2)=\lambda_2\boldsymbol{\varphi}_1 \tag{3-146}$$

因此

$$(\boldsymbol{H}-\widetilde{\boldsymbol{H}})(\boldsymbol{\varphi}_2-\boldsymbol{\varphi}_1)=\lambda_2\boldsymbol{\varphi}_2-\lambda_1\boldsymbol{\varphi}_1-\lambda_2\boldsymbol{\varphi}_1+\lambda_1\boldsymbol{\varphi}_1=\lambda_2(\boldsymbol{\varphi}_2-\boldsymbol{\varphi}_1) \tag{3-147}$$

式(3-147)表明，λ_2 是矩阵 $\boldsymbol{H}-\widetilde{\boldsymbol{H}}$ 的特征值，$\boldsymbol{\varphi}_2-\boldsymbol{\varphi}_1$ 是特征向量。由于 $\boldsymbol{H}-\widetilde{\boldsymbol{H}}$ 的第一行全部为零，故 $\boldsymbol{\varphi}_2-\boldsymbol{\varphi}_1$ 的第一个分量为零，因此可以删除 $\boldsymbol{H}-\widetilde{\boldsymbol{H}}$ 的第一行和第一列，得到矩阵 $\boldsymbol{H}_2$。然后，可确定 $\boldsymbol{H}_2$ 的主特征值和相应的特征向量，并在第一分量位置前添加一个零分量，得到向量 $\boldsymbol{z}_1$。最后，$\boldsymbol{\varphi}_2-\boldsymbol{\varphi}_1$ 是 $\boldsymbol{z}_1$ 的倍数，这样就可以得到

$$\boldsymbol{\varphi}_2=\boldsymbol{\varphi}_1+a\boldsymbol{z}_1 \tag{3-148}$$

将式(3-148)乘以行向量 $\boldsymbol{r}^{\mathrm{T}}$，即可求出乘数因子 a

$$a=\frac{\lambda_2-\lambda_1}{\boldsymbol{r}^{\mathrm{T}}\boldsymbol{z}_1} \tag{3-149}$$

其他特征值和特征向量也可以采用类似的方法求得。

3.3.4 瑞利-里兹子空间迭代法

瑞利-里兹子空间迭代法可以用来寻找一般特征值问题的最小特征值和相关特征向量。这种方法对于寻找刚度矩阵 $\boldsymbol{K}$ 和质量矩阵 $\boldsymbol{M}$ 带宽较大的大型特征值问题的前几个

特征值和相应的特征向量非常有效。下面简要介绍该方法的主要步骤：

步骤1：从 q 个初始迭代向量 $\boldsymbol{\varphi}_1,\boldsymbol{\varphi}_2,\cdots,\boldsymbol{\varphi}_q$ 开始，$q>p$，其中 p 是要计算的特征值和特征向量的个数。通常取 $q=\min(2p,p+8)$，以获得良好的收敛性。将初始模态矩阵 $\boldsymbol{\Phi}_0$ 定义为

$$\boldsymbol{\Phi}_0=[\boldsymbol{\varphi}_1 \quad \boldsymbol{\varphi}_2 \quad \cdots \quad \boldsymbol{\varphi}_n] \tag{3-150}$$

并设置迭代次数为 $k=0$。

步骤2：根据下面的子空间迭代算法计算改进的模态矩阵 $\boldsymbol{\Phi}_{k+1}$。

(1)根据关系式求出 $\overline{\boldsymbol{\Phi}}_{k+1}$：

$$\boldsymbol{K}\overline{\boldsymbol{\Phi}}_{k+1}=\boldsymbol{K}\boldsymbol{\Phi}_k \tag{3-151}$$

(2)计算

$$\left.\begin{aligned}\boldsymbol{K}_{k+1}&=\overline{\boldsymbol{\Phi}}_{k+1}^{\mathrm{T}}\boldsymbol{K}\overline{\boldsymbol{\Phi}}_{k+1}\\ \boldsymbol{M}_{k+1}&=\overline{\boldsymbol{\Phi}}_{k+1}^{\mathrm{T}}\boldsymbol{M}\overline{\boldsymbol{\Phi}}_{k+1}\end{aligned}\right\} \tag{3-152}$$

(3)求解简化系统的特征值和特征向量

$$\boldsymbol{K}_{k+1}\boldsymbol{Q}_{k+1}=\boldsymbol{M}_{k+1}\boldsymbol{Q}_{k+1}\boldsymbol{\Lambda}_{k+1} \tag{3-153}$$

得到 $\boldsymbol{\Lambda}_{k+1}$ 和 $\boldsymbol{Q}_{k+1}$。

(4)求出原系统特征向量的改进近似值为

$$\boldsymbol{\Phi}_{k+1}=\overline{\boldsymbol{\Phi}}_{k+1}\boldsymbol{Q}_{k+1} \tag{3-154}$$

值得注意的是：假设收敛到精确特征向量 $\boldsymbol{\varphi}_1,\boldsymbol{\varphi}_2,\cdots,\boldsymbol{\varphi}_q$ 的迭代向量分别存储为矩阵 $\boldsymbol{\Phi}_{k+1}$ 的第1、第2、…、第 $q+1$ 列。假设 $\boldsymbol{\Phi}_0$ 中的向量与所需的任一特征向量都不正交。

步骤3：如果 $\lambda_i^{(k)}$ 和 $\lambda_i^{(k+1)}$ 分别表示第 $k-1$ 次和第 k 次迭代中第 i 个特征值的近似值，只要满足以下条件，就可以认为过程收敛了：

$$\frac{\lambda_i^{(k+1)}-\lambda_i^{(k)}}{\lambda_i^{(k+1)}}\leqslant\varepsilon,\quad i=1,2,\cdots,p \tag{3-155}$$

式中：ε 是根据精度需要所设定的收敛标准。虽然迭代是在 q 个向量（$q>p$）的情况下进行的，但收敛性仅根据预测的 p 个最小特征值的近似值来衡量。

3.4 数值积分方法

工程结构经常会受到瞬态激励的作用。瞬态激励是施加在固体或结构上的一种高度动态的、与时间相关的力，如地震、冲击和震荡。求解结构动力学方程广泛使用的方法是直接积分法。直接积分法的基本思路是使用时间步进的有限差分法来求解控制方程。直接积分法主要有隐式和显式两种。对于相对较慢的现象，隐式方法通常更有效，而对于非常快的现象，如撞击和爆炸，显式方法更有效。有关求解瞬态问题的算法非常多，本节将介绍目前被广泛使用的 Newmark-β 法和龙格库塔(Runge-Kutta)方法。

在讨论如何用时间步进方法求解方程之前，首先将结构的一般系统方程改写为

$$\boldsymbol{K}\boldsymbol{u}+\boldsymbol{C}\dot{\boldsymbol{u}}+\boldsymbol{M}\ddot{\boldsymbol{u}}=\boldsymbol{f} \tag{3-156}$$

式中：$\dot{\boldsymbol{u}}$ 是速度向量；$\boldsymbol{C}$ 是阻尼系数矩阵。阻尼系数通常表示为质量和刚度矩阵的比例之

和，称为比例阻尼。对于比例阻尼系统，$\boldsymbol{C}$ 可以通过以下形式简单确定：

$$\boldsymbol{C}=c_K\boldsymbol{K}+c_M\boldsymbol{M} \tag{3-157}$$

式中：c_K 和 c_M 由实验确定。

3.4.1 Newmark-β 法

Newmark-β 法是一种常用于求解结构动力学问题的数值积分方法，特别适用于线性和非线性、耗散性和强迫性结构系统的动力学分析。它采用了一种特殊的线性加速度插值，通过引入两个控制参数（通常表示为 β 和 γ）来调节数值稳定性和精度。

使用扩展中值定理，Newmark-β 法指出一阶时间导数（运动方程中的速度）可以求解为

$$\dot{\boldsymbol{u}}_{n+1}=\dot{\boldsymbol{u}}_n+\ddot{\boldsymbol{u}}_\gamma\Delta t \tag{3-158}$$

式中：Δt 为时间步长，$\ddot{\boldsymbol{u}}_\gamma$ 表示为

$$\ddot{\boldsymbol{u}}_\gamma=(1-\gamma)\ddot{\boldsymbol{u}}_n+\gamma\ddot{\boldsymbol{u}}_{n+1},\quad 0\leqslant\gamma\leqslant 1 \tag{3-159}$$

所以

$$\dot{\boldsymbol{u}}_{t+\Delta t}=\dot{\boldsymbol{u}}_n+(1-\gamma)\ddot{\boldsymbol{u}}_t\Delta t+\gamma\ddot{\boldsymbol{u}}_{t+\Delta t}\Delta t \tag{3-160}$$

然而，由于加速度也随时间变化，因此扩展平均值定理还必须扩展到二阶时间导数以获得准确的位移。因此

$$\boldsymbol{u}_{t+\Delta t}=\boldsymbol{u}_t+\Delta t\dot{\boldsymbol{u}}_t+\frac{1}{2}\Delta t^2\ddot{\boldsymbol{u}}_\beta \tag{3-161}$$

式中

$$\ddot{\boldsymbol{u}}_\beta=(1-2\beta)\ddot{\boldsymbol{u}}_t+2\beta\ddot{\boldsymbol{u}}_{t+\Delta t},\quad 0\leqslant 2\beta\leqslant 1 \tag{3-162}$$

离散结构方程变为

$$\left.\begin{aligned}\dot{\boldsymbol{u}}_{t+\Delta t}&=\dot{\boldsymbol{u}}_t+(1-\gamma)\ddot{\boldsymbol{u}}_t\Delta t+\gamma\ddot{\boldsymbol{u}}_{t+\Delta t}\Delta t\\ \boldsymbol{u}_{t+\Delta t}&=\boldsymbol{u}_t+\dot{\boldsymbol{u}}_t\Delta t+[(1/2-\beta)\ddot{\boldsymbol{u}}_t+\beta\ddot{\boldsymbol{u}}_{t+\Delta t}]\Delta t^2\end{aligned}\right\} \tag{3-163}$$

将式(3-163)代入结构线性方程式(3-156)中，可得

$$\begin{aligned}\left[\frac{1}{\beta\Delta t^2}\boldsymbol{M}+\frac{\gamma}{\beta\Delta t}\boldsymbol{C}+\boldsymbol{K}\right]\boldsymbol{u}_{t+\Delta t}=\boldsymbol{f}_{t+\Delta t}+\boldsymbol{M}\left[\frac{1}{\beta\Delta t^2}\boldsymbol{u}_t+\frac{1}{\beta\Delta t}\dot{\boldsymbol{u}}_t+\left(\frac{1}{2\beta}-1\right)\ddot{\boldsymbol{u}}_t\right]+\\ \boldsymbol{C}\left[\frac{\gamma}{\beta\Delta t}\boldsymbol{u}_t+\left(\frac{\gamma}{\beta}-1\right)\dot{\boldsymbol{u}}_t+\left(\frac{\gamma}{2\beta}-1\right)\Delta t\ddot{\boldsymbol{u}}_t\right]\end{aligned} \tag{3-164}$$

将 Newmark-β 积分常数设为

$$\left.\begin{aligned}&a_0=\frac{1}{\beta\Delta t^2},\quad a_1=\frac{\gamma}{\beta\Delta t},\quad a_2=\frac{1}{\beta\Delta t},\quad a_3=\frac{1}{2\beta}-1,\quad a_4=\frac{\gamma}{\beta}-1\\ &a_5=\left(\frac{\gamma}{2\beta}-1\right)\Delta t,\quad a_6=\Delta t(1-\gamma),\quad a_7=\gamma\Delta t\end{aligned}\right\} \tag{3-165}$$

那么有效刚度矩阵和有效载荷可表示为

$$\hat{\boldsymbol{K}}=a_0\boldsymbol{M}+a_1\boldsymbol{C}+\boldsymbol{K} \tag{3-166}$$

$$\hat{\boldsymbol{f}}_{t+\Delta t}=\boldsymbol{f}_{t+\Delta t}+\boldsymbol{M}(a_0\boldsymbol{u}_t+a_2\dot{\boldsymbol{u}}_t+a_3\ddot{\boldsymbol{u}}_t)+\boldsymbol{C}(a_1\boldsymbol{u}_t+a_4\dot{\boldsymbol{u}}_t+a_5\ddot{\boldsymbol{u}}_t) \tag{3-167}$$

将式(3-166)和式(3-167)代入式(3-164),得

$$\hat{K}u_{t+\Delta t}=\hat{f}_{t+\Delta t} \tag{3-168}$$

通过求解式(3-168)即可得到结构或系统在 $t+\Delta t$ 时刻的位移,然后通过式(3-163)计算出速度与加速度。

Newmark-β 法求解线性结构(系统)响应的计算流程如图 3-15 所示。

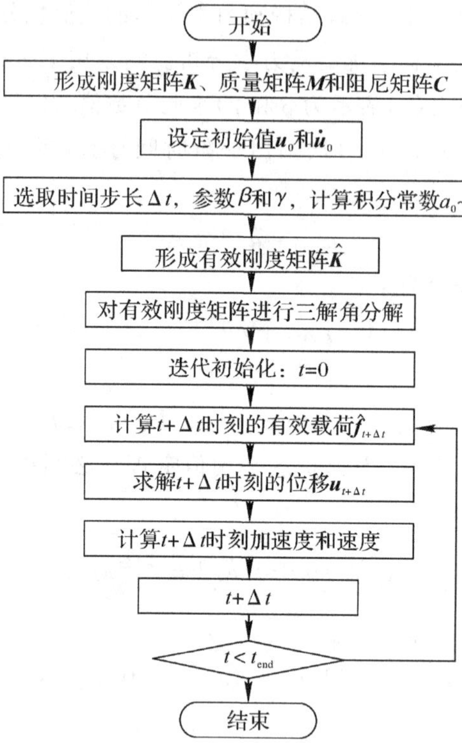
开始
形成刚度矩阵K、质量矩阵M和阻尼矩阵C
设定初始值u0和u̇0
选取时间步长Δt,参数β和γ,计算积分常数a0~a7
形成有效刚度矩阵K̂
对有效刚度矩阵进行三解角分解
迭代初始化:t=0
计算t+Δt时刻的有效载荷f̂t+Δt
求解t+Δt时刻的位移ut+Δt
计算t+Δt时刻加速度和速度
t+Δt
t<tend
结束

图 3-15　Newmark-β 法计算流程图

由上述分析可知,对于 $\gamma=1/2$,该方法是二阶精确的,并且在 $1/2\leqslant\gamma\leqslant2\beta$ 时是无条件稳定的。当 $\beta=0$ 和 $\gamma=1/2$ 时,该方法就是显示中心差分方法。当 $\beta=1/4$ 和 $\gamma=1/2$ 时,Newmark-β 时间积分法是隐式的、无条件稳定的、二阶精确的时间积分法。这是没有数值阻尼的恒定平均加速度法。当 $\beta=1/6$ 和 $\gamma=1/2$ 时,该方法是线性加速度法,加速度在 t 和 $t+\Delta t$ 之间线性变化。这种方法是一种无条件的、稳定的二阶精确的时间积分方法。不过,在使用线性加速度法时,会产生微小的数值阻尼。

3.4.2　Runge-Kutta 方法

Runge-Kutta 方法是一类数值积分方法,用于求解常微分方程。这类方法基于一种迭代的技术,以逐步逼近常微分方程的解,其中最著名的是四阶 Runge-Kutta 方法(RK4)。此外,Runge-Kutta 方法的阶数也可根据实际问题自行选择。

采用 Runge-Kutta 方法求解二阶常微分方程时首先需要将其转换为一阶常微分方程,式(3-156)中结构(系统)运动方程可以写成一组 $2n$ 个一阶常微分方程,如下所示:

$$\frac{\mathrm{d}}{\mathrm{d}t}\begin{bmatrix}\boldsymbol{u}\\ \dot{\boldsymbol{u}}\end{bmatrix}=\begin{bmatrix}\boldsymbol{0}_{N\times N} & \boldsymbol{I}_{N\times N}\\ -\boldsymbol{M}^{-1}\boldsymbol{K} & -\boldsymbol{M}^{-1}\boldsymbol{C}\end{bmatrix}\begin{bmatrix}\boldsymbol{u}\\ \dot{\boldsymbol{u}}\end{bmatrix}+\begin{bmatrix}\boldsymbol{0}_{N\times N}\\ \boldsymbol{M}^{-1}\end{bmatrix}\boldsymbol{f}(t) \tag{3-169}$$

矢量 $\boldsymbol{y}=[\boldsymbol{u}\quad \dot{\boldsymbol{u}}]^{\mathrm{T}}$ 称为状态向量，它与外力一起，可以完整地描述系统在任意时间点的状态。状态空间模型的常规写法是

$$\dot{\boldsymbol{y}}=\boldsymbol{A}\boldsymbol{y}+\boldsymbol{B}\boldsymbol{x} \tag{3-170}$$

式中：$\boldsymbol{A}$ 是动力学矩阵；$\boldsymbol{B}$ 是输入矩阵；$\boldsymbol{x}$ 是系统的输入。

对于经典的 Runge-Kutta 方法，指定初始值问题

$$\frac{\mathrm{d}\boldsymbol{y}}{\mathrm{d}t}=f(t,\boldsymbol{y}),\quad \boldsymbol{y}(t_0)=\boldsymbol{y}_0 \tag{3-171}$$

这里 $\boldsymbol{y}$ 是想要近似求解的关于时间 t 的未知函数（标量或向量）。变化率 $\mathrm{d}\boldsymbol{y}/\mathrm{d}t$ 是关于 t 和 $\boldsymbol{y}$ 本身的函数。在初始时刻 t_0，$\boldsymbol{y}$ 相应的值为 $\boldsymbol{y}_0$。

函数 f 和初始条件 t_0，$\boldsymbol{y}_0$ 已给出，现在选择一个步长 $h>0$，并且定义

$$\left.\begin{aligned}\boldsymbol{y}_{n+1}&=\boldsymbol{y}_n+\frac{h}{6}(k_1+2k_2+2k_3+k_4)\\ t_{n+1}&=t_n+h\end{aligned}\right\} \tag{3-172}$$

对于 $n=0,1,2,\cdots$，k_1，k_2，k_3 和 k_4 计算如下：

$$\left.\begin{aligned}k_1&=f(t_n,\boldsymbol{y}_n)\\ k_2&=f\left(t_n+\frac{h}{2},\boldsymbol{y}_n+h\frac{k_1}{2}\right)\\ k_3&=f\left(t_n+\frac{h}{2},\boldsymbol{y}_n+h\frac{k_2}{2}\right)\\ k_4&=f(t_n+h,\boldsymbol{y}_n+hk_3)\end{aligned}\right\} \tag{3-173}$$

式中：$\boldsymbol{y}_{n+1}$ 是 $\boldsymbol{y}(t_{n+1})$ 的 RK4 近似值，下一个值 $\boldsymbol{y}_{n+1}$ 由现值 $\boldsymbol{y}_n$ 加上四个增量的加权平均值决定，其中每个增量是步长 h 与微分方程右侧函数 f 的估计斜率的乘积。RK4 方法所使用的斜率计算如图 3-16 所示。

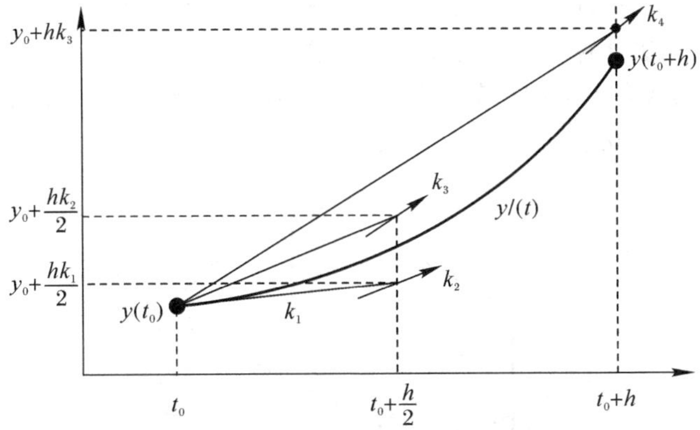

图 3-16 RK4 方法使用的斜率

在计算 4 个斜率的平均值时，中点斜率的权重较大。如果 f 与 $\boldsymbol{y}$ 无关，则微分方程等价于简单积分，那么 RK4 就是辛普森法则。RK4 方法是一种四阶方法，这意味着局部截断误差约为 $O(h^5)$，而总累积误差约为 $O(h^4)$。只要 Δt 小于 $0.45T_n$（其中 T_n 是系统

中最小的自然周期)，这种恒定时间步长的 Runge-Kutta 方法就是稳定的。

习　题

1. 简述传递矩阵法与有限单元法的区别与联系。

2. 推导图 3-17 所示的平面三角形单元的形函数、单元刚度矩阵和单元质量矩阵。

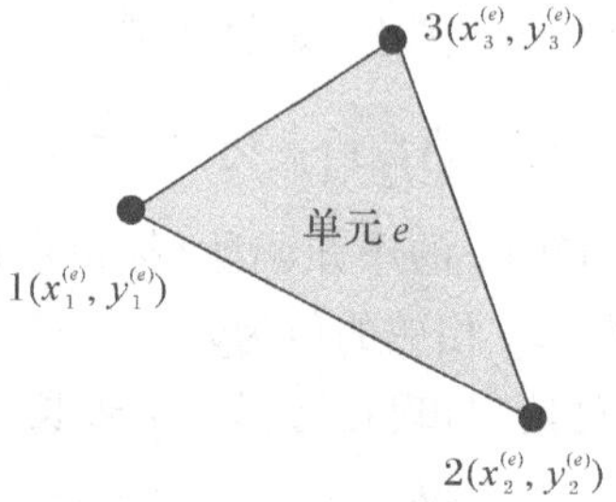

图 3-17　平面三角形单元

3. 图 3-18 所示为一平面桁架。每个杆件的属性相同，密度为 $\rho=7\ 850\ \mathrm{kg/m^3}$，弹性模量为 $E=201\ \mathrm{GPa}$，截面积为 $A=200\ \mathrm{mm^2}$，载荷 $P=2\ 500\ \mathrm{N}$。

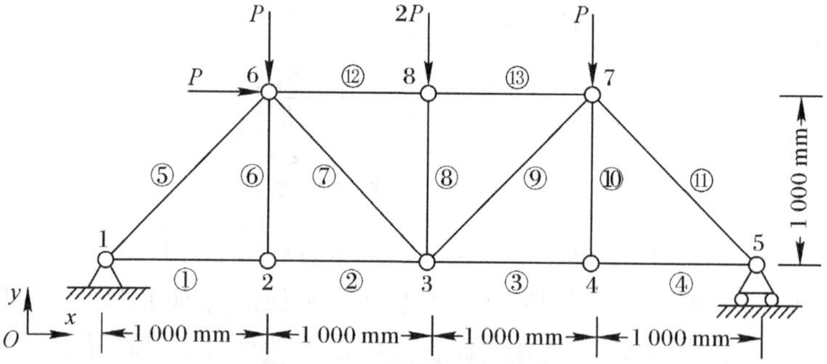

图 3-18　平面 13 杆桁架

(1)利用有限单元法计算该桁架的刚度矩阵和质量矩阵，并求解固有频率；

(2)利用有限元法计算桁架在力作用下的静变形和应力。

4. 图 3-19 所示为一空间框架。梁单元的参数为 $E=210\ \mathrm{GPa}$，$A=0.02\ \mathrm{m^2}$，$I_y=10^{-5}\ \mathrm{m^4}$，$I_z=20\times10^{-5}\ \mathrm{m^4}$，$J=5\times10^{-5}\ \mathrm{kg\cdot m^2}$，$G=84\ \mathrm{GPa}$。

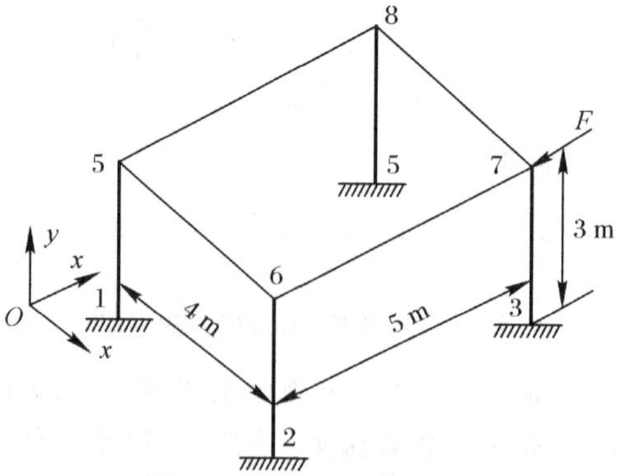

图 3-19　空间 8 杆框架

(1)当 $F=15$ kN 时计算该框架静力响应;

(2)如果激励为幅值为正弦激励 $F=15\sin(10t)$ kN,利用 Newmark-β 法求解结构响应。

5. 用 Jacobi 方法计算矩阵 $\boldsymbol{H}=\begin{bmatrix} 2 & -1 & 0 \\ -1 & 2 & -1 \\ 0 & -1 & 2 \end{bmatrix}$ 的特征值和特征向量。

6. 用幂方法计算矩阵 $\boldsymbol{H}=\begin{bmatrix} 2 & -1 & 0 \\ -1 & 2 & -1 \\ 0 & -1 & 2 \end{bmatrix}$ 的主特征值和相应的特征向量。

7. 利用 Runge-Kutta 方法计算图 3-20 所示的双摆的角度及加速度,两个摆的长度均为 1 m,初始角度均为 45°。

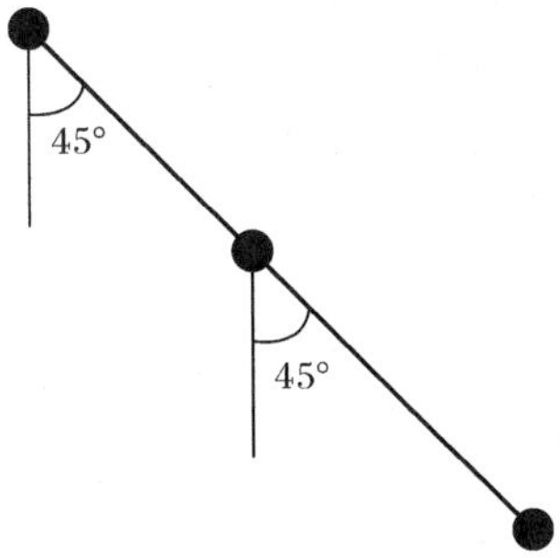

图 3-20 双摆示意图

参考文献

[1] ISHIDA Y,YAMAMOTO T. Linear and nonlinear rotordynamics:a modern treatment with applications[M]. New York:John Wiley & Sons,2012.

[2] SADD M H. Elasticity:theory,applications,and numerics[M]. Boston:Elsevier Butterworth Heinemann,2005.

[3] FERREIRA AJM,FANTUZZI N. Matlab codes for finite element analysis:solids and structures[M]. 2nd ed. Cham:Springer International Publishing,2020.

[4] RAO S S. The finite element method in engineering[M]. 4th ed. Boston:Elsevier Butterworth Heinemann,2005.

[5] NEWMARK N M. A method of computation for structural dynamics[J]. Journal of the Engineering Mechanics Division,American Society of Civil Engineers,1959,85(3):67-94.

[6] ISERLES A. A first course in the numerical analysis of differential equations[M]. Cambridge:Cambridge University Press,2009.

[7] 刘延柱,陈立群,陈文良. 振动力学[M]. 北京:高等教育出版社,2019.

[8] 蒋书运,陈照波.用整体传递矩阵法计算航空发动机整机临界转速特性[J].哈尔滨工业大学学报,1998,30(1):32-35.

[9] BATHE K J,WILSON E L. Solution methods for eigenvalue problems in structural mechanics[J]. International Journal for Numerical Methods in Engineering,1973,6(2):213-226.

[10] GOLUB G H,VAN DER VORST H A. Eigenvalue computation in the 20th century[J]. Journal of Computational and Applied Mathematics,2000,123(1):35-65.

[11] KOUTROMANOS I,MCCLURE J,ROY C J. Fundamentals of finite element analysis:linear finite element analysis[M]. Hoboken:John Wiley & Sons,2017.

[12] 张韵华,奚梅成,陈效群.数值计算方法与算法[M].北京:科学出版社,2006.

第4章 线性振动实例及应用

在当今先进的科技和工程领域中，线性振动的理解和应用对于设计、制造和维护各类工程系统至关重要。本章重点介绍线性振动的实例及应用，聚焦于三个具有广泛影响的领域：汽车悬架动力学、转子动平衡和机械系统减振设计。

汽车悬架动力学研究汽车悬架系统在运动过程中力学特性和动态行为。通过分析悬架系统的动态行为，可以评估车辆的操控性、舒适性、稳定性和安全性，并为汽车制造商和工程师提供优化设计和控制悬架系统的思路。因此，深入理解和研究汽车悬架动力学对于提升车辆性能和驾驶体验具有重要意义。

转子动平衡在旋转机械系统中具有极大的重要性。转子的不平衡可能导致系统振动和机械磨损，因此在设计和制造阶段就需要进行动平衡。本章通过实际案例和数学模型，详细介绍线性振动在转子平衡中的应用。

机械系统减振设计是通过主动和被动减振技术降低振动对结构的安全性和服役性能的影响，将振动的不利影响降到可控范围内，保障机械设备的稳定运行。对航空电子仪器等精密设备来说，评估振动的严重程度并融入减振设计显得尤为重要。

4.1 汽车悬架动力学

悬挂系统是由轮胎、弹簧、减振器和连杆组成的系统，它将车辆与车轮连接起来，并允许两者进行相对运动。悬架系统是汽车底盘开发的灵魂，其主要作用是传递作用在车架和车轮之间的力和力矩，缓冲和吸收来自车轮的振动与冲击，承受来自车身的侧倾力。悬挂系统必须尽可能使车轮与路面保持接触，因为作用在车辆上的所有路面力或地面力都是通过轮胎的接触点产生的。悬架还能保护车辆本身和任何货物或行李免受损坏和磨损。悬挂系统的调校需要找到合适的折中方案，力求保证汽车的稳定行驶并提升驾乘舒适性。

图 4-1 所示为一个典型汽车悬挂系统。汽车悬挂有三个基本部件：转向连杆、弹簧和减振器。转向连杆是支撑车轮、弹簧和减振器的杆和支架。弹簧通过抑制路面颠簸和

坑洞产生的冲击负荷来缓冲车辆。减振器使用液压活塞和气缸来缓冲车辆受到的冲击负荷,它还能抑制弹簧的摆动,从而使车辆在受到路面障碍物的冲击载荷后很快恢复到平衡位置。

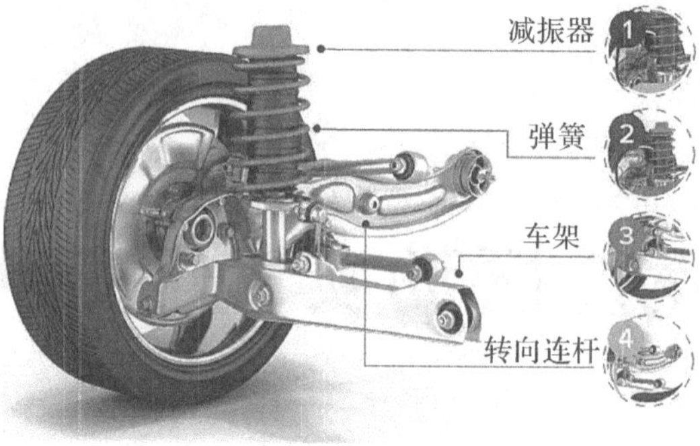

图 4-1 汽车悬架示意图

4.1.1 悬架动力学研究方法

1. 动力学模型的建立

针对不同类型的悬架系统,可以采用不同的建模方法,包括基于的刚体模型、弹簧-阻尼模型、多体动力学模型等。这些模型考虑了悬架的几何结构、材料特性、阻尼、弹簧刚度等因素。当悬架模型需要与车辆的动力学模型相结合时,必须考虑车身的质量、惯性、转向系统及发动机等因素,还需车辆各部件之间的相互作用。

2. 振动特性分析

自由振动特性分析:通过对悬架系统进行自由振动特性分析,可以得到悬架的固有频率和振型,从而评估悬架系统的刚度和阻尼设计是否合理。

受迫振动特性分析:在实际行驶中,悬架系统会受到路面不平造成的激励,因此需要对受迫振动特性进行分析,评估悬架系统对不同频率激励的响应。

动态稳定性分析:对悬架系统进行动态稳定性分析,可以评估系统在不同工况下的稳定性。特别是悬架系统在高速行驶或紧急转向等情况下的稳定性至关重要。

耦合振动分析:考虑车身、悬架、车轮等不同部件间的耦合效应进行动力学分析,可以更准确地模拟实际行驶条件下的振动特性,为悬架设计和控制提供更精确的指导。

3. 悬架设计优化

基于悬架的振动特性分析可以对悬架结构进行优化设计,调整悬架系统中的弹簧刚度、阻尼系数、几何结构和几何参数等,以改善悬架的振动特性和耐久性,提高悬架在不同行驶工况下的性能。例如,合适的弹簧刚度可以提高车辆的操控性和稳定性,减小车身的侧倾和俯仰,同时减小悬架的垂直振动幅度。恰当的阻尼系数可以减小悬架的振动幅度,提高车辆的稳定性和乘坐舒适性,尤其是在高速行驶时。

4. 控制与调节

根据悬架的振动特性可以选择合适的控制与调节方式。主动悬架系统通过传感器获取车辆和路面的信息，利用执行器调节悬架的刚度和阻尼，以实时调节悬架特性，提高车辆的舒适性和稳定性。半主动悬架系统根据预先设定的控制策略，通过调节阻尼来改变悬架的特性，以适应不同的行驶工况。响应性悬架系统可以根据驾驶员的操作和路面情况实时调节悬架的特性。

4.1.2 1/2悬架动力学分析实例

悬架系统振动分析是NVH(Noise，Vibration and Harshness)工程中一个重要的组成部分。通过分析悬架系统的动力学特性，可以了解在不同的驾驶情况下悬架如何响应。这包括悬架的自然频率、振动模式以及与其他系统的相互作用。通过模拟和测试，工程师可以优化悬架系统的设计，包括悬架弹簧、减振器、控制臂等部件的设计。以确保它们能够有效地吸收和减缓路面振动、平衡振动的传递和车辆稳定性，从而提高NVH性能。

如图4-2所示，假设汽车是一个左右对称体，车身用长度为$l=a+b$、转动惯量为I_{sy}的刚体表示。质量m_s代表车身、驾驶员、乘客等所有的悬架簧载质量。a表示簧载质量重心到车身左端的距离，b表示到车身右端的距离。前后轮的质量分别为m_{wf}和m_{wr}，前轮胎刚度为k_{tf}，后轮胎刚度为k_{tr}。前后悬架弹簧刚度分别用k_{sf}和k_{sr}表示，前悬架和后悬架的阻尼比分别记为c_{sf}和c_{sr}。悬架系统的参数如表4-1所示。

表4-1 平面半车悬架模型参数

m_s/kg	I_{ys}/kg·m^2	m_{wf}/kg	m_{wr}/kg
690	1 222	40.5	45.4
k_{sf}/(kN·m^{-1})	k_{sr}/(kN·m^{-1})	c_{sf}/(kN·m^{-1})	c_{sr}/(kN·m^{-1})
17	22	1.5	1.5
k_{wf}/(kN·m^{-1})	k_{wr}/(kN·m^{-1})	a/m	b/m
192	192	1.25	1.51

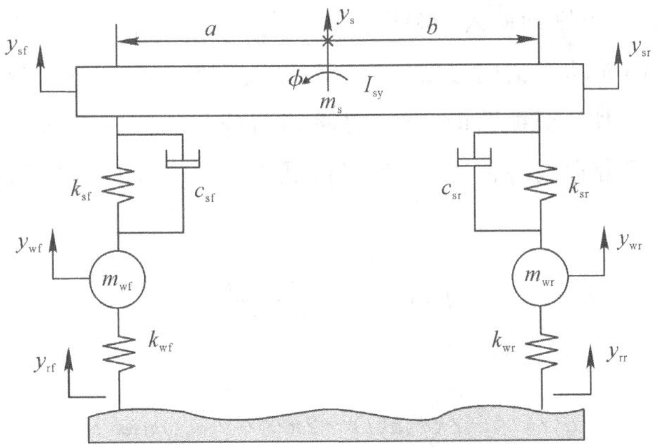

图4-2 平面1/2车悬架模型

1/2 汽车悬架模型包括四个自由度，即车身的垂直和俯仰运动以及前后非悬挂质量的垂直运动。当俯仰角较小时，前后车轮上方悬挂质量的垂直位移与车身质心处的垂直位移和俯仰角之间的关系为

$$\left.\begin{aligned} y_{sf}&=y_s-a\varphi \\ y_{sr}&=y_s+b\varphi \end{aligned}\right\} \tag{4-1}$$

以车身为研究对象，由垂直方向力的平衡和绕质心的力矩平衡得

$$\left.\begin{aligned} m_s\ddot{y}_s&=k_{sf}(y_{wf}-y_{sf})+c_{sf}(\dot{y}_{wf}-\dot{y}_{sf})+k_{sr}(y_{wr}-y_{sr})+c_{sr}(\dot{y}_{wr}-\dot{y}_{sr}) \\ I_{sy}\ddot{\varphi}&=bk_{sr}(y_{wr}-y_{sr})+bc_{sr}(\dot{y}_{wr}-\dot{y}_{sr})-ak_{sf}(y_{wf}-y_{sf})-ac_{sf}(\dot{y}_{wf}-\dot{y}_{sf}) \end{aligned}\right\} \tag{4-2}$$

以前后非悬挂质量为研究对象，由垂直方向力的平衡得

$$\left.\begin{aligned} m_{wf}\ddot{y}_{wf}&=k_{wf}(y_{rf}-y_{wf})-k_{sf}(y_{wf}-y_{sf})-c_{sf}(\dot{y}_{wf}-\dot{y}_{sf}) \\ m_{wr}\ddot{y}_{wr}&=k_{wr}(y_{rr}-y_{wr})-k_{sr}(y_{wr}-y_{sr})-c_{sr}(\dot{y}_{wr}-\dot{y}_{sr}) \end{aligned}\right\} \tag{4-3}$$

系统的运动方程用矩阵形式可写为

$$\underbrace{\begin{bmatrix} m_s & & & \\ & I_{ys} & & \\ & & m_{wf} & \\ & & & m_{wr} \end{bmatrix}}_{M}\underbrace{\begin{Bmatrix} \ddot{y}_s \\ \ddot{\theta} \\ \ddot{y}_{wf} \\ \ddot{y}_{wr} \end{Bmatrix}}_{\ddot{u}}+\underbrace{\begin{bmatrix} c_{sf}+c_{sr} & -ac_{sf}+bc_{sr} & -c_{sf} & -c_{sr} \\ -ac_{sf}+bc_{sr} & a^2c_{sf}+b^2c_{sr} & ac_{sf} & -bc_{sr} \\ -c_{sf} & ac_{sf} & c_{sf} & 0 \\ -c_{sr} & -bc_{sr} & 0 & c_{sr} \end{bmatrix}}_{C}\underbrace{\begin{Bmatrix} \dot{y}_s \\ \dot{\theta} \\ \dot{y}_{wf} \\ \dot{y}_{wr} \end{Bmatrix}}_{\dot{u}}+$$

$$\underbrace{\begin{bmatrix} k_{sf}+k_{sr} & -ak_{sf}+bk_{sr} & -k_{sf} & -k_{sr} \\ -ak_{sf}+bk_{sr} & a^2k_{sf}+b^2k_{sr} & ak_{sf} & -bk_{sr} \\ -k_{sf} & ak_{sf} & k_{sf}+k_{wf} & 0 \\ -k_{sr} & -bk_{sr} & 0 & k_{sr}+k_{wr} \end{bmatrix}}_{K}\underbrace{\begin{Bmatrix} y_s \\ \theta \\ y_{wf} \\ y_{wr} \end{Bmatrix}}_{u}=\underbrace{\begin{Bmatrix} 0 \\ 0 \\ k_{wf}y_{rf} \\ k_{wr}y_{rr} \end{Bmatrix}}_{f} \tag{4-4}$$

式中：$\boldsymbol{M}$、$\boldsymbol{C}$ 和 $\boldsymbol{K}$ 分别为质量、阻尼和刚度矩阵，$\boldsymbol{f}$ 为外激励载荷。

车辆在实际行驶过程中，路面激励的频率与振幅都是随机变化的。为了更加真实地模拟实际路面对悬架系统的激励，采用随机路面激励信号加以描述。参照国标 GB/T 7031—1986《车辆振动输入-路面不平度表示方法》的规则得知，对路面不平度的表示方法一般采用路面功率谱密度 $G_q(n)$。汽车受到路面随机连续路面激励可由白噪声通过一阶滤波器来模拟。根据路面等级，可将路面分为 A～H 共 8 个等级。将路面速度信号理解为一种有限带宽的有色噪声，利用白噪声信号产生路面时域信号。复频域的滤波器函数可构造为

$$H_t(s)=\frac{2\pi\sqrt{G_q(n_0)^{v}}}{(s+2\pi f_0)} \tag{4-5}$$

路面时域信号为

$$\dot{q}(t)=-2\pi f_0 q(t)+2\pi\sqrt{G_q(n_0)v}w(t) \tag{4-6}$$

式中：$q(t)$ 为前轮路面激励位移；f_0 为下截止频率；v 为汽车行驶速度；$G_q(n_0)$ 为路面不

平度系数；$w(t)$为均值为0、强度为1的均匀分布白噪声。

下截止频率的计算式为

$$f_0 = 2\pi n_{00} v \tag{4-7}$$

式中：n_{00}为路面空间截止频率。

以C级路面的垂直位移作为悬架系统受到外部扰动的输入信号，路面不平度系数$G_q(n_0)=256\times10^{-6}\ m^3$，假设行车速度$v=20\ m/s$，参考空间截止频率$n_{00}=0.011\ m^{-1}$，仿真时间$t=10\ s$，得出前轮随机路面输入响应，如图4-3所示。

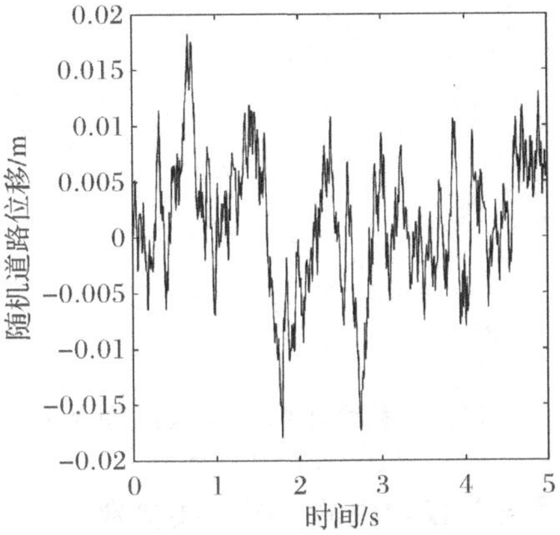

图4-3 前轮随机路面输入响应

车辆以一定的速度v直线行驶，前后轮虽然经过相同的位移曲线，但与前轮的输入相比，后轮的输入会相对滞后$\tau=l/v$，即迟滞反应。对于式(4-4)中的二阶常微分方程可以用第3.3.1节中介绍的Newmark-β数值方法求解。

车身垂直加速度和车身俯仰加速度是两个重要的动态指标，它们描述了车辆在行驶过程中的垂直运动和姿态变化情况，直接关系到乘坐舒适性和悬架系统的响应性，对于车辆的悬架系统设计和性能优化至关重要。车身垂直加速度和俯仰加速度随时间变化曲线别如图4-4(a)(b)所示。

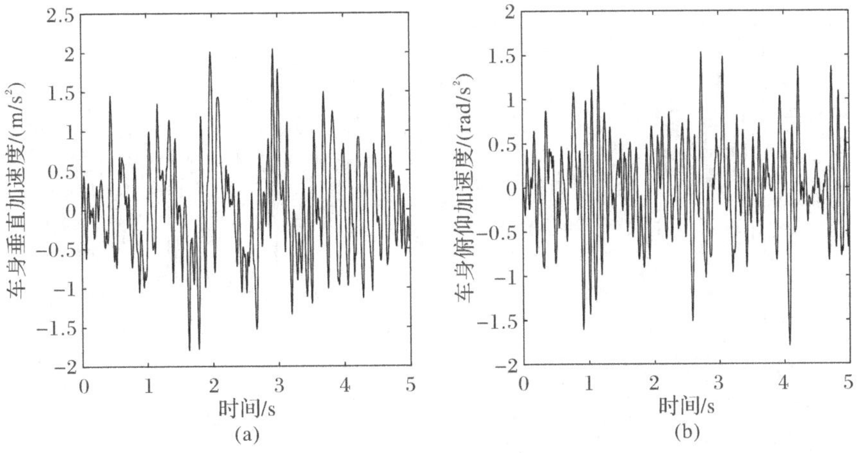

图4-4 车身垂直加速度和俯仰加速度随时间变化曲线

(a)车身垂直加速度；(b)车身俯仰加速度

悬架动行程是指悬架系统在行驶过程中能够垂直方向上自由运动的距离。悬架最大动行程是悬架系统在最大可承受的压缩或拉伸状态下的行程，在汽车行驶过程中悬架动行程应始终小于这一值。悬架动行程可以为悬架系统的设计和调校提供参考，以确保在不同驾驶条件下对悬架行程的控制。悬架动挠度随时间的变化曲线如图 4-5 所示。

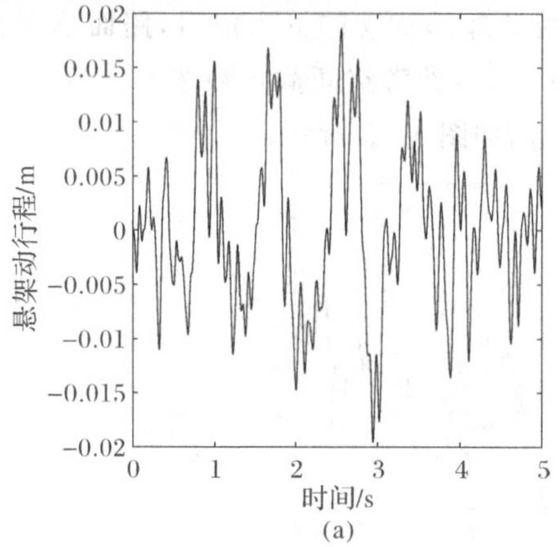

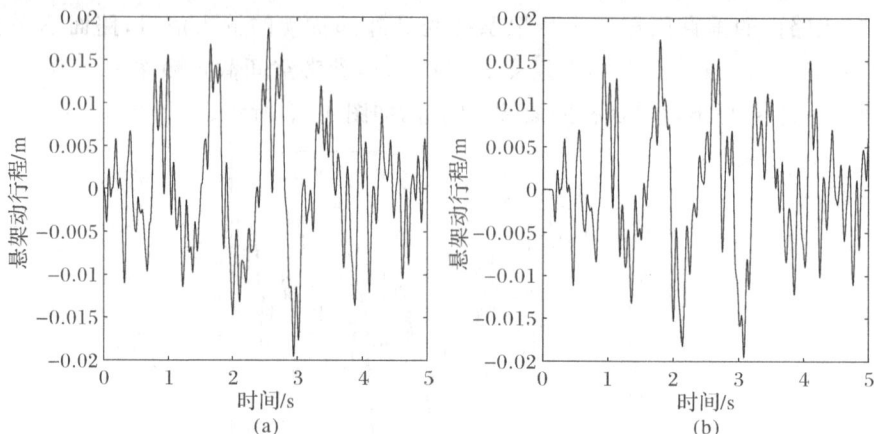

图 4-5　前悬架和后悬架动行程随时间的变化曲线

(a)前悬架；(b)后悬架

轮胎动载荷系数是汽车悬架模型中的一个重要参数，用于描述悬架系统对轮胎动态负荷的影响。这个系数关系到悬架系统在车辆行驶过程中如何将车辆的重量传递给每个轮胎，以及在不同驾驶条件下轮胎所承受的动态荷载。当车辆受到不平路面的刺激时，轮胎负荷会发生实时变化，与地面的附着力也会降低，可能会导致车轮出现失稳的现象。因此，使用轮胎动载荷系数来评估轮胎的接地情况，其表达式为

$$\left.\begin{aligned}\eta_r&=\frac{F_{kwr}}{F_{tr}}=\frac{K_{wr}(y_{wr}-y_{rr})}{(m_s g a+m_{wr} g(a+b))/(a+b)}\\\eta_f&=\frac{F_{kwf}}{F_{tf}}=\frac{K_{wf}(y_{wf}-y_{rf})}{(m_s+m_{wf}+m_{wr})g-F_{tr}}\end{aligned}\right\}\tag{4-8}$$

前、后轮胎动载荷系数随时间的变化曲线如图 4-6 所示。

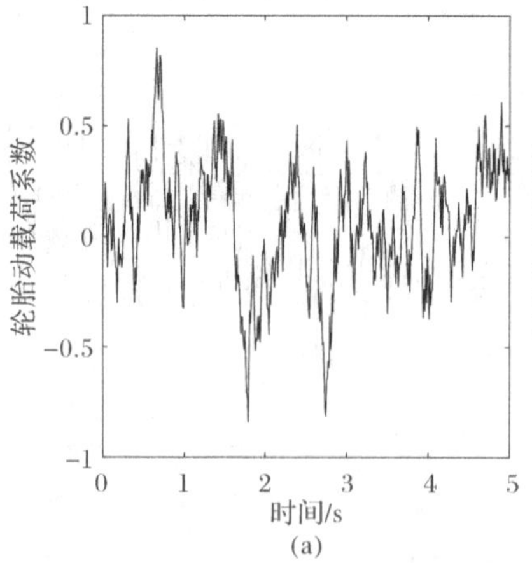

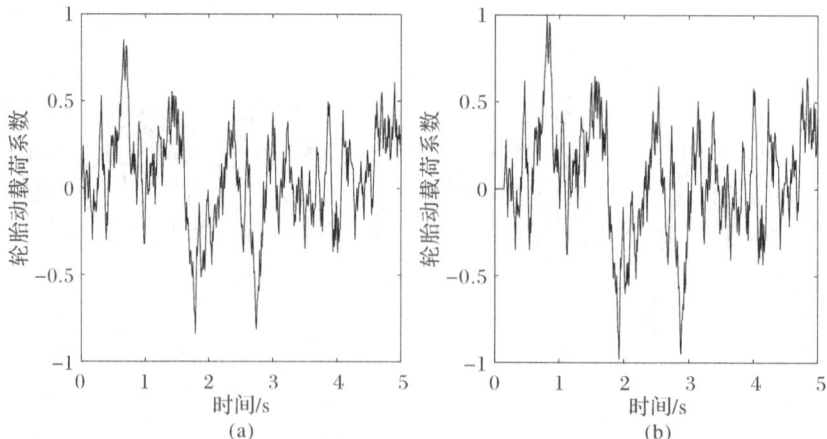

图 4-6　前、后轮动载荷系数随时间变化曲线

(a)前轮胎；(b)后轮胎

4.2 转子动平衡

转子是航空发动机、燃气轮机及船桨等重要装备的关键动力部件。为了使转子可靠运行，必须在旋转轴上保持均匀的重量分布。旋转部件的重量分布不均匀会导致部件的旋转中心与几何中心不重合，称为“不平衡”故障。由于结构设计、材质不均匀以及制造安装误差等因素，任何机械结构中的旋转部件都可能变得不平衡。不平衡引起的振动会导致设备运行可靠性降低，从而导致能源消耗增加、运行效率降低和设备使用寿命缩短。不平衡转子运行时会产生过多的噪声和使振动水平超标，最终会损害支撑转子组件的设备的结构完整性。这在轴承、悬挂设备、支撑壳体和基础设备上尤其明显，它们因承受由不平衡导致的过量动载荷引起的高水平应力而过早磨损。此外，不平衡引起的振动会使螺钉、螺母和螺栓等紧固件松动，使结构不稳定。

不平衡可分为以下三种类型。

(1)静态不平衡。当质量轴平行于轴的轴线位移时，就会发生这种类型的不平衡。仅在一个轴向平面内即可校正静态不平衡。

(2)耦合不平衡。当质量轴与运行轴相交时，就会发生力偶不平衡。这种类型的不平衡通常在两个轴向平面中校正。

(3)动态不平衡。动态不平衡通常是静态不平衡和力偶不平衡的组合，当质量轴与旋转轴不相交时发生。通常可以通过校正沿两个轴向平面的平衡来处理此问题。

平衡是旋转机械在制造、调试及维修过程中的一个工艺过程，它是通过改变转子质量分布的办法，在转子上适当的地方加上(或减去)一些质量(称为校正质量或配重)，从总体上尽可能地减小转子的不平衡。平衡的具体目标是减少转子挠曲、减少机器振动以及减少轴承动反力。这三个目标有时是一致的，有时是有矛盾的，但是它们必须统一于平衡的最终目标——保证机器的安全可靠运行。

根据转子动力学的理论，转子可分为刚性转子和柔性转子。国际标准化协会(ISO)“平衡术语国际标准”中从平衡的角度定义刚性转子：“转子可以在任意两个平面上进行校正，并在校正以后，在零至工作转速整个转速范围内，其不平衡量不明显超过平衡公差。这样的转子可看作刚性转子。”柔性转子从旋转轴线向外偏转，并且随着旋转速度增加，旋转中心远离旋转轴线。刚性转子平衡一般较为简单，而柔性转子平衡则要复杂得多。柔性转子必须分阶段平衡，从较低速度开始，慢慢达到运行速度。接下来介绍柔性转子动平衡方法中的模态平衡法和影响系数法。

4.2.1 模态平衡法

转子系统在某一阶临界转速附近运转时，系统的挠曲振型主要是该阶临界转速的主振型，其他各转速下的振型则是各阶主振型的叠加。另外，按某一主振型分布的外力，只能激起该阶主振型的振动，改变这一主振型分量的大小，对其他各阶主振型并无影响。根据这些特点，让转子依次在各阶临界转速附近运行，在转子上加上与该阶振型成一定比例的分布平衡重量，这样便可消除各阶不平衡量。经过各阶平衡的转子，在整个转速范围内都将是平衡的，这就是模态平衡法，也叫振型平衡法。但这是一种理想情况，现实中不可能对转子所有阶次逐阶进行平衡。由于激起高阶振型的振动所需能量较大，往往高阶振型函数的成分是比较小的。一般而言，目前超三阶临界转速工作的转子是很少的，工作转速范围内起作用的主要是前三阶振型。因此，通常用模态平衡法平衡前三阶振型，认为转子在整个工作转速范围内获得了平衡。

以图 4-7 所示的一个恒定截面轴为例进行分析。设在转轴上距 z_1 处有一集中质量 W_1 位于半径 R_1。设该集中质量均匀分布在轴 $2b$ 范围内，并以 $U_1(z)$ 表示此集中质量矩 W_1R_1 在转子上的分布，则

$$U_1(z)=\frac{W_1R_1}{2b}\varphi(z) \tag{4-9}$$

式中

$$\left.\begin{aligned}&\varphi(z)=1, \quad z_1-b\leqslant z\leqslant z_1+b\\&\varphi(z)=0, \quad z<z_1-b \text{ 或 } z>z_1+b\end{aligned}\right\} \tag{4-10}$$

取单位长度轴段的质量为 m，则式(4-9)可写成

$$\frac{U_1(z)}{mg}=\frac{W_1R_1}{mg\cdot 2b}\varphi(z) \tag{4-11}$$

式中：$U_1(z)/(mg)$ 表示由集中质量矩 W_1R_1 折合成单位长轴段质心的偏移，可按转子各阶主振型展开成

$$\frac{U_1(z)}{mg}=\sum_{n=1}^{\infty}C_{n1}S_n(z) \tag{4-12}$$

式中：C_{n1} 是 n 阶主振型系数，第二个下标表示所加平衡量的编号；$S_n(z)$ 为各阶主振型函数(需提前开展模态分析求得，在此设为已知)。利用主振型正交性原理求系数 C_{n1}。在式(4-12)两边乘以 $S_n(z)$，并沿转子长度积分，可得

$$C_{n1}=\frac{\dfrac{W_1R_1}{mg2b}S_n(z_1)}{\displaystyle\int_0^1 S_n^{\,2}(z)\mathrm{d}z} \tag{4-13}$$

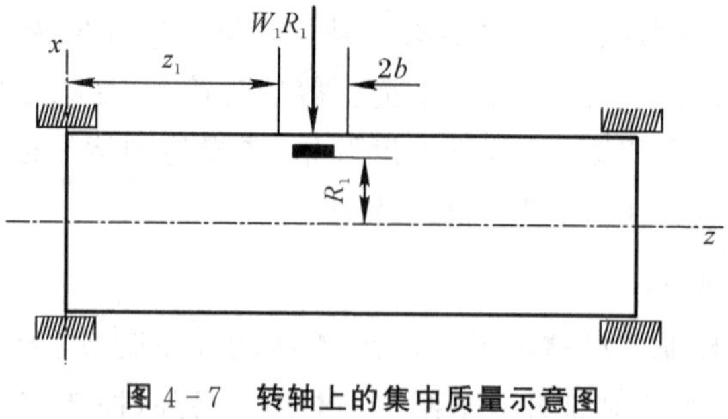

图 4-7　转轴上的集中质量示意图

若在转子不同轴向位置 $z_1,z_2,\cdots,z_k$ 的截面上，分别在半径 $R_1,R_2,\cdots,R_k$ 处加平衡量 $W_1,W_2,\cdots,W_k$，同理可得

$$C_{nj}=\frac{W_jR_jS_n(z_j)}{mg\int_0^1 S_n{}^2(z)\mathrm{d}z} \tag{4-14}$$

若要求这 k 个平衡量能平衡转子的第 n 阶主振型分量，应使这些平衡量形成的转子第 n 阶振型质心偏移和转子原有的第 n 阶主振型质心偏移在同一平面上，并且大小相等、方向相反，即应满足

$$\left.\begin{aligned}&\sum_{j=1}^{k}C_{nj}S_n(z)=-\sqrt{A_n^2+B_n^2}\cdot S_n(z)\\&\sum_{j=1}^{k}W_jR_jS_n(z_j)=-\sqrt{A_n^2+B_n^2}\cdot mg\int_0^1 S_n^2(z)\mathrm{d}z\end{aligned}\right\} \tag{4-15}$$

式中：A_n，B_n 为对应的各阶主振型系数，式(4－15)即为满足柔性转子动平衡的条件。

反之，若要求 k 个集中重量对 m 阶主振型分量不产生影响，也就是不产生该转子第 m 阶振型质心偏移，这时应满足

$$\left.\begin{aligned}&\sum_{j=1}^{k}C_{nj}S_n(z)=0\\&\sum_{j=1}^{k}W_jR_jS_n(z_j)=0\end{aligned}\right\} \tag{4-16}$$

若有一组 k 个最小的量 U_j，它的作用可与 n 阶振型不平衡量相当，即

$$\sum_{j=1}^{k}U_jS_n(z_j)=\int_0^1 U(z)S_n(z)\mathrm{d}z \tag{4-17}$$

式中：$U(z)$为转子不平衡分布函数。当 $\sum\limits_{j=1}^{k}|U_j|$ 值为最小时，称这组量 $U_j(j=1,2,\cdots,k)$ 为 n 阶振型不平衡当量。

以上讨论了柔性转子动平衡应满足的振型平衡条件。此外，所加的一组平衡量不应破坏低速动平衡的结果，应使这一组平衡量在转子上产生的力和力矩为零。综上所述，柔性转子动平衡在不考虑阻尼时应满足下列三个力学平衡方程：

$$\left.\begin{aligned}&\int_0^1 U(z)\mathrm{d}z+\sum_{j=1}^{k}U_j{}^{*}=0\\&\int_0^1 U(z)\mathrm{d}z+\sum_{j=1}^{k}U_jz_j=0\\&\int_0^1 U(z)S_n(z)\mathrm{d}z+\sum_{j=1}^{k}U_jS_n(z_j)=0\end{aligned}\right\} \tag{4-18}$$

式中：第一个式子和第二个式子分别为刚性平衡条件，第三个式子为挠性平衡条件。随着平衡条件的改变，平衡面的个数也会相应改变，一种是 N 平面法，一种是 $N+2$ 平面法。也就是说在 N 平面法中，校正质量减小了转子的挠曲，但却引起了附加的动反力，也就破坏了刚性转子动平衡条件。为了既达到减小挠曲，又保证不破坏刚性平衡条件，一般采用 $N+2$ 平面法。

模态(振型)平衡法虽然在原理上是可行的,但在实际上,转子系统的准确振型不容易得到,多次在临界转速附近开车也是不安全的。因此,工程实践中应用起来存在一些难度。但模态平衡法是柔性转子很多改进平衡方法的基础,具有很重要的指导意义。

4.2.2 影响系数法

影响系数法是利用线性系统中校正量和所测量之间的线性关系,即影响系数来平衡转子的方法。对一个线性的转子-支承系统,在一定转速下,转子在某处的振动 $\boldsymbol{A}_i$ 与另一处不平衡量 $\boldsymbol{U}_j$ 之间存在着以下关系:

$$\boldsymbol{A}_i=\boldsymbol{\alpha}_{ij}(\omega)\boldsymbol{U}_j \tag{4-19}$$

式中:$\boldsymbol{\alpha}_{ij}(\omega)$为转速 ω 下的影响系数,表示转子上 j 点处的不平衡量与 i 点处振动间的关系。

为求影响系数 $\boldsymbol{\alpha}_{ij}$,首先在所有需要平衡的转速下测出转子原始不平衡引起的 i 点处的振动 $\boldsymbol{A}_{i0}$(幅值及相位角),然后在平面 j 上加一个已知不平衡量,再测出 i 点处的振动 $\boldsymbol{A}_{ij}$。影响系数计算式为

$$\boldsymbol{\alpha}_{ij}=\frac{\boldsymbol{A}_{ij}-\boldsymbol{A}_{i0}}{\boldsymbol{U}_j} \tag{4-20}$$

假设转子-支承系统的振动符合线性条件,即在一定转速下振幅与不平衡量之间成正比关系而振动的相位角为一常数。由式(4-20)定义的影响系数值与加重面上的试重大小和相角位置无关,与转子上的原始不平衡状况无关。也即在一定转速下,在线性范围内,影响系数值 $\boldsymbol{\alpha}_{ij}(\omega)$为一常量。

影响系数法是利用线性系统中校正量与所测量之间的比例关系来达到平衡转子这一目的的。它最初用来平衡刚性转子,后来逐渐推广应用到柔性转子。对于刚性转子,取两个校正平面一个平衡转速就能达到平衡的目的。对于柔性转子,必须选用多个平衡转速,相应地增加校正平面的数目。所以,它是一种多转速多平面的平衡方法。

设加重面为 $j=1,2,\cdots,M$,选中的振动测点为 $i=1,2,\cdots,N$(包括不同平衡转速下的所有测点),理想情况下应使各平衡面加上配重量(或减去配重量,下文均用配重量表示)$\boldsymbol{U}_1,\boldsymbol{U}_2,\cdots,\boldsymbol{U}_M$ 后,各测点的振动为零,可得

$$\sum_{j=1}^{M}\boldsymbol{\alpha}_{ij}\boldsymbol{U}_j+\boldsymbol{A}_{i0}=\boldsymbol{0},\quad i=1,2,\cdots,N \tag{4-21}$$

用矩阵可表示为

$$\begin{bmatrix}\boldsymbol{\alpha}_{11} & \boldsymbol{\alpha}_{12} & \cdots & \boldsymbol{\alpha}_{1M}\\ \boldsymbol{\alpha}_{21} & \boldsymbol{\alpha}_{22} & \cdots & \boldsymbol{\alpha}_{2M}\\ \vdots & \vdots & & \vdots\\ \boldsymbol{\alpha}_{N1} & \boldsymbol{\alpha}_{N2} & \cdots & \boldsymbol{\alpha}_{NM}\end{bmatrix}\begin{Bmatrix}\boldsymbol{U}_1\\ \boldsymbol{U}_2\\ \vdots\\ \boldsymbol{U}_M\end{Bmatrix}+\begin{bmatrix}\boldsymbol{A}_{10}\\ \boldsymbol{A}_{20}\\ \vdots\\ \boldsymbol{A}_{N0}\end{bmatrix}=\boldsymbol{0} \tag{4-22}$$

当 $M=N$ 时,而 $N=H\cdot n$,其中 n 为一个转速下的测点数,H 为平衡转速数,N 为总测点数,式(4-22)有唯一解,即各平面的校正量为

$$\boldsymbol{U}_j=-\boldsymbol{\alpha}_{ij}^{-1}\boldsymbol{A}_{i0} \tag{4-23}$$

通常情况下,加重面数 M 是受到限制的,往往是 $N>M$,方程的个数多于未知数,这

时方程组成为了矛盾方程组。广泛用来计算平衡校正量的方法是最小二乘法，其原理是方程的右边不是为零，而是使它们的二次方和达到最小。假设此时方程的右边残余振动各项分别为 $\boldsymbol{\delta}_1,\boldsymbol{\delta}_2,\cdots,\boldsymbol{\delta}_N$，方程组也相应地变成了

$$\begin{bmatrix} \boldsymbol{\alpha}_{11} & \boldsymbol{\alpha}_{12} & \cdots & \boldsymbol{\alpha}_{1M} \\ \vec{\delta}_{21} & \boldsymbol{\alpha}_{22} & \cdots & \vec{\delta}_{2M} \\ \vdots & \vdots & & \vdots \\ \vec{\delta}_{N1} & \vec{\delta}_{N2} & \cdots & \vec{\delta}_{NM} \end{bmatrix} \begin{Bmatrix} \boldsymbol{U}_1 \\ \boldsymbol{U}_2 \\ \vdots \\ \boldsymbol{U}_M \end{Bmatrix} + \begin{Bmatrix} \boldsymbol{A}_{10} \\ \boldsymbol{A}_{20} \\ \vdots \\ \boldsymbol{A}_{N0} \end{Bmatrix} = \begin{Bmatrix} \boldsymbol{\delta}_1 \\ \boldsymbol{\delta}_2 \\ \vdots \\ \boldsymbol{\delta}_N \end{Bmatrix} \tag{4-24}$$

令 s 为残余振动的二次方和：

$$s=\sum_{i=1}^{N}|\vec{\delta}_i|^2=\sum_{i=1}^{N}(\vec{\delta}_i\cdot\vec{\delta}_i^*)=\sum_{i=1}^{N}(\delta_{ix}^2+\delta_{iy}^2) \tag{4-25}$$

式中：$\vec{\delta}_i^*$ 为 $\vec{\delta}_i$ 的共轭复数。若一组校正量 $\vec{U}_1,\vec{U}_2,\cdots,\vec{U}_M$ 能使各测点的残余振动的二次方和 s 最小，则该组配重值便是方程式(4-24)的最优近似解。

由于 s 是自变量 $\vec{U}_1,\vec{U}_2,\cdots,\vec{U}_M$ 的二次函数，因此求解式(4-24)可归结为求二次函数 s 的最小值问题。又因为 s 是 $\vec{U}_1,\vec{U}_2,\cdots,\vec{U}_M$ 的连续函数，且在工程实际问题中自变量 $\vec{U}_1,\vec{U}_2,\cdots,\vec{U}_M$ 是在一个闭区间内，按照函数理论最值定理可知，存在一组 $\vec{U}_1,\vec{U}_2,\cdots,\vec{U}_M$ 使 s 值为最小。满足最小的必要条件是

$$\frac{\partial s}{\partial \vec{U}_{ix}}=\frac{\partial s}{\partial \vec{U}_{iy}}=0 \tag{4-26}$$

将 $\vec{U}_j\,(j=1,2,\cdots,M)$ 相应分解成 $\vec{U}_{jx}$ 和 $\vec{U}_{jy}$，代入式(4-26)，最后可以得出最优解为

$$\boldsymbol{U}=-\left[[\vec{\alpha}_{ij}^*]^{\mathrm{T}}[\vec{\alpha}_{ij}]\right]^{-1}[\vec{\alpha}_{ij}^*]^{\mathrm{T}}\boldsymbol{A} \tag{4-27}$$

将求得的一系列 $\vec{U}_1,\vec{U}_2,\cdots,\vec{U}_M$ 值代入式(4-24)，以检验残余振动 $\bar{\delta}_i$ 是否在允许的范围之内。进一步计算在该组配重方案 $\vec{U}_1,\vec{U}_2,\cdots,\vec{U}_M$ 下总的残余振动的均方根 R：

$$R=\sqrt{\frac{s}{N}} \tag{4-28}$$

当 $|\delta_i|_{max}\gg R$，说明最大的剩余振动大大超过了均方根数值，要求加权迭代计算

$$[\boldsymbol{\lambda}]\{\vec{A}\}=[\boldsymbol{\lambda}]\{\vec{A}_0\}+[\boldsymbol{\lambda}][\vec{\alpha}_{ij}][\vec{U}] \tag{4-29}$$

$\boldsymbol{\lambda}$ 是加权因子矩阵，可取

$$\boldsymbol{\lambda}=\mathrm{diag}\left(\left|\frac{\delta_1}{R}\right|,\left|\frac{\delta_2}{R}\right|,\cdots,\left|\frac{\delta_N}{R}\right|\right) \tag{4-30}$$

求解新的矛盾方程式(4-29)，可得新的校正量组 $\{\vec{U}'_j\}$

$$\{\vec{U}'_j\}=-\left([\vec{\alpha}_{ij}^*]^{\mathrm{T}}\lambda[\vec{\alpha}_{ij}]\right)^{-1}[\vec{\alpha}_{ij}^*]^{\mathrm{T}}\lambda\{\vec{A}_{i0}\} \tag{4-31}$$

重复上述的加权求解过程，直到 $|\delta_i|_{max}\leqslant R$ 即可得到最终的配重向量。

综上所述，影响系数平衡法一般包括以下几个步骤：

(1)确定平衡面数。

(2)在转速稳定时，测得 N 个测点的原始不平衡振动值 $\{\vec{A}_{i0}\}$。

(3)依次在 $1\sim M$ 个平衡面上加已知试重，在同样的转速下测出 N 个测点的振动值 $\{\vec{A}_{ij}\}$，求出影响系数。

(4)解方程组求校正量 $\vec{Q}_j(j=1,2,\cdots,M)$。当 $M=N$ 时,有精确解。当 $N>M$ 时,用加权最小二乘法求解矛盾方程组。

(5)在平衡位置施加所求得的校正量。

【例 4-1】 如图 4-8 所示,通过由 12 个 Euler-Bernoulli 轴单元和 2 个质量盘组成的转子有限元模型来说明影响系数法。支撑和轴承的刚度在垂直和水平方向上相等,均为 1 MN/m。轴承在垂直和水平方向的阻尼系数均为 1 kN·s/m。轴长 1.5 m,直径为 30 mm。两个盘的直径均为 0.25 m,厚度均为 20 mm。轴和盘的强性模量 $E=211$ GPa,密度 $\rho=7\ 810\ \text{kg/m}^3$。

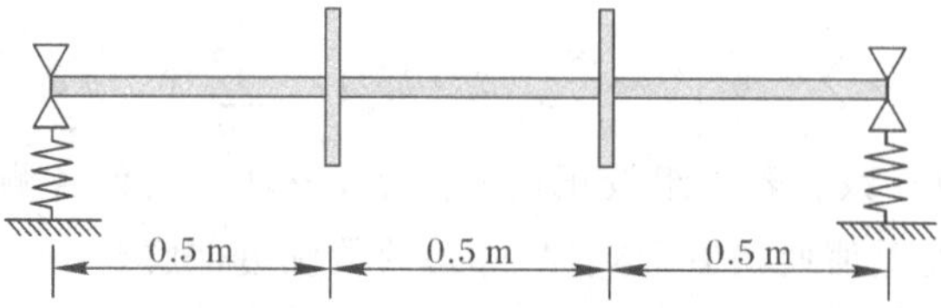

图 4-8 柔性转子示意图

图 4-9 为在原不平衡状态下的响应,质量盘既是测量点也是平衡平面。初始不平衡位于距左轴承 0.375 m、0.75 m 和 1.375 m 的位置,初始不平衡度分别为 0.6 gm、0.4 gm 和 0.2 gm,相位分别为 90°、120°和 0°。

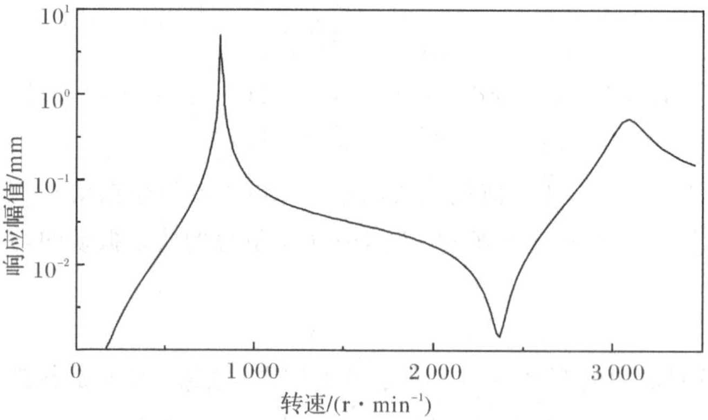

图 4-9 初始不平衡状态下的盘 1 的响应

在两个平衡平面上依次添加 0.2 gm 和 0.3 gm 的试平衡质量。为便于说明,两个平衡平面都是在零相位上添加的。图 4-10 为配重平衡质量后的新响应。根据图 4-9 和图 4-10 中的三条曲线,可以确定任何转速下的振幅。利用原始状态下和配重后的响应,在 3 000和 1 000 r/min 的转速下进行两面平衡。表 4-2 和表 4-3 列出了两种速度下不同响应的振幅和相位。下面使用这些近似数据平衡转子。

表 4-2 3 000 r/min 转速下的振动响应

平衡质量	盘 1 响应		盘 2 响应	
	幅值/mm	相位/(°)	幅值 mm	相位/(°)
	0.442	52	0.510	−120
0.2 gm,(盘 1,0°)	0.436	35	0.500	−136
0.3 gm,(盘 2,0°)	0.502	76	0.597	−103

表 4-3　1 000 r/min 转速下的振动响应

平衡质量	盘 1 响应		盘 2 响应	
	幅值/mm	相位/(°)	幅值/mm	相位/(°)
	0.125	−79	0.133	−79
0.2 gm,(盘 1,0°)	0.123	−92	0.131	−92
0.3 gm,(盘 2,0°)	0.125	−100	0.132	−97

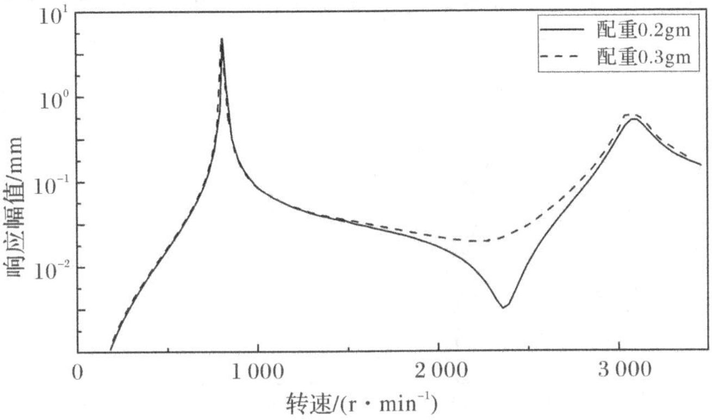

图 4-10　**两种试配重平衡后的盘** 1 **响应**

将转子旋转速度等同于系统阻尼固有频率,可得出临界转速分别为 812 r/min 和 3 074 r/min。当转子以 3 000 r/min 的速度运行时,它接近第二阶临界转速,动态特性主要受前两阶模态的影响。

利用影响系数法计算平衡质量,得出的不平衡修正值为:盘 1 在−79.6°处为 0.813 7 gm,盘 2 在−87.8°处为 0.095 8 gm。将计算值添加到转子所需的相位上时,新的不平衡分布会产生图 4-11 所示的响应曲线。通过对比图 4-11 与图 4-9 可知,振动响应在转速范围内大幅减小。

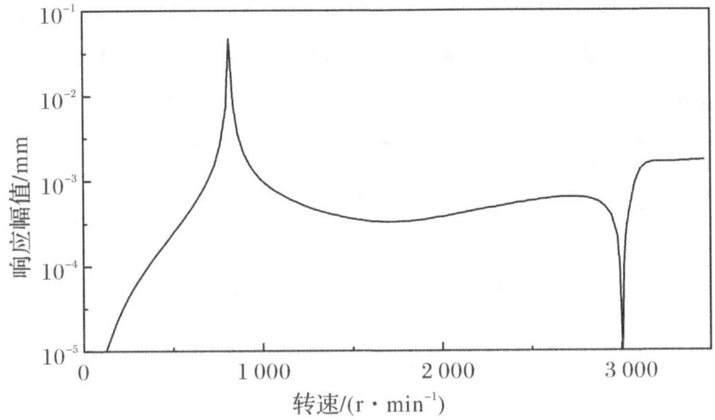

图 4-11　3 000 r/min **转速下平衡后的盘** 1 **的响应**

现在,考虑在 1 000 r/min 的转速下平衡转子。利用 1 000 r/min 时的响应通过双面影响系数法得所需的修正不平衡量为:盘 1 在−79.2°处为 0.801 4 gm,盘 2 在−86.1°处为 0.104 9 gm。加上这些校正质量后,系统具有图 4-12 所示的响应。比较图 4-11 和

图 4－12 可以发现，它们之间存在显著差异。由于使用的是双平面平衡，因此只有当机器在运行速度范围内有两阶模态对振动响应有显著影响时，才能正确表示速度相关性。然而，在这两种情况下，平衡机器的响应都比初始响应显著降低了约 100 倍。很明显，在所关注的速度范围内，其前两阶模态占主导地位，这也是为什么在 1 000 r/min 和 3 000 r/min 的转速下进行平衡时，计算出的平衡配重相似。此外，当机器在 3 000 r/min 的转速下进行平衡时，第二共振附近响应的减小幅度明显大于第一共振的减小幅度。因为在此转速下，第二阶模态在响应中占主导地位。而在转速为 1 000 r/min 时，第一阶模态占主导地位。

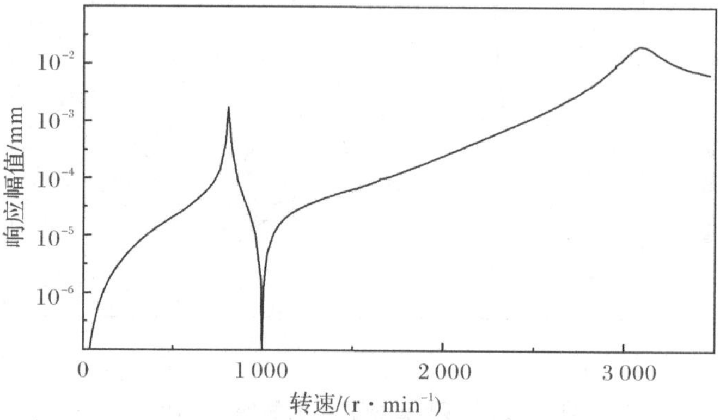

图 4－12　1 000 r/min **转速下平衡后的盘** 1 **的响应**

如果使用表 4－2 和表 4－3 中的数据加权迭代平衡，那么在转速为 3 000 r/min 时，圆盘 1 上的不平衡修正值为 0. 823 9 gm(－85. 2°)，圆盘 2 上的不平衡修正值为 0. 156 0 gm (－117. 4°)。图 4－13 为该平衡配重下转子的响应，其坐标比例与图 4－9 中的初始响应相同。很明显，转速为 3 000 r/min 时的响应不为零，且响应明显大于图 4－11 所示的完全平衡情况下的响应。不过，在转速为 3 000 r/min 时，盘 1 的响应从 0. 442 mm 减小到 0. 022 6 mm。转速为 1 000 r/min 时，圆盘 1 上的相应不平衡修正值为 0. 887 1 gm(－81. 2°)，圆盘 2 上的相应不平衡修正值为 0. 023 8 gm(－11. 2°)。图 4－14 所示为这种情况下平衡机械的响应，其刻度与图 4－14 相同。不过，1 000 r/min 时盘 1 的响应从 0. 125 mm 减小到 0. 004 0 mm。

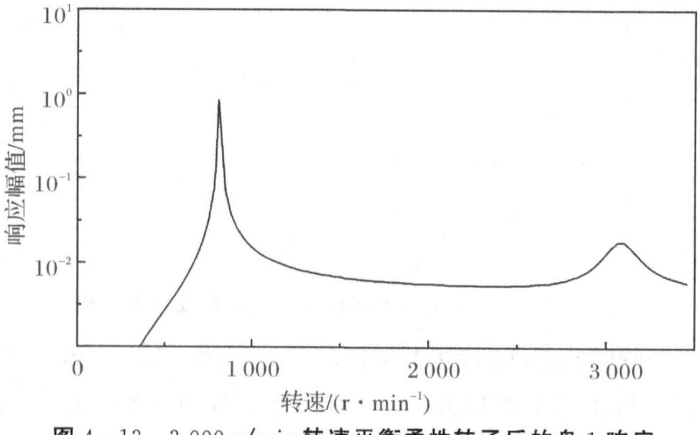

图 4－13　3 000 r/min **转速平衡柔性转子后的盘** 1 **响应**

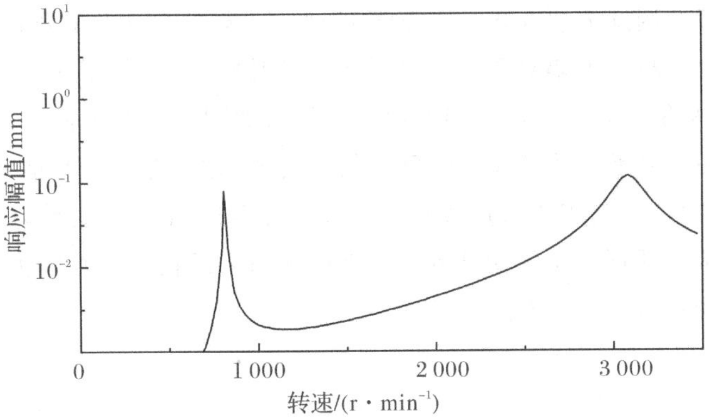

图 4-14　1 000 r/min 转速平衡柔性转子后的盘 1 响应

4.3 减振技术

在许多工程应用中，无法避免外部动力或自身运动引起的振动。它们无法完全消除，只能抑制。为了对振动进行控制，目前采用的减振技术或振动控制技术主要有以下几种：

(1)优化系统参数，控制系统的固有频率，使其远离外部激励频率，避免引起共振。

(2)引用阻尼或耗能机构来减小系统产生的响应，降低由共振引起的振幅。

(3)使用隔振装置，减小系统中从一个部件传递到另一部件的激励力或振幅。

(4)使用动力吸振器，将系统的能量转移进动力吸振器，来减小系统的响应。

很多情况下，调节系统固有频率在设备生产后难以实现，需要耗费大量的成本。因此，本节主要对隔振和吸振这两种方法进行论述。

4.3.1 隔振器

隔振作为振动控制的一种有效方法，被广泛用于振动抑制领域中。如图 4-15 所示，图 4-15(a)为应用在船舰发动机上的隔振系统，图 4-15(b)为发动机曲轴系扭转隔振系统，图 4-15(c)为应用在轨道车辆二系悬挂系统上的隔振器。隔振系统一般是在受保护的系统和激励源之间安装的一个或多个弹性元件，用以减小系统在特定激励下的动力响应，使其降低到安全使用范围之内。它被分为两种形式：被动式与主动式。被动式隔振器主要由一个弹性元件和耗能装置构成。主动式隔振器由电源与传感器系统、减振控制系统和作动器执行系统组成。

隔振主要应用在两种情况下：一是由于结构或系统的地基或系统的支架振动，上部系统需要受到保护来避免其出现过大的幅值，如图 4-16 所示。如果基础或支架振动，上部的质量块也会承受基础或支架传递的力，则质量块也会产生位移 $X(t)$，在这种情况下，通常希望 $X(t)$远远小于基础或支架的位移 $Y(t)$。例如，在运输一些贵重或精密的物品时，如果车辆在粗糙的路面行驶，经过起伏较大的路面时，往往会使车箱运输的物品颠簸，导致物品损坏。因此需要在车轮与车箱间放入隔振器来减小车辆起伏对内部运输物品的影响，这种方式称为振幅隔离。二是系统受到激励的作用，要保护地基或支架，避免其受到过大的不平衡力，如往复式结构或旋转机械，如图 4-17 所示。一些冲压的实验设备，在工作时往往会对地面或底座产生巨大的冲击力，这可能会引起地面或底座的损坏，也会产生巨大的噪声影响实验人员和周围环境。如果是往复式机械，则会产生简谐力，导致设备疲劳失效。因此，需要在机械与基础或支撑之间植入一个隔振器来减小机械传递给基础或支撑的力，简称力隔离。

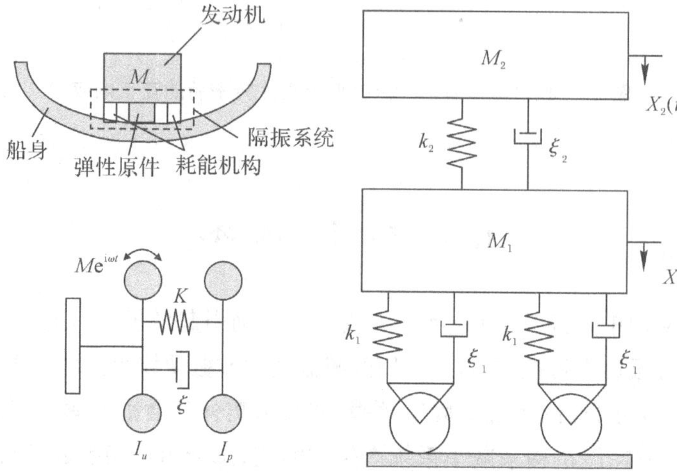

图 4-15　**用于各种领域中的隔振器**

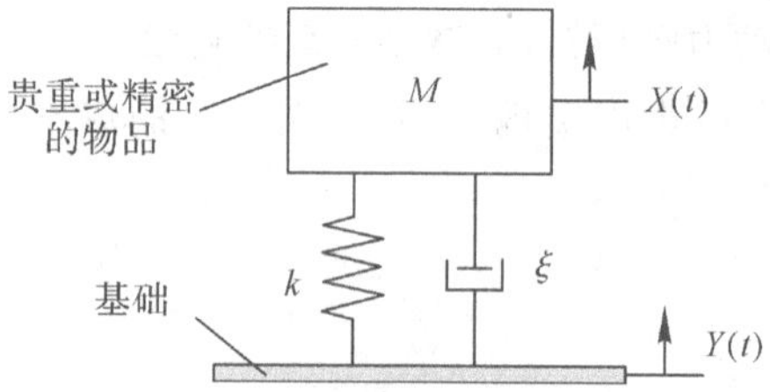

图 4-16　**振幅隔离**

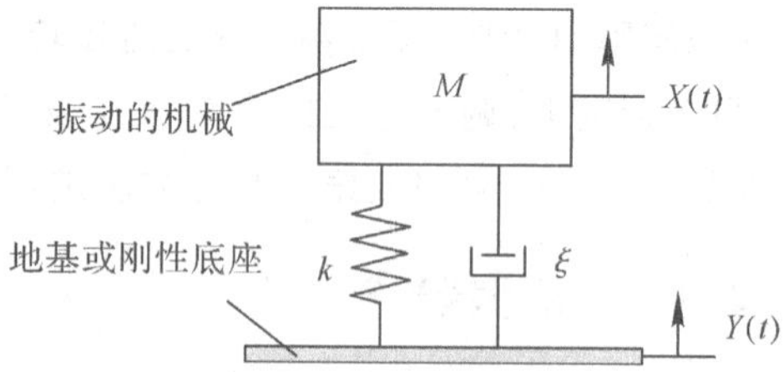

图 4-17　**力隔离**

需要注意的是，同一种隔离器对不同的力或激励可能是无效的。例如，用于减小冲击力的隔离器，对简谐激励则可能无效。用于隔离简谐激励的隔振器对于非简谐激励则也可能无效，需要根据不同情况来选择不同种类的隔振器。

1. 刚性基础振动隔离

当机械通过螺栓直接固定在刚性底座或地基上时，地基会受到机械的静载荷和机床不平衡产生的简谐力。因此，可以在机械与刚性底座或地基之间放入弹性元件来减小两者之间传递的力。在这种情况下，系统可以简化成单自由度系统，机械可以看作一个质量块，弹性元件可以看作刚度为 K 的弹簧与阻尼 ξ 的组合，如图 4-18 所示。假设机械在工作时会产生一个简谐力 $F(t)=F_0\sin\omega t$，则系统的运动微分方程为

$$MX''+\xi X'+KX=F_0\sin\omega t \tag{4-32}$$

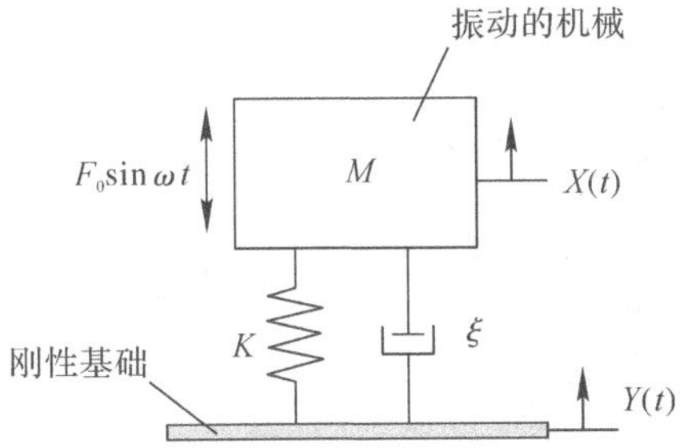

图 4-18 安装在刚性基础上的隔振装置

由第 1 章的知识可知，机械在经过一段时间后，自由振动消失，只存在受迫振动成分。系统的稳态解为

$$X(t)=A\sin(\omega t+\varphi) \tag{4-33}$$

式中

$$A=\frac{F_0}{\sqrt{(K-M\omega^2)^2+\omega^2\xi^2}} \tag{4-34}$$

$$\varphi=-\arctan\frac{\omega\xi}{k-M\omega^2} \tag{4-35}$$

所以隔振元件传递到基础的力为

$$F_t=KX(t)+2\xi X'(t)=KA\sin(\omega t+\varphi)+2\xi A\omega\cos(\omega t+\varphi) \tag{4-36}$$

合力的振幅为

$$F_T=\sqrt{[KX(t)]^2+[\xi X'(t)]^2}=A\sqrt{K^2+\omega^2\xi^2}=$$

$$\frac{F_0\sqrt{K^2+\omega^2\xi^2}}{\sqrt{(K-M\omega^2)^2+\omega^2\xi^2}}=F_0\frac{\sqrt{1+(2\xi'\Omega)^2}}{\sqrt{(1-\Omega^2)^2+(2\xi'\Omega)^2}} \tag{4-37}$$

式中：$\Omega=\dfrac{\omega}{\omega_0}$，$\omega_0{}^2=\dfrac{K}{M}$，$\xi'=\dfrac{\xi}{2M\omega_0}$。$\omega_0$ 为固有频率；Ω 为激励频率与固有频率的比值；ξ' 为阻尼比。定义传递的力的幅值与激励的振幅的比值为力传递率：

$$T_{\text{tra}}=\frac{F_T}{F_0}=\frac{\sqrt{1+(2\xi'\Omega)^2}}{\sqrt{(1-\Omega^2)^2+(2\xi'\Omega)^2}} \tag{4-38}$$

不同阻尼比下，T_{tra}根据 Ω 的变化情况如图 4-19 所示。显然，为了实现隔离力，就需要传递的力的幅值小于激励力的幅值，即 $T_{\text{tra}}<1$。从图 4-19 可以看出，只有当 $\bar{\omega}>\sqrt{2}$ 时，才能实现对振动力的隔离。

值得注意的是，传递到基础的力的幅值可以通过减小固有频率来减小，即增大 Ω。同时，减小阻尼比 ξ' 也可以减小传递到基础的力的振幅。但是机械在启动和停止时都会经过共振区域，为了避免过大的增幅，一定程度的阻尼是必不可少的。因此在选择阻尼时，既要考虑减振效果，也要兼顾不能在共振区域产生过大的幅值。

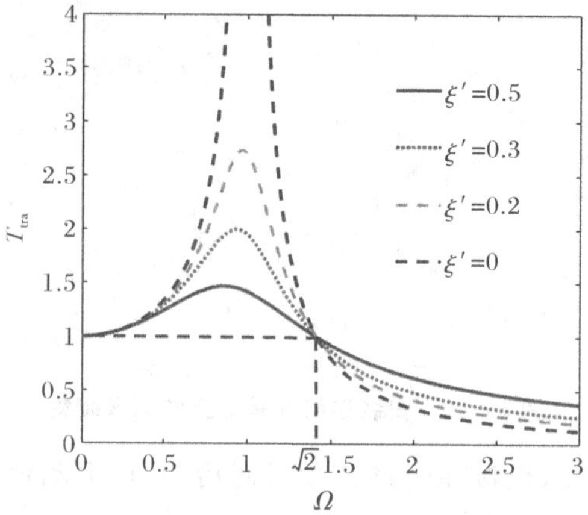

图 4-19　不同 ξ' 下力的传递率随 Ω 的变化情况

在许多应用中，通常需要减小系统的振动幅值。在力 $F(t)$ 作用下，机械或质量块的位移与静变形 δ_0 之比为

$$T_{\mathrm{dp}}=\frac{A}{\delta_0}=\frac{KA}{F_0}=\frac{1}{\sqrt{(1-\Omega^2)^2+(2\xi'\Omega)^2}} \tag{4-39}$$

式中：T_{dp} 也被称为位移传递率。在不同阻尼条件下，位移传递率随 Ω 的变化情况如图 4-20 所示。可以看出，当 Ω 增加到一定程度时，质量块的位移趋近于零，这是由于激励力变化得非常快，导致质量块的惯性跟不上激励力的变化速度。

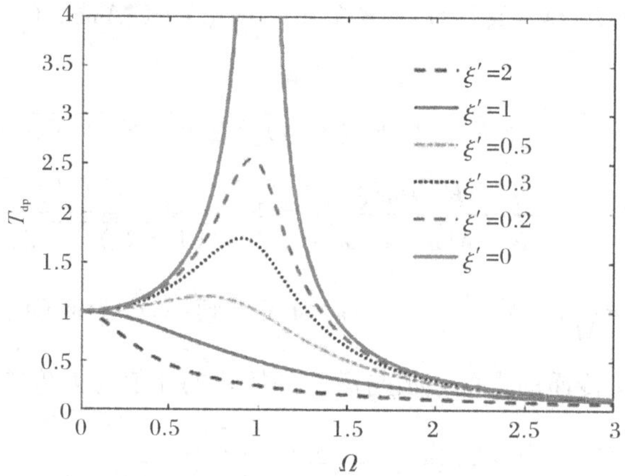

图 4-20　不同 ξ' 下位移传递率随 Ω 的变化情况

【例 4-2】 洗衣机质量为 50 kg，工作时转速为 1 200 r/min。在洗衣机底部放置一个隔振器，要求隔振效率为 80%。求隔振器的刚度。隔振器阻尼忽略不计。

解：已知位移传递率为 0.2，则根据式(4-39)可得

$$0.2=\frac{1}{\sqrt{(1-\Omega^2)^2+(2\xi'\Omega)^2}}$$

式中：$\Omega=\frac{\omega}{\omega_0}$。

激励的频率为

$$\omega=\frac{1\ 200\times 2\pi}{60}\ \text{rad/s}=125.66\ \text{rad/s}$$

假设隔振器的刚度为 K,系统的固有频率为

$$\omega_0=\left(\frac{K}{M}\right)^{\frac{1}{2}}=\left(\frac{K}{50}\right)^{\frac{1}{2}}=\frac{\sqrt{K}}{7.071\ 1}$$

由于阻尼忽略不计,即 $\xi'=0$,则有

$$0.2=\pm\frac{1}{1-\left(\frac{125.66\times 7.071\ 1}{\sqrt{K}}\right)^2}$$

为了避免出现虚数,上式右边取负号,可得

$$\frac{888.554\ 4}{\sqrt{K}}=2.449\ 5$$

所以 $$K=131\ 587.051\ 6\ \text{N/m}$$

【例 4-3】 设计一个隔振器,使得 60 kg 的质量块在简谐力 $F(t)=1\ 500\sin 100t$ 的作用下,传递给基础的力不超过 10%,求质量块隔振后的振幅,阻尼忽略不计。

解:由已知条件得力传递率为 0.1,$\xi'=0$,代入式(4-38)可得

$$0.1=\frac{1}{\Omega^2-1}$$

所以 $$\Omega^2=\frac{\omega^2}{{\omega_0}^2}=\frac{\omega^2 M}{K}$$

将 $\omega=100$ rad/s 和 $M=60$ kg 代入上式,可得

$$K=\frac{\omega^2 M}{\Omega^2}=\frac{100^2\times 60}{11^2}=4\ 958.68\ \text{N/m}$$

根据式(4-39),得

$$A=\frac{F_0}{K}\frac{1}{\Omega^2-1}=\frac{1\ 500}{4\ 958.68}\times\frac{1}{11-1}=0.030\ 25\ \text{m}$$

2. 基础或支撑运动的振动隔离

在地震中,建筑内的物体会受到来自地面振动的影响,如果不进行隔振处理,那么工厂里的精密仪器可能会受到损坏。因此,有必要采取隔振措施去减小地基或支撑运动导致的被保护物品的过大振幅或传递给被保护物品的力。

图 4-21 所示为基础或支撑运动的单自由度系统,质量为 M 的质量块受到做简谐运动[$Y(t)=Y_0\sin\omega t$]的基础或支撑的作用,其运动微分方程可以表示为

$$MX''+\xi(X'-Y')+K(X-Y)=0 \tag{4-40}$$

将 $Y(t)=Y_0\sin(\omega t)$ 代入式(4-40),可得

$$MX''+\xi X'+KX=\xi\omega Y_0\cos\omega t+KY_0\sin\omega t=Y_0\sqrt{(\xi\omega)^2+K^2}\sin(\omega t+\varphi) \tag{4-41}$$

式中:$\varphi=-\arctan\left(-\frac{\xi\omega}{K}\right)$。

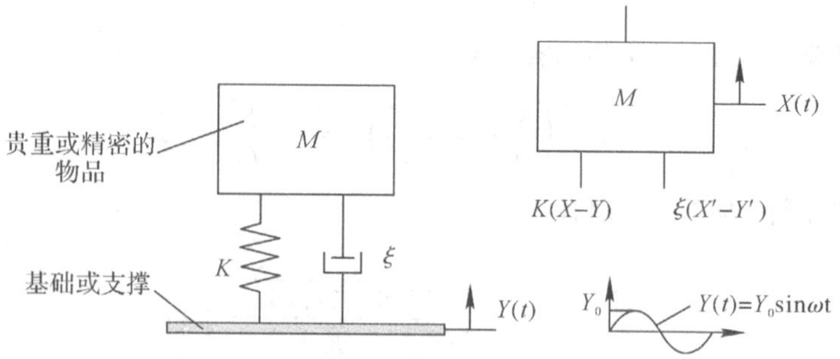

图 4-21 基础或支撑运动的单自由度系统

这时就可以看作是质量块受到一个简谐激励的作用，其稳态解为

$$X(t)=\frac{Y_0\sqrt{(\xi\omega)^2+K^2}}{\sqrt{(K-M\omega^2)^2+(\xi\omega)^2}}\sin(\omega t+\varphi+\varphi)=X_0\sin(\omega t+\varphi+\varphi) \qquad (4-42)$$

式中：$\varphi=\arctan\dfrac{\xi\omega}{K-M\omega^2}$。

因此，系统的位移传递率 T_{dp} 可以表示为

$$T_{dp}=\frac{X_0}{Y_0}=\frac{\sqrt{(\xi\omega)^2+K^2}}{\sqrt{(K-M\omega^2)^2+(\xi\omega)^2}}=\frac{\sqrt{1+(2\xi'\Omega)^2}}{\sqrt{(1-\Omega^2)^2+(2\xi'\Omega)^2}} \qquad (4-43)$$

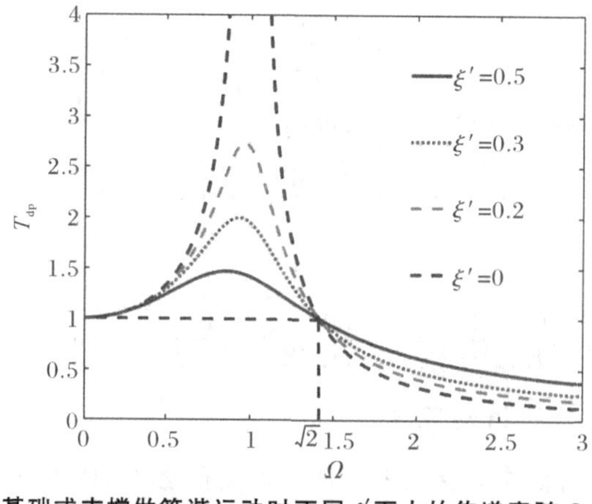

图 4-22 基础或支撑做简谐运动时不同 ξ' 下力的传递率随 Ω 的变化情况

图 4-22 所示为在基础或支撑做简谐运动时系统的位移传递率随 Ω 的变化情况。从图中可以看出，当频率比 Ω 为 1 时，系统的位移传递率达到最大值。因此，设计隔振器应使系统的固有频率远离激励频率。当 $\Omega=\sqrt{2}$ 时，位移传递率 T_{dp} 恒为 1；当 $\Omega<\sqrt{2}$ 时，位移传递率 $T_{dp}>1$；当 $\Omega>\sqrt{2}$ 时，位移传递率 $T_{dp}>1$。当 $\Omega>\sqrt{2}$ 时，阻尼越小，位移传递率越低，但是当 $\Omega<\sqrt{2}$ 时，阻尼会使位移传递率峰值过大。因此在设计隔振器时，要选择合适的阻尼。

【例 4-4】 一个用于测量列车健康安全数据的精密测量仪器质量为 60 kg，放置在一个工作平台（支撑）上。为了减小列车经过时引起的地面振动对精密测量仪器的影响，

要求传递给仪器的振动不超过工作平台的10%。拟在平台下方安置一个隔振器，隔振器所使用的线性弹簧的阻尼比为0.02。假设列车引起的振动频率为2 000 r/min，试设计一个合适的隔振系统。

解：要求位移传递率为0.1，则将$\xi'=0.01$代入式(4-43)中，有

$$T_{dp}=\frac{X_0}{Y_0}=0.1=\frac{\sqrt{1+(2\times0.02\times\Omega)^2}}{\sqrt{(1-\Omega^2)^2+(2\times0.02\times\Omega)^2}}$$

将上式化简，得

$$\Omega^4-2.158\ 4\Omega^2-99=0$$

上式的解为

$$\Omega_{1,2}^2=11.087\ 4,-8.929\ 0$$

因此，$\Omega=3.329\ 8$。根据

$$\omega=\frac{2\pi\times2\ 000}{60}=209.44\ \text{rad/s}$$

可得系统的固有频率为

$$\omega_0=\frac{\omega}{\Omega}=\frac{209.44}{3.329\ 8}=62.898\ 7\ \text{rad/s}$$

因此弹簧的刚度为

$$K=\frac{\omega^2M}{\Omega^2}=\omega_0{}^2M=62.898\ 7^2\times60=237\ 374.787\ 7\ \text{N/m}$$

其阻尼常数为

$$\xi=2\xi'(\sqrt{MK})=2\times0.02\times\sqrt{60\times237\ 374.787\ 7}=150.96\ \text{N}\cdot\text{s/m}$$

3.弹性基础的振动隔离

与振动机械相连的基础或结构不一定是固定的，也有可能是运动的，例如安装在机翼上的涡轮发动机和船上的涡轮机构。与隔振器相连的结构部分与会随着隔振器的运动而运动。这时可以将系统看作一个二自由度系统。振动机械或振动结构用一个质量块M_1来代替，基础用质量块M_2来代替，隔振器由一个刚度为K的弹簧和一个阻尼ξ组成。如图4-23所示，系统可以看作一个二自由度系统，则M_1和M_2的运动微分方程为

$$\left.\begin{aligned}M_1X_1''+\xi(X_1'-X_2')+K(X_1-X_2)=F_0\sin\omega t\\M_2X_2''+\xi(X_2'-X_1')+K(X_2-X_1)=0\end{aligned}\right\}\tag{4-44}$$

假设其解的形式为

$$X_j=A_i\mathrm{e}^{\mathrm{i}\omega t},\quad j=1,2\tag{4-45}$$

将式(4-45)代入式(4-44)，得

$$\begin{bmatrix}(-\omega^2M_1+\mathrm{i}\omega\xi+K)\mathrm{e}^{\mathrm{i}\omega t} & -(\mathrm{i}\omega\xi+K)\mathrm{e}^{\mathrm{i}\omega t}\\-(\mathrm{i}\omega\xi+K) & -\omega^2M_2+\mathrm{i}\omega\xi+K\end{bmatrix}\begin{bmatrix}A_1\\A_2\end{bmatrix}=\begin{bmatrix}F(\omega t)\\0\end{bmatrix}\tag{4-46}$$

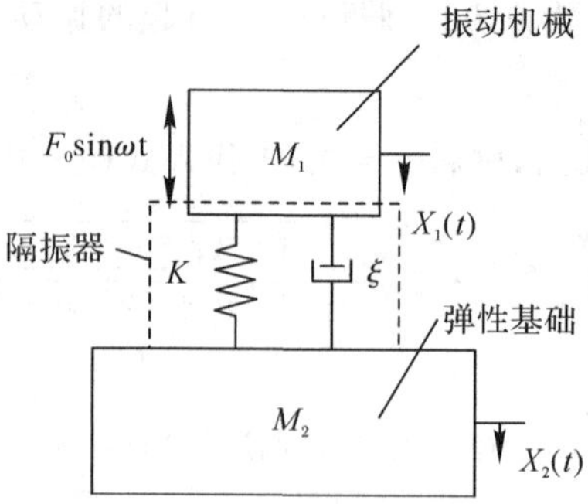

图 4-23 弹性基础隔振模型

由克拉默(Cramer)法则可得

$$\left.\begin{aligned}A_1&=\frac{F_0(K-M_2\omega^2+\mathrm{i}\xi\omega)}{\omega^4M_1M_2-\omega^2(M_1+M_2)(\mathrm{i}\xi\omega+K)}\\A_2&=\frac{F_0(K+\mathrm{i}\xi\omega)}{\omega^4M_1M_2-\omega^2(M_1+M_2)(\mathrm{i}\xi\omega+K)}\end{aligned}\right\}\tag{4-47}$$

则传递到支撑结构的力 F_b 为

$$F_b=-M_2\omega^2A_2=\frac{-M_2\omega^2F_0(K+\mathrm{i}\xi\omega)}{\omega^4M_1M_2-\omega^2(M_1+M_2)(\mathrm{i}\xi\omega+K)}\tag{4-48}$$

隔振器的力传递率 T_F 为

$$T_F=\frac{F_b}{F_0}=\frac{-M_2\omega^2(K+\mathrm{i}\xi\omega)}{\omega^4M_1M_2-\omega^2(M_1+M_2)(\mathrm{i}\xi\omega+K)}=$$

$$\frac{1}{\dfrac{-\omega^4M_1}{\omega^2(K+\mathrm{i}\xi\omega)}+\dfrac{(M_1+M_2)}{M_2}}=\frac{1}{\dfrac{-\omega^2}{\left(\dfrac{K}{M_1}\right)^2+\dfrac{\mathrm{i}\xi\omega}{M_1}}+\dfrac{(M_1+M_2)}{M_2}}\tag{4-49}$$

4. 部分弹性基础的振动隔离

部分弹性基础相较于完全弹性基础在生活中更加常见。如放置在混凝土板上的机械结构，由于机械的振动混凝土板会发生小变形。因此，混凝土板可以视作是部分弹性的。定义部分弹性基础的机械阻抗 $R(\omega)$ 为使部分弹性基础产生单位变形所需的频率为 ω 的力，即

$$R(\omega)=\frac{\text{频率为 }\omega\text{ 的力}}{\text{单位变形}}\tag{4-50}$$

假设系统由一个质量为 M_1 的振动机械、忽略阻尼且刚度为 K 的隔振器、质量为 M_2 的部分弹性基础构成，如图 4-24 所示。则系统的运动微分方程为

$$\left.\begin{aligned}M_1X_1''+K(X_1-X_2)&=F_0\sin\omega t\\K(X_2-X_1)&=-X_2R(\omega)\end{aligned}\right\}\tag{4-51}$$

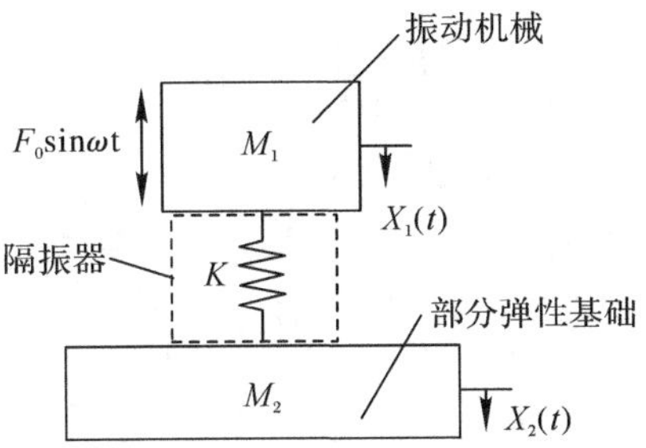

图 4-24 具有部分弹性基础隔振模型

假设其谐波解的形式为

$$X_i = A_i \sin\omega t,\quad i=1,2 \tag{4-52}$$

将式(4-52)代入式(4-51),得

$$\left.\begin{aligned} A_1 &= \frac{[K+R(\omega)]X_2}{K} = \frac{[K+R(\omega)]F_0}{R(\omega)(K-M_1\omega^2)-KM_1\omega^2} \\ A_2 &= \frac{KF_0}{R(\omega)(K-M_1\omega^2)-KM_1\omega^2} \end{aligned}\right\} \tag{4-53}$$

则系统传递的力的幅值可以表示为

$$F_{\mathrm{A}} = X_2 Z(\omega) = \frac{KF_0 Z(\omega)}{R(\omega)(K-M_1\omega^2)-KM_1\omega^2} \tag{4-54}$$

隔振器的力传递率为

$$T_{\mathrm{F}} = \frac{F_{\mathrm{A}}}{F_0} = \frac{KZ(\omega)}{R(\omega)(K-M_1\omega^2)-KM_1\omega^2} \tag{4-55}$$

式中:部分弹性基础的机械阻抗 $R(\omega)$可由实验进行测量。利用振动机械装置对基础施加一个简谐力,通过测量出基础的变形得出。

5. 冲击隔离

冲击隔离是为了减小系统在冲击作用下产生的有害影响而采取的措施。物体通常受到的冲击类型有两种。第一种是高速物体降落受到的反力产生的加速度,使物体受到冲击。例如,飞机降落到地面时,地面会给飞机一个巨大的冲击力。这时,就需要保护机身、机体内的仪器以及飞机内的全体成员。第二种是高速运动的物体与固体之间的撞击。例如在锻锤击打下的平台。从前面的讨论中可以知道,在简谐激励的扰动下,隔振器在频率比 $\bar{\omega}>\sqrt{2}$时,阻尼比 ξ 越小,隔振效果越明显。但是冲击载荷由于其瞬时性,如爆炸时的冲击、锻锤击打产生的力,其频率通常比系统的固有频率还小,一般隔振效果良好的隔振器在进行冲击隔离时效果却很差,而且在进行冲击隔离时,会使用比较大的阻尼 ξ。因此,对于冲击隔离与振动隔离,它们的基本原理相差不大。但是由于冲击与一般激励不同,对冲击进行分析时的表达式有些差别。

冲击隔离系统如图 4-25 所示,在一个很短的时间 T 内作用的冲击载荷 $F_{\mathrm{s}}(t)$可以看作一个冲量 $\boldsymbol{F}$,其表达式为

$$F=\int_0^T F_s(t) \tag{4-56}$$

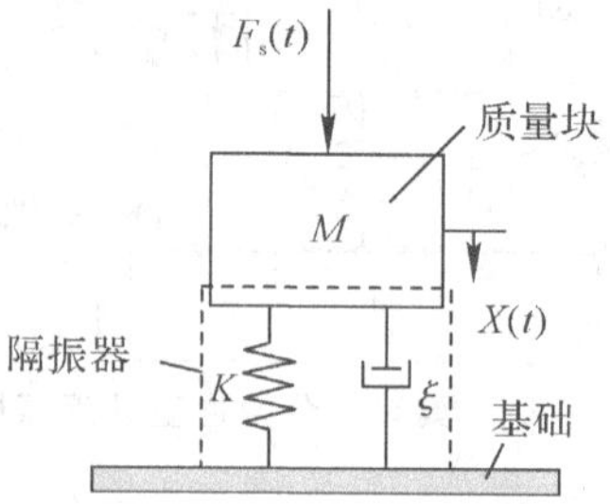

图 4-25　**冲击隔振模型**

冲量 $\boldsymbol{F}$ 作用在质量块 M 上，质量块可以得到一个初速度 v_0，利用冲量定理，这个速度的值为

$$v_0=\frac{F}{M} \tag{4-57}$$

因此，在冲击载荷作用下的隔振系统的响应可以通过一个有初速度的自由振动来求解。系统的初始条件可以假设为 $X(t=0)=0$，$X'(t=0)=v_0$，则图 4-25 表示的黏性阻尼系统自由振动的解为

$$X(t)=\frac{v_0\mathrm{e}^{-\bar{\zeta}\omega_0 t}}{\omega_n}\sin\omega_n t \tag{4-58}$$

式中：$\omega_n=\sqrt{1-\xi^2}\,\omega_0$ 为有阻尼振动的系统的频率，则通过弹簧与阻尼传递到基础的力 $F_T(t)$ 为

$$F_T(t)=KX(t)+\xi X'(t) \tag{4-59}$$

将式(4-58)代入式(4-59)，得

$$F_T(t)=\frac{v_0}{\omega_d}\sqrt{(K-\xi\bar{\zeta}\omega_0)^2+(\xi\omega_d)^2}\,\mathrm{e}^{-\bar{\xi}\omega_0 t}\sin(\omega_n t+\varphi) \tag{4-60}$$

式中

$$\varphi=\arctan\frac{\xi\omega_n}{K-\xi\bar{\zeta}\omega_0} \tag{4-61}$$

冲击载荷作用下质量块传递到基础的最大的力，可由式(4-60)与式(4-61)求出。

6. 主动振动控制

前面讨论的主要是利用自身性质，不借助外力来进行振动隔离的隔振方式，称之为被动隔振。其优点是结构简单、工作稳定，因此被广泛用于工程中。随着自动控制技术的突破和发展，慢慢形成了主动控制减振技术。如图 4-26 所示，主动振动控制系统由测量系统、信号控制系统以及机电系统组成。主动振动控制系统先由测振系统中的传感器测量系统的运动，然后将信号传递给信号控制系统，信号控制系统按照最优控制原理对传感器信号进行转换，发送反馈信号至机电装置，施加振动控制所需要的控制力。目前，根据所使用的传感器、信号处理器和机电装置类别，主动振动控制系统可以分为机电式、电液式、电磁式、压电式和液压式。

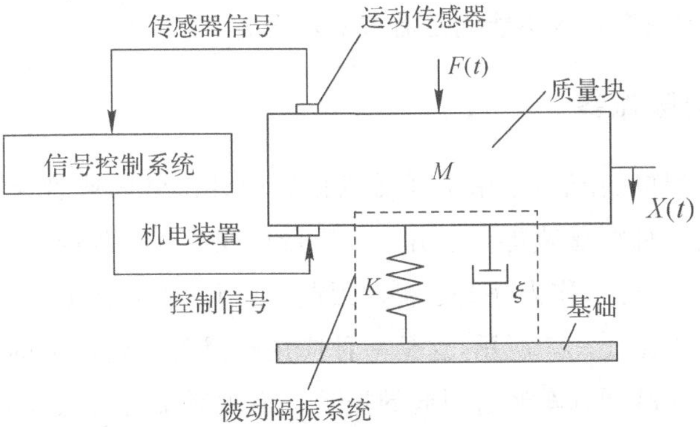

图 4-26 主动振动控制模型

图 4-26 所示的系统，质量块 M 上作用了一个激励 $F(t)$，假设作动装置提供了一个作用力 $F_A(t)$ 给质量块。此时，系统的运动微分方程可以表示为

$$MX''(t)+\xi X'(t)+KX(t)=F(t)+F_A(t) \tag{4-62}$$

一般来说，在信号控制系统中会生成与质量块的位移和速度成比例的控制力，其控制力可以表示为

$$F_A(t)=-h_p X-h_d X' \tag{4-63}$$

式中：h_p 和 h_d 为常数，分别称为比例控制增益和微分控制增益，它们由程序设计人员确定并编入控制系统中。此时的控制算法就是通常所说的比例和微分(PD)控制。将式(4-63)代入式(4-62)中，得

$$MX''(t)+(\xi+h_d)X'(t)+(K+h_p)X(t)=F(t) \tag{4-64}$$

式(4-64)被称为闭环控制系统的运动微分方程，其形式可以看作一个黏性阻尼弹簧-质量系统。$(\xi+h_d)$相当于系统的阻尼，$(K+h_p)$相当于系统的刚度，因此可以按照求解黏性阻尼弹簧-质量系统的响应的方法得到主动振动控制系统的响应，则主动振动控制系统的固有频率可以表示为

$$\omega_0=\sqrt{\frac{K+h_p}{M}} \tag{4-65}$$

则增加主动控制后的系统的阻尼比可以表示为

$$\bar{\xi}=\frac{\xi+h_d}{2\sqrt{M(K+h_p)}} \tag{4-66}$$

时间常数可以表示为

$$\tau=\frac{2M}{\xi+h_d} \tag{4-67}$$

可以看出，主动振动控制系统可以在 M、ξ 和 K 确定时，通过改变增益 h_p 和 h_d 来得到所期望的固有频率 ω_0、阻尼比 $\bar{\xi}$ 和时间常数 τ。在实际工程中，主动振动控制系统可以

实时监测系统的响应,根据传感器反馈的信号对系统进行最优控制。显然,其隔振效果显然要比被动隔振系统效果要好。但是主动振动控制系统由于其内部结构复杂,造价昂贵,只能使用在被动减振技术不能满足需求的场合。

4.3.2 动力吸振器

动力吸振器(简称吸振器)是用于降低或抑制由外部激励或者自身系统往复运动而引起的不利振动的一种机械装置。它由一个质量块和弹性元件组成,用以附加在需要降低或抑制振动的主系统上,作为辅助系统。因此,这两者组合而成一个二自由度系统,拥有两个固有频率。如图 4-27 所示,这是一种应用于浮置板轨道上的动力吸振器。它铺设于两轨道中间用于减缓列车经过引起的振动。当主系统受到激励时,如果激励频率与主系统的固有频率相近,主系统就有可能产生过大的振动。为了避免这种情况,通过将吸振器调节到某一特定的频率,使总系统的固有频率远离激励频率。

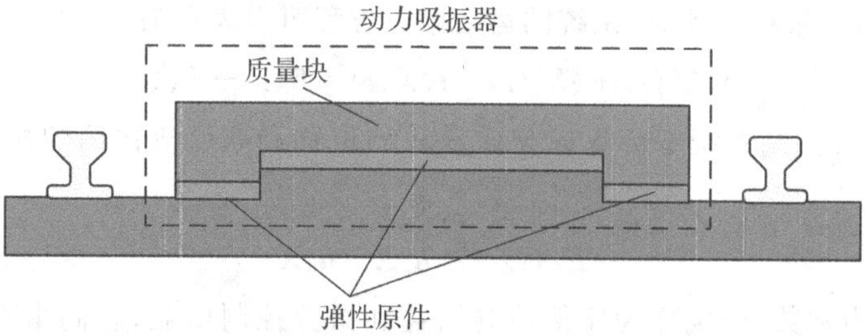

图 4-27 应用于轨道上的动力吸振器

1. 无阻尼动力吸振器

如图 4-28 所示,将一个质量为 M_2 的质量块和一个刚度为 k_2 的弹簧与一个质量为 M_1 的主系统连接,就可以得到一个无阻尼动力吸振器系统。

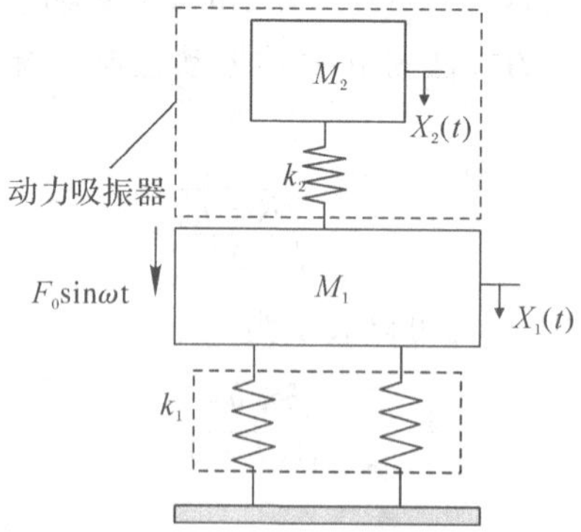

图 4-28 无阻尼动力吸振器

系统的运动微分方程为

$$\left.\begin{aligned}&M_1X_1''+k_1X_1+k_2(X_1-X_2)=F_0\sin\omega t\\&M_2X_2''+k_2(X_2-X_1)=0\end{aligned}\right\}\tag{4-68}$$

假设其谐波解为

$$X_i = A_i \sin\omega t,\quad i=1,2 \tag{4-69}$$

因此,可以得到 M_1 和 M_2 在稳态运动时的振幅为

$$\left.\begin{aligned} A_1 &= \frac{F_0(k_2 - M_2\omega^2)}{\Lambda} \\ A_2 &= \frac{F_0 k_2}{\Lambda} \end{aligned}\right\} \tag{4-70}$$

式中:$\Lambda=(k_1+k_2-M_1\omega^2)(k_2-M_2\omega^2)-k_2^2$。

为了使主系统振动为零,即 A_1 为零,则根据式(4-70)得到

$$\omega^2 = \frac{k_2}{M_2} \tag{4-71}$$

因此在设计动力吸振器时,让刚度 k_2 和质量 M_2 符合式(4-71),则当有动力吸振器连接的主系统在共振频率下工作时,振幅将为零。定义

$$\left.\begin{aligned} &\delta_0=\frac{F_0}{k_1},\quad \overline{A}_1=\frac{A_1}{\delta_0},\quad \overline{A}_2=\frac{A_2}{\delta_0},\quad \mu=\frac{k_2}{k_1},\quad \omega^2=\frac{k_2}{m_2}=\frac{k_1}{m_1} \\ &\omega_1=\sqrt{\frac{k_1}{M_1}},\quad \omega_2=\sqrt{\frac{k_2}{M_2}},\quad \Omega_1=\frac{\omega}{\omega_1},\quad \Omega_2=\frac{\omega}{\omega_2} \end{aligned}\right\} \tag{4-72}$$

式中:ω_1 为主系统的固有频率;ω_2 为动力吸振器的固有频率。式(4-70)可写为

$$\left.\begin{aligned} \overline{A}_1 &= \frac{1-\Omega_2^2}{(1+\mu-\Omega_1^2)(1-\Omega_2^2)-\mu} \\ \overline{A}_2 &= \frac{1}{(1+\mu-\Omega_1^2)(1-\Omega_2^2)-\mu} \end{aligned}\right\} \tag{4-73}$$

令 $\mu=0.1$,$\omega_1=\omega_2$,代入式(4-73)中的第一项,可以得到主系统振幅 $\overline{X}_1$ 随主系统运行速度 Ω_1 的改变情况,如图 4-29 所示。其中,当 $\Omega_1=1$,即 $\omega=\omega_1$ 时,主系统的振幅 $\overline{A}_1=0$。此时可以发现

$$\overline{A}_2 = -\frac{F_0}{k_2} = -\frac{F_0}{M_2\omega^2} \tag{4-74}$$

式(4-74)说明动力吸振器中弹簧产生的反力与激励相互平衡,从而使 A_1 减小为零。同时,从图 4-29 中还能看到两个峰值,这是因为动力吸振器在消除主系统振动时会产生两个共振频率,当 Ω_1 等于或接近这两个频率时,主系统的振幅依然会很大,因此要尽量要使 Ω_1 远离这两个共振频率。

假设这两个共振频率分别为 Ω_{r1} 和 Ω_{r2},要求出这两个频率的值,只需要令式(4-73)的第一项分母为零,得

$$\overline{\Omega}^4\overline{\omega}^2 - \overline{\Omega}^2[1+(1+\overline{M})\overline{\omega}^2]+1=0 \tag{4-75}$$

式中

$$\mu=\frac{k_2}{k_1}=\frac{k_2}{M_2}\frac{M_2}{M_1}\frac{M_1}{k_1}=\frac{M_2}{M_1}\left(\frac{\omega_2}{\omega_1}\right)^2,\quad \overline{\Omega}=\frac{\omega}{\omega_2},\quad \overline{M}=\frac{M_2}{M_1}$$

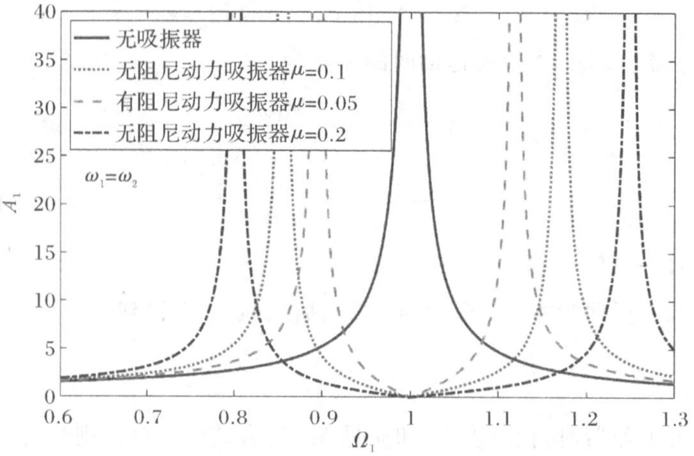

图 4-29　无阻尼动力吸振器的减振效果图

式(4-75)的两个根就是 $\bar{\Omega}_1$ 和 $\bar{\Omega}_2$，解得

$$\left.\begin{array}{l}\bar{\Omega}_2\\ \bar{\Omega}_1\end{array}\right\}=\frac{[(1+\bar{M})(\bar{\omega})^2+1]\pm\sqrt{[(1+\bar{M})(\bar{\omega})^2+1]^2-4(\bar{\omega})^2}}{2(\bar{\omega})^2} \tag{4-76}$$

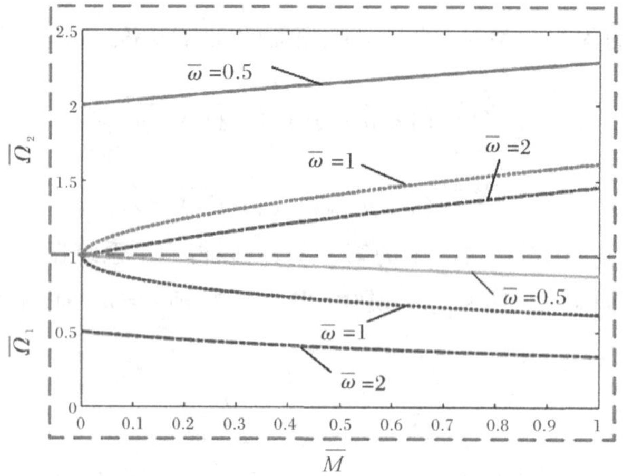

图 4-30　$\bar{\Omega}_{1,2}$ 随 $\bar{M}$ 和 $\bar{\omega}$ 无阻尼动力吸振器的减振效果图

它们可以看作是关于 $\bar{M}$ 和 $\bar{\omega}$ 的函数。图 4-30 展示了 $\bar{\Omega}_1$ 和 $\bar{\Omega}_2$ 随 $\bar{M}$ 和 $\bar{\omega}$ 的变化关系：$\bar{\Omega}_1$ 随着 $\bar{\omega}$ 的减小离 1 越来越近，$\bar{\Omega}_2$ 则越来越远；$\bar{\Omega}_1$ 和 $\bar{\Omega}_2$ 随着 $\bar{M}$ 的增大，也离 1 越来越远。

【例 4-5】　一台煤油发电机重 5 000 N，安装在一个支架撑起的平台上，以 6 000 r/min 的转速工作。系统阻尼忽略不计，煤油发电机产生的激励力的幅值为 300 N，辅助质量的最大允许位移为 3 mm。为了消除煤油发电机产生的振动对支架以及周围环境的影响，需要在支架上安装一个吸振器，试确定吸振器参数。

解：激励的频率为

$$\omega=\frac{6\ 000\times 2\pi}{60}=628.32\ \text{rad/s}$$

要使支架的振动为零，则辅助质量的振幅与激励的振幅必须大小相等且方向相反，根据式(4－74)，得

$$M_2\omega^2A_2=|F_0|$$

代入数据得

$$M_2\times 628.32^2\times 0.003=300$$

所以吸振器的附加质量块的质量为 $M_2=0.025\ 3$ kg，根据式(4－71)可以得到

$$\omega^2=\frac{k_2}{M_2}$$

所以

$$k_2=628.32^2\times 0.025\ 3=9\ 988.09\ \text{N/m}$$

【例 4－6】 热力公司给供热锅炉供水的水管当水泵转速为 800 r/min 时发生了剧烈振动。为了减小振动，在水管上安装了一个吸振器(由一个刚度为 k_2 的弹簧和一个质量为 1 kg 的实验载荷 M_2' 组成)，这使得系统的固有频率为 750 r/min 和 1 000 r/min。为了使系统的固有频率在水泵的转速范围 700～1 040 r/min 之外，求满足要求的 k_2 和 M_2 的值。

解: 水管的固有频率 ω_1 和吸振器的固有频率 ω_2 为

$$\omega_1=\sqrt{\frac{k_1}{M_1}},\quad \omega_2=\sqrt{\frac{k_2}{M_2}}$$

安装吸振器后，系统的共振频率 Ω_{r1} 和 Ω_{r2} 可通过式(4－76)得到。由于吸振器可调，令 $\omega_1=\omega_2=83.78$ rad/s(对应 800 r/min)，代入式(4－76)得

$$\left.\begin{array}{l}\overline{\Omega}_2^2\\ \overline{\Omega}_1^2\end{array}\right\}=\left[\frac{\overline{M}}{2}+1\right]\pm\sqrt{\left[\frac{\overline{M}}{2}+1\right]^2-1}$$

式中

$$\overline{M}=\frac{M_2}{M_1},\quad \overline{\Omega}_1=\frac{\Omega_{r1}}{\omega_2},\quad \overline{\Omega}_2=\frac{\Omega_{r2}}{\omega_2}$$

已知 $\Omega_{r1}=78.54$ rad/s(对应 750 r/min)和 $\Omega_{r2}=104.72$ rad/s(对应 1 000 r/min)，所以

$$\overline{\Omega}_1=\frac{\Omega_{r1}}{\omega_2}=\frac{78.54}{83.78}=0.937\ 5$$

$$\overline{\Omega}_2=\frac{\Omega_{r2}}{\omega_2}=\frac{104.72}{83.78}=1.250\ 0$$

故

$$\overline{\Omega}_1^2=\left(\frac{\overline{M}}{2}+1\right)-\sqrt{\left(\frac{\overline{M}}{2}+1\right)^2-1}$$

$$\overline{\Omega}_2^2=\left(\frac{\overline{M}}{2}+1\right)+\sqrt{\left(\frac{\overline{M}}{2}+1\right)^2-1}$$

$$\overline{M}=\left(\frac{\overline{\Omega}_1^4+1}{\overline{\Omega}_1^2}\right)-2=\left(\frac{\overline{\Omega}_2^4+1}{\overline{\Omega}_2^2}\right)-2$$

由于 $\overline{\Omega}_1=0.937\ 5$，根据式 $\overline{M}=\left(\frac{\overline{\Omega}_1^4+1}{\overline{\Omega}_1^2}\right)-2$ 可得 $\overline{M}=0.016\ 7$，故

$$M_1=\frac{M_2}{\overline{M}}=59.88\ \text{kg}$$

限定最高转速为 108.91 rad/s(对应 1 040 r/min)，所以

$$\overline{\Omega}_2=\frac{\Omega_{r2}}{\omega_2}=\frac{108.91}{83.78}=1.300\ 0$$

将 $\overline{\Omega}_2=1.300\ 0$ 代入式 $\overline{M}=\left(\frac{\overline{\Omega}_2^4+1}{\overline{\Omega}_2^2}\right)-2$，可得 $\overline{M}=0.281\ 7$，故

$$M_2=M_1\times\overline{M}=16.868\ 1\ \text{kg}$$

因此，第一阶共振频率可以由下式得出：

$$\overline{\Omega}_1^2=\left(\frac{\overline{M}}{2}+1\right)-\sqrt{\left(\frac{\overline{M}}{2}+1\right)^2-1}=0.591\ 7$$

由此可以得出 $\Omega_{r1}=64.45$ rad/s（对应 617.45 r/min），小于规定的转速下限 700 r/min，所以弹簧的刚度为

$$k_2=\omega_2^2M_2=83.78^2\times16.868\ 1=118\ 398.685\ \text{N/m}$$

2. 有阻尼动力吸振器

虽然无阻尼动力吸振器能够减小主系统在共振频率下工作时的振幅，但是却增加了两个共振峰，这会使主系统在启动和停止时都会经历共振点引起的较大振幅的振动。因此在动力吸振器中引入阻尼来减小系统在这两处共振频率下的振幅，结构如图 4－31 所示。系统的运动微分方程为

$$\left.\begin{aligned}&M_1X_1''+k_1X_1+k_2(X_1-X_2)+\xi_2(X_1'-X_2')=F_0\sin\omega t\\&M_2X_2''+k_2(X_2-X_1)+\xi_2(X_2'-X_1')=0\end{aligned}\right\}\tag{4-78}$$

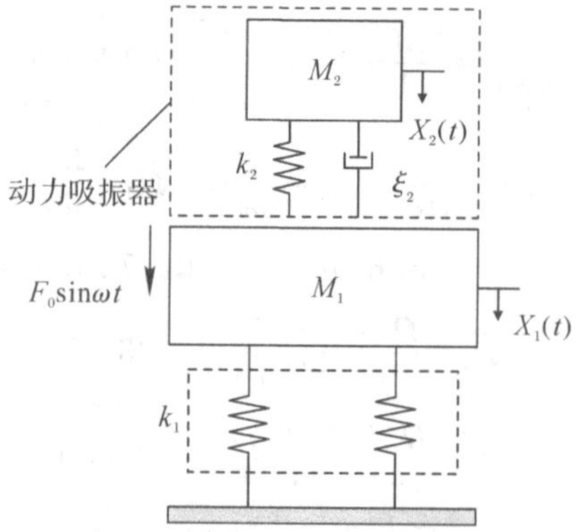

图 4－31 有阻尼动力吸振器

假设其解为

$$X_j=A_i\mathrm{e}^{\mathrm{i}\omega t},\quad j=1,2\tag{4-78}$$

将式(4－78)代入式(4－77)可以得到系统的振幅为

$$\left.\begin{aligned}&A_1=\frac{F_0(k_2-M_2\omega^2+\mathrm{i}\xi_2\omega)}{(k_1-M_1\omega^2)(k_2-M_2\omega^2)-M_2k_2\omega^2+\mathrm{i}\xi_2\omega(k_1-M_1\omega^2-M_2\omega^2)}\\&A_2=\frac{A_1(k_2+\mathrm{i}\xi_2\omega)}{(k_2-M_2\omega^2+\mathrm{i}\xi_2\omega)}\end{aligned}\right\}\tag{4-79}$$

定义

$$\begin{cases}\overline{M}=\dfrac{M_2}{M_1},\delta_0=\dfrac{F_0}{k_1},\overline{A}_1=\dfrac{A_1}{\delta_0},\overline{A}_2=\dfrac{A_2}{\delta_0},\omega_1^2=\dfrac{k_1}{M_1}\\ \omega_2^2=\dfrac{k_2}{M_2},\bar{\omega}=\dfrac{\omega_2}{\omega_1},\Omega_1=\dfrac{\omega}{\omega_1},\xi_c=2M_2\omega_2,\bar{\xi}=\dfrac{\xi_2}{\xi_c}\end{cases}$$

式中：$\overline{M}$ 为动力吸振器的质量与主系统质量的比值；δ_0 为系统的静位移；ω_1 为主系统的固有频率；ω_2 为动力吸振器的固有频率；$\bar{\omega}$ 为固有频率之比；Ω_1 为激励频率之比；ξ_c 为临界阻尼比；$\bar{\xi}$ 为阻尼之比。

将这些参数代入式(4-79)，则式(4-79)可以转化为

$$\left.\begin{aligned}\overline{A}_1&=\sqrt{\frac{(2\xi\Omega_1)^2+(\Omega_1^2-\bar{\omega}^2)^2}{(2\bar{\xi}\Omega_1)^2\ (\Omega_1^2-1+\overline{M}\Omega_1^2)^2+[\overline{M}\bar{\omega}^2\Omega_1^2-(\Omega_1^2-1)(\Omega_1^2-\bar{\omega}^2)]^2}}\\ \overline{A}_2&=\sqrt{\frac{(2\xi\Omega_1)^2+\omega^4}{(2\bar{\xi}\Omega_1)^2\ (\Omega_1^2-1+\overline{M}\Omega_1^2)^2+[\overline{M}\bar{\omega}^2\Omega_1^2-(\Omega_1^2-1)(\Omega_1^2-\bar{\omega}^2)]^2}}\end{aligned}\right\}\tag{4-80}$$

令 $\overline{M}=0.1,\omega_1=\omega_2,\bar{\xi}=0.1,\overline{M}=0.1,\omega_1=\omega_2,\bar{\xi}=100$，代入式(4-80)中的第一项，可以得到主系统振幅 $\overline{A}_1$ 随主系统运行速度 Ω_1 的改变情况，如图 4-32 所示。

从图 4-32 中可以看出，引入阻尼之后，两个共振峰的振幅响应得到了明显的减小。可以证明，不管阻尼怎么变化，吸振器的曲线都会在 A、B 两点相交。假设式(4-80)中第一项的 $\bar{\xi}$ 为 0 和∞，再由两式相等，就可以解出这两个点的位置了。显然，当两个峰的峰值相等时，动力吸振器的效果最好，如图 4-33 所示。此时应满足

$$\bar{\omega}=\frac{1}{1+\overline{M}}\tag{4-81}$$

同时，峰值点应尽量平缓，则峰值点的切线的斜率应该为零。将式(4-81)代入式(4-80)中的第一项，对 Ω_1 求导，令 A、B 两点的斜率为零，得

$$\bar{\xi}_{A,B}=\frac{\mu\left[3\pm\left(\dfrac{\overline{M}}{2+\overline{M}}\right)^{\frac{1}{2}}\right]}{8\ (1+\overline{M})^3}\tag{4-82}$$

一般设计吸振器时，取 ξ_A 和 ξ_B 的平均值 ξ_{ave}。其对应的主系统振幅为 $\overline{A}_{1\text{ave}}$ 为

$$\overline{A}_{1\text{ave}}=\sqrt{1+\frac{2}{\mu}}\tag{4-83}$$

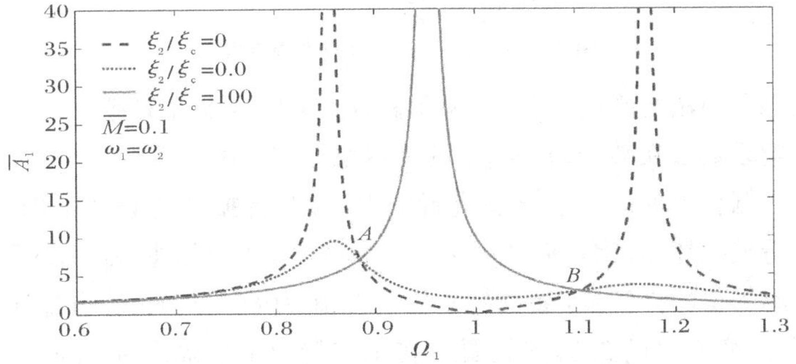

图 4-32　有阻尼动力吸振器的减振效果图

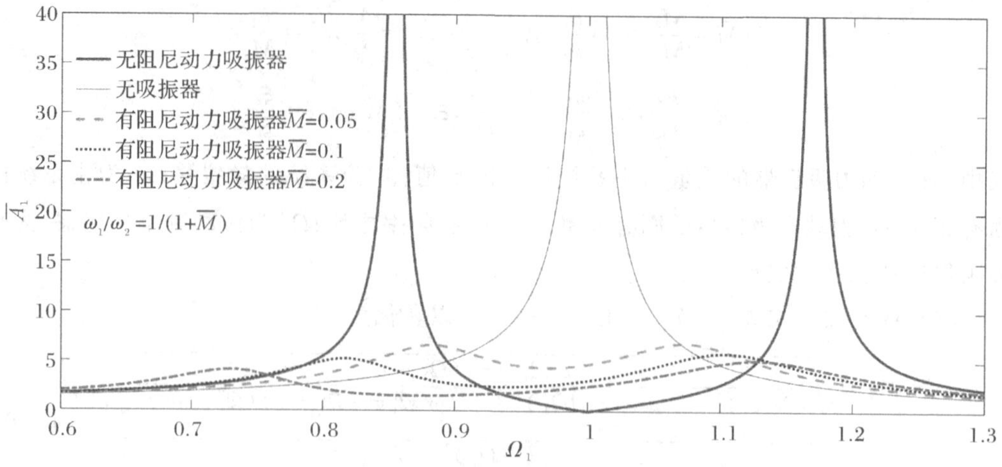

图 4-33　有阻尼动力吸振器在双峰值相等时的减振效果图

习　　题

1. 根据图 4-34 所示的考虑车辆横向加速度的七自由度全车悬架模型，推导七自由度悬架动力学方程。分析悬架系统对车身横向振动的影响，以及如何通过调整悬架参数来改善车辆的横向稳定性。

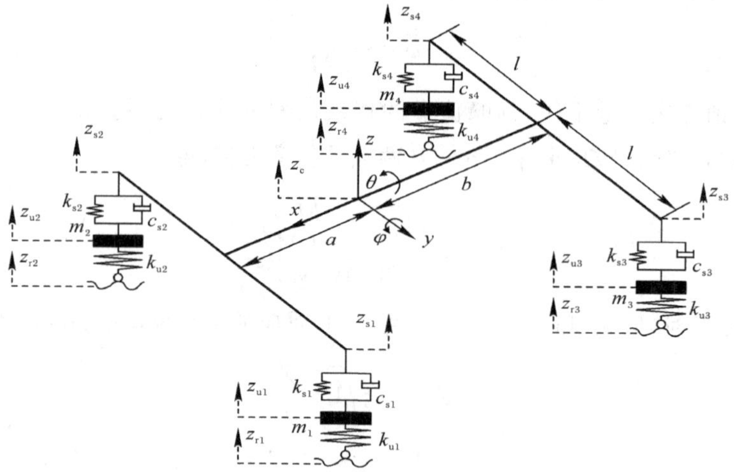

图 4-34　某 7 自由度全车悬架模型

2. 比较模态平衡法与影响系数法，说明其各自的特点及优劣势。

3. 解释影响系数法在转子动平衡中的基本原理和适用条件。

4. 安装在控制台上的电子仪器要进行隔振，控制台振动的频率范围是 25～35 Hz。为防止对仪器造成损坏，必须将振动至少隔离 80%，如果仪器重 85 N，求隔振器的变形。

5. 有轻微不平衡的排气扇，重 800 N，工作转速为 600 r/min。当排气扇启动通过共振区时，要求传递率不超过 2.5，并且要求在工作转速下能隔离 90% 的振动。为排气扇设计一个合适的隔振器。

6. 质量为 500 kg 的空气压缩机有一 50 kg · cm 的偏心，工作转速为 300 r/min。有两种安装方案：①一个阻尼忽略的弹簧隔振器上；②阻尼比为 0.1，刚度不计的冲击吸振器上。请选择合适的支撑方式，并确定设计的细节(考虑压缩机的静变形、传递率和振幅)。

7. 调速电机铁芯的质量为 200 kg，由于加工误差而造成一个不平衡量。电机安装在刚度为 10 kN/m 的隔振器上，其阻尼器的阻尼比为 0.15。试求：①传递到基础的力的幅值大于激振力幅值的速度范围；②传递到基础的力的幅值小于激振力幅值的 10%的速度范围。

8. 设计汽车悬架，使得当汽车以 64～128 km/h 行驶在按 $y(u)=1.64\sin 2u$[这里 u 为水平方向的位移(m)]变化的路面上时，司机所承受的竖直方向的加速度不超过 2 g。汽车的重力(连同司机)为 6 675 N，悬架的阻尼比为 0.05，汽车模型简化为一个单自由度系统。

9. 一台活塞式发动机安装在某建筑物的二楼。该建筑物可以看作是由 4 根弹性柱子支撑的一个矩形刚性平板。发动机和楼板的等效重力为 8 900 N。当发动机以额定转速 600 r/min 工作时，楼板会产生剧烈的振动。现欲在楼板的底部悬挂一个弹簧-质量系统来减振。假定弹簧刚度为 $k=9\ 081.6$ N/cm。试求：①吸振器质量块的质量；②安装吸振器后系统的固有频率。

10. 假定 $\omega_1=\omega_2$，$m_2=0.1m_1$，为将 $|X_1/\delta_{st}|$ 限制为 0.5，求无阻尼动力吸振器工作时的频率比 ω/ω_2 的范围。

11. 一台电动机有 2 kg · cm 的不平衡量，安装在钢制悬臂梁的自由端，如图 4 - 35 所示。当电动机的工作转速为 1 500 r/min 时，梁的振幅最大。现要安装一个吸振器来减小梁的振动。求：①吸振器和电动机的质量比，使安装吸振器后系统的固有频率为电动机工作转速的 75%；②电动机的质量为 300 kg，确定吸振器的质量和刚度；③吸振器质量的振幅。

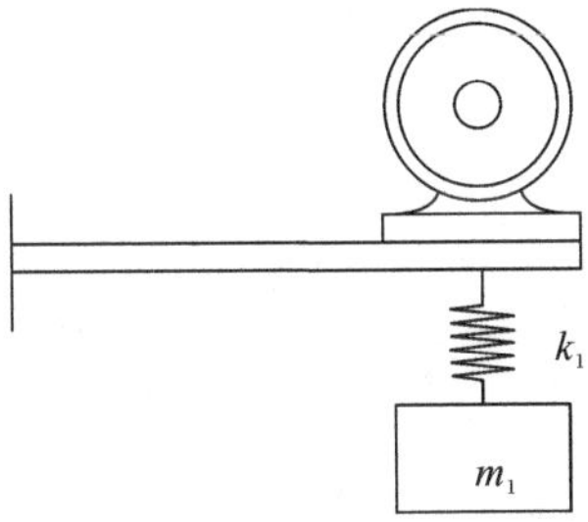

图 4 - 35　电动机-悬臂梁系统

参考文献

[1] ZHAO Z Y，FAN Z H，ZHANG J J，et al. Research on ride comfort of nonlinear vehicle suspension[J]. Advanced Materials Research，2012，605 - 607：443 - 447.

[2] KARNOPP D. Theoretical limitations in active vehicle suspensions[J]. Vehicle System

Dynamics,1986,15(1):41-54.

[3] 赵卫鹏.基于磁流变减振器半主动悬架及其控制[D].北京:北京理工大学,2021.

[4] 郝耀东.基于悬架系统的汽车 NVH 性能研究[D].长沙:湖南大学,2014.

[5] 崔胜民.基于 MATLAB 的车辆工程仿真实例[M].北京:化学工业出版社,2020.

[6] ISHIDA Y,YAMAMOTO T. Linear and nonlinear rotordynamics:a modern treatment with applications[M]. New York:John Wiley & Sons,2012.

[7] FRISWELL M I,PENNY JET,GARVEY S D,et al. Dynamics of rotating machines [M]. Cambridge:Cambridge University Press,2010.

[8] 马浩,贾庆轩,曲庆文,等.转子动平衡理论分析[J].机械工程学报,2000,3:1-3.

[9] 章璟璇.柔性转子动平衡及转子动力特性的研究[D].南京:南京航空航天大学,2005.

[10] 段向春.单盘转子的瞬态动平衡理论研究[D].西安:西北工业大学,2004.

[11] SINGIRESU S R. Mechanical vibrations[M]. 5th ed. Upper Saddle River:Pearson Education,2011.

[12] 贾睿昊,牛军川,郭俊财.舰用柴油机隔振系统建模及隔振效果评价[J].内燃机学报,2023,41(4):376-383.

[13] ZHAO C Y,SHI D J,ZHENG J Y,et al. New floating slab track isolator for vibration reduction using particle damping vibration absorption and bandgap vibration resistance [J]. Construction and Building Materials,2022,336:127561.

第5章 非线性振动基础

5.1 非线性系统概论

非线性系统是指其输出不仅仅是输入的线性组合的系统，常见于自然界和工程实践中。其基本概念包括非线性函数、非线性系统、稳定性分析、混沌等，其中最重要的是非线性函数和非线性系统。非线性函数可以表示为不满足线性加法和乘法规律的函数，例如幂函数、指数函数、三角函数、对数函数等。非线性函数会导致非线性系统存在多个稳定点、周期、混沌现象等。非线性系统是由非线性方程组描述的系统，其行为与非线性函数有关。非线性系统的行为复杂多样，难以预测，所以稳定性分析成为其重要的研究内容，主要研究方法包括线性化及常数系数变化法、解析法、数值模拟法、拓扑法、鲁棒控制法等。

5.1.1 非线性模型和非线性现象

由有限个耦合一阶常微分方程建模的动力学系统，可表示为

$$\left.\begin{aligned}\dot{x}_1&=g_1(t,x_1,\cdots,x_n,u_1,\cdots,u_p)\\\dot{x}_2&=g_2(t,x_1,\cdots,x_n,u_1,\cdots,u_p)\\&\cdots\cdots\\\dot{x}_n&=g_n(t,x_1,\cdots,x_n,u_1,\cdots,u_p)\end{aligned}\right\}\tag{5-1}$$

式中：$\dot{x}_i$ 表示 x 对时间变量 t 的导数，$u_1,u_2,\cdots,u_p$ 指输入变量。$x_1,x_2,\cdots,x_n$ 称为状态变量，状态变量是描述动力学系统的特定属性或特征的变量，它们可以是数值、位置、速度、加速度或其他相关量，根据具体的系统而有所不同。状态变量通常用向量符号表示，以便用紧凑的形式表示动力学系统的一组方程。定义

$$\boldsymbol{x}=\begin{bmatrix}x_1\\x_2\\\vdots\\x_n\end{bmatrix},\quad \boldsymbol{u}=\begin{bmatrix}u_1\\u_2\\\vdots\\u_p\end{bmatrix},\quad \boldsymbol{g}(t,\boldsymbol{x},\boldsymbol{u})=\begin{bmatrix}g_1(t,\boldsymbol{x},\boldsymbol{u})\\g_2(t,\boldsymbol{x},\boldsymbol{u})\\\vdots\\g_n(t,\boldsymbol{x},\boldsymbol{u})\end{bmatrix}\tag{5-2}$$

把 n 个一阶微分方程重写为一个 n 维一阶向量微分方程：

$$\dot{\boldsymbol{x}}=\boldsymbol{g}(t,\boldsymbol{x},\boldsymbol{u}) \tag{5-3}$$

式(5-3)称为状态方程，$\boldsymbol{x}$ 称为状态，$\boldsymbol{u}$ 称为输入。有时，把另一个方程

$$\boldsymbol{y}=\boldsymbol{h}(t,\boldsymbol{x},\boldsymbol{u}) \tag{5-4}$$

与式(5-3)联立，定义一个 q 维输出向量 $\boldsymbol{y}$，该向量包含了与动力学系统分析有关的变量，如一些物理上可测量的变量或一些需要以特殊方式表现的变量。式(5-4)称为输出方程，式(5-3)和式(5-4)统称为状态空间模型，或简称为状态模型。物理系统的数学模型并不总是以状态模型的形式出现，但总可以通过选择合适的状态变量来建立物理系统的模型，将系统的动态特征表示为状态变量的演化过程。

对于线性系统，状态式(5-3)和式(5-4)具有如下特殊形式：

$$\left.\begin{aligned}\dot{\boldsymbol{x}}&=A(t)\boldsymbol{x}+B(t)\boldsymbol{u}\\ \boldsymbol{y}&=C(t)\boldsymbol{x}+D(t)\boldsymbol{u}\end{aligned}\right\} \tag{5-5}$$

叠加原理不再适用于非线性系统，需要采用更高级的数学理论来进行分析。通常分析非线性系统的第一步是将其在特定点附近线性化近似，得到相应的线性模型。这是工程领域的惯例，也是一个常用的方法。在允许的情况下，应该尽可能地通过线性化来分析非线性系统的特性。然而，仅仅依靠线性化是不够的，还需要开发专门针对非线性系统的分析方法。线性化有两个基本限制。首先，由于线性化只能在工作点附近进行近似，因此只能预测非线性系统在此点附近的“局部”特性，并不能预测远离工作点的“非局部”特性，更不用说整个状态空间的“全局”特性。其次，非线性系统的动力学行为比线性系统更加丰富，一些“本质上的非线性”只有在非线性条件下才会出现，无法用线性模型来描述或预测。下面是几个本质上是非线性现象的例子：

有限逃逸时间 非稳定线性系统的状态只有当时间趋于无穷时才会达到无穷，而非线性系统的状态可以在有限时间内达到无穷。

多孤立平衡点 线性系统只有一个孤立平衡点，这样它就只有一个吸引系统状态的稳态工作点，与初始状态无关。非线性系统可以有多个孤立平衡点，其状态可能收敛于几个稳态工作点之一，收敛于哪个工作点取决于系统的初始状态。

极限环 对于振荡的线性时不变系统，必须在虚轴上有一对特征值，这是在有扰动的条件下几乎不可能保持的非鲁棒条件。在现实生活中，只有非线性系统才能产生稳定振荡，有些非线性系统可以产生频率和幅度都固定的振荡，与初始状态无关。这类振荡就是一个极限环。

分频振荡、倍频振荡或殆周期振荡 稳定线性系统的输出信号频率与输入信号频率相同。而非线性系统在周期信号激励下，可以产生具有输入信号频率的分频或倍频振荡，甚至可以产生殆周期振荡，其中一个例子就是周期振荡频率之和，而不是每个振荡频率的倍频。

混沌 非线性系统的稳态特性可能更为复杂，它既不是平衡点，也不是周期振荡或殆周期振荡，这种特性通常称为混沌。有些混沌运动显示出随机性，尽管系统是确定的。

特性的多模式 同一非线性系统显示出两种或多种模式是很正常的。无激励系统可能有不止一个极限环。具有周期激励的系统可能会显示倍频、分频或更复杂的稳态特性，这取决于输入信号的幅度和频率。甚至可能当激励幅度和频率平滑变化时，也会显示出不连续的跳跃性能模式。

5.1.2 机械系统中的非线性力

在研究振动系统时，通常会对阻尼力和弹性力进行线性化处理，但有时需要考虑它们的非线性特性，特别是当所研究问题的性质和所需的精度需要考虑更精确的模型时。此外，在工程实际中，存在着许多无法线性化的系统，因此需要深入地研究非线性动力学问题。在机械系统中，非线性力包括非线性势力、非线性阻尼力和混合型非线性力。非线性势力可能是由材料的非线性特性或力与位移之间的非线性关系导致的。非线性阻尼力可能是由黏滞阻尼器、摩擦或流体阻尼的非线性效应引起的。混合型非线性力是指同时存在多种非线性力，可能是非线性势力和非线性阻尼力的组合。以下是一些非线性力的实例，以说明非线性动力学问题的重要性，并为振动方程的建立提供参考。

1. 非线性势力

只和系统的机械位置(广义坐标)有关的力称为势力。它有如下几种形式：

(1)弹性力：由于物体的弹性变形或一定数量气体的体积发生变化而引起的力。

(2)重力：地面上的物体由于地球的吸引而受到的力。

(3)浮力：物体的某一部分在液体中时，该物体所受到的力。

(4)磁力：具有电磁特性的物体在磁场中受到的力。

具有非线性势力的机械振动系统及势力特性曲线见表 5-1。

若 F_s 为弹性力，则 $\frac{dF_s}{dx}$ 称为刚度系数。因在非线性系统中该系数和广义坐标 x 有关，所以 $\frac{dF_s}{dx}$ 称为拟刚度系数。当 $x>0$ 时，如随着 x 的增加，刚度系数增大，则称此弹性力的特性为硬特性；反之，如 x 增加时，刚度系数减小，则称其为软特性。弹性力也可能在 x 变化的某个区间有硬特性，而在另一个区间有软特性。

表 5-1 具有非线性势力的机械振动系统及势力特性曲线

编号	系统类别	力的特性曲线
1	在平面上受弹簧拉力的重物 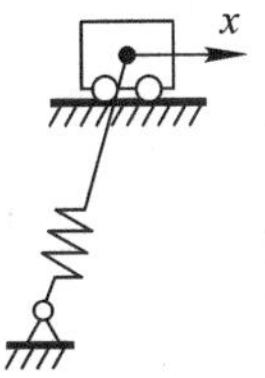	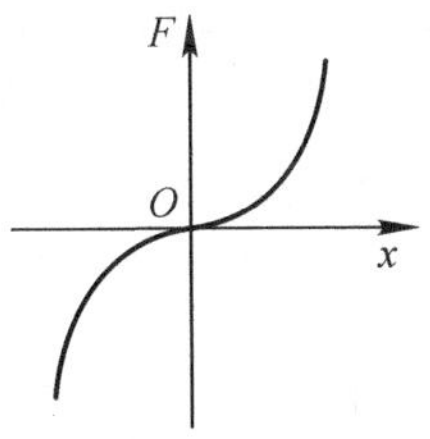

续 表

编　号	系统类别	力的特性曲线
2	放置于分段弹簧上的重物 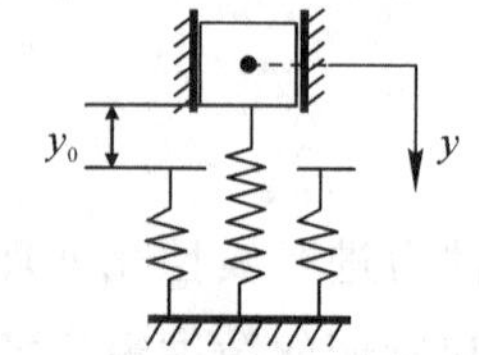	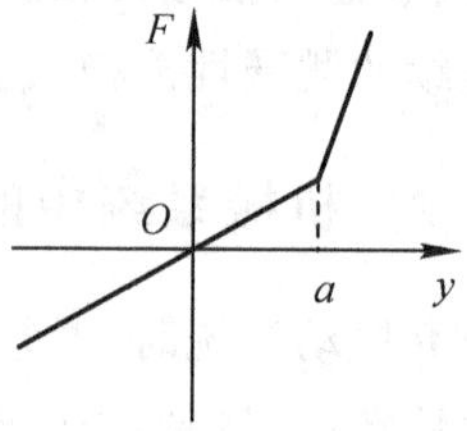
3	放置于堆形弹簧上的重物 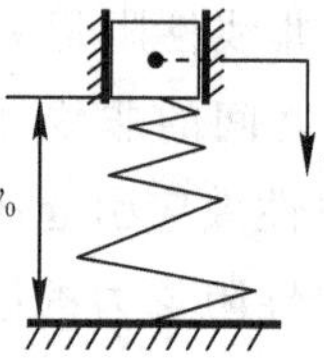	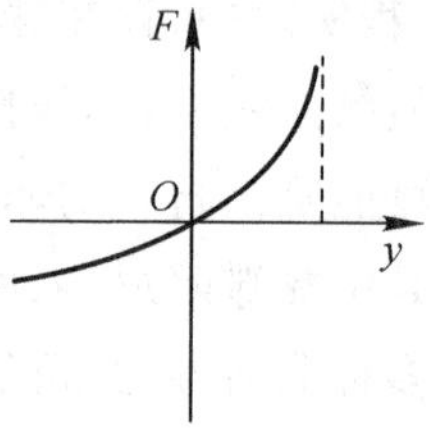
4	柔性弹性梁 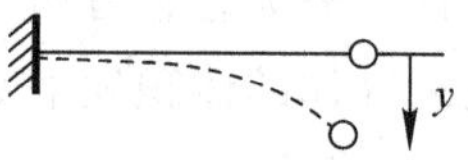	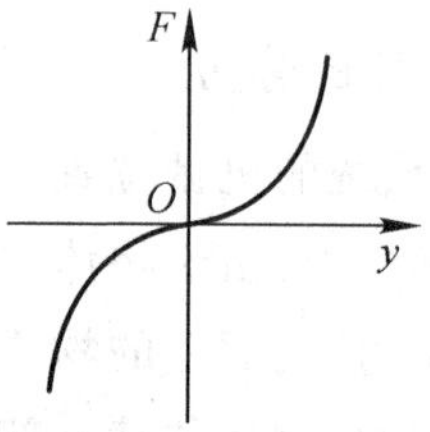
5	在收缩管道中的弹性活塞 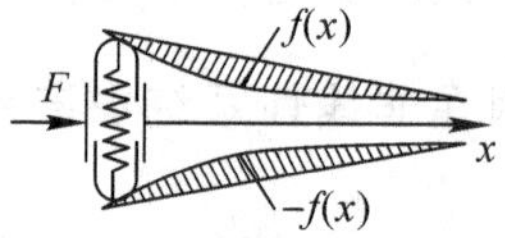	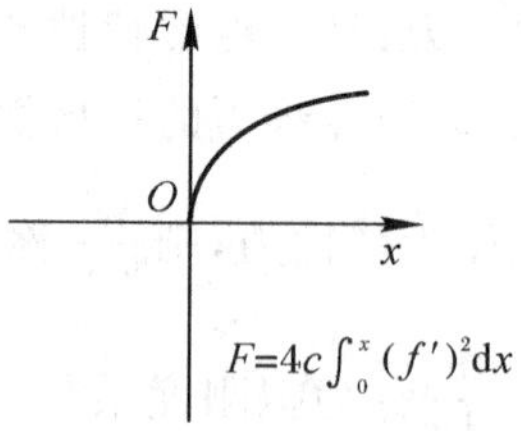
6	封闭容器内气体上的重物 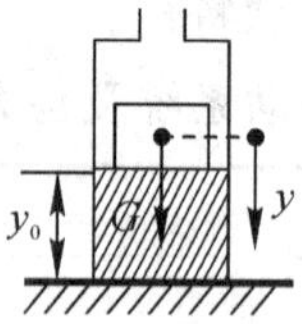	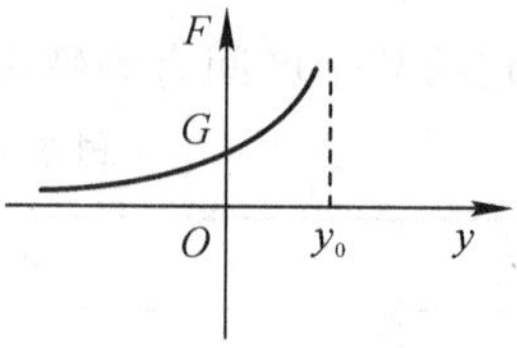
7	有固定悬挂点的单摆 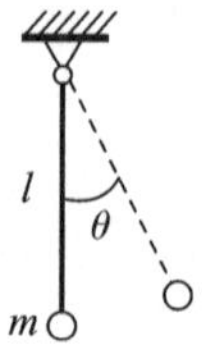	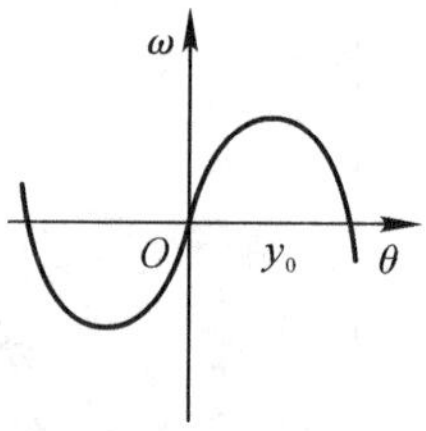

续表

编　号	系统类别	力的特性曲线
8	悬挂轴旋转的单摆 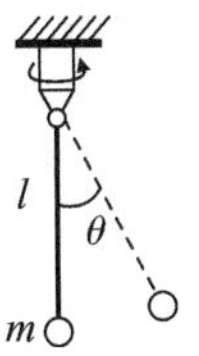	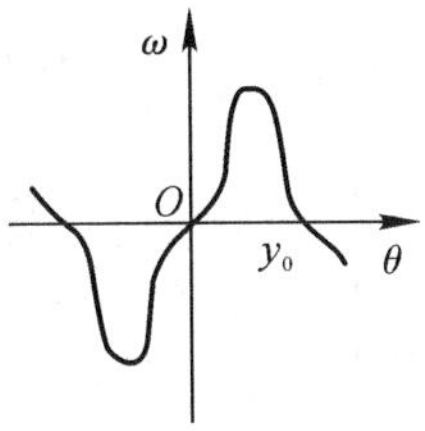
9	连通器中的液体 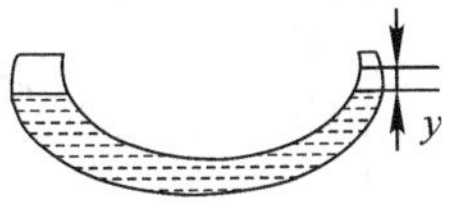	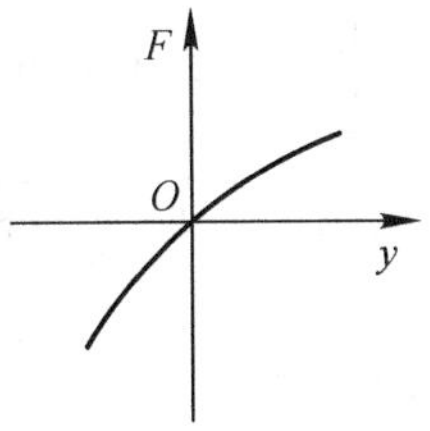
10	曲面船垂直偏离平衡位置 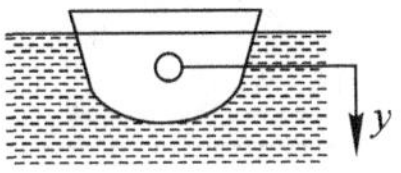	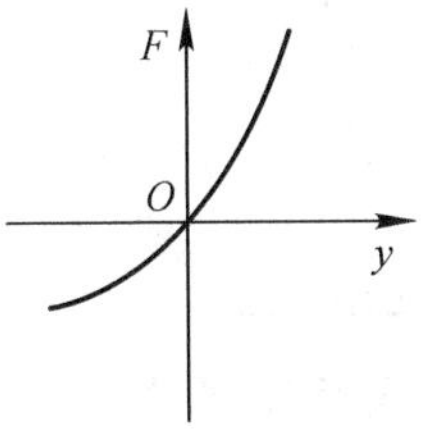
11	曲面船绕平衡位置转动 	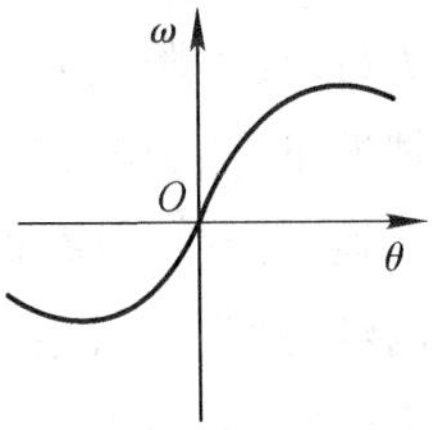
12	磁场中的电枢 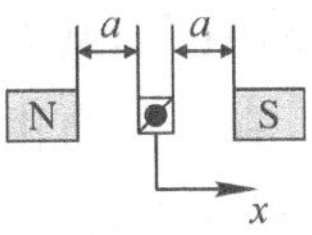	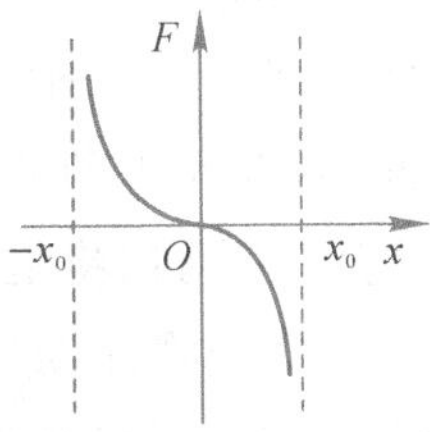

以 x,y,θ 表示广义坐标(系统对平衡位置的偏离),用 F 或 M 表示广义力,并规定广义力的符号和广义坐标的符号相反。在以上的例子中,只有当系统偏离平衡位置的位移较大时,势力才可能出现非线性,而在小位移的情况下可认为系统是线性的。有时尽管位移很小,也必须考虑势力的非线性特性,这样的例子见表 5-2。

表 5-2　具有非线性势力的小位移振动系统及势力特性曲线

<table>
<tr><th>编　号</th><th>系统类别</th><th>力的特性曲线</th></tr>
<tr><td>1</td><td>具有间隙的系统
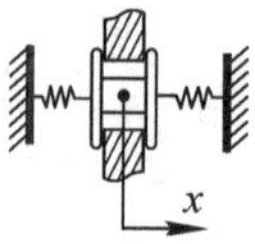
</td><td>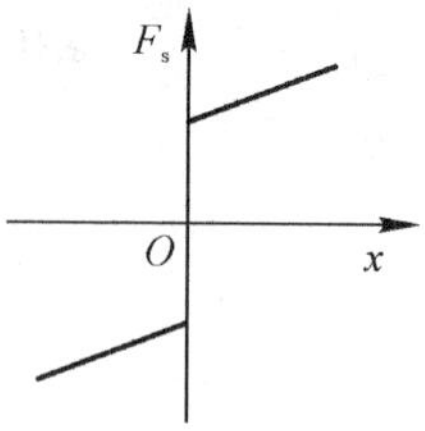
</td></tr>
<tr><td>2</td><td>具有纵向槽的半圆柱体
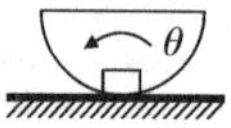
</td><td>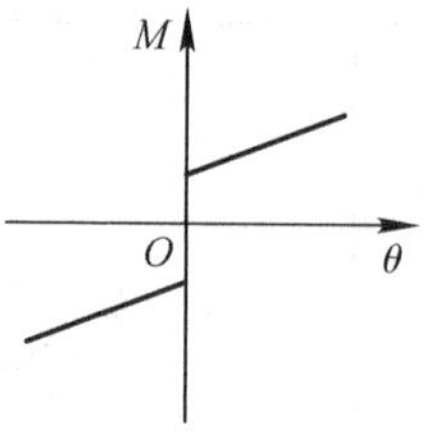
</td></tr>
<tr><td>3</td><td>由内部压力压向底部的活塞
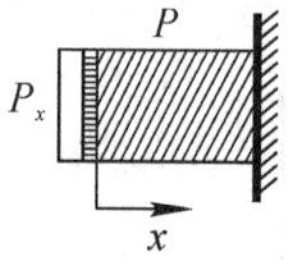
</td><td>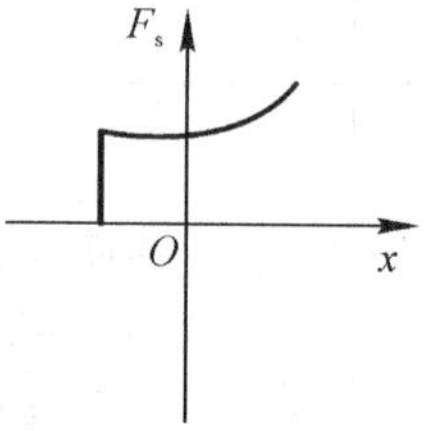
</td></tr>
</table>

2. 非线性阻尼力

当系统发生振动时，其中只与机械系统速度有关的力的功率不恒定为零，这种力被称为阻尼力(或简称阻尼)。然而，与速度有关的力的功率恒定为零，因此不被视为阻尼力。一般情况下，当力与速度方向相反时称为阻尼。阻尼的来源包括以下几个方面：零件之间相对运动产生的摩擦力；通过铆钉、螺栓和压力连接的结构在受动载荷时，在接触面间产生的结构摩擦力；系统构件材料的内部摩擦力；系统在气体或液体中振动时产生的介质阻力(例如迎面阻尼和机翼旋转阻尼矩)。阻尼通常是速度的非线性函数，但在计算时通常将其线性化，即假设为线性黏滞阻尼。阻尼的线性化并非因为它是弱非线性(实际上它是强非线性)，而是因为阻尼对振动规律的影响较小。例如，在计算系统的固有频率和非共振情况下的振幅时，通常可以将阻尼线性化，甚至可以完全忽略。当然，并不是所有情况下都可以将阻尼线性化或完全忽略。在分析自由衰减振动、计算强迫振动的共振幅值、计算自激振动的定常解、计算参数共振的振幅，以及研究自激振动系统的过渡过程时，需要考虑阻尼的非线性特性。

满足不等式 $F_f(\dot{x})\cdot\dot{x}<0$ 的阻尼做负功，它消耗机械能，这样的阻尼称为耗散阻尼(或称正阻尼)。若 $F_f(\dot{x})\cdot\dot{x}>0$，那么阻尼做正功，使机械能积蓄在系统之内，这样的阻尼称为负阻尼。如阻尼在振动位移的一个区间做负功，而在另一个区间做正功，则系统具有自激振动的性质。某些非线性阻尼及其特性曲线示于表 5-3。

表 5-3 非线性阻尼及其特性曲线

编 号	阻尼类型和力特性	力的特性曲线
1	幂函数阻尼 $F_f=b\ \lvert\dot{x}\rvert^{n-1}\dot{x}$	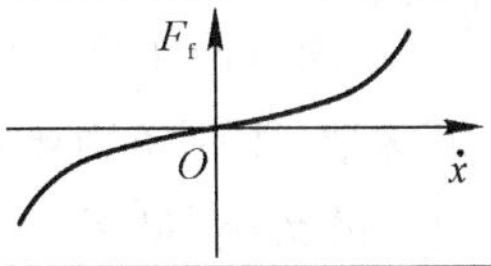
2	库仑摩擦 $F_f=b_0\dfrac{\dot{x}}{\lvert\dot{x}\rvert}$	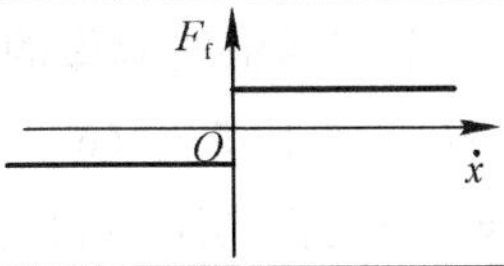
3	平方阻尼 $F_f=b_2\lvert\dot{x}\rvert\dot{x}$	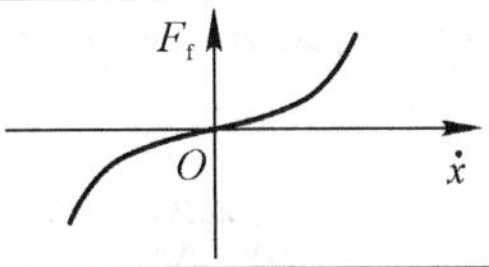
4	线性立方阻尼 (1) $F_f=b_1\dot{x}+b_3\dot{x}^3$ (2) $F_f=b_1\dot{x}-b_3\dot{x}^3$ (3) $F_f=-b_1\dot{x}+b_3\dot{x}^3$	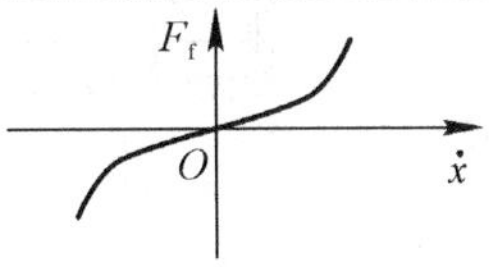 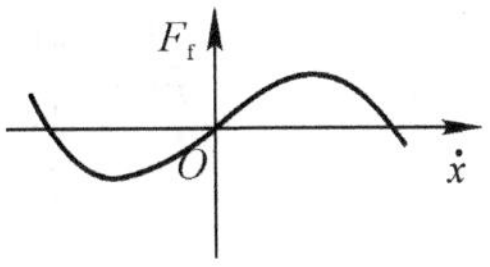 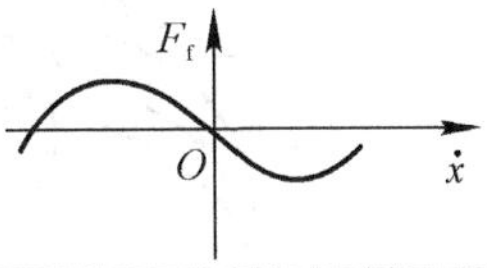
5	干摩擦 $F_f=b_0\dfrac{\dot{x}}{\lvert\dot{x}\rvert}-b_1\dot{x}+b_3\dot{x}^3$	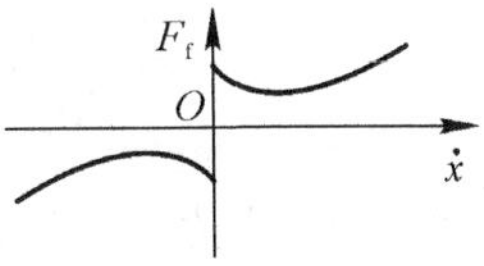
6	线性和库伦摩擦 (1) $F_f=b_0\dfrac{\dot{x}}{\lvert\dot{x}\rvert}+b_1\dot{x}$ (2) $F_f=b_0\dfrac{\dot{x}}{\lvert\dot{x}\rvert}-b_1\dot{x}$ (3) $F_f=-b_0\dfrac{\dot{x}}{\lvert\dot{x}\rvert}+b_1\dot{x}$	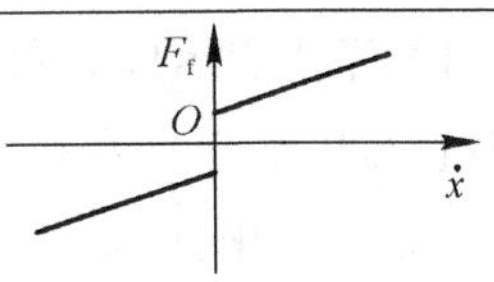 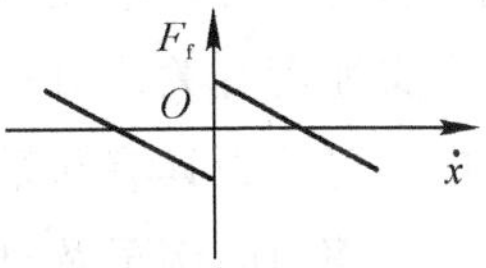 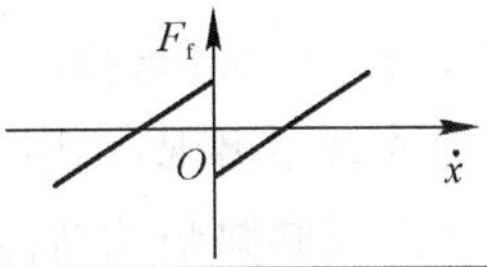

注：$b,b_0,\cdots,b_3$ 为正常数。

在研究简谐振动时，即当 $x=A\sin(\omega t+\alpha)$ 时，弹性力和阻尼力的合力为 $F_s(x)+F_f(\dot{x})=F_s(x)+F_f(\pm\omega\sqrt{A^2-x^2})$。此合力只为广义坐标的函数，因为振动规律已知（给定的），所以才能将两个变量 x 和 $\dot{x}$ 的函数变成一个变量 x 的函数。但在变换之后合力为 x 的多值函数，而原势力函数则是 x 的单值函数（见表 5-1 和表 5-2）。对于具有线性恢复力的耗散系统[见图 5-1(a)]，其合力特性如图 5-1(b)所示；滞后回线的面积等于阻尼在一个周期中所幅做的功。在非线性恢复力的情况下，滞后回线的骨干曲线为曲线而不是直线[见图 5-1(c)]。当振幅一定，而只改变振动频率时，则回线的骨干曲线不变，然而回线分支之间的距离和回线所包围的面积是变化的，其变化规律和阻尼特性有关，但库仑摩擦和材料的内摩擦情况除外，此时改变频率，滞后回线不变[见图 5-1(d)]。

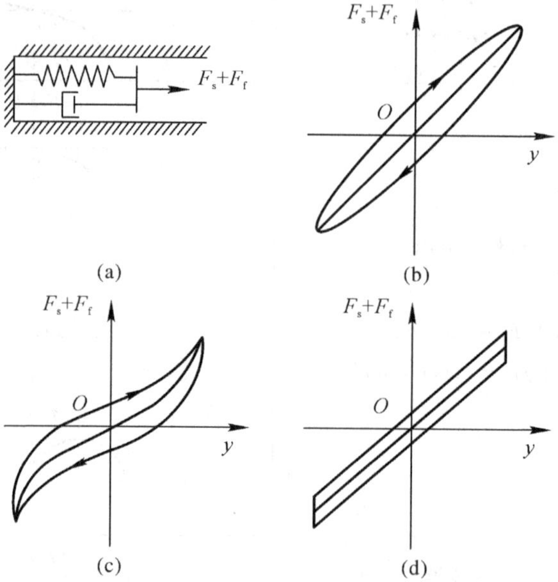

图 5-1　具有线性恢复力的耗散系统

3. 混合型非线性力

如果一种力不能表示成只和广义坐标有关，或只和广义速度有关，则称这种力为混合型的力，此时它和广义坐标和广义速度两个变量有关。对一个自由度系统来说，以 x、$\dot{x}$、$F(x,\dot{x})$ 分别表示广义坐标、广义速度和混合型非线性力，取 F 的符号和广义力的符号相反。

有时混合型的力可表示成两个函数的积，其中一个函数只与广义坐标有关，另一个函数则只与广义速度有关。对一个自由度系统可用函数 $F=F_s(x)F_f(\dot{x})$ 表示这种力的特性。这样的力可称为具有和系统位置有关的变系数的阻尼力或摩擦力。表 5-4 中给出了产生库仑摩擦力的例子及对应的力的特性曲线。在表 5-4 的系统 1～3 中，库仑力随着压力而变化，该压力只与坐标 x 有关；在系统 4 中压力不变，然而只有当 F 有足够大的值时库仑力才开始出现，也即只有当位移达到某确定的值后，摩擦力才开始出现，这个系统可从形式上反映弹塑性结构的性质；在系统 5 中，滑动部分的长度、总的摩擦力和外力 F 成正比，即和梁端面的位移有关；在系统 6 中，设材料的摩擦和材料弹性变形的频率无关，只随着位移而变化[和图 5－1(d)所示不同]，这样的假设对钢材等很多结构材料来说都是正确的。

表 5－4　库仑摩擦力系统与力的特性曲线

编　号	系统类别	力的特性曲线
1	中间具有库仑摩擦的板弹簧 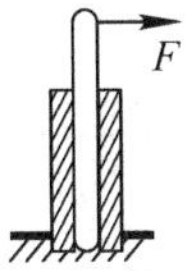	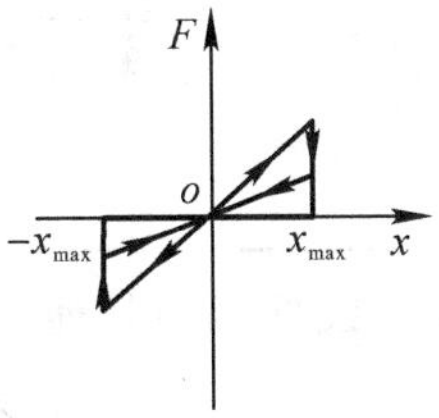
2	固定在螺栓弹簧上的圆盘在旋转的时候，由于弹簧拧紧，它与粗糙表面 M 或 N 相压紧 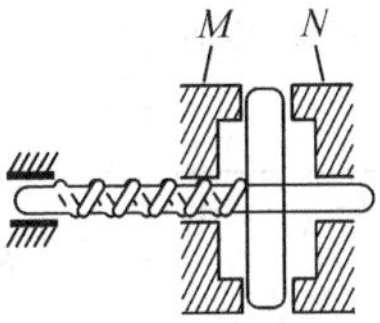	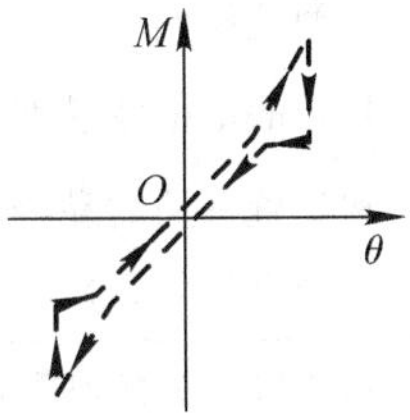
3	弹性活塞在进入具有摩擦的收缩管道时 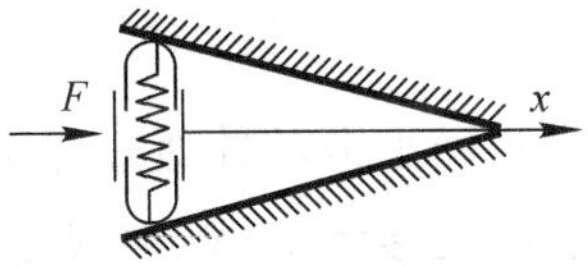	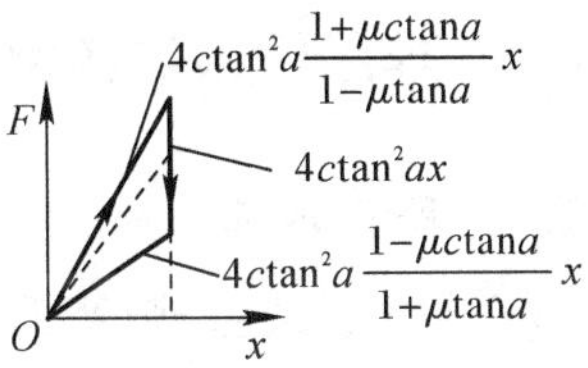 μ为摩擦系数
4	弹塑性系统 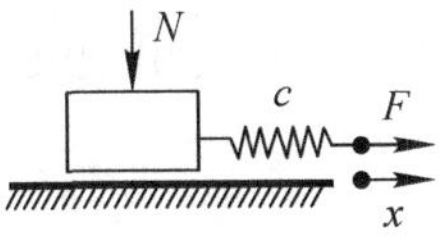	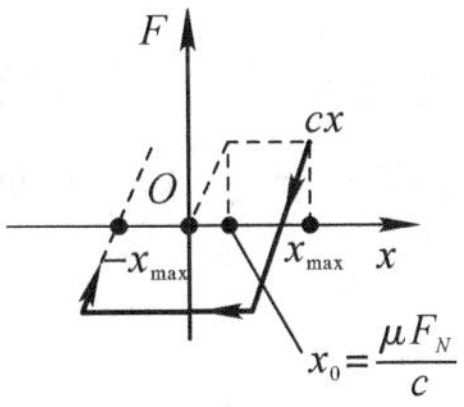
5	以常压 P 压在粗糙表面上的弹性带钢 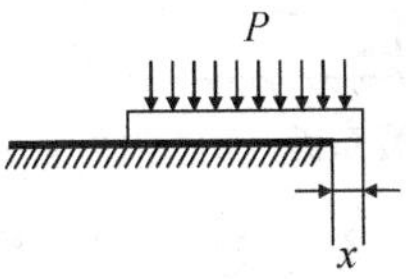 $x_{max}=\dfrac{P_{max}{}^2}{2f_PEF}$ 式中：EF——带钢横断面拉伸刚度	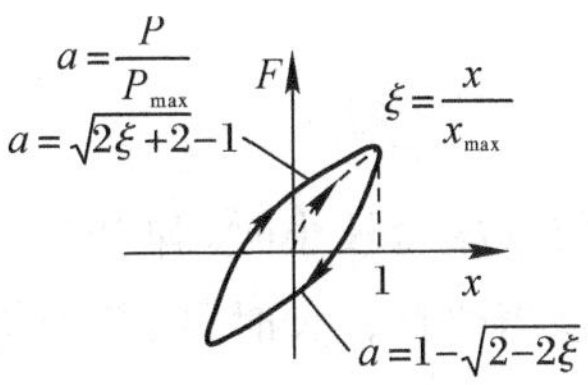

续表

编　号	系统类别	力的特性曲线
6	具有材料内阻的杆 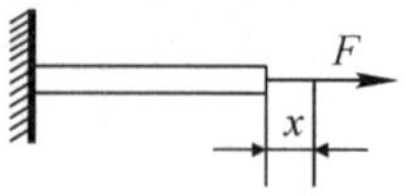 	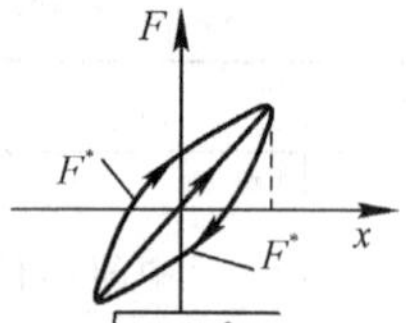 $F=cx+F^{*}\sqrt{1-\frac{x^{2}}{x_{\max}^{2}}}\ \frac{\dot{x}}{\dot{x}}\ \frac{\dot{x}F}{\dot{x}}$

混合型非线性力的其他例子见表 5－5。

表 5－5　混合型非线性力系统

编　号	力学模型	力的表达式
1	范德波模型	$F=-\lambda\dot{x}(1-x^2)$
2	复杂的范德波模型	$F=-\lambda\dot{x}(1-x^2+\alpha x^4)$
3	和位置有关的黏滞摩擦模型(摩擦系数和符号与差值 $x-\alpha$ 的符号一致)	$F=\beta\dot{x}\mathrm{sign}(x-\alpha)$
4	和位置有关的黏滞摩擦模型(力的符号与和值 $\alpha x-\beta\dot{x}$ 符号一致)。在库仑摩擦的情况下有 $\alpha=0$ 和 $\beta>0$	$F=\beta_0\dot{x}\mathrm{sign}(\alpha x-\beta\dot{x})$

5.1.3　非线性系统实例

1. 质量-弹簧系统

图 5－2 所示的质量-弹簧机械系统中，在水平面上滑动并通过弹簧连接到竖直表面的物体 M 受到一个外力 F。定义物体距参考点的位移为 y，根据牛顿运动定律，有

$$M\ddot{y}+F_{f}+F_{sp}=F \tag{5-6}$$

式中：F_f 是摩擦阻力；F_{sp} 是弹簧的恢复力。设 F_{sp} 只是位移 y 的函数，即 $F_{sp}=g(y)$，同时假设参考点位于 $g(0)=0$ 处。对于不同的 F、F_f 和 g，会出现几个有趣的自治和非自治二阶系统模型。

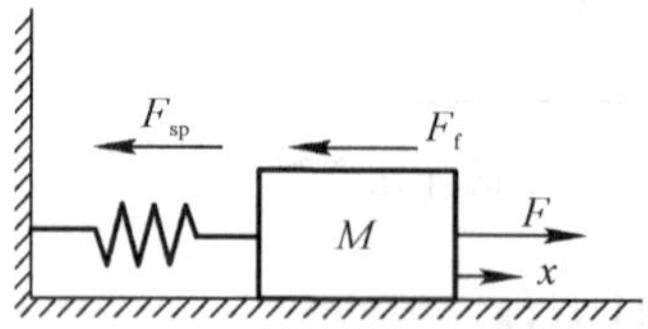

图 5－2　质量-弹簧系统

当位移相对较小时，弹簧的回复力可用线性函数 $g(y)=ky$ 建模，其中 k 是弹性系数。但是当位移较大时，回复力与 y 是非线性关系。例如，函数

$$g(y)=k(1-a^2y^2)y,\ |ay|<1 \tag{5-7}$$

的模型称为软化弹簧，即超过某一特定位移时，较大的位移增量所产生的力的增量较小。

另外，函数

$$g(y) = k(1+a^2y^2)y \tag{5-8}$$

的模型称为硬化弹簧，即当超过某一特定位移时，较小的位移增量所产生的力的增量较大。

阻力 F_f，包括静摩擦力、库仑摩擦力和黏滞摩擦力。当物体静止时，静摩擦力 F_s 与水平面平行，其大小限制在 $\pm\mu_s Mg$ 内，$0<\mu_s<1$ 是静摩擦因数。F_s 在其取值范围内无论取何值都保持物体静止。当物体开始运动时，一定有一个作用在物体上的力克服由静摩擦引起的运动阻力。在没有外力，即 $F=0$ 时，静摩擦力将与弹簧的回复力平衡，并当 $|g(y)|\leqslant\mu_s Mg$ 时保持平衡。一旦运动开始，作用在与运动相反方向上的阻力 F_f，可按照滑动速度的函数 $v=\dot{y}$ 建立模型。由库仑摩擦引起的阻力 F_c，其大小为常数 $\mu_k Mg$，μ_k 是动摩擦系数，即

$$F_c=\begin{cases}-\mu_K Mg & \text{当 } v<0\\ \mu_K Mg & \text{当 } v>0\end{cases} \tag{5-9}$$

当物体在黏滞介质，如空气或润滑剂中运动时，会有由黏滞性引起的摩擦力。这个力通常按照速度的非线性函数建立模型，即 $F_v=h(v)$，$h(0)=0$。当速度较小时，可假设 $F_v=cv$。图 5-3(a)(b)分别为库仑摩擦力和库仑摩擦力加线性黏滞摩擦力的例子，图 5-3(c)所示为静摩擦力大于库仑摩擦力时的例子，而图 5-3(d)所示的是与图 5-3(c)相似的情况，但随着速度增大，力连续减小，称为 Stribeck 效应。

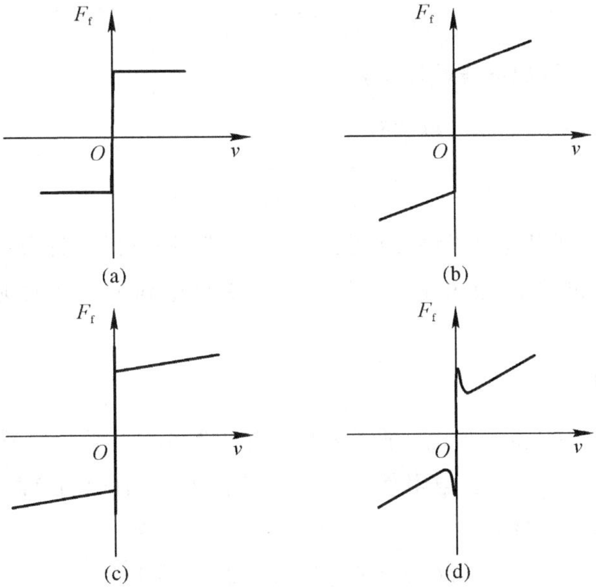

图 5-3　摩擦力模型实例

对于硬化弹簧，考虑线性黏滞摩擦力和一个周期外力 $F=A\cos\omega t$，可得 Duffing 方程：

$$m\ddot{y}+c\dot{y}+ky+ka^2y^3=A\cos\omega t \tag{5-10}$$

【例 5-1】 讨论线性弹簧下的弹簧质量系统，考虑静态摩擦力、库仑摩擦力和线性黏滞摩擦力，当外力为零时，可得

$$m\ddot{y}+ky+c\dot{y}+\eta(y,\dot{y})=0$$

式中
$$\eta(y,\dot{y})=\begin{cases}\mu_k mg\cdot\mathrm{sign}(\dot{y}) & |\dot{y}|>0\\ -ky & \dot{y}=0\text{ 且 }|y|\leqslant\mu_s mg/k\\ -u_s mg\cdot\mathrm{sign}(\dot{y}) & \dot{y}=0\text{ 且 }|y|>\mu_s mg/k\end{cases}$$

分析其状态方程与平衡点特性。

解： 当 $\dot{y}=0$ 且 $|y|=\mu_s mg/k$ 时，可由平衡条件 $\ddot{y}=\dot{y}=0$ 得到 $\eta(y,\dot{y})$ 的值。取 $x_1=y$，$x_2=\dot{y}$，状态模型为

$$\left.\begin{aligned}\dot{x}_1&=x_2\\ \dot{x}_2&=-\frac{k}{m}x_1-\frac{c}{m}x_2-\frac{1}{m}\eta(x_1,x_2)\end{aligned}\right\}\qquad ①$$

该状态模型有两个特点。首先，它有一组平衡点，而不是一个孤立的平衡点；其次，等式右边的函数是状态变量的不连续函数，这是由在建立摩擦力模型时的理想化造成的。即物理摩擦力由其静态摩擦力平滑地转化到滑动摩擦力，而不是理想情况下的突变。

理想化的不连续简化了分析，当 $x_2>0$ 时可由以下线性模型描述：

$$\left.\begin{aligned}\dot{x}_1&=x_2\\ \dot{x}_2&=-\frac{k}{m}x_1-\frac{c}{m}x_2-\mu_k g\end{aligned}\right\}\qquad ②$$

同样，当 $x_2<0$ 时，可得如下线性模型：

$$\left.\begin{aligned}\dot{x}_1&=x_2\\ \dot{x}_2&=-\frac{k}{m}x_1-\frac{c}{m}x_2+\mu_k g\end{aligned}\right\}\qquad ③$$

这样，在每个区域都可以通过线性分析预测系统特性，即分段线性分析，系统在状态空间的不同区域都可用线性模型表示，当从一个区域变化到另一个区域时只通过系数的改变。

2. 负阻振荡器

图 5-4(a)所示为一类重要电子振荡器的基本电路结构。假设电感和电容是线性时不变的无源元件，即 $L>0$，$C>0$。电阻是具有 $v-i$ 特性为 $i=h(v)$ 的有源电路，如图 5-4(b)所示，函数 $h(\cdot)$ 满足条件：

$$\left.\begin{aligned}&h(0)=0 && h'(0)<0\\ &h(v)\to\infty && v\to\infty\\ &h(\dot{v})\to-\infty && v\to-\infty\end{aligned}\right\}\qquad (5-11)$$

式中：$h'(v)$ 是 $h(v)$ 对 v 的一阶导数。这样的 $v-i$ 特性是可以实现的，例如图 5-4(c)所示的双隧道二极管电路，运用克希霍夫电流定律可写出方程：

$$i_C + i_L + i = 0 \tag{5-12}$$

即

$$C\frac{\mathrm{d}v}{\mathrm{d}t} + \frac{1}{L}\int_{-\infty}^{t} v(s)\mathrm{d}s + h(v) = 0 \tag{5-13}$$

对 t 求一次微分，并两边同乘以 L，得

$$CL\frac{\mathrm{d}^2 v}{\mathrm{d}t^2} + v + Lh'(v)\frac{\mathrm{d}v}{\mathrm{d}t} = 0 \tag{5-14}$$

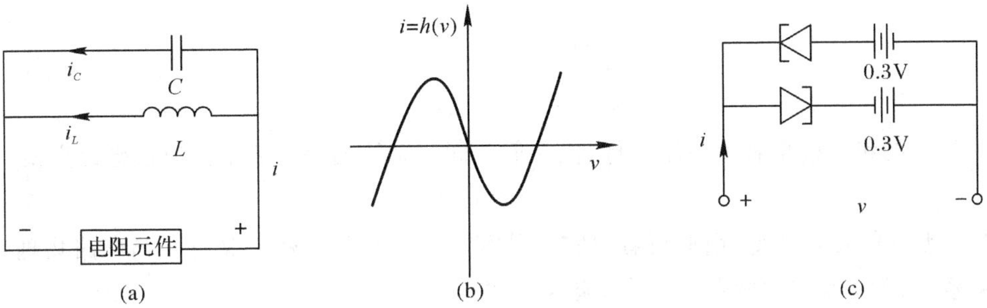

图 5-4　负阻振荡器

(a)基本振荡电路；(b)典型的驱动点特性；(c)双隧道二极管负阻电路

式(5-14)可写成与非线性系统理论中一些大家熟知的公式相一致的形式，为此把时间变量 t 变换为 $\tau = \frac{t}{\sqrt{CL}}$，$v$ 对 t 的导数与对 τ 的导数有下述关系：

$$\left.\begin{aligned} \frac{\mathrm{d}v}{\mathrm{d}\tau} &= \sqrt{CL}\frac{\mathrm{d}v}{\mathrm{d}t} \\ \frac{\mathrm{d}^2 v}{\mathrm{d}\tau^2} &= CL\frac{\mathrm{d}^2 v}{\mathrm{d}t^2} \end{aligned}\right\} \tag{5-15}$$

把 v 对 τ 的导数记为 $\dot{v}$，电路方程可写为

$$\ddot{v} + \varepsilon h'(v)\dot{v} + v = 0 \tag{5-16}$$

式中：$\varepsilon = \sqrt{\frac{L}{C}}$，该方程是 Liénard 方程

$$\ddot{v} + f(v)\dot{v} + g(v) = 0 \tag{5-17}$$

的特例。若

$$h(v) = -v + \frac{1}{3}v^3 \tag{5-18}$$

电路方程的形式可写为

$$\ddot{v} - \varepsilon(1 - v^2)\dot{v} + v = 0 \tag{5-19}$$

该方程称为 Van der Pol 方程。Van der Pol 用该方程研究真空管电路中的振荡，它是非线性振荡理论的基本例子。此方程有一个周期解，在唯一的平衡点 $v = \dot{v} = 0$ 吸引除零解以外的所有其他解。为写出电路的状态模型，取 $x_1 = v$，$x_2 = \dot{v}$，得

$$\left.\begin{aligned} \dot{x}_1 &= x_2 \\ \dot{x}_2 &= -x_1 - \varepsilon h'(x_1)x_2 \end{aligned}\right\} \tag{5-20}$$

注意，选择电容两端的电压和流过电感的电流作为状态变量，即可获得另一个状态模型。状态变量记为 $z_1=i_L$，$z_2=v_C$，则状态模型由下式给出：

$$\left.\begin{aligned}\frac{\mathrm{d}z_1}{\mathrm{d}t}&=\frac{1}{L}z_2\\ \frac{\mathrm{d}z_2}{\mathrm{d}t}&=-\frac{1}{C}[z_1+h(z_2)]\end{aligned}\right\}\tag{5-21}$$

由于第一个状态模型是对时间变量 $\tau=t/\sqrt{CL}$ 的，因此写出对 τ 的模型

$$\left.\begin{aligned}\dot{z}_1&=\frac{1}{\varepsilon}z_2\\ \dot{z}_2&=-\varepsilon[z_1+h(z_2)]\end{aligned}\right\}\tag{5-22}$$

对 x 和 z 的状态模型看上去不一样，但它们是同一系统的等效表示。通过坐标变换

$$z=T(x)\tag{5-23}$$

这些模型就能相互获得，由此可看出它们是等效的。由于既有 x 又有 z 与电路物理变量的关系，因此不难找出映射 $T(\cdot)$，有

$$\left.\begin{aligned}&x_1=v=z_2\\ &x_2=\frac{\mathrm{d}v}{\mathrm{d}\tau}=\sqrt{CL}\frac{\mathrm{d}v}{\mathrm{d}t}=\sqrt{\frac{L}{C}}[-i_L-h(v_C)]=\varepsilon[-z_1-h(z_2)]\end{aligned}\right\}\tag{5-24}$$

这样

$$z=T(x)=\begin{pmatrix}-h(x_1)-\dfrac{x_2}{\varepsilon}\\ x_1\end{pmatrix}\tag{5-25}$$

其逆映射为

$$x=T^{-1}(z)=\begin{pmatrix}z_2\\ -\varepsilon z_1-\varepsilon h(z_2)\end{pmatrix}\tag{5-26}$$

3. 自适应控制

考虑由模型

$$\dot{y}_{\mathrm{p}}=a_p y_p+k_p u\tag{5-27}$$

描述的一阶线性系统，u 是输入控制，y_p 是测得的输出，假设希望得到一个闭环系统，其输入-输出特性由参考模型

$$y_{\mathrm{m}}=a_m Y_m+k_m r\tag{5-28}$$

描述，r 是参考输入，且选择的模型用 $y_m(t)$ 表示闭环系统希望得到的输出，这一目的可由反馈控制达到。

$$u(t)=\theta_1{}^* r(t)+\theta_2{}^* y_p(t)\tag{5-29}$$

假设设备参数 a_p 和 k_p 已知，$k_p\neq 0$，且选择控制器参数 $\theta_1{}^*$ 和 $\theta_2{}^*$ 为

$$\theta_1{}^*=\frac{k_m}{k_p},\theta_2{}^*=\frac{a_m-a_p}{k_p}\tag{5-30}$$

当 a_p 和 k_p 已知时，可以考虑输入控制器

$$u(t)=\theta_1(t)r(t)+\theta_2(t)y_p(t) \tag{5-31}$$

时变增益 $\theta_1(t)$ 和 $\theta_2(t)$ 运用已有数据，即 $r(\tau)$，$y_m(\tau)$，$y_p(\tau)$ 和 $u(\tau)$ 进行在线调节，$\tau<t$。自适应就是使 $\theta_1(t)$ 和 $\theta_2(t)$ 的值逐渐逼近标称值 θ_1^* 和 θ_2^*，选择自适应准则应基于稳定性考虑，可运用梯度算法的准则：

$$\left.\begin{aligned}\dot{\theta}_1&=-\gamma(y_p-y_m)r\\ \dot{\theta}_2&=-\gamma(y_p-y_m)y_p\end{aligned}\right\} \tag{5-32}$$

式中：γ 是正常数，决定自适应的速度。这一自适应控制定律假设 y_p 的符号是已知的，而且不失一般性取为正值。为写出描述满足自适应控制定律的闭环系统的状态模型，把输出误差 e_o 和参数误差 φ_1 和 φ_2 定义为

$$\left.\begin{aligned}e_o&=y_p-y_m\\ \varphi_1&=\theta_1-\theta_1^*\\ \varphi_2&=\theta_2-\theta_2^*\end{aligned}\right\} \tag{5-33}$$

利用 θ_1^* 和 θ_2^* 的定义，参考模型可写为

$$\dot{y}_m=a_py_m+k_p(\theta_1^*r+\theta_2^*y_m) \tag{5-34}$$

另外，设备输出 y_p 满足方程

$$\dot{y}_p=a_py_p+k_p(\theta_1r+\theta_2y_p) \tag{5-35}$$

上面两式相减，可得到误差方程

$$\begin{aligned}\dot{e}_o&=a_pe_o+k_p(\theta_1-\theta_1^*)r+k_p(\theta_2y_p-\theta_2^*y_m)=\\ &a_pe_o+k_p(\theta_1-\theta_1^*)r+k_p(\theta_2y_p-\theta_2^*y_m+\theta_2^*y_p-\theta_2^*y_p)=\\ &(a_p+k_p\theta_2^*)e_o+k_p(\theta_1-\theta_1^*)r+k_p(\theta_2-\theta_2^*)y_p\end{aligned} \tag{5-36}$$

闭环系统就可由下面的非线性非自治三阶状态模型描述：

$$\left.\begin{aligned}\dot{e}_o&=a_me_o+k_p\varphi_1r(t)+k_p\varphi_2[e_o+y_m(t)]\\ \dot{\varphi}_1&=-\gamma e_or(t)\\ \dot{\varphi}_2&=-\gamma e_o[e_o+y_m(t)]\end{aligned}\right\} \tag{5-37}$$

这里用到方程 $\dot{\varphi}_i(t)=\dot{\theta}_i(t)$，且把 $r(t)$ 和 $y_m(t)$ 写为时间的显函数，以强调系统的非自治特点，信号 $r(t)$ 和 $y_m(t)$ 是闭环系统的外部驱动输入。

如果已知 k_p，就可得到较为简单的系统模型。在这种情况下，可以取 $\theta_1=\theta_1^*$，且只有 θ_2 需要在线调节，闭环模型可以简化为

$$\left.\begin{aligned}\dot{e}_o&=a_me_o+k_p\varphi[e_o+y_m(t)]\\ \dot{\varphi}&=-\gamma e_o[e_o+y_m(t)]\end{aligned}\right\} \tag{5-38}$$

这里去掉了 φ_2 的下标。如果控制设计的目的是使设备输出 y_p 为零，则取 $r(t)\equiv0$。因此 $y_m(t)\equiv0$，且闭环模型简化为自治二阶模型：

$$\left.\begin{aligned}\dot{e}_o&=a_me_o+k_p\varphi e_o\\ \dot{\varphi}&=-\gamma e_o^2\end{aligned}\right\} \tag{5-39}$$

设 $\dot{e}_o=\dot{\varphi}=0$，得到一个代数方程

$$\left.\begin{aligned}0&=a_m e_o+k_p\varphi e_o\\0&=-\gamma e_o^{\ 2}\end{aligned}\right\}\tag{5-40}$$

由此确定系统的平衡点。对所有中值系统的平衡点都在 $e_o=0$，即系统在 $e_o=0$ 有一组平衡点，而没有孤立的平衡点。

这里描述的特殊自适应控制方法称为直接参考模型自适应控制。“参考模型”一词源于控制器的任务与给定的闭环参考模型相匹配，而“直接”一词用于表示控制器参数直接适合一种控制方法，该方法能在线估计设备参数 a_p 和 k_p，并用估计值计算控制器的参数。自适应控制能产生一些有趣的非线性模型，这些模型可说明一些稳定性问题和微扰技术。

5.2 自治系统与非自治系统

自治系统和非自治系统是非线性动力学中的两个基本概念。自治系统是指由一组微分方程描述的系统，这组微分方程不涉及与时间有关的外部驱动力的影响。非自治系统则是指考虑外部驱动力对系统运动产生影响的动力学系统。在实际工程中，自治系统比较少见，更多的是非自治系统。工程中存在许多非自治系统，例如推进系统、控制系统等。推进器的稳定性分析、飞机机翼的控制稳定性等问题都是非自治系统的典型例子。在这些问题中，外部的驱动力是无法忽略的，所以需要考虑非自治系统的动力学特性。此外，在研究非自治系统时，还需要考虑到外部驱动力的周期性和随机性对系统产生的影响，这也是非自治系统分析中需要考虑的关键因素之一。在分析实际工程问题时，需要根据具体情况选择自治系统或非自治系统模型，并综合考虑系统内部和外部因素对系统运动的影响，进一步深化对非线性动力学问题的认识。

5.2.1 自治系统

线性系统 $\dot{x}=\boldsymbol{A}x$ 中，根据系统矩阵 $\boldsymbol{A}$ 是否随时间变化，可分为时变系统和非时变系统。在一般的非线性系统中，类比时变和非时变，可以得到非自治和自治的概念。本章的大部分分析是处理状态方程 $\dot{x}=g(t,x,u)$。无需输入 u 的显式表示无激励状态方程，无激励状态方程并不一定意味着系统的输入为零。可以把输入指定为一个给定时间的函数 $u=\gamma(t)$，一个给定状态的反馈函数 $u=\gamma(x)$，或同时是时间和状态的函数 $u=\gamma(t,x)$。把 $u=\gamma$ 代入式(5-3)中再消去 u 就会产生无激励状态方程。当函数 γ 与 t 没有明显关系时，会出现一个特例，即

$$\dot{x}=f(x)\tag{5-41}$$

这种情况下的系统称为自治系统或时不变系统。自治系统的特点是不随时间原点的移动而改变，因为时间变量从 t 变化到 $\tau=t-a$ 时不会改变状态方程的右边。

处理状态方程的一个重要概念是平衡点的概念。考虑如上自治系统，其中，$f:D\to$

$\mathbf{R}^n$ 是从定义域 $D\subset\mathbf{R}^n$ 到 $\mathbf{R}^n$ 上的局部 Lipschitz 映射。对于状态空间中的点 $x=x^*$，只要系统状态从 x^* 点开始，在将来任何时刻都将保持在 x^* 点不变，那么这一点就称为式(5－41)的平衡点，即

$$f(x)=0 \tag{5-42}$$

对于方程式(5－41)的自治系统，平衡点是式(5－42)的实根。$x^*\in D$ 是方程的平衡点，即 $f(x^*)=0$，平衡点可以是孤立的，也就是说在其邻域内不会有另一个平衡点，或者说可能有一个平衡点的连续系统。

设单自由度系统的自由振动方程为

$$\ddot{x}+k^2x=\mu f(x,\dot{x},\mu) \tag{5-43}$$

式中：$f(x,\dot{x},\mu)$ 在派生解存在的某域中是 x、$\dot{x}$ 和 μ 的解析函数，μ 为小参数。

在非自治系统中，其解的周期是确定的，为 2π 或 2π 的倍数；在自治系统中，因不含 t，由于非线性项的干扰，所以其周期可能是任意的数值，且与派生解的周期的差值是与 μ 同阶的小数；在自治系统中，可设 $\dot{x}(0)=0$。因以 $t+t_1$ 代入 t，则式(5－43)不变。任意周期解以 $t+t_1$ 代替 t 后，仍为原式的解。设以 $T_1(\mu)$ 为周期的解 x，在 $[0\sim T(\mu)]$ 中的某瞬时 t_1，其速度 $\dot{x}$ 为零，取 t_1 作为起始瞬间，对 $t+t_1$ 来说，则 $t=0$ 时，$\dot{x}(0)=0$。

5.2.2 非自治系统

如果 f 显含 t，则可表述为非自治系统

$$\dot{x}=f(t,x) \tag{5-44}$$

式中：$f:[0,\infty)\times D\rightarrow \mathrm{R}^n$ 在 $[0,\infty)\times D$ 上是 t 的分段连续函数，且对于 x 是局部 Lipschitz 的，$D\subset\mathbf{R}^n$ 是包含原点的定义域。如果

$$f(t,0)=0,\quad \forall t\geqslant 0 \tag{5-45}$$

则原点是 $t=0$ 时式(5－44)的平衡点。原点的平衡点可能是某个非零平衡点的平移，或者说是系统某个非零解的平移。

5.2.3 非自治系统定性分析

在非线性振动中，典型的非自治系统方程可表达为

$$\ddot{x}+\varphi(x,\dot{x})+f(x)=p(\Omega t) \tag{5-46}$$

式中：$p(\Omega t)$ 是 Ωt 的周期函数，周期为 2π。作变换 $u_1=x,u_2=\dot{x}$，则式(5－46)可写成

$$\begin{bmatrix}\dot{u}_1\\ \dot{u}_2\end{bmatrix}=\begin{bmatrix}u_2\\ -\varphi(u_1,u_2)-f(u_1)+p(\Omega t)\end{bmatrix} \tag{5-47}$$

等式(5－47)右边即为系统的向量场。可见，由于非自治系统的向量场表达式中含有时间 t，故不再是定常系统。一般地，对单自由度非自治系统

$$\left.\begin{aligned}\dot{x}&=X(x,y,\Omega t)\\ \dot{y}&=Y(x,y,\Omega t)\end{aligned}\right\} \tag{5-48}$$

有

$$\frac{\mathrm{d}y}{\mathrm{d}x}=\frac{Y(x,y,\Omega t)}{X(x,y,\Omega t)} \tag{5-49}$$

因此，即使对相平面上的定点(x_0,y_0)，$\frac{\mathrm{d}y}{\mathrm{d}x}$也不是常数，而是随$t$变化的。

在自治系统中，除了在奇点或极限环处，相平面上的任意两条相轨线是不会相交的。这是因为若两条相轨线相交，则交点处沿两条相轨线各有一个切向，而这是不可能的，因为自治系统的向量场在相平面上任一点处的方向都是定常的。而在非自治系统中，由于向量场不是定常的，若仍在相平面上研究系统的动力学特性，就会出现两条相轨线相交的现象。为此，在相平面的基础上引入第三个坐标$\theta=\Omega t$，构成三维相空间(u_1,u_2,θ)，则式(5-47)变为

$$\begin{bmatrix}\dot{u}_1\\ \dot{u}_2\\ \dot{\theta}\end{bmatrix}=\begin{bmatrix}u_2\\ -\varphi(u_1,u_2)-f(u_1)+p(\theta)\\ \Omega\end{bmatrix} \tag{5-50}$$

并记三维相空间为$C(u_1,u_2,\theta)$，则对C来说，系统[式(5-50)]是一个自治系统，故不会再出现相轨线相交的现象。

在单自由度非线性振动系统的研究中，周期解的研究占有重要的地位。对自治系统，周期解就是相平面上的闭轨；而对非自治系统来说，周期解是三维相空间C上的一条螺旋线，它在相平面$S_{\theta_0}=(u_1,u_2)$上的投影为闭轨，其中S_{θ_0}为相空间C中$\theta=\theta_0$时的相平面，如图5-5所示。

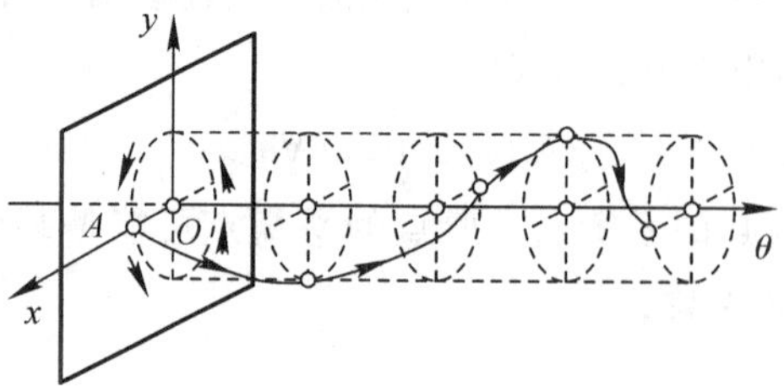

图5-5　非自治系统的周期解

显然，若设系统[式(5-50)]的固有频率为ω，则当ω为激励频率Ω的$\frac{1}{n}$(n为整数)时，或者说系统的周期$T_0=\frac{2\pi}{\omega}$为激励周期$T_{\mathrm{p}}=\frac{2\pi}{\Omega}$的整数倍时，周期解的相轨线上任一点$u$都具有这样的性质。从该点出发，经过周期$T$后，得到另一点$u'$，则$u$和$u'$在$u_1$和$u_2$轴的坐标是相同的，即在相平面$S_{\theta_0}$上的投影是同一点。反之亦然，若从某一点$u$出发，经过时间$T$后，得到另一点$u'$，且$u$和$u'$在相平面$S_{\theta_0}$上的投影是同一点，则$u$和$u'$都是系统周期解的相轨线上的点。可见，如果能找到具有这种性质的点的全体，就可以找出系统的周期解。为此，引入庞加莱映射。

庞加莱映射：将系统的相轨线看成是相空间中任意两个在θ轴上相距为2π的相平面

S_{θ_0} 和 S_{θ_1} 上的点之间的映射，其中 $\theta_1=\theta_0+\omega T_0=\theta_0+2\pi$。记这个映射为 Γ。设 $u=(u_{10},u_{20})$ 是相平面 S_{θ_0} 上任意一点，若 Γ 将点 u 映射为相平面 S_{θ_1} 上的点 u'(即相轨线从 u 开始，经过周期 T_0 后到达点 u'，$u'=(u_{11},u_{21})$，则有 $u'=\Gamma(u)$，即$(u_{11},u_{21})=\Gamma(u_{10},u_{20})$，这种映射称为庞加莱映射或 T 映射。

若点 $u=(u_{10},u_{20})$满足 $\Gamma(u_{10},u_{20})=(u_{10},u_{20})$，则点 u 称为 Γ 映射的不动点。可见，系统的周期解的相轨线，就是 T 映射的不动点的全体，或者说，系统的周期解就是经过 T 映射的不动点的积分曲线。

对经过 T 映射后得到的点 u'，还可以再对它进行 Γ 映射，从而得到 $u''=\Gamma(u')=\Gamma^2(u)$。这种映射可以一直作下去。从中可以看到，庞加莱映射不是一种连续映射，只有在经过时间 $t=kT_0$，$k=1,2,\cdots$时才能进行，故庞加莱映射又称频闪映射，是离散映射的一种。之所以会这样，是因为当 $t\in[kT_0,(k+1)T_0]$ 时，即使 u 和 u'都是周期解的相轨线上的点，它们在相平面上的投影也是不同的，为解决这一问题建立了 Van der Pol 变换。

Van der Pol 变换的基本思想是将静止的相平面 $S_{\theta_0}=(u_1,u_2)$ 改为以角速度 Ω 绕 θ 轴旋转的动平面 $S'(u,v)$，该平面称为 Van der Pol 平面。这种变换使相轨线的投影得到简化。例如，当系统的周期解为正弦振动时，相轨线上的点在静止的相平面上的投影是一个圆周，而在 Van der Pol 平面 $S'(u,v)$上的投影则是一个不动点。

Van der Pol 变换的解析表达式为

$$\left.\begin{aligned}&x=u(t)\cos\Omega t+v(t)\sin\Omega t\\&\frac{\dot{x}}{\Omega}=y=-u(t)\sin\Omega t+v(t)\cos\Omega t\end{aligned}\right\}\tag{5-51}$$

它将系统

$$\left.\begin{aligned}&\dot{x}=X(x,y,\Omega t)\\&\dot{y}=Y(x,y,\Omega t)\end{aligned}\right\}\tag{5-52}$$

变换为

$$\left.\begin{aligned}&\dot{u}=U(u,v,t)\\&\dot{v}=V(u,v,t)\end{aligned}\right\}\tag{5-53}$$

则式(5-53)的平衡点(u_0,v_0)就对应了一个原系统的周期解。由于 U,V 都是非线性函数，故式(5-53)的平衡点的求解仍有困难。但在弱非线性情况下，可以用近似法求出(u_0,v_0)的近似解，从而得到原系统的周期解。

【例 5-2】 以无阻尼自由振动 Duffing 方程为例，分析该自治系统的动能、势能，求出其相轨迹方程。

解：无阻尼自由振动 Duffing 方程可写为

$$\ddot{x}-kx+cx^3=0$$

积分可得

$$\frac{1}{2}\dot{x}+\frac{1}{2}\left(\frac{1}{2}x^4-kx^2\right)=E$$

E 为积分常数，由初始条件决定，其中系统动能为

$$K=\frac{1}{2}\dot{x}^2$$

系统势能为

$$V=\frac{1}{2}\left(\frac{1}{2}x^4-kx^2\right)$$

方程可化为一阶方程组：

$$\begin{cases}\dot{x}=y\\ \dot{y}=kx-x^3\end{cases}$$

消去 dt 可得到相轨迹方程：

$$\frac{\mathrm{d}y}{\mathrm{d}x}=\frac{kx-x^3}{y}$$

【例 5－3】 以有阻尼受迫振动 Duffing 方程为例，分析该非自治系统的相轨迹方程。

解：有阻尼受迫振动 Duffing 方程可写为

$$\ddot{x}^2+c\dot{x}-kx+x^3=F\cos\Omega t$$

方程可化为一阶方程组：

$$\begin{cases}\dot{x}=y\\ \dot{y}=F\cos\Omega t-c\dot{x}+kx-x^3\end{cases}$$

消去 dt 可得到相轨迹方程：

$$\frac{\mathrm{d}y}{\mathrm{d}x}=\frac{F\cos\Omega t-cy+kx-x^3}{y}$$

5.4 自激振动

5.4.1 自激振动的产生

在线性振动系统中，当没有外部能量输入时，只有守恒系统才能维持等幅的自由振动，即机械能守恒。对于存在耗散因素的耗散系统，机械能在振动过程中必然损失能量，若不补充外部能量，等幅振动就会停止。然而，在受到周期性激励力作用时，系统可以维持等幅振动，这种等幅振动是由外界能量交替输入的受迫振动。除此之外，在自然界和工程应用中还存在一种振动系统之称为自激振动系统(见图 5－6)，这种系统也接受外部能量补充，但能量输入是恒定的而非周期性的。系统以自身的运动状态作为调节器来控制能量的输入。这种系统可以从定态能量源中自主地获取能量，调节器的能量带有交替特性。当输入的能量与耗散的能量达到一定平衡时，系统可以维持等幅振动，这种振动称为自激振动。自激振动系统通常由三部分组成：①耗散的振动系统；②恒定的能量源；③与系统运动状态相互作用的调节器。

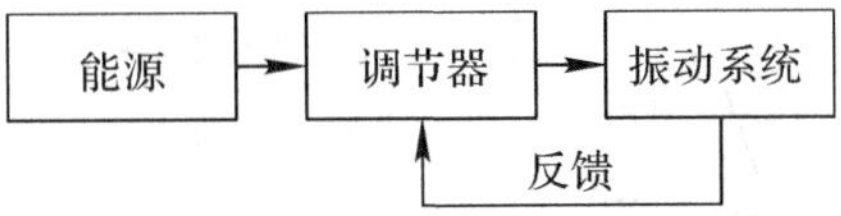

图 5-6　自激系统框图

电铃和蒸汽机分别可视为自激振动系统的典型代表，如图 5-7 和图 5-8 所示。在电铃系统中，铃锤和弹簧片构成振动系统，直流电源作为恒定能源，电磁断续器则扮演调节角色。电流通过后，铃锤在电磁力的作用下发生位移，触发铜铃发声并打开电路。接着，电磁力被磁力恢复力推回原位，不断重复这一过程，产生持续的自激振动。在蒸汽机系统中，活塞、连杆和飞轮组成振动系统，锅炉提供稳定的蒸汽能源，而配气阀则充当调节器。蒸汽推动活塞，同时通过连杆带动飞轮旋转，配气阀改变进气方向，使蒸汽推动活塞产生持续的自激振动，同时带动飞轮持续旋转。

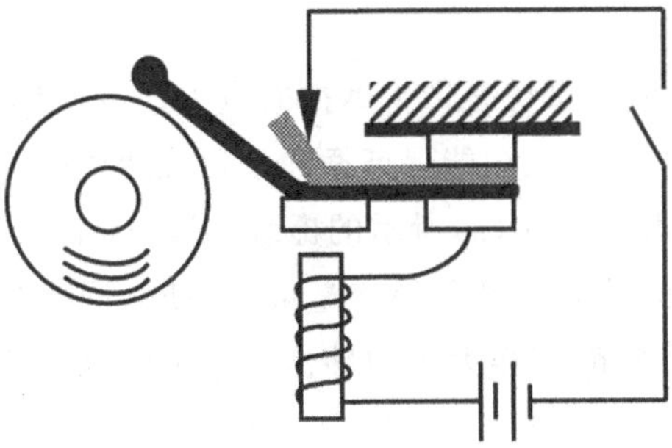

图 5-7　电铃

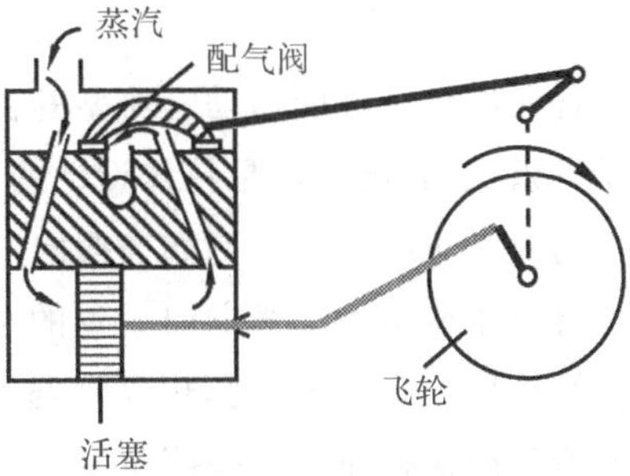

图 5-8　蒸汽机

5.4.2　自激振动的特征

自激振动具有以下特征：

(1)在振动过程中，能量输入与耗散同时存在，因此自激振动系统被视为非保守系统。

(2)自激振动系统的能源保持恒定，能量输入仅通过振动系统的位移和速度状态的调节，即系统的运动状态，因此自激振动系统是自治系统，与时间无关。

(3)振动的特征量，如频率和振幅，由系统的物理参数所决定，与初始条件无关。

(4)内部能量的非线性耗散使得自治线性系统只能产生衰减的自由振动，因此自激振动系统必然是非线性系统。

(5)自激振动的稳定性取决于能量的输入与耗散之间的相互关系。当振幅偏离稳态值时，能量的增减会推动振幅返回到稳态值，从而使得自激振动保持稳定，如图 5-9(a)所示。相反，若能量输入无法弥补能量损失，自激振动将不稳定，如图 5-9(b)所示。

以上特征描述了自激振动的一些常见特性，这些特征在分析和研究自激振动系统时具有重要的意义。

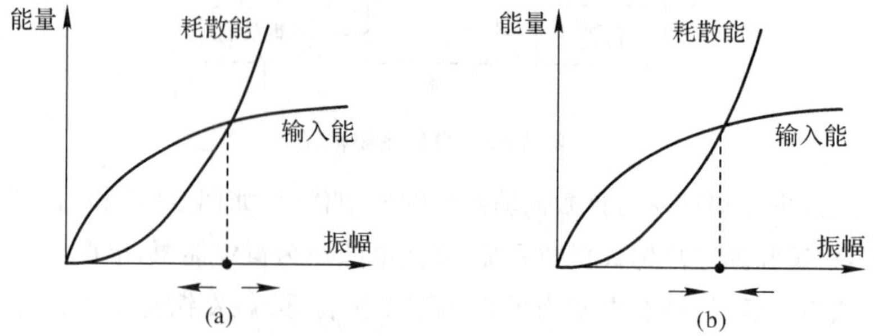

图 5-9　自激振动系统能量振幅关系曲线

(a)自激振动稳定；(b)自激振动不稳定

5.4.3　工程中的自激振动

1. 时钟原理

普通的机械钟的运动是典型的自激振动。振动系统是带干摩擦的重力摆，恒定的能源是发条机构，调节器是特殊设计的擒纵机构。这种机构能保证摆在指定位置受到由发条带动的齿轮的冲击。例如当摆向左运动经过图 5-10(a)所示的虚线位置 $x=a$ 时，受到来自发条能源的与摆方向一致的冲击，冲击的结果使摆获得能量增量 ΔE。同样当摆向右经过位置 $x=-a$ 时，也受到与运动方向一致的同样大小的冲击。发条能源以这种方式不断向摆补充因干摩擦而损耗的机械能。

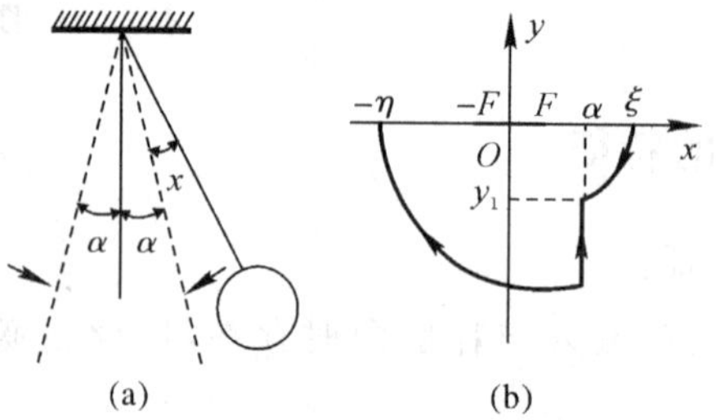

图 5-10　时钟振动原理和性质

(a)时钟的简化模型；(b)钟摆运动相轨迹

受干摩擦作用的单摆微幅振动的相轨迹与受干摩擦作用的质量-弹簧系统相同。当 $y>0$ 时，是以 $(-F,0)$ 为圆心的圆，当 $y<0$ 时，是以 $(F,0)$ 为圆心的圆。设相点从起始位置 $(\xi,0)$ 开始向下方运动，如图 5-10(b)所示，相轨迹方程为

$$y^2+(x-F)^2=(\xi-F)^2 \tag{5-54}$$

在 $x=a$ 处，摆受冲击前的速度为

$$y_1=-\sqrt{(\xi-F)^2-(a-F)^2} \tag{5-55}$$

受冲击后，摆有能量增量 ΔE，即

$$\frac{y_1^2}{2}+\frac{\alpha^2}{2}+\Delta E=\frac{y_2^2}{2}+\frac{\alpha^2}{2} \tag{5-56}$$

从而导出受冲击后摆的速度：

$$y_2^2 = y_1^2 + 2\Delta E \tag{5-57}$$

冲击后，相点从$(\alpha, -y_2)$沿半径增大后的圆继续运动，相轨迹方程为

$$y^2 + (x-F)^2 = y_2^2 + (\alpha - F)^2 \tag{5-58}$$

将式(5-55)和式(5-57)代入式(5-58)，整理得

$$y^2 + (x-F)^2 = (\xi - F)^2 + 2\Delta E \tag{5-59}$$

相点到达x轴时的坐标为$(-\eta, 0)$。令式(5-59)中的$x=-\eta, y=0$，求出η为

$$\eta = \sqrt{(\xi - F)^2 + 2\Delta E} - F \tag{5-60}$$

在平面(ξ, η)上根据式(5-60)作曲线及直线$\eta=\xi$，如图5-11所示，交点P的坐标为

$$\xi_P = \eta_P = \frac{\Delta E}{2F} \tag{5-61}$$

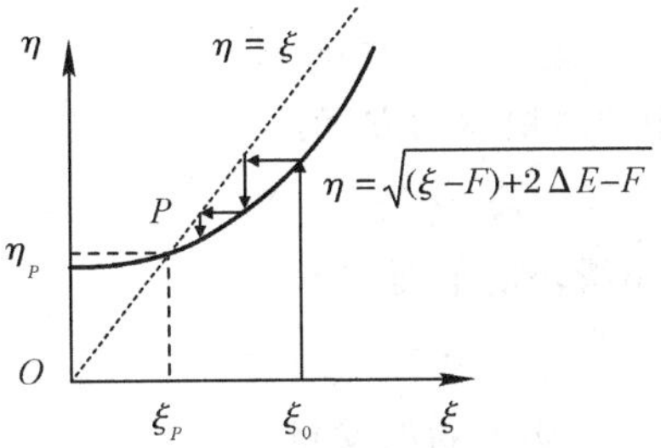

图5-11 稳定极限环的存在性

若相点从点$(\xi_P, 0)$出发运动，则绕原点一周后必回至原处，形成孤立的封闭相轨迹，即极限环。从图中可看出，无论相点的初始坐标ξ大于或小于ξ_P，以后都朝点P趋近，表明极限环内的相轨迹不断向外贴近极限环，极限环外的相轨迹不断向内贴近极限环，从而证明极限环是稳定的。这样构造的钟只要受到微小的冲击，在摆幅到达$x=\pm\alpha$时，受擒纵机构的冲击，就能自动产生并维持稳定的周期运动，如图5-12(a)所示。

上述自激振动的成因还可以从能量观点解释。每次冲击的输入能量ΔE为常值，每个往复耗散的能量必与摆动幅度成正比。在图5-12(b)中做出输入与输出及耗散能量随运动幅度的变化曲线，两曲线的交点即与稳定的自激振动相对应。

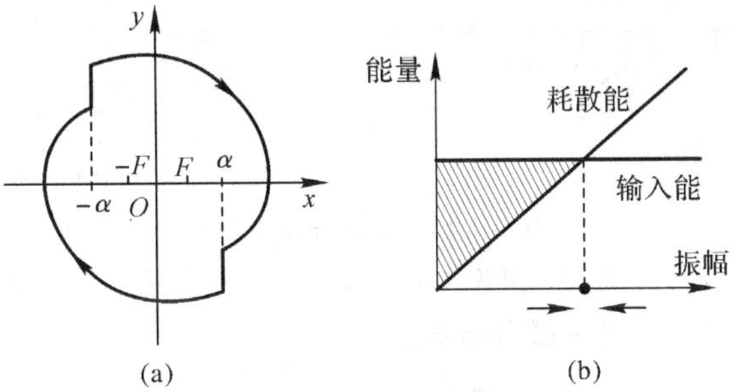

图5-12 时钟振动的特征

(a)时钟的极限环；(b)时钟的能量振幅曲线

2. 干摩擦自振

干摩擦自振是由干摩擦激发引起的自激振动，这种自振现象在生活和工程中都有很

多实际应用。音乐家吹奏口琴、唢呐等乐器时产生的音乐或高速刹车或紧急刹车时刹车盘产生的噪声都是干摩擦自振现象。在工程领域中，可以通过干摩擦自振来设计和制造振动器和振动台。这些设备通常利用干摩擦力产生的激励力来引起系统的振动，达到特定的频率和振幅。这些振动设备广泛应用于振动测试、结构动力学研究和地震模拟等领域。

要解释这种现象必须考虑滑动摩擦力随相对速度 v 变化的非线性关系 $\varphi(v)$，如图 5-13(a)所示。图中表明当静摩擦转化为动摩擦时，摩擦力突然下降，然后随相对速度的增加而缓慢地上升。设振动系统的简化模型为匀速移动平台上的质量-弹簧系统，如图 5-13(b)所示。一般的，令滑块质量和弹簧刚度系数均等于 1，弹簧的伸长为 ξ，平台速度为 v_0，滑块与平台之间的相对速度为 v，则

$$v=\dot{\xi}-v_0 \tag{5-62}$$

受干摩擦和弹簧恢复力作用的滑块运动方程：

$$\ddot{\xi}+\varphi(\dot{\xi}-v_0)+\xi=0 \tag{5-63}$$

令式(5-63)中 $\ddot{\xi}=\dot{\xi}=0$，导出滑块的平衡位置：

$$\xi_s=-\varphi(-v_0) \tag{5-64}$$

以平衡位置 ξ_s 为新的坐标原点，引入新的变量：

$$x=\xi-\xi_s=\xi+\varphi(-v_0) \tag{5-65}$$

则式(5-63)化为

$$\ddot{x}+\phi(\dot{x})+x=0 \tag{5-66}$$

令 $y=\dot{x}$，函数 $\phi(y)$ 定义为

$$\phi(y)=\varphi(y-v_0)-\varphi(-v_0) \tag{5-67}$$

从图 5-14(a)所示 $\phi(y)$ 的函数曲线可看出，在 $y=0$ 附近的阻尼特性具有负阻尼性质，y 较大时转化为正阻尼。

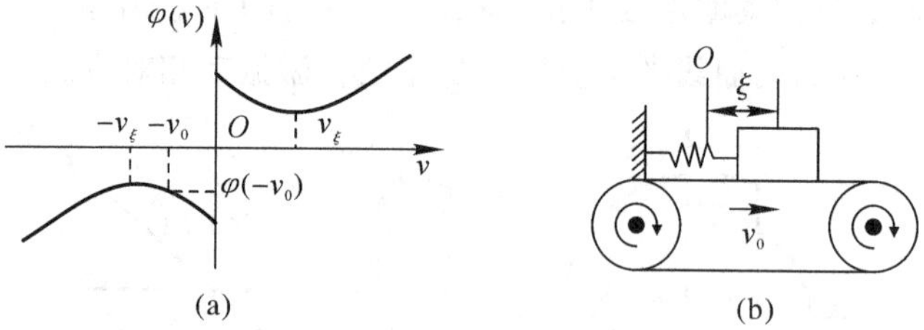

图 5-13　干摩擦自振系统

(a)干摩擦与相对速度关系曲线；(b)干摩擦自振系统简化模型

将式(5-66)写为一阶自治微分方程：

$$\frac{dy}{dx}=-\frac{\phi(y)+x}{y} \tag{5-68}$$

利用列纳作图法描绘式(5-68)的相轨迹。先作出辅助曲线

$$x=-\phi(y) \tag{5-69}$$

此曲线即令斜率等倾线[图 5-14(b)中的虚线]在原点附近，等倾线位于第一、三象限，原

点处的奇点为不稳定焦点，对应于不稳定的滑块平衡位置。当滑块因扰动偏离平衡位置时，相点沿螺线向外运动，振幅不断增大。一旦相点先到达辅助曲线的水平段 P_1P_2，即沿此线段移动到达右边的端点 P_2，然后环绕原点一周后再与 P_1P_2 线段相遇，并再次重复此过程。于是过点 P_2 的相轨迹自然成为相平面内的极限环，如图 5－14(b)所示。

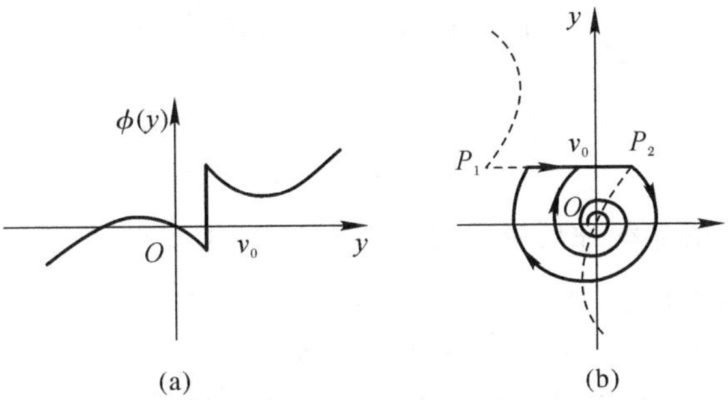

图 5－14　干摩擦自振系统特性

(a)$\varphi(y)$的函数曲线；(b)干摩擦自激系统的极限环

以上分析说明了干摩擦自振的产生原因。当相点沿线段 P_1P_2 运动时，滑块相对平台的相对速度为零，这时平台咬住滑块以速度 v_0 一同匀速运动。待弹簧恢复力变形增长得足以克服静摩擦力时，滑块开始相对平台向后滑动，并在摩擦力作用下不断减速，直到相对速度减至零，平台再次咬住滑块，上述过程重复发生。在此系统中，等速移动的平台将恒定的能源通过滑块与平台之间的干摩擦特性的调节作用输入滑块，使滑块维持稳定的自激振动。

各种实际的干摩擦现象都可以从以上简单模型的分析得到解释。在工程中，滑块与平台之间时而黏住时而滑动的不连续爬行现象，可在机械传动系统中发生。利用润滑剂使干摩擦转化为黏性摩擦，则干摩擦自振现象自然消失。

3. 输电线舞动

被冰层覆盖的输电线在水平阵风作用下可产生强烈的上下抖动，振幅可达 1～2 m 而易导致严重事故。这种自激振动现象称为输电线舞动。

如图 5－15 所示，截取一小段电线为集中质量，以无振动时线段的质心平衡位置 O 为原点，建立坐标系 Oxy，质心 C 的垂直坐标为 y。当风速为 $\boldsymbol{v}_0$ 的水平阵风吹来时，其相对输电线的相对速度 $\boldsymbol{v}$ 为

$$\boldsymbol{v}=\boldsymbol{v}_0-\dot{y}\boldsymbol{j} \tag{5-70}$$

式中：$\boldsymbol{j}$ 为 y 轴的单位矢量。设 α 为攻角，即速度 $\boldsymbol{v}$ 与水平轴 x 的夹角。
则有

$$\alpha=\frac{\dot{y}}{v} \tag{5-71}$$

由于输电线的圆形断面被冰层覆盖成为非圆的不规则形状，因此阵风对电线不仅产生沿 v 方向的阻力 F_d，同时产生与 v 垂直的升力 F_L。根据空气动力学的实验结果，阻力与升力的变化规律为

$$F_{\mathrm{D}}=c_{\mathrm{D}}l\frac{\rho v_0^{2}}{2},\quad F_{\mathrm{L}}=c_{\mathrm{L}}l\frac{\rho v_0^{2}}{2} \tag{5-72}$$

式中：ρ 为空气密度；l 为断面的特征长度；c_{D}，c_{L} 分别为阻力系数和升力系数。小攻角时空气动力沿 y 轴的垂直分量 F_y 近似为

$$F_y=F_{\mathrm{L}}+F_{\mathrm{d}}\alpha=c_yl\frac{\rho v_0^{2}}{2} \tag{5-73}$$

式中

$$c_y=c_{\mathrm{L}}+c_{\mathrm{d}}\alpha \tag{5-74}$$

c_y 随攻角 α 变化的非线性规律如图 5-16 所示，代入式(5-73)后，F_y随 a 的变化可近似以三次多项式模拟：

$$F_y=a\alpha-b\alpha^3 \tag{5-75}$$

设 m 为线段的质量，线段两端拉力合成的弹性恢复力的刚度系数为 k，风力 F_y以式(5-75)表示，其中的攻角 α 以式(5-71)代入，导出输电线段在风力作用下沿 y 轴运动的动力学方程为瑞利方程：

$$\ddot{y}-\varepsilon\dot{y}(1-\delta\dot{y}^2+\omega_0^{2}y)=0 \tag{5-76}$$

式中：$\varepsilon=\dfrac{a}{mv_0}$，$\delta=\dfrac{b}{av_0^{2}}$，$\omega_0=\sqrt{\dfrac{k}{m}}$。

因此，输电线舞动现象可用瑞利方程的极限环解释。在输电线上安装各种类型的阻尼器以增强阻尼作用，消除舞动现象。高层建筑物或大跨度桥梁在风载荷作用下的振动是与输电线舞动类似的自激振动。飞机高速飞行时机翼可发生强烈颤动，称为机翼的颤振，其成因也与此类似。

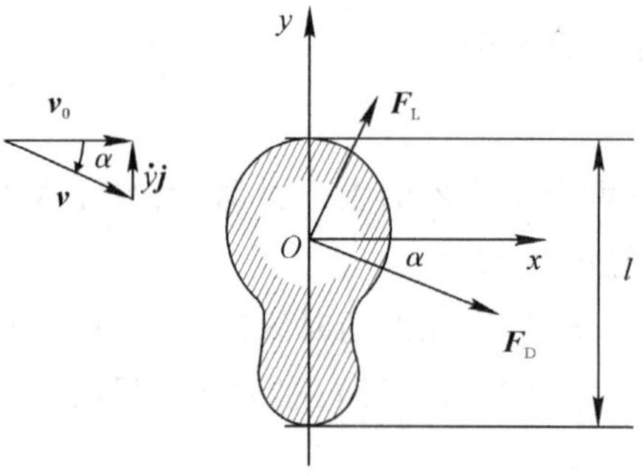

图 5-15　输电线的受力图

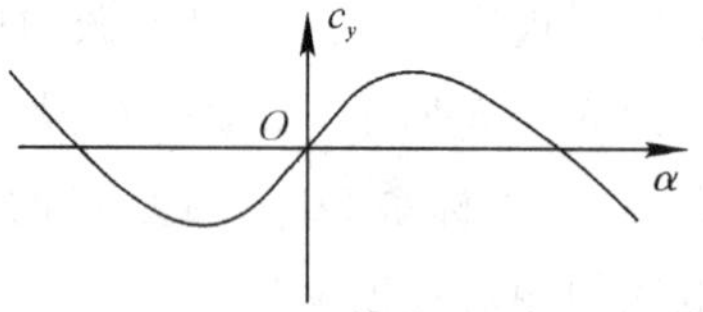

图 5-16　空气动力系数与攻角关系曲线

5.5　参数振动

参数振动是一种除了自由振动、受迫振动和自激振动之外的振动形式，其激励源通过系统内部参数的周期性改变而间接实现，这些系统被称为参变系统。由于参数的时变性质，参数振动系统属于非自治系统。参数振动的响应可能是微弱的，也可能出现剧烈的共振现象，这取决于参数振动系统的稳定性。参数振动可以用周期变系数的常微分方

程组来描述，因此研究参数振动归结于对变系数常微分方程组的零解稳定性研究。本节首先介绍参数振动的通用性质以及工程中一些典型的参数振动问题；重点讨论单自由度线性系统的参数振动，并利用 Floquet 理论来判断参数振动的稳定性。此外，本节还通过示例说明非线性参数振动的特点。

5.5.1 参数振动的产生

1831 年法拉第(M. Faraday)最早发现参数振动现象，他观测到充液容器作铅垂振动时，液体的自由表面波动周期为容器振动周期的 2 倍。1859 年麦尔德(F. Meide)将弦张紧于固定端和音叉之间，当音叉振动频率接近于弦横向振动频率的 2 倍时，可观察到弦的剧烈振动。这种由于参数周期变化引起的振动在工程中普遍存在。以下以变长度摆为例说明参数振动产生的原因。

设单摆用手控制，使摆长随时间周期性变化，如图 5－17(a)所示。变化的规律为：在绳的拉力最小的 A 和 B 处放长，在拉力最大的 C 处收缩，如图 5－17(b)所示。则输入的正功必大于负功。设摆的最大长度为 l，振幅为 x，净输入能量与摆的最大垂直位移 $l(1-\cos x)$ 成正比。轴承内存在干摩擦时，耗散能量与最大偏角 x 成正比。

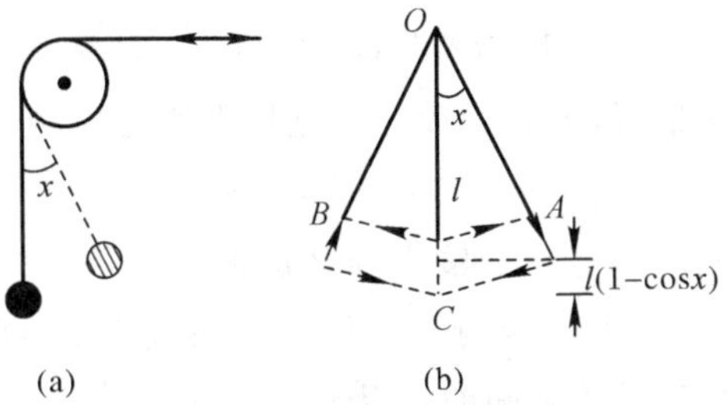

图 5－17 变长度摆参数振动系统

(a)变长度摆示意图；(b)变长度摆运动轨迹

图 5－18(a)中输入能量与耗散能量曲线的交点对应于周期运动，但此周期运动为不稳定状态。初始偏角小于周期运动振幅时，振动趋于衰减。初始偏角大于周期运动振幅时，则振幅不断增大而出现参数共振。因此，周期运动是不稳定运动与渐近稳定运动的分界线。此现象可以从荡秋千的实践中得到证实。

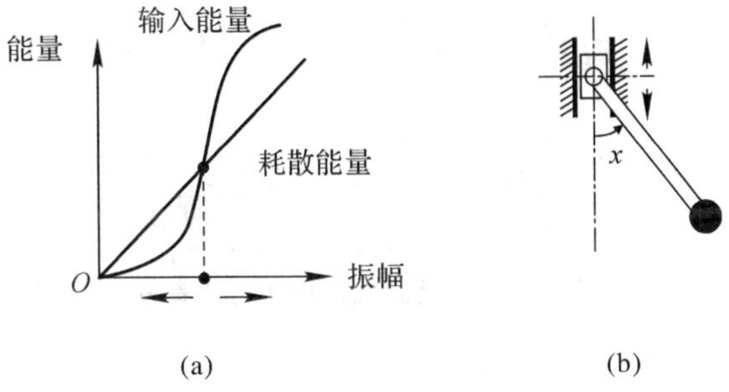

图 5－18 不同单摆的参数振动特性

(a)变长度摆的能量振幅曲线；(b)支点振动的单摆

如图 5－18(b)所示，支点上下振动的单摆是与变长度单摆类似的参变系统。当支座对摆所做的正功大于负功时，输入和耗散的能量关系曲线与图 5-18(a)相同。摆的平衡位置可能稳定，也可能出现参数共振。

5.5.2 参数振动的特征

参数振动过程中存在能量的输入与耗散，因此参变系统为非保守系统。激励对系统的作用通过系统内参数的周期改变实现，因此参变系统为非自治系统，其数学模型为周期变系数的线性常微分方程，一般形式为

$$\alpha(t)\ddot{y}+\beta(t)\dot{y}+\gamma(t)y=0 \tag{5-77}$$

式中：α，β 和 γ 为周期 T 的周期函数，利用坐标变换

$$y = x\mathrm{e}^{-\frac{1}{2}\int\frac{\beta(t)}{\alpha(t)}\mathrm{d}t} \tag{5-78}$$

可将式(5-77)化为典型形式：

$$\ddot{x}+q(t)x=0 \tag{5-79}$$

式中

$$q(t)=\frac{\gamma(t)}{\alpha(t)}-\frac{1}{4}\frac{\beta^2(t)}{\alpha^2(t)}-\frac{1}{2}\frac{\mathrm{d}}{\mathrm{d}t}\left[\frac{\beta(t)}{\alpha(t)}\right] \tag{5-80}$$

为周期 T 的周期函数，式(5-79)称为希尔(G. W. Hill)方程，是 1877 年希尔在研究月球运动时建立的。作为特殊情形，若 $q(t)$ 简谐变化且为偶函数，则称为 Mathieu 方程：

$$\ddot{x}+(\delta+\varepsilon\cos\omega t)x=0 \tag{5-81}$$

参数振动的稳定性取决于能量的输入与耗散的相互关系。若同一周期内输入能量超过耗散能量，则振幅不断增大。若输入能量低于耗散能量，则振幅趋于衰减。周期运动是不稳定运动与渐近稳定运动之间的临界情况。

5.5.3 工程中的参数振动

1. 受轴向周期力激励的直杆

如图 5-19 所示，设两端铰支、长度为 l、横截面面积为 S、单位长度质量为 ρ_l、抗弯刚度为 EI 的直杆在两端受到轴向周期力 $F\cos\omega t$ 的作用，其横向振动的动力学方程为

$$EI\frac{\partial^4 y}{\partial x^4}+\rho_l S\frac{\partial^2 y}{\partial t^2}+F\cos\omega t\frac{\partial^2 y}{\partial x^2}=0 \tag{5-82}$$

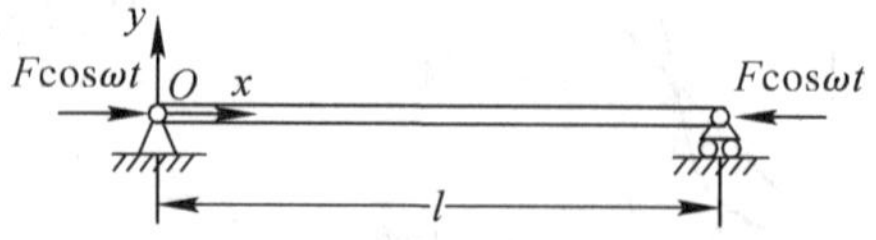

图 5-19 受到轴向周期力的直杆

假定振型为正弦曲线，令

$$y=s(t)\sin\frac{\pi t}{l} \tag{5-83}$$

代入式(5-82)简化为单自由度系统的动力学方程，即马蒂厄方程

$$\ddot{s}+(\delta+\varepsilon\cos\omega t)s=0 \tag{5-84}$$

式中

$$\delta=\frac{\pi^4 EI}{\rho_l S l^4},\quad \varepsilon=-\frac{\pi^2 F}{\rho_l S l^2} \tag{5-85}$$

2. 非圆截面轴的横向振动

设以 ω 角速度高速旋转的轴受约束只能沿一个方向作横向振动，转轴的截面由于挖去键槽或嵌线槽而偏心。如图 5-20 所示，其相对定坐标轴的截面二次矩 I 为转角 $\varphi=\omega t$ 的简谐函数

$$I=I_0+\Delta I\cos\varphi \tag{5-86}$$

轴的横向振动方程为

$$EI\frac{\partial^4 y}{\partial x^4}+\rho_l\frac{\partial^2 y}{\partial x^2}=0 \tag{5-87}$$

将式(5-83)和(5-86)代入式(5-87)，亦化为马蒂厄方程，即式(5-84)，其中

$$\delta=\frac{\pi^4 EI_0}{\rho_l S l^4},\quad \varepsilon=-\frac{\pi^4 E\Delta I}{\rho_l S l^4} \tag{5-88}$$

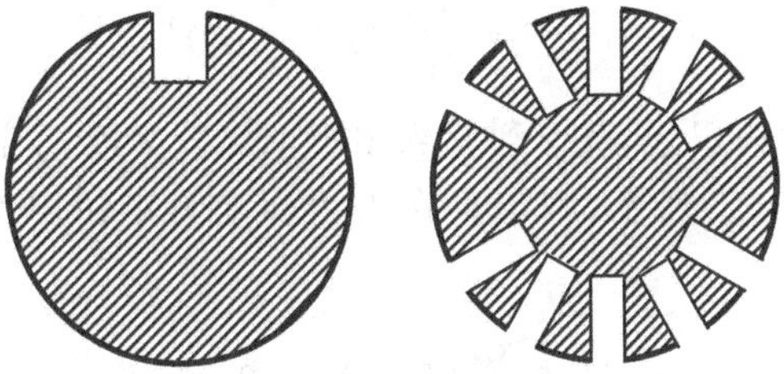

图 5-20　轴的非圆截面

3. 电动机车传动轴的扭振

设电动机车的驱动轮由两根连杆与电机的传动轴相连。连杆与轮的连接偏置 90°以消除死点现象，如图 5-21(a)所示。讨论电机传动轴的扭转振动时，必须考虑不同连杆位置引起轴的抗扭刚度的改变。连杆处于 $\varphi=\pi/2$ 的死点位置时，传动轴的微小转动不受阻碍，其抗扭刚度为零。连杆处于与死点垂直的 $p=0$ 位置时，传动轴的转动受到车轮的阻止，其抗扭刚度达到最大值。

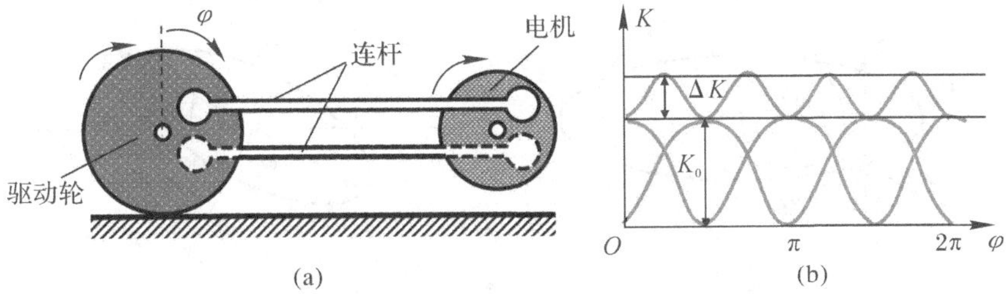

图 5-21　设电动机车的传动轴扭振

(a)电动机车传动；(b)传动轴抗扭刚度变化曲线

图 5-21(b)给出各连杆单独引起的抗扭刚度和二连杆抗扭刚度的总和，后者为车轮

转角 φ 的简谐函数，记为

$$K(\varphi)=K_0+\Delta K\cos\varphi \tag{5-89}$$

设传动轴的扭角为 x，转动惯量为 J，车轮角速度为 ω，令 $\varphi=\omega t$，列出传动轴的扭转振动的动力学方程为

$$J\ddot{x}+(K_0+\Delta K\cos\varphi)x=0 \tag{5-90}$$

也可化为马蒂厄方程，即 $\ddot{x}+(\delta+\varepsilon\cos\omega t)x=0$，其中

$$\delta=\frac{K_0}{J},\quad \varepsilon=\frac{\Delta K}{J} \tag{5-91}$$

4. 人造卫星的姿态运动

讨论沿椭圆轨道运行的人造卫星。卫星 O 与地球 O_e 的质心距离 r 的变化规律为

$$r=\frac{p}{1+e\cos\theta} \tag{5-92}$$

式中：常数 p 和 e 分别为轨道的半轴参数和偏心率，θ 为以近地点Ⅱ为基准的真近点角，如图 5-22(a)所示。设 μ 为地球的引力常数，轨道运动的角速度 ω 为

$$\omega=\dot{\theta}=\sqrt{\frac{\mu}{p^3}}(1+e\cos\theta)^2 \tag{5-93}$$

设卫星的主轴坐标系 $Oxyz$ 中 z 轴沿轨道平面法线 Z，x，y 轴相对轨道坐标轴 X，Y 的偏角为 φ，如图 5-22(b)所示，则卫星在重力梯度力矩作用下的平面运动动力学方程为

$$C\ddot{\varphi}+\frac{3\mu}{2r^3}(B-A)\sin 2\varphi=0 \tag{5-94}$$

式中：A,B,C 为卫星的主转动惯量。对于小偏角和小偏心率情形，将式(5-92)代入式(9-94)，只保留 φ 和 e 的一次项，化为马蒂厄方程

$$\ddot{\varphi}+(\delta+\varepsilon\cos\omega t)\varphi=0 \tag{5-95}$$

式中

$$\delta=\frac{3\mu(B-A)}{Cp^3},\quad \varepsilon=\frac{9\mu e(A-B)}{Cp^3},\quad \omega\approx\sqrt{\frac{\mu}{p^3}} \tag{5-96}$$

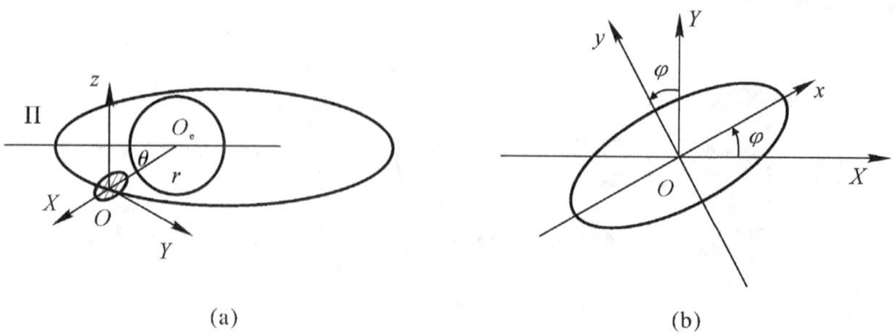

图 5-22 人造卫星的运动

(a)椭圆轨道上的人造卫星；(b)人造卫星的姿态运动

5.5.4 Floquet 理论

1. 基本解

Floquet 理论是分析周期变系数线性常微分方程解的稳定性的理论，由 G. Floquet 于 1868 年提出。Floquet 理论适用于 n 阶方程，本书只讨论二阶方程，其一般形式为

$$\ddot{x}+p(t)\dot{x}+q(t)x=0 \tag{5-97}$$

式中：$p(t)$和 $q(t)$都是周期为 T 的周期函数，满足

$$p(t+T)=p(t), \quad q(t+T)=q(t) \tag{5-98}$$

设 $x_1(t)$和 $x_2(t)$为式(5-97)的两个线性独立的特解，满足朗斯基(H. J. M. Wronsky)判别式 $\Delta(t)$不为零的条件：

$$\Delta(t)=\begin{vmatrix} x_1(t) & \dot{x}_1(t) \\ x_2(t) & \dot{x}_2(t) \end{vmatrix}\neq 0 \tag{5-99}$$

$x_1(t)$和 $x_2(t)$构成式(5-97)的基本解。式(5-97)的任何解都可用基本解的线性组合表示：

$$x(t)=C_1x_1(t)+C_2x_2(t) \tag{5-100}$$

以下证明满足初始条件[式(5-101)]的解 $x_1(t)$和 $x_2(t)$为式(5-97)的基本解。

$$\begin{bmatrix} x_1(0) & \dot{x}_1(0) \\ x_2(0) & \dot{x}_2(0) \end{bmatrix}=\begin{bmatrix} 1 & 0 \\ 0 & 1 \end{bmatrix} \tag{5-101}$$

将(5-99)对 t 微分，利用式(5-97)导出

$$\frac{d\Delta}{dt}=\begin{vmatrix} x_1 & \dot{x}_1 \\ x_2 & \dot{x}_2 \end{vmatrix}=-p\Delta \tag{5-102}$$

对式(5-102)积分可得

$$\Delta(t) = \Delta(0)e^{-\int_0^t p(\tau)d\tau} \tag{5-103}$$

由于 $\Delta(0)=1\neq 0$，则 $\Delta(t)\neq 0$，$x_1(t)$和 $x_2(t)$为基本解，证毕。

若 $x_1(t)$和 $x_2(t)$为基本解，由于 $x_1(t+T)$和 $x_2(t+T)$也是式(5-97)的解，可以表示为 $x_1(t)$和 $x_2(t)$的线性组合：

$$\left.\begin{aligned} x_1(t+T)&=a_{11}x_1(t)+a_{12}x_2(t) \\ x_2(t+T)&=a_{21}x_1(t)+a_{22}x_2(t) \end{aligned}\right\} \tag{5-104}$$

写为矩阵的形式：

$$\boldsymbol{x}(t+T)=\boldsymbol{A}\boldsymbol{x}(t) \tag{5-105}$$

式中：$\boldsymbol{x}=(x_1, x_2)^{\mathrm{T}}$，$\boldsymbol{A}=(a_{ij})$，将初始条件(5-101)代入式(5-104)，导出

$$\boldsymbol{A}=\begin{bmatrix} x_1(T) & \dot{x}_1(T) \\ x_2(T) & \dot{x}_2(T) \end{bmatrix} \tag{5-106}$$

2. 正规解

在常系数常微分方程中，以指数函数 $x=e^{\lambda t}$ 作为基本解。它具有以下性质：

$$x(t+T)= \sigma x(t) \tag{5-107}$$

式中：$\sigma=e^{\lambda t}$ 为复常数。零解的稳定性由 λ 的实部符号判断：$Re(\lambda)<0$ 为渐近稳定，$Re(\lambda)>0$ 为不稳定，$Re(\lambda)=0$ 为临界情况。

在周期变系数微分方程中，虽然找不到指数函数特解，但仍有可能找出满足与式(5-107)相同条件的特解，σ 是复常数。这种特殊性质的特解称为正规解。找到正规解以后可利用条件式(5-107)判断经过任意周期以后解的变化趋势。反复使用条件式(5-107)m 次，得到

$$x(t+mT)=\sigma^m x(t) \tag{5-108}$$

因此根据 σ 的模可以判断解是否有界，并依此判断零解的稳定性：

$$|\sigma|<1\text{：稳定；}\quad |\sigma|>1\text{：不稳定；}\quad |\sigma|=1\text{：临界情况} \tag{5-109}$$

若 σ 为实数，则临界情况 $\sigma=\pm1$ 对应于周期解。$\sigma=+1$ 时周期为 T，$\sigma=-1$ 时，周期为 $2T$。

将正规解 $x(t)$ 表示为基本解 x_1 和 x_2 的线性组合：

$$r(t)=\alpha_1 x_1(t)+\alpha_2 x_2(t) \tag{5-110}$$

将式(5-104)和式(5-110)代入式(5-107)，整理后得到

$$[\alpha_1(a_{11}-\sigma)+\alpha_2 a_{21}]x_1+[\alpha_1 a_{12}+\alpha_2(a_{22}-\sigma)]x_2=0 \tag{5-111}$$

由于 x_1 和 x_2 线性独立，其系数必为零，得到

$$\left.\begin{aligned}\alpha_1(a_{11}-\sigma)+\alpha_2 a_{21}=0\\ \alpha_1 a_{12}+\alpha_2(a_{22}-\sigma)=0\end{aligned}\right\} \tag{5-112}$$

设 $\boldsymbol{A}=(a_{ij})$ 为式(5-112)的系数矩阵，从 α_1 和 α_2 的非零解条件导出 σ 的本征方程：

$$|\boldsymbol{A}-\sigma E|=\sigma^2+P_\sigma+Q=0 \tag{5-113}$$

系数 P 和 Q 分别为

$$P=-\mathrm{tr}\boldsymbol{A},\quad Q=\det(\boldsymbol{A})=\Delta(T) \tag{5-114}$$

式(5-113)与基本解的选择无关。要证明这点，只需选择另一对基本解 y_1 和 y_2：

$$y_1=\beta_1 x_1+\beta_2 x_2,\quad y_2=\gamma_1 x_1+\gamma_2 x_2 \tag{5-115}$$

将 y_1 和 y_2 代替 x_1 和 x_2，重复以上运算可导出与式(5-113)相同的本征方程。因此，当微分方程的参数确定以后，本征方程以及所对应的本征根都唯一地被确定。因 $Q\neq0$，式(5-113)无零根。根据条件式(5-109)，若全部本征值的模 $|\sigma|$ 均小于 1，则零解渐近稳定；只要其中有一个本征值的模 $|\sigma|$ 大于 1，零解必不稳定。

3. 希尔方程的正规解

设式(5-97)中 $p(t)\equiv0$，$q(t)$ 为周期为 T 的周期函数，即成为希尔方程。根据初始条件式(5-101)导出基本解 $x_1(t)$ 和 $x_2(t)$，代入式(5-106)得到矩阵 $\boldsymbol{A}$。由于 $p(t)\equiv0$，从式(5-103)导出 $\Delta(t)=\Delta(0)=1$，则 $Q=1$，本征方程为

$$\sigma^2-2a\sigma+1=0 \tag{5-116}$$

式中：$2a=a_{11}+a_{22}$，可解出本征值为

$$\sigma_{1,2}=a\pm\sqrt{a^2-1} \tag{5-117}$$

分以下几种情形讨论：

(1) $|a|>1$：σ_1 和 σ_2 中必有一个根的值大于 1，对应的基本解无界，零解不稳定。

(2) $|a|<1$：σ_1 和 σ_2 为共轭复根，由于 $\sigma_1\sigma_2=1$，所以此共轭复根的模必等于 1，方程的基本解有界，零解稳定。

(3) $|a|=1$：$\sigma_1=\sigma_2=\pm 1$ 为重根，其中一个正规解是以 T 或 $2T$ 为周期的周期解，是稳定与不稳定之间的临界情形。

因此选择方程的参数组合使系统实现周期为 T 或 $2T$ 的周期运动，即可在参数平面内作出稳定与不稳定区域的分界线。

【例 5-4】 分析 Mathieu 方程 $\ddot{x}+[\delta+\varepsilon\cos 2t]x=0$，其中 $\delta=n^2$，$n=0,1,2,\cdots$，判断其零解稳定性。

解：派生系统存在特解 $\sin(nt)$ 和 $\cos(nt)$。下面用平均法求周期解，设解的一般形式为

$$x=a\cos(nt)+b\sin(nt)$$
$$\dot{x}=-an\sin(nt)+bn\cos(nt)$$

式中：a,b 均为时间 t 的慢变函数，方程应满足

$$\dot{a}\cos(nt)+\dot{b}\sin(nt)=0$$
$$-\dot{a}\sin(nt)+\dot{b}\cos(nt)=\frac{1}{n}[n^2-\delta-\varepsilon\cos(2t)][a\cos(nt)+b\sin(nt)]$$

导出 a,b 的微分方程

$$\dot{a}=-\frac{1}{n}[n^2-\delta-\varepsilon\cos(2t)][a\cos(nt)+b\sin(nt)]\sin(nt)$$

$$\dot{b}=\frac{1}{n}[n^2-\delta-\varepsilon\cos(2t)][a\cos(nt)+b\sin(nt)]\cos(nt)$$

将方程在周期内平均，可得到平均化方程。讨论 $n=1$ 的情况，可得到

$$\dot{a}=-\left(\frac{1-\delta}{2}+\frac{\varepsilon}{4}\right)b$$

$$\dot{b}=\left(\frac{1-\delta}{2}-\frac{\varepsilon}{4}\right)a$$

本征方程为

$$\begin{vmatrix} \lambda & \dfrac{1-\delta}{2}+\dfrac{\varepsilon}{4} \\ -\dfrac{1-\delta}{2}+\dfrac{\varepsilon}{4} & \lambda \end{vmatrix}=\lambda^2-\left[\left(\frac{\varepsilon}{4}\right)^2-\left(\frac{1-\delta}{2}\right)^2\right]=0$$

本征值为 $\lambda_{1,2}=\pm\sqrt{\left(\frac{\varepsilon}{4}\right)^2-\left(\frac{1-\delta}{2}\right)^2}$，零解稳定性条件即 l 的纯虚根条件为 $\left(\frac{\varepsilon}{4}\right)^2-\left(\frac{1-\delta}{2}\right)^2<0$，即 $\begin{cases}\delta<1-\dfrac{\varepsilon}{2} & (\delta<1)\\ \delta>1+\dfrac{\varepsilon}{2} & (\delta>1)\end{cases}$。

考虑 $n=2$ 的情况，平均化方程为 $\begin{cases}\dot{a}=-\left(1-\frac{\varepsilon}{4}\right)b \\ \dot{b}=\left(1-\frac{\varepsilon}{4}\right)a\end{cases}$，本征方程为 $\begin{vmatrix}\lambda & 1-\frac{\varepsilon}{4} \\ -\left(1-\frac{\varepsilon}{4}\right) & \lambda\end{vmatrix}=$ $\lambda^2+\left(1-\frac{\varepsilon}{4}\right)^2=0$，本征值为 $\lambda_{1,2}=\pm\left(1-\frac{\varepsilon}{4}\right)\mathrm{i}$，表明 $n=2$ 时零解恒稳定。

习　　题

1. 非线性系统具有什么特征？其与线性系统有什么区别与联系？

2. 请举几个工程上非线性系统的例子。

3. 简述自治系统与非自治系统的区别和联系。

4. 什么是自激振动？什么是参数振动？简述其特征并说明它们的区别与联系。

5. 两个小孩坐在长度为 $2a$、高度为 h 的跷跷板两端，如图 5-23 所示。系统的质心与支点 O 重合，相对 O 点的转动惯量为 J，板与地的接触为完全弹性碰撞。

(1)若轴承无摩擦，能否实现周期运动？是否为自激振动？画出相轨迹图。

(2)若轴承有干摩擦力矩 M，系统如何运动？画出相轨迹图。

(3)若板接触地时，小孩用足蹬地，每次输入不变的能量 ΔE，在轴承干摩擦和弹性碰撞同时存在的条件下，求保证系统实现周期运动的 ΔE 值，此时是否为自激振动？

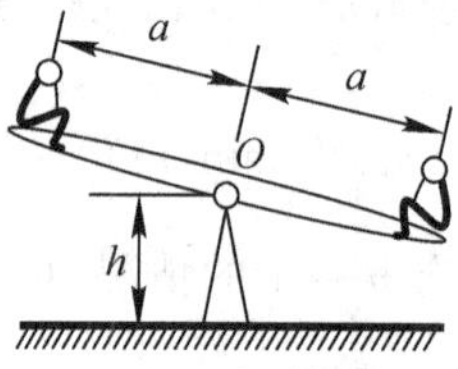

5-23　跷跷板模型

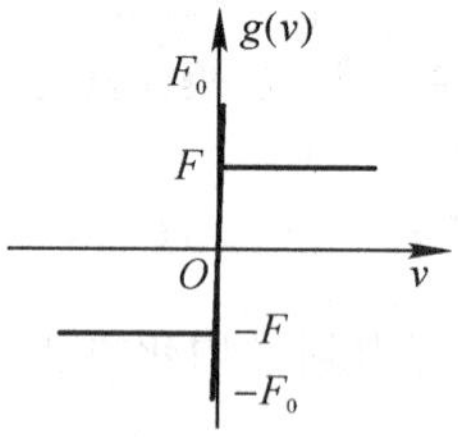

5-24　干摩擦系统

6. 振动系统中的干摩擦规律简化为 $\varphi(v)=F\mathrm{sgn}v(v\neq 0)$，$-F_0\leqslant\varphi(0)\leqslant F_0$。结合图 5-24，假设 $F_0>F$。问此系统是否仍可能发生干摩擦自振。

7. 图 5-25 所示倒置单摆系统中，质量 $m=1$ kg 的物块与长 $l=0.5$ m 的无自重刚性杆固连，支承点按规律 $y_0=A_0\sin\omega t$ 运动，振幅 $A_0=10$ mm。试求摆微幅振动稳定时 ω 所满足的条件。

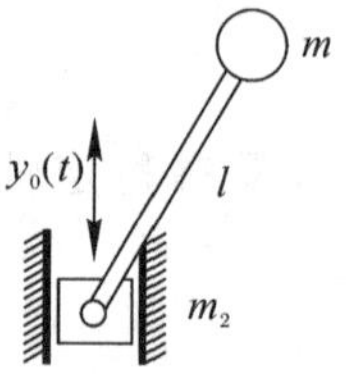

图 5-25　单摆图

8.图 5-26 所示扭振系统中，轴的抗扭刚度为 $k=80\ \mathrm{N\cdot m/rad}$，在转动惯量为 $J=0.4\ \mathrm{kg\cdot m^2}$ 的圆盘上，距轴线 $a=0.2$ m 处受力 $F=F_0+F_1\sin\omega t$ 作用，$F_0=100$ N，$F_1=40$ N，$\omega=10$ rad/s，试确定系统微幅振动的稳定性。

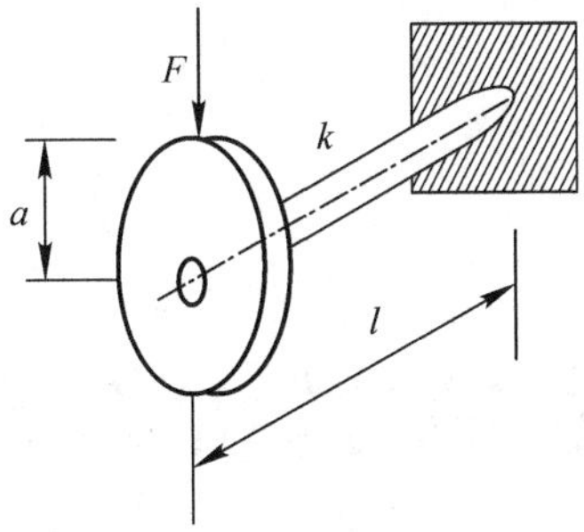

图 5-26　扭振转子图

参考文献

[1] 哈里尔.非线性系统[M].3 版.北京:电子工业出版社,2005.
[2] 陈予恕.非线性振动[M].北京:高等教育出版社,2002.
[3] 刘延柱,陈立群.非线性振动[M].北京:高等教育出版社,2001.
[4] 丁文镜.自激振动[M].北京:清华大学出版社,2009.
[5] 韩建鑫,李磊,张其昌,等.非线性动力学理论及应用[M].天津:天津大学出版社,2021.

第6章

近似解析方法

本章节主要针对非线性系统的定量研究。由于可求出精确解析解的非线性系统非常少，因此在采用数值方法（如 Runge-Kutta 法、Newmark-β 法等）之外，只能采用近似解析的方法。近似解析方法的研究对象大多为弱非线性系统，这类系统的非线性项多为小量，通常寻找的是非线性系统可能存在的周期解。本章主要介绍谐波平衡法、多尺度法以及平均法，介绍每种方法的基本原理，并以几种典型的非线性系统为例题进行分析，通过分析非线性系统的幅频响应，研究其非线性特性。

6.1 谐波平衡法

6.1.1 谐波平衡法原理

谐波平衡法（Harmonic Balance Method，HBM）的概念很简单，它是用截断的傅里叶级数求微分代数方程的周期近似解。基本思想是使用截断的傅里叶级数展开振动系统的激励项以及振动系统微分方程的解，随后令展开的振动系统微分方程两端的同阶谐波系数相等，进而获得一系列包含未知量的方程组。通过求解这些方程组，确定解的傅里叶级数的系数，实现对振动系统微分方程的求解。从物理意义上的解释是，为了保证系统的作用力与惯性力的各阶谐波分量自相平衡，必须令动力学方程两边相同阶谐波系数相等。

假设一个振动系统的二阶微分方程为

$$\ddot{x}+f(x,\dot{x})=F(t) \tag{6-1}$$

式中：$\dot{x}$ 和$\ddot{x}$分别为 x 关于时间 t 的一阶导数和二阶导数。$f(x,\dot{x})$是式（6－1）中的非线性项，其中包括了振动系统的恢复力与阻尼力，一般表示为关于 x 与 $\dot{x}$ 的多项式。$F(t)$为系统的激励项，即外界施加给振动系统的外激励。在实验室的实验测量中，施加在振动系统上的外激励通常是周期性的。在本章中，假设外激励的周期为 $T=2\pi/\omega$，即

$$F(t+T)=F(t),\quad T=\frac{2\pi}{\omega} \tag{6-2}$$

由于 $F(t)$ 具有周期性，因此可以将其使用傅里叶级数进行近似展开，以便于后期处理，即

$$F(t)=\frac{a_0}{2}+a_1\cos(\omega t)+b_1\sin(\omega t)+a_2\cos(2\omega t)+b_2\sin(2\omega t)+\cdots=$$

$$\frac{a_0}{2}+\sum_{n=1}^{\infty}\left[a_n\cos(n\omega t)+b_n\sin(n\omega t)\right] \tag{6-3}$$

式中

$$\begin{cases}a_0=\dfrac{2}{T}\displaystyle\int_0^T F(t)\mathrm{d}t\\ a_n=\dfrac{2}{T}\displaystyle\int_0^T F(t)\cos(n\omega t)\mathrm{d}t \qquad n=1,2,3,\cdots\\ b_n=\dfrac{2}{T}\displaystyle\int_0^T F(t)\sin(n\omega t)\mathrm{d}t\end{cases}$$

假设式(6－1)的稳态解是以 T 为周期变化的函数 $x(t)$，并且同样可以使用傅里叶级数展开形式：

$$x(t)=\frac{A_0}{2}+\sum_{n=1}^{\infty}\left[A_n\cos(n\omega t)+B_n\sin(n\omega t)\right] \tag{6-4}$$

式中

$$\begin{cases}A_0=\dfrac{2}{T}\displaystyle\int_0^T f(t)\mathrm{d}t\\ A_n=\dfrac{2}{T}\displaystyle\int_0^T f(t)\cos(n\omega t)\mathrm{d}t \qquad n=1,2,3,\cdots\\ B_n=\dfrac{2}{T}\displaystyle\int_0^T f(t)\sin(n\omega t)\mathrm{d}t\end{cases}$$

因此

$$\left.\begin{aligned}\dot{x}&=\frac{\partial x}{\partial t}=\sum_{n=1}^{\infty}(n\omega)\left[-A_n\sin(n\omega t)+B_n\cos(n\omega t)\right]\\ \ddot{x}&=\frac{\partial^2 x}{\partial t^2}=-\sum_{n=1}^{\infty}(n\omega)^2\left[A_n\cos(n\omega t)+B_n\sin(n\omega t)\right]\end{aligned}\right\} \tag{6-5}$$

将式(6－3)～式(6－5)代入式(6－1)中，由于非线性项 $f(x,\dot{x})$ 是关于 x 与 $\dot{x}$ 的多项式，因此可以通过使用三角函数公式将代入后的式(6－1)化为各阶谐波的线性式。令微分方程左右两边的各阶谐波系数相等，则可以得到包含未知参数的无穷个代数方程。在许多情况下，当傅里叶级数收敛时，只要考虑有限的傅里叶级数展开项，就可以得到相当精确的近似。因此，在误差允许的范围内，可以通过截断的傅里叶级数，从有限个方程求解出待定的系数，进而确定各阶谐波所对应的待定参数 A_n 与 B_n，$n=1,2,3,\cdots$。

谐波平衡法适用于自治系统和非自治系统的问题求解，计算自由振动、受迫振动、自激振动以及参激振动的频率与振幅之间的关系。虽然谐波平衡法可以应用于线性问题，但它的真正价值在于弱和强非线性微分方程组的近似解。在使用有限项的傅里叶级数很好地表示出方程的解时，即使是微分方程中含有非光滑的非线性项也不一定构成很大

的挑战。

使用伽辽金法描述谐波平衡法原理为：

利用虚功原理，将振动系统的式(6－1)的各项与虚位移 δx 相乘，即

$$[\ddot{x}+f(x,\dot{x})-F(t)]\cdot\delta x=0 \tag{6-6}$$

虚位移 δx 可以使用各阶谐波的振幅变分 δX_n 来表示：

$$\delta x=\sum_{n=1}^{\infty}\cos(n\omega t-\varphi_n)\delta X_n \tag{6-7}$$

式中

$$\begin{cases}X_n=\sqrt{A_n^2+B_n^2}\\ \varphi_n=\arctan\left(\dfrac{A_n}{B_n}\right)\end{cases}$$

要求式(6－6)在每一个周期内的平均意义上成立，因此令各项在周期 T 内取平均，可以得到

$$\sum_{n=1}^{\infty}\int_0^T[\ddot{x}+f(x,\dot{x})-F(t)]\cos(n\omega t-\varphi_n)\delta X_n\,\mathrm{d}t=0 \tag{6-8}$$

由于 δX_n 的任意性，若要式(6－8)成立，则需要令其中 δX_n 的各项系数为零。将式(6－3)与式(6－7)代入式(6－6)中，使用三角函数变换，即可导出与谐波平衡法完全一致的关系式。

6.1.2 算例

1. Duffing 系统无阻尼自由振动

Duffing 系统是一类经典的非线性动力系统，它可以被等效为一个具有非线性刚度的有阻尼单自由度振动系统(见图 6－1)。其动力学方程为

$$M\ddot{x}+kx+\varepsilon kx^3=0 \tag{6-9}$$

式中：ε 为小量。

对其进行无量纲化，可以得到

$$\ddot{x}+\omega_n^2(x+\varepsilon x^3)=0 \tag{6-10}$$

式中：ω_n 为系统在 $\varepsilon=0$ 时自由振动的固有频率。

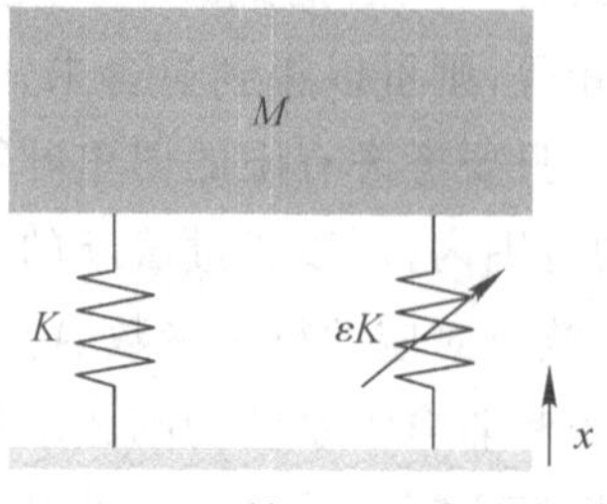

图 6－1 Duffing 系统无阻尼自由振动示意图

通过实验观测可以发现无阻尼 Duffing 系统的自由振动仍为周期运动，但其振动频率与 ω_n 不同，假设其自由振动的频率为 ω_ε，并且将系统的解展开为以 ω_ε 为频率的傅里叶

级数，并截取一阶谐波项

$$x=\Lambda_1\cos\omega_\varepsilon t \tag{6-11}$$

将式(6－11)代入无阻尼自由振动 Duffing 方程式(6－9)中，并利用三角函数关系化为各阶谐波的线性式，即

$$\left(\omega_n^2-\omega_\varepsilon^2+\frac{3}{4}\varepsilon\omega_n^2\Lambda_1^2\right)\Lambda_1\cos\omega_\varepsilon t+\frac{1}{4}\Lambda_1^3\cos3\omega_\varepsilon t=0 \tag{6-12}$$

令式(6－12)的一阶谐波项系数为 0，则可以得到

$$\omega_\varepsilon^2=\left(1+\frac{3}{4}\varepsilon\Lambda_1^2\right)\omega_n^2 \tag{6-13}$$

则

$$x=\Lambda_1\cos\left(\sqrt{1+\frac{3}{4}\varepsilon\Lambda_1^2}\,\omega_n t\right) \tag{6-14}$$

因此，Duffing 系统无阻尼自由振动的频率为有关于其振动振幅 Λ_1 的函数，并且随着 Λ_1 的增加，其振动频率 ω_ε 增大。若此时截取的谐波系数为三阶，即

$$x=\Lambda_1\cos(\omega_\varepsilon t)+\Lambda_3\cos(3\omega_\varepsilon t) \tag{6-15}$$

将式(6－15)代入式(6－9)中，并使用三角函数关系化为各阶谐波的线性式，即

$$\begin{aligned}&\left[(\omega_n^2-\omega_\varepsilon^2)\Lambda_1+\frac{3}{4}\varepsilon\omega_n^2\Lambda_1^3+\frac{3}{4}\varepsilon\omega_n^2\Lambda_1^2\Lambda_3+\frac{3}{2}\varepsilon\omega_n^2\Lambda_1\Lambda_3^2\right]\cos(\omega_\varepsilon t)+\\&\left[(\omega_n^2-9\omega_\varepsilon^2)\Lambda_3+\frac{3}{4}\varepsilon\omega_n^2\Lambda_3^3+\frac{1}{4}\varepsilon\omega_n^2\Lambda_1^3+\frac{3}{2}\varepsilon\omega_n^2\Lambda_1^2\Lambda_3\right]\cos(3\omega_\varepsilon t)+\\&\left[\frac{3}{4}\varepsilon\omega_n^2\Lambda_1^2\Lambda_3+\frac{3}{4}\varepsilon\omega_n^2\Lambda_1\Lambda_3^2\right]\cos(5\omega_\varepsilon t)+\frac{3}{4}\varepsilon\omega_n^2\Lambda_1\Lambda_3^2\cos(7\omega_\varepsilon t)+\\&\frac{1}{4}\varepsilon\omega_n^2\Lambda_3^3\cos(9\omega_\varepsilon t)=0\end{aligned} \tag{6-16}$$

略去高阶谐波项数，并且令一阶与三阶谐波项为 0，可以得到

$$\left.\begin{aligned}&(\omega_n^2-\omega_\varepsilon^2)\Lambda_1+\frac{3}{4}\varepsilon\omega_n^2\Lambda_1^3+\frac{3}{4}\varepsilon\omega_n^2\Lambda_1^2\Lambda_3+\frac{3}{2}\varepsilon\omega_n^2\Lambda_1\Lambda_3^2=0\\&(\omega_n^2-9\omega_\varepsilon^2)\Lambda_3+\frac{3}{4}\varepsilon\omega_n^2\Lambda_3^3+\frac{1}{4}\varepsilon\omega_n^2\Lambda_1^3+\frac{3}{2}\varepsilon\omega_n^2\Lambda_1^2\Lambda_3=0\end{aligned}\right\} \tag{6-17}$$

该式的求解较为困难，若系统近似于简谐振动，即 $|\Lambda_1|\gg|\Lambda_3|$，则可忽略式中的 Λ_3，即

$$\left.\begin{aligned}&(\omega_n^2-\omega_\varepsilon^2)\Lambda_1+\frac{3}{4}\varepsilon\omega_n^2\Lambda_1^3+\frac{3}{4}\varepsilon\omega_n^2\Lambda_1^2\Lambda_3=0\\&(\omega_n^2-9\omega_\varepsilon^2)\Lambda_3+\frac{1}{4}\varepsilon\omega_n^2\Lambda_1^3+\frac{3}{2}\varepsilon\omega_n^2\Lambda_1^2\Lambda_3=0\end{aligned}\right\} \tag{6-18}$$

联立得

$$8\omega_\varepsilon^2\Lambda_1\Lambda_3+\frac{27}{4}\varepsilon\omega_\varepsilon^2\Lambda_1^2\Lambda_3^2+\frac{21}{4}\varepsilon\omega_\varepsilon^2\Lambda_1^3\Lambda_3-\frac{1}{4}\varepsilon\omega_\varepsilon^2\Lambda_1^4=0 \tag{6-19}$$

考虑到 $|\Lambda_1|\gg|\Lambda_3|$，且 ε 为小量，则式(6－19)的解为

$$\Lambda_3=\frac{1}{32}\varepsilon\Lambda_1^3 \tag{6-20}$$

因此方程的解可以写作

$$x=\Lambda_1\cos(\omega_\varepsilon t)+\frac{1}{32}\varepsilon\Lambda_1^3\cos(3\omega_\varepsilon t)\tag{6-21}$$

将等式(6-19)代回式(6-17)中，可以得到 Duffing 系统无阻尼自由振动的频率

$$\omega_\varepsilon=\omega_n\sqrt{1+\frac{3}{4}\varepsilon\Lambda_1^2+\frac{3}{128}\varepsilon^2\Lambda_1^4}\tag{6-22}$$

或

$$\omega_\varepsilon=\omega_n\left(1+\frac{3}{4}\varepsilon\Lambda_1^2+\frac{15}{256}\varepsilon^2\Lambda_1^4\right)\tag{6-23}$$

综上，式(6-11)与式(6-12)为一阶近似解，而式(6-14)、式(6-21)和式(6-22)为二阶近似解。

2. Duffing 系统有阻尼受迫振动

考虑阻尼与外激励时，如图 6-2 所示，受迫振动 Duffing 方程可以表示为

$$M\ddot{x}+C\dot{x}+K(x+\varepsilon x^3)=f\cos(\omega_\varepsilon t)\tag{6-24}$$

对其进行无量纲化后可得到

$$\ddot{x}+2\xi\omega_n\dot{x}+\omega_n^2(x+\varepsilon x^3)=\omega_n^2\hat{f}\cos(\omega_\varepsilon t)\tag{6-25}$$

通过实验观测可以发现无阻尼 Duffing 系统的自由振动仍为周期运动，假设其自由振动的频率为 ω_ε，将系统的解展开为以 ω_ε 为频率的傅里叶级数，并截取一阶谐波项

$$x=A_1\cos(\omega_\varepsilon t)+B_1\sin(\omega_\varepsilon t)=C_1\cos(\omega_\varepsilon t-\theta)\tag{6-26}$$

式中

$$C_1\cos\theta=A_1$$

$$C_1\sin\theta=B_1$$

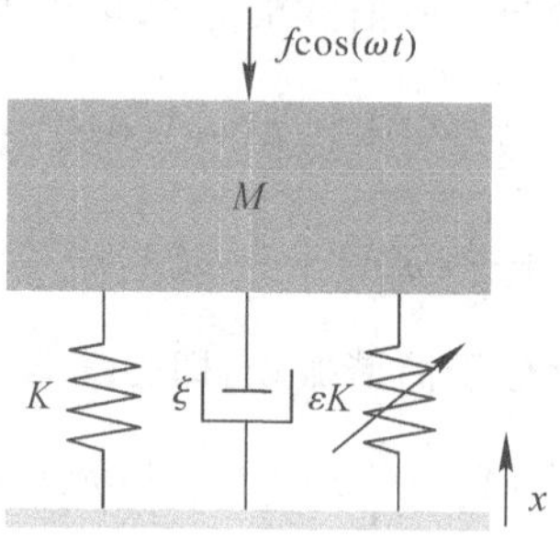

图 6-2 Duffing 系统有阻尼受迫振动示意图

将式(6-26)代入有阻尼受迫 Duffing 方程中，并利用三角函数关系可以得到

$$\left[A_1(\omega_n^2-\omega_\varepsilon^2)+2B_1\xi\omega_n\omega_\varepsilon+\frac{3}{4}\varepsilon\omega_n^2A_1C_1^2\right]\cos(\omega_\varepsilon t)$$

$$\left[B_1(\omega_n^2-\omega_\varepsilon^2)-2A_1\xi\omega_n\omega_\varepsilon+\frac{3}{4}\varepsilon\omega_n^2B_1C_1^2\right]\sin(\omega_\varepsilon t)+\frac{1}{4}\varepsilon\omega_n^2A_\varepsilon(A_1^2-B_1^2)\cos(3\omega_\varepsilon t)+$$

$$\frac{1}{4}\varepsilon\omega_n^2B_\varepsilon(A_1^2-B_1^2)\sin(3\omega_\varepsilon t)=\omega_n^2\hat{f}\cos(\omega_\varepsilon t)\tag{6-27}$$

引入频率比 $\Omega=\omega_\varepsilon/\omega_n$，略去高阶谐波项，并使得两端一阶谐波项系数相等，即

$$\left.\begin{aligned}A_1(1-\Omega^2)+2B_1\xi\Omega+\frac{3}{4}\varepsilon A_1C_1^2=\hat{f}\\B_1(1-\Omega^2)-2A_1\xi\Omega+\frac{3}{4}\varepsilon B_1C_1^2=0\end{aligned}\right\}\tag{6-28}$$

式(6-28)也可以写为

$$\begin{bmatrix}1-\Omega^2+\frac{3}{4}\varepsilon C_1^2 & 2\xi\Omega\\-2\xi\Omega & 1-\Omega^2+\frac{3}{4}\varepsilon C_1^2\end{bmatrix}\begin{bmatrix}A_1\\B_1\end{bmatrix}=\begin{bmatrix}\hat{f}\\0\end{bmatrix}\tag{6-29}$$

因此可以解出 A_1 和 B_1

$$\left.\begin{aligned}A_1=\frac{\left(1-\Omega^2+\frac{3}{4}\varepsilon C_1^2\right)\hat{f}}{\left(1-\Omega^2+\frac{3}{4}\varepsilon C_1^2\right)^2+(2\xi\Omega)^2}\\B_1=\frac{(2\xi\Omega)\hat{f}}{\left(1-\Omega^2+\frac{3}{4}\varepsilon C_1^2\right)^2+(2\xi\Omega)^2}\end{aligned}\right\}\tag{6-30}$$

根据式(6-26)和式(6-30)，可以得到相位差 θ：

$$\theta=\arctan\left[\frac{(2\xi\Omega)}{1-\Omega^2+\frac{3}{4}\varepsilon C_1^2}\right]\tag{6-31}$$

考虑到 $A_1^2+B_1^2=C_1^2$，可以确定系统的幅频响应函数

$$\left[\left(1-\Omega^2+\frac{3}{4}\varepsilon C_1^2\right)^2+(2\xi\Omega)^2\right]C_1^2=\hat{f}^2\tag{6-32}$$

所以，方程的解可以表示为关于 t、Ω 和 C_1 的函数，即

$$x(t,\Omega,C_1)=\sqrt{\frac{\left(1-\Omega^2+\frac{3}{4}\varepsilon C_1^2\right)^2+(2\xi\Omega)^2}{}}\times\cos\left[\Omega\omega_n t-\arctan\left(\frac{(2\xi\Omega)}{1-\Omega^2+\frac{3}{4}\varepsilon C_1^2}\right)\right]\tag{6-33}$$

幅频响应方程还可以写作

$$\Omega^4+2\left[2\xi^2-\left(1+\frac{3}{4}\varepsilon C_1^2\right)\right]\Omega^2+\left(1+\frac{3}{4}\varepsilon C_1^2\right)^2-\left(\frac{\hat{f}}{C_1}\right)^2=0\tag{6-34}$$

求解可得

$$\Omega_{1,2}^2=1+\frac{3}{4}\varepsilon C_1^2-2\xi^2\pm\frac{1}{C_1}\sqrt{\hat{f}^2-4C_1^2\xi^2(1-\xi^2)-3\varepsilon\xi^2C_1^4}\tag{6-35}$$

由此可以证明 Ω 为 C_1 的函数。Ω_1 与 Ω_2 的图像如图 6-3 所示，其中 $\xi=\varepsilon=0.05$。

当 $\varepsilon=0$ 时，有阻尼受迫振动 Duffing 方程退化为线性有阻尼受迫振动方程，可以得到

$$\left.\begin{aligned}\frac{\hat{f}}{C_1}&=\frac{1}{\sqrt{(1-\Omega^2)^2+(2\xi\Omega)^2}}\\ \theta&=\arctan\left(\frac{2\xi\Omega}{1-\Omega^2}\right)\end{aligned}\right\}\tag{6-36}$$

这与线性振动分析的结果一致。

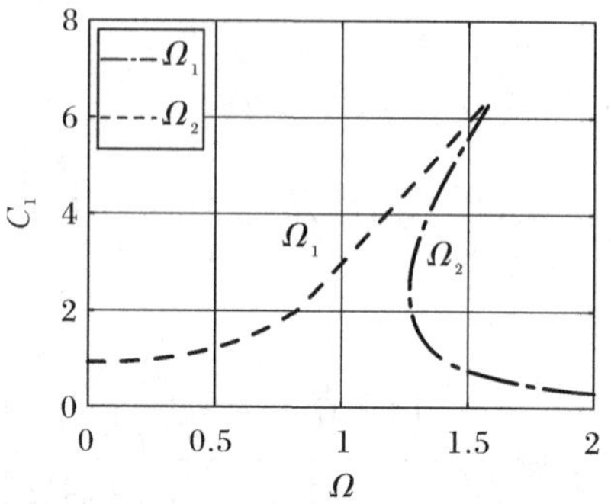

图 6-3 Duffing 方程 Ω_1 与 Ω_2 的幅频响应关系

3. 自激系统 Van der Pol 方程

在第 5 章介绍了 Van der Pol 方程，其具有以下形式：

$$\ddot{x}+\varepsilon(x^2-1)\dot{x}+x=\varepsilon h\cos(\omega t)\tag{6-37}$$

使用谐波平衡法求解 Van der Pol 方程，首先假设其解的形式为

$$x(t)=A\cos(\omega t)+B\sin(\omega t)\tag{6-38}$$

所以

$$\left.\begin{aligned}\dot{x}(t)&=-\omega A\sin(\omega t)+\omega B\cos(\omega t)\\ \ddot{x}(t)&=-\omega^2 A\cos(\omega t)-\omega^2 B\sin(\omega t)\end{aligned}\right\}\tag{6-39}$$

代入 Van der Pol 方程中，并利用三角函数关系可以得到

$$\frac{1}{4}[4A(1-\omega^2)+B\varepsilon\omega(A^2+B^2-4)]\cos(\omega t)+\frac{1}{4}[4B(1-\omega^2)+A\varepsilon\omega(A^2+B^2-4)]\sin(\omega t)+$$
$$\frac{1}{4}B(3A^2-B^2)\cos(3\omega t)+\frac{1}{4}A(3B^2-A^2)\sin(3\omega t)=\varepsilon h\cos(\omega t)\tag{6-40}$$

略去高阶谐波项，并使得其中两边的正余弦项相等，即

$$\left.\begin{aligned}\frac{1}{4}[4A(1-\omega^2)+B\varepsilon\omega(A^2+B^2-4)]&=\varepsilon h\\ \frac{1}{4}[4B(1-\omega^2)+A\varepsilon\omega(A^2+B^2-4)]&=0\end{aligned}\right\}\tag{6-41}$$

由此可以得到 Van der Pol 方程的幅频响应关系

$$C^2\left[\frac{\varepsilon^2\omega^2}{16}(C^2-4)^2+(1-\omega^2)^2\right]=(\varepsilon h)^2\tag{6-42}$$

式中：$C^2=A^2+B^2$。

在以上两例中，应用谐波平衡法时仅取基频项作为近似解，就得出了能反映系统稳态解基本特性的一些结果。在有些问题中需要计算包含高次谐波项的近似解，在这种情

况下与自治系统中一样,需要解决预先确定谐波系数中各参数的量级的困难。此时,可以将谐波平衡法与建立在小参数摄动基础上的一些方法(如多尺度法等)结合起来应用。

6.1.3 幅频与相频特性

利用式(6-32)可以绘制出幅频特性曲线。图 6-4 显示了不同的内部参数 ε 条件下的幅频响应曲线,其中阻尼比 $\zeta=0.05$,受迫振动 Duffing 系统的非线性使其频率响应的主干发生弯曲。当 $\varepsilon>0$ 时,其骨架线(实线)会朝着 Ω 增大的方向弯曲,从而使得整个曲线族(虚线)向着右边弯曲,这种现象被称为硬特性(Hard Characteristic);当 $\varepsilon<0$ 时,其骨架线会朝着 Ω 减小的方向弯曲,从而使得整个曲线族向着左边弯曲,这种现象被称为软特性(Soft Characteristic)。对于软硬特性的另一种理解为,对于式(6-24),可以将其看作一个具有非线性弹簧的单自由度系统,即

$$\left.\begin{aligned} &M\ddot{x}+C\dot{x}+F(x)=f\cos(\omega_\varepsilon t)\\ &F(x)=K(x+\varepsilon x^3)\end{aligned}\right\} \tag{6-43}$$

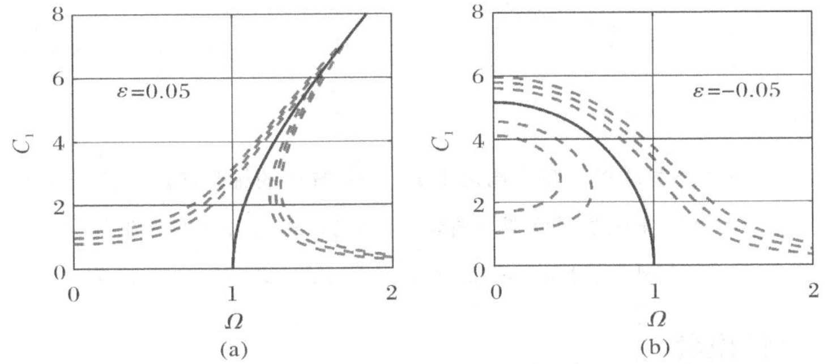

图 6-4 不同参数 ε 下 Duffing 方程幅频响应与骨架线

(a)$\varepsilon<0$ 不同外激励下的幅频响应曲线和骨架线;(b)$\varepsilon<0$ 不同外激励下的幅频响应曲线和骨架线

绘制出其恢复力位移曲线,如图 6-5 所示,其中当 $\varepsilon=0$ 时恢复力为线性的,即系统具有线性弹簧,当 $\varepsilon>0$ 时,非线性恢复力大于线性的恢复力,称为弹簧硬化,对应于图 6-5 中的实线,即硬特性;反之,当 $\varepsilon<0$ 时,非线性恢复力小于线性的恢复力,称为弹簧软化,所对应于图 6-5 点画线,即软特性。

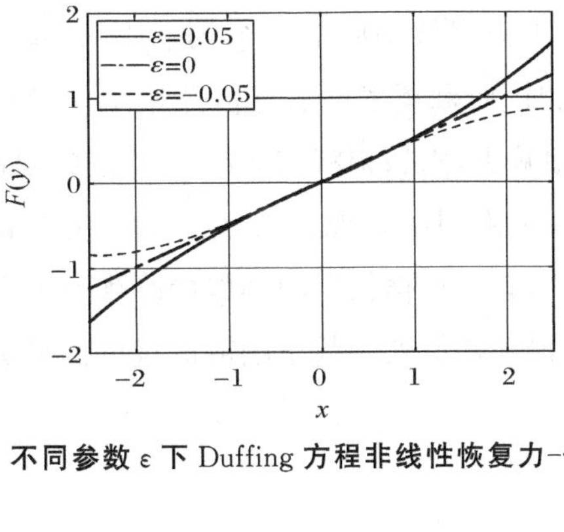

图 6-5 不同参数 ε 下 Duffing 方程非线性恢复力-位移曲线

图 6-6 所示为不同外激励以及阻尼比之下的幅频响应与相频响应曲线。当外激励增大时，幅频响应曲线会增大，当阻尼比增大时，幅频响应曲线的共振峰值会减小，这是由于阻尼对振动能量的耗散作用。其相频曲线如图 6-6(c)(d)所示。

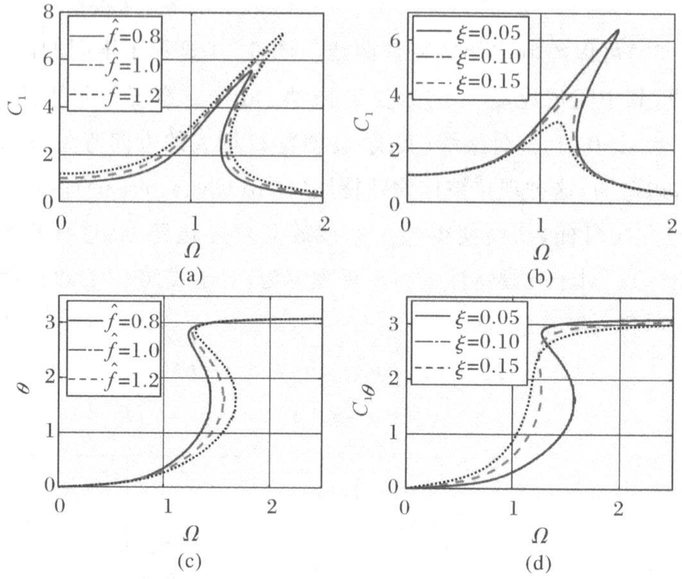

图 6-6　不同外激励以及阻尼比之下 Duffing 方程的幅频响应与相频响应曲线

(a)不同外激励下幅频响应曲线；(b)不同阻尼比下幅频响应曲线；

(c)不同外激励下相频响应曲线；(d)不同阻尼比下相频响应曲线

6.1.4　跳跃现象

利用式(6-32)可以绘制出幅频特性曲线如图 6-7 所示。如图 6-7(a)(b)所示，扫频条件下幅频响应变化趋势由图中的虚线箭头表示。可以看到当频率比上升时，所对应的振幅先逐渐增大到 C 点，然后突然跳跃至 D 点；而当频率比下降时，所对应的振幅先逐渐增大到 B 点，然后突然跳跃至 A 点。这便是跳跃现象(Jump Phenomena)。跳跃现象仅发生在非线性系统中，线性系统中不会发生。如图 6-7(c)所示，虚线 AB 与 CD 区间为跳变区间(Jump Zone)，两条虚线中间的每个频率比都会对应两个或三个振幅。当频率比对应于 J 点的频率比时，如果频率比从低值开始增加，则振幅将在对应于 I 点的幅值，但如果频率从高值开始减少，则振幅将在对应于 K 点的幅值。当幅值对应于 I 点时，若出现扰动，则幅值可能会下降到 J 点或者 K 点。J 点的振幅，虽然在数学上是一个可能的振幅，但它是不稳定的，其会根据扰动的具体情况跳到 I 点或 K 点。在实际应用中，工程师和科学家必须避免振动幅值处于频率响应曲线的高低分支之间跳跃的跳跃区，以免对结构造成破坏。

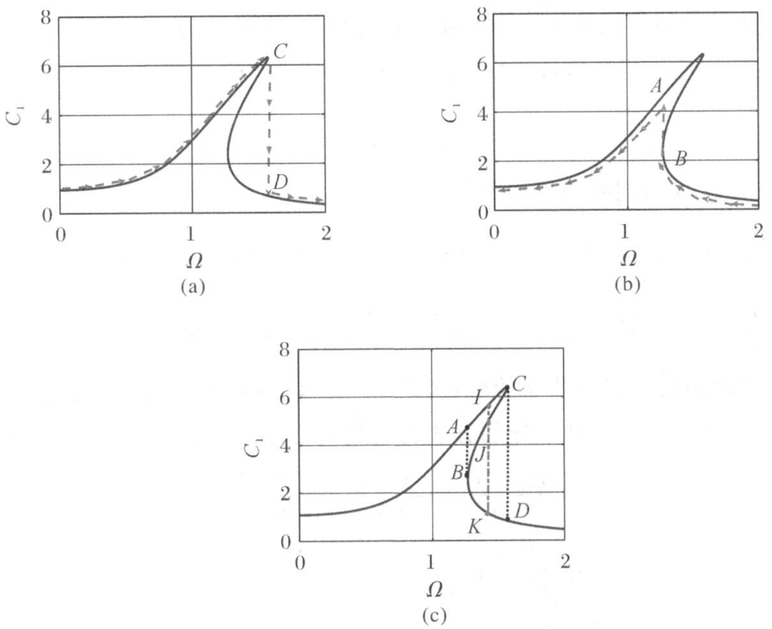

图 6－7 正向和反向扫频条件下 Duffing 方程幅频响应变化趋势以及跳跃现象演示图

(a)正向扫频条件下振幅的变化；(b)反向扫频条件下振幅的变化；(c)跳变区间与不稳定解示意图

6.2 多尺度法

6.2.1 多尺度法原理

多尺度法(Multi-Scale Method)的起源可以追溯到 1932 年，由克雷洛夫和博戈柳博夫提出。该方法的一般原理是：因变量被统一地展开为两个或多个自变量，称为尺度。而多尺度法不但对严格的周期运动适用，也适用于耗散系统的衰减振动和其他许多场合。

以一个非线性微分方程为研究对象，即

$$\ddot{x}+\omega_n^2 x=\varepsilon f(x,\dot{x},\omega t) \tag{6-44}$$

其初值条件为

$$\left.\begin{aligned} x(0)&=p_0 \\ \dot{x}(0)&=q_0 \end{aligned}\right\} \tag{6-45}$$

在多尺度方法中，本节将位移 x 与外激励频率 ω 进行变换。首先引入表示不同时间尺度的时间变量，即

$$T_s=\varepsilon^s t,\quad s=0,1,2,\cdots \tag{6-46}$$

该变量最早于 1957 年由美国人斯特罗克提出。不同的时间尺度描述了变化过程的不同节奏，阶数越低，变化越缓慢；阶数越高，变化越迅速。

将外激励频率 ω 展开为关于 ε 的幂级数，即

$$\omega=\omega_0+\varepsilon\omega_1+\varepsilon^2\omega_2+\cdots \tag{6-47}$$

将非线性振动的解展开为不同尺度的时间变量，可表示为

$$x(t,\varepsilon)=x_0+\varepsilon x_1+\varepsilon^2 x_2+\cdots=\sum_{s=0}^{\infty}\varepsilon^s x_s(T_0,T_1,T_2\cdots) \tag{6-48}$$

外激励项 $\varepsilon f(x,\dot{x},\omega t)$ 同样可以展开为

$$\varepsilon f(x,\dot{x},\omega t)=\varepsilon f\left[x_0+\varepsilon x_1+\cdots,\frac{\partial x}{\partial T_0}+\varepsilon\frac{\partial x}{\partial T_1}+\cdots,(\omega_0+\varepsilon\omega_1+\varepsilon^2\omega_2+\cdots)T_0\right]=$$

$$\varepsilon f\left(x_0,\frac{\partial x_0}{\partial T_0},\omega_0 T_0\right)+\varepsilon^2 f\left(x_0,x_1,\frac{\partial x_0}{\partial T_0},\frac{\partial x_0}{\partial T_1},\frac{\partial x_1}{\partial T_0},\omega_0 T_0,\omega_0 T_1,\omega_1 T_1\right)+\cdots \tag{6-49}$$

将不同的时间尺度视为独立的变量，则 $x(t,\varepsilon)$ 可以看作为无穷个独立时间变量的函数。因此，可以利用复合函数求导的方法将时间 t 的微分表示为

$$\begin{aligned}\frac{\mathrm{d}}{\mathrm{d}t}&=\frac{\partial T_0}{\partial t}\frac{\partial}{\partial T_0}+\frac{\partial T_1}{\partial t}\frac{\partial}{\partial T_1}+\frac{\partial T_2}{\partial t}\frac{\partial}{\partial T_2}+\cdots\\&=\frac{\partial}{\partial T_0}+\varepsilon\frac{\partial}{\partial T_1}+\varepsilon^2\frac{\partial}{\partial T_2}+\cdots\end{aligned} \tag{6-50}$$

$$\begin{aligned}\frac{\mathrm{d}^2}{\mathrm{d}t^2}&=\frac{\mathrm{d}}{\mathrm{d}t}\left(\frac{\mathrm{d}}{\mathrm{d}t}\right)=\frac{\mathrm{d}}{\mathrm{d}t}\left(\frac{\partial}{\partial T_0}+\varepsilon\frac{\partial}{\partial T_1}+\varepsilon^2\frac{\partial}{\partial T_2}+\cdots\right)=\\&\frac{\partial}{\partial T_0}\left(\frac{\partial}{\partial T_0}+\varepsilon\frac{\partial}{\partial T_1}+\varepsilon^2\frac{\partial}{\partial T_2}+\cdots\right)+\varepsilon\frac{\partial}{\partial T_1}\left(\frac{\partial}{\partial T_0}+\varepsilon\frac{\partial}{\partial T_1}+\varepsilon^2\frac{\partial}{\partial T_2}+\cdots\right)=\\&\varepsilon^2\frac{\partial}{\partial T_2}\left(\frac{\partial}{\partial T_0}+\varepsilon\frac{\partial}{\partial T_1}+\varepsilon^2\frac{\partial}{\partial T_2}+\cdots\right)+\cdots\end{aligned} \tag{6-51}$$

为简化书写，这里定义偏微分符号

$$D_s=\frac{\partial}{\partial T_s},\quad s=0,1,2,\cdots \tag{6-52}$$

则式(6-50)与式(6-51)可以简化为以下形式：

$$\frac{\mathrm{d}}{\mathrm{d}t}=D_0+\varepsilon D_1+\varepsilon^2 D_2+\cdots \tag{6-53}$$

$$\frac{\mathrm{d}^2}{\mathrm{d}t^2}=D_0^2+2\varepsilon D_0 D_1+\varepsilon^2(D_1^2+2D_0 D_2)+\cdots \tag{6-54}$$

通过将外激励频率 ω 与解 x 分别展开为式(6-47)与式(6-48)，并将以上两式代入式(6-44)中，可以得到关于 ε 不同阶数的多项式。令 ε^s 的系数为 0，可以得到一组微分方程，即

$$\left.\begin{aligned}&D_0^2 x_0+\omega_0^2 x_0=0\\&D_0^2 x_1+\omega_0^2 x_1+2D_0 D_1 x_0=f(x_0,D_0 x_0,\omega_0 T_0)\\&D_0^2 x_2+\omega_0^2 x_2+2D_0 D_1 x_1+(D_1^2+2D_0 D_2)x_0=\\&\qquad f(x_0,x_1,D_0 x_0,D_1 x_0,D_0 x_1,\omega_0 T_0,\omega_0 T_1,\omega_1 T_1)\\&\qquad\cdots\cdots\end{aligned}\right\} \tag{6-55}$$

式(6-55)中的第一个方程为二阶微分方程，假设其解为

$$x_0=C_0(T_1,T_2,\cdots)\mathrm{e}^{\mathrm{i}\omega_0 T_0}+\bar{C}_0(T_1,T_2,\cdots)\mathrm{e}^{\mathrm{i}\omega_0 T_0} \tag{6-56}$$

式中：i 为虚数，$C_0(T_1,T_2,\cdots)$ 与 $\overline{C}_0(T_1,T_2,\cdots)$ 互为共轭复数，这里称式(6-56)为零阶近似解表达式。将 x_0 代入式(6-55)的第二式，即

$$D_0^2x_1+\omega_0^2x_1+2\mathrm{i}\omega_0D_1C_0\mathrm{e}^{\mathrm{i}\omega_0T_0}-2\mathrm{i}\omega_0D_1\overline{C}_0\mathrm{e}^{-\mathrm{i}\omega_0T_0}=f(x_0,D_0x_0,\omega_0T_0) \tag{6-57}$$

这里要注意的是，$\mathrm{e}^{\mathrm{i}\omega_0T_0}$ 和 $\mathrm{e}^{-\mathrm{i}\omega_0T_0}$ 的系数会导致久期项的出现，因此其系数必须为0，即可确定 $C_0(T_1,T_2,\cdots)$ 与 $\overline{C}_0(T_1,T_2,\cdots)$，进而得到 x_0，也就是一阶近似解的确定表达式。这里介绍消除久期项的方法：

首先，将 $f(x_0,D_0x_0,\omega_0T_0)$ 展开为傅里叶级数形式：

$$f(x_0,D_0x_0,\omega_0T_0)=\sum_{-\infty}^{\infty}f_n(C_0,\overline{C}_0)\mathrm{e}^{\mathrm{i}s\omega_0T_0} \tag{6-58}$$

式中

$$f_n(C_0,\overline{C}_0)=\frac{\omega_0}{2\pi}\int_0^{2\pi/\omega_0}f(x_0,D_0x_0,\omega_0T_0)\mathrm{e}^{-\mathrm{i}s\omega_0T_0}\mathrm{d}T_0$$

要消除久期项，就要满足

$$2\mathrm{i}D_1C_0=\frac{1}{2\pi}\int_0^{2\pi/\omega_0}f(x_0,D_0x_0,\omega_0T_0)\mathrm{e}^{-\mathrm{i}s\omega_0T_0}\mathrm{d}T_0 \tag{6-59}$$

如果只求解一阶近似解，则只需要考虑 $s=1$ 的情况，此时 C_0 仅为 T_1 的函数。为了方便表示，这里将 $C_0(T_1)$ 表示为极坐标形式，即

$$C_0(T_1)=\frac{1}{2}c_0(T_1)\mathrm{e}^{\mathrm{i}\theta(T_1)} \tag{6-60}$$

则式(6-56)可以表示为

$$x_0=c_0(T_1)\cos[\omega_0T_0+\theta(T_1)] \tag{6-61}$$

将式(6-60)代入式(6-59)中，得到

$$(D_1c_0+\mathrm{i}c_0D_1\theta)\mathrm{i}=\frac{1}{2\pi\omega_0}\int_0^{2\pi}f(c_0\cos\alpha,-c_0\omega_0\cos\alpha,\omega_0T_0)\mathrm{e}^{-\mathrm{i}\alpha}\mathrm{d}\alpha \tag{6-62}$$

式中

$$\alpha=\omega_0T_0+\theta$$

这里注意 $\mathrm{e}^{-\mathrm{i}\alpha}=\cos\alpha-\mathrm{i}\sin\alpha$，分离式(6-62)中的虚部和实部可以得到

$$\left.\begin{aligned}D_1c_0&=\frac{-1}{2\pi\omega_0}\int_0^{2\pi}f(c_0\cos\alpha,-c_0\omega_0\cos\alpha,\omega_0T_0)\sin\alpha\mathrm{d}\alpha\\D_1\theta&=\frac{-1}{2\pi\omega_0c_0}\int_0^{2\pi}f(c_0\cos\alpha,-c_0\omega_0\cos\alpha,\omega_0T_0)\cos\alpha\mathrm{d}\alpha\end{aligned}\right\} \tag{6-63}$$

在这一条件下求解式(6-57)，得到 $C_0(T_1,T_2,\cdots)$ 与 $\overline{C}_0(T_1,T_2,\cdots)$。将零阶和一阶近似解代入式(6-55)的第三个微分方程中，消除久期项并注意初值条件，解出其中的待定系数，从而确定各阶近似解的确定表达式。以此类推，直到达到所需的精度要求。

6.2.2 算例

1. Duffing 系统无阻尼自由振动

在无阻尼耗散以及外激励的情况下，Duffing 系统动力学方程如式(6-10)所示。引入时间变量 T_0,T_1,T_2，并假设方程的解为

$$x(\varepsilon,t)=x_0(T_0,T_1,T_2)+\varepsilon x_1(T_0,T_1,T_2)+\varepsilon^2 x_2(T_0,T_1,T_2) \tag{6-64}$$

将其代入无阻尼自由振动 Duffing 系统中，整理 ε 不同阶数的系数，可以得到

$$\left.\begin{aligned} &D_0^2 x_0+\omega_n^2 x_0=0\\ &D_0^2 x_1+\omega_n^2 x_1=-2D_0D_1x_0-\omega_n^2 x_0^3\\ &D_0^2 x_2+\omega_n^2 x_2=-2D_0D_1x_1-(D_1^2+2D_0D_2)x_0-3\omega_n^2 x_0^2 x_1 \end{aligned}\right\} \tag{6-65}$$

假设第一个微分方程的解为

$$x_0=\Lambda_1(T_1,T_2)\mathrm{e}^{\mathrm{i}\omega_n t}+\overline{\Lambda}_1(T_1,T_2)\mathrm{e}^{-\mathrm{i}\omega_n t} \tag{6-66}$$

将式(6-66)代入式(6-65)的第二个微分方程中：

$$\begin{aligned} D_0^2 x_1+\omega_n^2 x_1=&-(2\mathrm{i}\omega_n D_1\Lambda_1+3\Lambda_1^2\overline{\Lambda}_1\omega_n^2)\mathrm{e}^{\mathrm{i}\omega_n T_0}-\omega_n^2\Lambda_1^3\mathrm{e}^{3\mathrm{i}\omega_n T_0}-\\ &(-2\mathrm{i}\omega_n D_1\overline{\Lambda}_1+3\Lambda_1\overline{\Lambda}_1^2\omega_n^2)\mathrm{e}^{-\mathrm{i}\omega_n T_0}-\omega_n^2\overline{\Lambda}_1^3\mathrm{e}^{-3\mathrm{i}\omega_n T_0} \end{aligned} \tag{6-67}$$

为了使 x_1 中不包含久期项，则必须使 $\mathrm{e}^{\mathrm{i}\omega_n T_0}$ 和 $\mathrm{e}^{-\mathrm{i}\omega_n T_0}$ 的系数为 0，即

$$\left.\begin{aligned} &2\mathrm{i}D_1\Lambda_1+3\omega_n\Lambda_1^2\overline{\Lambda}_1=0\\ &-2\mathrm{i}D_1\overline{\Lambda}_1+3\omega_n\Lambda_1\overline{\Lambda}_1^2=0 \end{aligned}\right\} \tag{6-68}$$

因此，可以解出

$$x_1=\frac{1}{8}\Lambda^3\mathrm{e}^{3\mathrm{i}\omega_n T_0}+\frac{1}{8}\overline{\Lambda}^3\mathrm{e}^{-3\mathrm{i}\omega_n T_0} \tag{6-69}$$

将式(6-66)与式(6-69)代入式(6-65)的第三式中，可得

$$\begin{aligned} D_0^2 x_2+\omega_n^2 x_2=&-\frac{3}{8}\omega_n^2\Lambda_1^5\mathrm{e}^{5\mathrm{i}\omega_n T_0}+\frac{21}{8}\omega_n^2\Lambda_1^4\overline{\Lambda}_1\mathrm{e}^{3\mathrm{i}\omega_n T_0}-\\ &\left(2\mathrm{i}D_2\Lambda_1\omega_n-\frac{15}{8}\Lambda_1^3\overline{\Lambda}_1^2\omega_n^2\right)\mathrm{e}^{\mathrm{i}\omega_n T_0}-\\ &\frac{3}{8}\omega_n^2\overline{\Lambda}_1^5\mathrm{e}^{-5\mathrm{i}\omega_n T_0}+\frac{21}{8}\omega_n^2\Lambda_1\overline{\Lambda}_1^4\mathrm{e}^{-3\mathrm{i}\omega_n T_0}-\\ &\left(-2iD_2\overline{\Lambda}_1\omega_n-\frac{15}{8}\overline{\Lambda}_1^3\Lambda_1^2\omega_n^2\right)\mathrm{e}^{-\mathrm{i}\omega_n T_0} \end{aligned} \tag{6-70}$$

要消除久期项，即 $\mathrm{e}^{\mathrm{i}\omega_n T_0}$ 和 $\mathrm{e}^{-\mathrm{i}\omega_n T_0}$ 的系数为 0，也就是

$$\left.\begin{aligned} &2\mathrm{i}D_2\Lambda_1\omega_n-\frac{15}{8}\Lambda_1^3\overline{\Lambda}_1^2\omega_n^2=0\\ &-2\mathrm{i}D_2\overline{\Lambda}_1\omega_n-\frac{15}{8}\overline{\Lambda}_1^3\Lambda_1^2\omega_n^2=0 \end{aligned}\right\} \tag{6-71}$$

所以可以得到

$$x_2=-\frac{21}{64}\Lambda_1^4\overline{\Lambda}_1\mathrm{e}^{3\mathrm{i}\omega_0 T_0}+\frac{1}{64}\Lambda_1^5\mathrm{e}^{5\mathrm{i}\omega_0 T_0}-\frac{21}{64}\overline{\Lambda}_1^4\Lambda_1\mathrm{e}^{-3\mathrm{i}\omega_0 T_0}+\frac{1}{64}\overline{\Lambda}_1^5\mathrm{e}^{-5\mathrm{i}\omega_0 T_0} \tag{6-72}$$

将 Λ_1 对时间的导数 $\dot{\Lambda}_1$ 使用多尺度展开，可以得到

$$\dot{\Lambda}_1=\frac{\mathrm{d}\Lambda_1}{\mathrm{d}t}=D_0\Lambda_1+\varepsilon D_1\Lambda_1+\varepsilon^2 D_2\Lambda_1+\cdots \tag{6-73}$$

根据式(6-68)与式(6-71)可以得到

$$\dot{\Lambda}_1=\frac{3\mathrm{i}}{2}\varepsilon\omega_0\Lambda_1^2\overline{\Lambda}_1-\frac{15\mathrm{i}}{16}\varepsilon^2\omega_0\Lambda_1^3\overline{\Lambda}_1^2 \tag{6-74}$$

将 Λ_1 写为指数函数形式，即

$$\Lambda_1(t)=\frac{1}{2}\alpha(t)\mathrm{e}^{\mathrm{i}\theta(t)} \tag{6-75}$$

式中：$\alpha(t)$ 与 $\theta(t)$ 为 t 的实函数，代入到式(6-74)中，分离实部与虚部，可得

$$\left.\begin{aligned}&\dot{\alpha}=0\\&\dot{\theta}=\frac{3}{8}\varepsilon\omega_0\alpha^2-\frac{15}{256}\varepsilon^2\omega_0\alpha^4\end{aligned}\right\} \tag{6-76}$$

积分可得

$$\left.\begin{aligned}&\alpha=\alpha_0\\&\theta=\left(\frac{3}{8}\varepsilon\omega_0\alpha^2-\frac{15}{256}\varepsilon^2\omega_0\alpha^4\right)t+\theta_0\end{aligned}\right\} \tag{6-77}$$

因此可得

$$\Lambda_1(t)=\frac{1}{2}\alpha_0\mathrm{e}^{\left[\left(\frac{3}{8}\varepsilon\omega_0\alpha^2-\frac{15}{256}\varepsilon^2\omega_0\alpha^4\right)t+\theta_0\right]\mathrm{i}} \tag{6-78}$$

所以，将式(6-78)代入到式(6-66)、式(6-69)和式(6-72)中，可以得到 Duffing 系统无阻尼自由振动方程的二阶近似解：

$$\left.\begin{aligned}&x=\alpha_0\cos\varphi+\left(\frac{1}{32}\varepsilon\alpha_0^3-\frac{21}{1\,024}\varepsilon^2\alpha_0^5\right)\cos3\varphi+\frac{21}{1\,024}\varepsilon^2\alpha_0^5\cos5\varphi\\&\varphi=\omega_0t+\theta\end{aligned}\right\} \tag{6-79}$$

2. Duffing 系统有阻尼受迫振动

对于 Duffing 系统有阻尼受迫振动，其微分方程为式(6-25)。令 $\xi'=\varepsilon\xi$，$\hat{f}=\varepsilon F$，$\omega_0^2\sigma_1=\sigma$，则其微分方程可写为

$$\ddot{x}+2\varepsilon\xi'\omega_0\dot{x}+\omega_0^2(x+\varepsilon x^3)=\varepsilon F\cos(\omega t) \tag{6-80}$$

$$\omega^2=\omega_0^2+\varepsilon\sigma \tag{6-81}$$

将式(6-81)代入式(6-80)中，可以得到

$$\ddot{x}+\omega^2x=\varepsilon[F\cos(\omega t)-2\xi'\omega_0\dot{x}-\omega_0^2x^3+\sigma x] \tag{6-82}$$

假设式(6-82)的解为

$$x(\varepsilon,t)=x_0(T_0,T_1)+\varepsilon x_1(T_0,T_1) \tag{6-83}$$

将其代入式(6-82)中，并整理 ε 各阶的系数，可以得到

$$\left.\begin{aligned}&D_0^2x_0+\omega^2x_0=0\\&D_0^2x_1+\omega^2x_1=F\cos(\omega t)-2\xi'\omega_0\dot{x}-\omega_0^2x^3+\sigma x-2D_0D_1x_0\end{aligned}\right\} \tag{6-84}$$

假设式(6-84)中第一个微分方程的解为

$$x_0=\Gamma_1(T_1)\mathrm{e}^{\mathrm{i}\omega_nt}+\overline{\Gamma}_1(T_1)\mathrm{e}^{-\mathrm{i}\omega_nt} \tag{6-85}$$

将其代入式(6-84)的第二个微分方程中，有

$$\begin{aligned}D_0^2x_1+\omega^2x_1=&\left(\frac{1}{2}F-2\mathrm{i}\xi'\omega_0\omega\Gamma_1-3\omega_0^2\Gamma_0^2\overline{\Gamma}_1+2\mathrm{i}\omega D_1\Gamma_1+\sigma\Gamma_1\right)\mathrm{e}^{\mathrm{i}\omega T_0}+\\&\left(\frac{1}{2}F+2\mathrm{i}\xi'\omega_0\omega\overline{\Gamma}_1-3\omega_0^2\overline{\Gamma}_1^2\Gamma_1+2\mathrm{i}\omega D_1\overline{\Gamma}_1+\sigma\overline{\Gamma}_1\right)\mathrm{e}^{-\mathrm{i}\omega T_0}-\end{aligned}$$

$$\omega_0^2\Gamma_1^3 e^{3i\omega T_0}-\omega_0^2\overline{\Gamma}_1^3 e^{-3i\omega T_0} \tag{6-86}$$

要消除久期项，即 $e^{i\omega_n T_0}$ 和 $e^{-i\omega_n T_0}$ 的系数为 0，也就是

$$\left.\begin{aligned}\frac{1}{2}F-2i\zeta'\omega_0\omega\Gamma_1-3\omega_0^2\Gamma_1^2\overline{\Gamma}_1+2i\omega D_1\Gamma_1+\sigma\Gamma_1=0\\ \frac{1}{2}F+2i\zeta'\omega_0\overline{\omega\Gamma}_1-3\omega_0^2\overline{\Gamma}_1^2\Gamma_1+2i\omega D_1\overline{\Gamma}_1+\overline{\sigma\Gamma}_1=0\end{aligned}\right\} \tag{6-87}$$

因此，式(6-84)中的第二个微分方程的解为

$$x_1=\frac{1}{8}(\Gamma_1^3 e^{3i\omega T_0}+\overline{\Gamma}_1^3 e^{-3i\omega T_0}) \tag{6-88}$$

将 Γ_1 对时间的导数 $\dot{\Gamma}_1$ 使用多尺度展开，并代入式(6-87)中的第一个等式，可得

$$\frac{d\Gamma_1}{dt}=\varepsilon D_1\Gamma_1=-\frac{i\varepsilon}{2\omega}\left(\frac{1}{2}F-2i\xi'\omega_0\omega\Gamma_1-3\omega_0^2\Gamma_1^2\overline{\Gamma}_1+\sigma\Gamma_1\right) \tag{6-89}$$

将 Γ_1 写作指数形式：

$$\Gamma_1(t)=\frac{1}{2}\alpha(t)e^{i\theta(t)} \tag{6-90}$$

将式(6-90)代入式(6-89)中，并分离实部和虚部，可得

$$\left.\begin{aligned}\dot{\alpha}&=-2\xi\omega_0\alpha-\frac{\omega}{}\sin\theta\\ \dot{\theta}&=\frac{\omega_0^2}{2\alpha\omega}\left[1-\left(\frac{\omega}{\omega_0}\right)^2+\frac{3}{4}\varepsilon\alpha^2\right]\alpha-\frac{\hat{f}}{2\alpha\omega}\cos\theta\end{aligned}\right\} \tag{6-91}$$

因此该方程的非零解 α_1 与 θ_1 为系统的稳态周期解，令 $\dot{\alpha}=\dot{\theta}=0$，则

$$\left.\begin{aligned}-2\xi\omega_0\omega\alpha=\hat{f}\sin\theta\\ \omega_0^2\left[1-\left(\frac{\omega}{\omega_0}\right)^2+\frac{3}{4}\varepsilon\alpha^2\right]\alpha=\hat{f}\cos\theta\end{aligned}\right\} \tag{6-92}$$

考虑到$\sin^2\theta+\cos^2\theta=1$，则系统的幅频响应方程为

$$\left[\left(1-\Omega^2+\frac{3}{4}\varepsilon\alpha^2\right)+(2\zeta\Omega)^2\right]\alpha^2=\hat{f}^2 \tag{6-93}$$

式中：$\Omega=\omega/\omega_n$。通过与谐波平衡法的对比发现，二者推导出的结果相同。

3. 自激系统方程

自激系统方程为

$$\ddot{x}+x=\varepsilon\left[\left(1-\frac{1}{3}\dot{x}^2\right)\dot{x}+h\cos(\omega t)\right] \tag{6-94}$$

式中：$\omega=1+\varepsilon\sigma$。

假设该方程的解为

$$x(\varepsilon,t)=x_0(T_0,T_1)+\varepsilon x_1(T_0,T_1) \tag{6-95}$$

所以

$$\dot{x}=D_0(x_0+\varepsilon x_1)+\varepsilon D_1(x_0+\varepsilon x_1) \tag{6-96}$$

由于 $t=T_0+\varepsilon T_1$，结合式(6-46)，则式(6-94)的激励项 $h\cos(\omega t)$ 可以写为

$$\varepsilon h\cos(\omega t)=\varepsilon h\cos[(1+\varepsilon\sigma)t]=\varepsilon h\cos(T_0+\varepsilon T_1) \tag{6-97}$$

将方程的解式(6-95)代入式(6-94)中，则可以得到

$$\left.\begin{aligned}&D_0^2x_0+x_0=0\\&D_0^2x_1+x_1=D_0x_0-\frac{1}{3}(D_0x_0)^3-2D_0D_1x_0+h\cos(T_0+\varepsilon T_1)\end{aligned}\right\} \tag{6-98}$$

假设式(6-98)第一个微分方程的解为

$$x_0=\Psi_1(T_1)e^{it}+\overline{\Psi}_1(T_1)e^{-it} \tag{6-99}$$

代入式(6-98)中的第二个方程中，可以得到

$$\begin{aligned}D_0^2x_1+x_1=&\left(\frac{1}{2}he^{i\sigma T_1}+2iD_1\Psi_1+i\Psi_1-3\Psi_1^2\overline{\Psi}_1\right)e^{iT_0}-\frac{1}{3}\Psi_1^3ie^{3iT_0}-\\&\left(-\frac{1}{2}he^{-i\sigma T_1}+2iD_1\overline{\Psi}_1+i\overline{\Psi}_1+3\Psi_1\overline{\Psi}_1^2\right)e^{-iT_0}+\frac{1}{3}\overline{\Psi}_1^3ie^{-3iT_0}\end{aligned} \tag{6-100}$$

要消除久期项，即 e^{iT_0} 和 e^{-iT_0} 的系数为 0，也就是

$$\left.\begin{aligned}&\frac{1}{2}he^{i\sigma T_1}+2iD_1\Psi_1+i\Psi_1-3\Psi_1^2\overline{\Psi}_1=0\\&-\frac{1}{2}he^{-i\sigma T_1}+2iD_1\overline{\Psi}_1+i\overline{\Psi}_1+3\Psi_1\overline{\Psi}_1^2=0\end{aligned}\right\} \tag{6-102}$$

因此，式(6-98)的第二个方程的解为

$$x_1=\frac{i}{24}(\Psi_1^3e^{3iT_0}-\overline{\Psi}_1^3e^{-3iT_0}) \tag{6-102}$$

将 Ψ_1 对时间的导数 $\dot{\Psi}_1$ 使用多尺度展开，并代入式(6-101)中的第一个等式，可得

$$\dot{\Psi}_1=\frac{d\Psi_1}{dt}=\varepsilon D_1\Psi_1=\frac{i}{2}\left(\frac{1}{2}he^{i\sigma T_1}+i\Psi_1-3\Psi_1^2\overline{\Psi}_1\right) \tag{6-103}$$

将 Ψ_1 写作指数形式：

$$\Psi_1(t)=\frac{1}{2}\alpha(t)e^{i\theta(t)} \tag{6-104}$$

分离虚部和实部，可得

$$\left.\begin{aligned}&\dot{\alpha}=\frac{1}{2}\left[1-\frac{1}{4}\alpha^2+F\sin(\sigma T_1-\theta)\right]\\&\dot{\theta}=\sigma\alpha+\frac{1}{2}F\cos(\sigma T_1-\theta)\end{aligned}\right\} \tag{6-105}$$

令 $\dot{\alpha}=\dot{\theta}=0$，则

$$\left.\begin{aligned}&\frac{1}{4}\alpha^2-1=F\sin(\sigma T_1-\theta)\\&-2\sigma\alpha=F\cos(\sigma T_1-\theta)\end{aligned}\right\} \tag{6-106}$$

考虑到 $\sin^2\theta+\cos^2\theta=1$，则系统的幅频响应方程为

$$\left(\frac{1}{4}\alpha^2-1\right)^2+(2\sigma\alpha)^2=F^2 \tag{6-107}$$

6.3 平 均 法

6.3.1 平均法原理

平均法(Averaging Method)是由范德波提出，并由克雷洛夫和博戈柳博夫发展的一种方法。6.1节和6.2节介绍的非线性近似解析方法，对于弱非线性系统理论上可以求解出满足任意精度要求的周期解。但是随着解的阶数不断升高，计算难度逐步上升。如果只需要求解出一阶近似解析解，则可以采用更高效的方法，如平均法。

平均法的基本思路为假设非线性系统与其派生系统的解具有相似的形式，并根据非线性振动系统的振幅、初相位关于时间的导数都是关于非线性项系数 ε 的周期函数的特性，将非线性振动系统的振幅、初相位关于时间的导数看成是时间 t 的缓变函数，并用一个周期的平均值代替它。

1. 自由振动

对于非线性微分方程式(6-44)，当方程中的 $\varepsilon=0$ 时，其派生方程的解为

$$\left.\begin{aligned} x&=A\cos(\omega_n t+\theta) \\ \dot{x}&=-A\omega_n\sin(\omega_n t+\theta) \end{aligned}\right\} \tag{6-108}$$

式中：A 与 θ 均为由初始条件所决定的常数。当 $\varepsilon\neq0$ 时，A 和 θ 均为时间 t 的函数。接下来便要研究 $A(t)$ 和 $\theta(t)$ 的具体形式。

现在将式(6-44)拆分为以下形式，即

$$\left.\begin{aligned} \dot{x}&=y \\ \dot{y}&=-\omega_n^2 x+\varepsilon f(x,\dot{x},\omega_n t) \end{aligned}\right\} \tag{6-109}$$

假设其解为式(6-108)的形式，并且注意 A 和 θ 均为时间 t 的函数，则

$$y=\dot{A}\cos(\omega_n t+\theta)-A(\omega_n+\dot{\theta})\sin(\omega_n t+\theta)=\dot{x} \tag{6-110}$$

由于 $\dot{x}=-A\omega_n\sin(\omega_n t+\theta)$，则

$$\dot{A}\cos(\omega_n t+\theta)-A\dot{\theta}\sin(\omega_n t+\theta)=0 \tag{6-111}$$

因此

$$\ddot{x}=-\dot{A}\omega_n\sin(\omega_n t+\theta)-A\omega_n(\omega_n+\dot{\theta})\cos(\omega_n t+\theta) \tag{6-112}$$

将式(6-111)和式(6-112)代入式(6-109)中，可以得到

$$-\dot{A}\omega_n\sin\varphi-A\omega_n\dot{\theta}\cos\varphi=\varepsilon f(A\cos\varphi,-A\omega_n\sin\varphi) \tag{6-113}$$

式中：$\varphi=\omega_n t+\theta$。联立式(6-111)和式(6-113)，可以得到

$$\begin{bmatrix}\dot{A}\\ \dot{\theta}\end{bmatrix}=-\frac{\varepsilon f(A\cos\varphi,-A\omega_n\sin\varphi)}{\omega_n}\begin{bmatrix}\sin\varphi\\ \dfrac{\cos\varphi}{A}\end{bmatrix} \tag{6-114}$$

在这里假设 $A(t)$ 和 $\theta(t)$ 为关于 t 的缓变函数，因此可以使用其在一个周期内的平均

值来进行替换，即

$$\left.\begin{aligned}\dot{A}&=-\frac{\varepsilon}{2\pi\omega_n}\int_0^{2\pi}f(A\cos\varphi,-A\omega_n\sin\varphi)\sin\varphi\mathrm{d}\varphi\\ \dot{\theta}&=-\frac{\varepsilon}{2\pi A\omega_n}\int_0^{2\pi}f(A\cos\varphi,-A\omega_n\sin\varphi)\cos\varphi\mathrm{d}\varphi\end{aligned}\right\}\tag{6-115}$$

求解式(6-115)，即可得到 $A(t)$ 和 $\theta(t)$，将得到的表达式代入式(6-108)中，即可得到微分方程的一阶近似解析解。这里对比式(6-63)与式(6-115)不难发现，平均法可以看作是多尺度法的一阶近似。其形式上的区别为：平均法中振幅 A 和相位 θ 以 t 为自变量，而多尺度法则以 εt 为自变量，从而其导数之间差 ε 倍。

2. 受迫振动

对于非线性系统的受迫振动，研究如下方程：

$$\ddot{x}+\omega_n^2x=\varepsilon[f_1(x,\dot{x},\omega_nt)+P\cos(\omega t)]\tag{6-116}$$

令 $\omega^2=(1+\sigma)\omega_n^2$，则式(6-116)可以被写为

$$\left.\begin{aligned}&\ddot{x}+\omega^2x=\varepsilon f_2(x,\dot{x},\omega t)\\ &f_2(x,\dot{x},\omega t)=f_1(x,\dot{x},\omega t)+\sigma\omega_n^2x+P\cos(\omega t)\end{aligned}\right\}\tag{6-117}$$

当方程中的 $\varepsilon=0$ 时，式(6-116)和式(6-108)格式一致，仅将 ω_n 替换为 ω 的解。通过自由振动求解原理，可得

$$\left.\begin{aligned}&\dot{A}\cos(\omega t+\theta)-A\dot{\theta}\sin(\omega t+\theta)=0\\ &-\dot{A}\omega\sin\varphi-A\omega\dot{\theta}\cos\varphi=\varepsilon f_2(A\cos\varphi,-A\omega\sin\varphi)\end{aligned}\right\}\tag{6-118}$$

求解式(6-118)，可以得到

$$\begin{bmatrix}\dot{A}\\ \dot{\theta}\end{bmatrix}=-\frac{\varepsilon f_2(A\cos\varphi,-A\omega\sin\varphi)}{\omega_n}\begin{bmatrix}\sin\varphi\\ \dfrac{\cos\varphi}{A}\end{bmatrix}\tag{6-119}$$

假设 $A(t)$ 和 $\theta(t)$ 为关于 t 的缓变函数，因此可以使用其在一个周期内的平均值来进行替换，即

$$\left.\begin{aligned}\dot{A}(A,\theta)&=\frac{\varepsilon}{2\omega}[\Xi(A,\omega)+P\cos\theta]\\ \dot{\theta}(A,\theta)&=\frac{\varepsilon}{2\omega A}[\Theta(A,\omega)-P\sin\theta]\end{aligned}\right\}\tag{6-120}$$

式中

$$\left.\begin{aligned}\Xi(A,\omega)&=\frac{1}{\pi}\int_0^{2\pi}f_2(A\cos\varphi,-A\omega\sin\varphi)\cos\varphi\mathrm{d}\varphi+\omega_n^2\sigma A\\ \Theta(A,\omega)&=\frac{1}{\pi}\int_0^{2\pi}f_2(A\cos\varphi,-A\omega\sin\varphi)\sin\varphi\mathrm{d}\varphi\end{aligned}\right\}\tag{6-121}$$

稳态响应的解为

$$\left.\begin{aligned}&\Xi(A,\omega)+P\cos\theta=0\\ &\Theta(A,\omega)-P\sin\theta=0\end{aligned}\right\}\tag{6-122}$$

两式二次方后相加可以得到方程的幅频响应，即

$$\Xi^2(A,\omega)+\Theta^2(A,\omega)=P^2 \tag{6-123}$$

消去式(6-122)中的外激励项，可以得到相频响应

$$\theta=-\arctan\left(\frac{\Theta}{\Xi}\right) \tag{6-124}$$

6.3.2 算例

1. Duffing 系统无阻尼自由振动

为使用平均法求解该微分方程 Duffing 系统无阻尼自由振动微分方程式(6-9)，设其一阶近似解为

$$x=H(t)\sin[\omega_n t+\theta(t)] \tag{6-125}$$

对于其派生系统的解，$H(t)$与$\theta(t)$均为常数，则

$$\left.\begin{aligned}x&=H\sin(\omega_n t+\theta)\\ \dot{x}&=H\omega_n\cos(\omega_n t+\theta)\end{aligned}\right\} \tag{6-126}$$

将式(6-125)对时间 t 求导，可以得到

$$\dot{H}\sin(\omega_n t+\theta)+H\dot{\theta}\cos(\omega_n t+\theta)=0 \tag{6-127}$$

则 x 对时间 t 的二阶导数为

$$\ddot{x}=\dot{H}\omega_n\cos\varphi-H\omega_n^2\sin\varphi-H\dot{\theta}\omega_n\sin\varphi \tag{6-128}$$

式中：$\varphi=\omega_n t+\theta$。

将式(6-126)和式(6-128)代入微分方程(6-9)中，可以得到

$$\dot{H}\omega_n\cos\varphi-H\dot{\theta}\omega_n\sin\varphi+\varepsilon\omega_n^2H^3\sin^3\varphi=0 \tag{6-129}$$

联立式(6-127)与式(6-129)，可以得到

$$\begin{bmatrix}\sin\varphi & H\cos\varphi\\ \omega\cos\varphi & -H\omega\sin\varphi\end{bmatrix}\begin{bmatrix}\dot{H}\\ \dot{\theta}\end{bmatrix}=\begin{bmatrix}0\\ -\varepsilon H^3\omega_n^2\sin^3\varphi\end{bmatrix} \tag{6-130}$$

则可以求解出

$$\left.\begin{aligned}\dot{H}&=-\varepsilon H^3\omega_n\sin^3\varphi\cos\varphi\\ \dot{\theta}&=\varepsilon H^3\omega_n\sin^4\varphi\end{aligned}\right\} \tag{6-131}$$

通过对式(6-131)在一个周期内取平均，可以得到

$$\left.\begin{aligned}\dot{H}&=-\frac{\varepsilon H^3\omega_n}{2\pi}\int_0^{2\pi}\sin^3\varphi\cos\varphi\mathrm{d}\varphi\\ \dot{\theta}&=\frac{\varepsilon H^2\omega_n}{2\pi}\int_0^{2\pi}\sin^4\varphi\mathrm{d}\varphi\end{aligned}\right\} \tag{6-132}$$

即

$$\left.\begin{aligned}\dot{H}&=0\\ \dot{\theta}&=\frac{3\varepsilon H^2\omega_n}{8}\end{aligned}\right\} \tag{6-133}$$

对式(6-133)进行积分,可以得到

$$\left.\begin{aligned}&H=H_0\\&\dot{\theta}=\frac{3\varepsilon H_0^2\omega_n}{8}t+\theta_0\end{aligned}\right\}\tag{6-134}$$

因此 Duffing 系统无阻尼自由振动微分方程的一阶近似解析解为

$$x(t)=H_0\sin\left[\left(1+\frac{3\varepsilon H_0^2}{8}\right)\omega_n t+\theta_0\right]\tag{6-135}$$

代入初值条件:

$$\left.\begin{aligned}&x(0)=H_0\sin\theta_0=x_0\\&\dot{x}(0)=H_0\left(1+\frac{3\varepsilon H_0^2}{8}\right)\omega_n\cos\theta_0=0\end{aligned}\right\}\tag{6-136}$$

所以

$$\left.\begin{aligned}&H_0=x_0\\&\theta_0=\frac{\pi}{2}\end{aligned}\right\}\tag{6-137}$$

则方程的解为

$$x(t)=x_0\cos\left[\left(1+\frac{3\varepsilon x_0^2}{8}\right)\omega_n t\right]\tag{6-138}$$

2. Duffing 系统有阻尼受迫振动

Duffing 系统有阻尼受迫振动的微分方程为

$$\ddot{x}+2\xi\omega_n\dot{x}+\omega_n^2(x+\varepsilon x^3)=\varepsilon F\cos(\omega t)\tag{6-139}$$

令 $\omega^2=\omega_0^2(1+\varepsilon\sigma)$,$\xi=\varepsilon\xi_1$,则方程可以写为

$$\ddot{x}+\omega^2x=\varepsilon f(x,\dot{x})\tag{6-140}$$

式中

$$f(x,\dot{x})=-2\xi_1\omega_n\dot{x}+\omega_n^2(\sigma x-x^3)+F\cos(\omega t)$$

设方程的解为

$$\left.\begin{aligned}&x=E\cos(\omega t-\theta)\\&\dot{x}=-E\omega\sin(\omega t-\theta)\end{aligned}\right\}\tag{6-141}$$

将式(6-141)代入式(6-139)中,并根据式(6-120)和式(6-121)可得

$$\left.\begin{aligned}&\Xi(A,\omega)=2\xi_1\omega_n\omega E\\&\Theta(A,\omega)=\omega_n^2E\left(\sigma-\frac{3}{4}E^2\right)\end{aligned}\right\}\tag{6-142}$$

因此方程的稳态响应解为

$$\left.\begin{aligned}&\Xi(A,\omega)+F\cos\theta=0\\&\Theta(A,\omega)-F\sin\theta=0\end{aligned}\right\}\tag{6-143}$$

消去 θ 可以得到

$$\left\{(2\xi_1\omega_n\omega)^2+\left[\omega_n^2\left(\sigma-\frac{3}{4}E^2\right)\right]^2\right\}E^2=F^2 \tag{6-144}$$

令 $\Omega=\omega/\omega_n$，$P=\varepsilon F/\omega_n^2$，则

$$\left[(2\xi\Omega)^2+\left(1-\Omega^2-\frac{3}{4}\varepsilon E^2\right)^2\right]E^2=P^2 \tag{6-145}$$

此为 Duffing 系统有阻尼受迫振动幅频响应。同理，消去 F 也可以得到相频响应

$$\theta=\arctan\left(\frac{2\xi\Omega}{1-\Omega^2-\frac{3}{4}\varepsilon E^2}\right) \tag{6-146}$$

经过与谐波平衡法以及多尺度法的比对，三者的结果完全相同。

3. 自激系统 Van der Pol 方程

自激系统 Van der Pol 方程为

$$\ddot{x}+x+\varepsilon(x^2-1)x=\varepsilon h\cos(\omega t) \tag{6-147}$$

设方程的解为

$$\left.\begin{aligned}x&=A\cos(\omega t)+B\sin(\omega t)\\ \dot{x}&=-A\omega\sin(\omega t)+B\omega\cos(\omega t)\end{aligned}\right\} \tag{6-148}$$

由于 A 与 B 均为时间 t 的函数，则

$$\frac{\mathrm{d}x}{\mathrm{d}t}=-A\omega\sin(\omega t)+B\omega\cos(\omega t)+\dot{A}\cos(\omega t)+\dot{B}\sin(\omega t)=\dot{x} \tag{6-149}$$

所以

$$\dot{A}\cos(\omega t)+\dot{B}\sin(\omega t)=0 \tag{6-150}$$

因此，x 对时间 t 的二阶导数为

$$\ddot{x}=-\omega[\dot{A}\sin(\omega t)-\dot{B}\cos(\omega t)]-\omega^2[A\cos(\omega t)+B\sin(\omega t)] \tag{6-151}$$

代入式(6-147)中，可以得到

$$\begin{aligned}&-\omega[\dot{A}\sin(\omega t)-\dot{B}\cos(\omega t)]-(\omega^2-1)[A\cos(\omega t)+B\sin(\omega t)]=\\&\varepsilon\{1-[A\cos(\omega t)+B\sin(\omega t)]^2\}[-A\omega\sin(\omega t)+B\omega\cos(\omega t)]^2+\varepsilon h\cos(\omega t)\end{aligned} \tag{6-152}$$

结合式(6-150)与式(6-152)，可得

$$\left.\begin{aligned}\dot{A}&=-\frac{1}{\omega}[\varepsilon(1-x^2)\dot{x}+\varepsilon h\cos(\omega t)+x(\omega^2-1)]\sin(\omega t)\\ \dot{B}&=\frac{1}{\omega}[\varepsilon(1-x^2)\dot{x}+\varepsilon h\cos(\omega t)+x(\omega^2-1)]\cos(\omega t)\end{aligned}\right\} \tag{6-153}$$

在一个周期内取平均值，可得

$$\left.\begin{aligned}\dot{A}&=-\frac{1}{4}A\varepsilon(A^2+B^2-4)-B\left(\frac{\omega^2-1}{\omega}\right)\\ \dot{B}&=\frac{1}{4}B\varepsilon(A^2+B^2-4)-A\left(\frac{\omega^2-1}{\omega}\right)-\frac{\varepsilon h}{\omega}\end{aligned}\right\} \tag{6-154}$$

因此，方程的稳态响应解为

$$\left.\begin{aligned}\frac{1}{4}A\varepsilon(A^2+B^2-4)+B\left(\frac{\omega^2-1}{\omega}\right)=0\\ \frac{1}{4}B\varepsilon(A^2+B^2-4)-A\left(\frac{\omega^2-1}{\omega}\right)=\frac{\varepsilon h}{\omega}\end{aligned}\right\} \tag{6-155}$$

式(6-155)中的两个方程取二次方后相加，则

$$C^2\left[\frac{\varepsilon^2\omega^2}{16}(C^2-4)^2+(\omega^2-1)^2\right]=(\varepsilon h)^2 \tag{6-156}$$

式中：$C^2=A^2+B^2$。

习 题

1. 图6-8所示为线性系统有阻尼受迫振动原理图，用谐波平衡法求解线性系统有阻尼受迫振动$\ddot{x}+2\xi\omega_n\dot{x}+\omega_n^2x=F\cos(\omega t)$的幅频响应方程，其中$\omega_n=\sqrt{\dfrac{K}{M}}$。

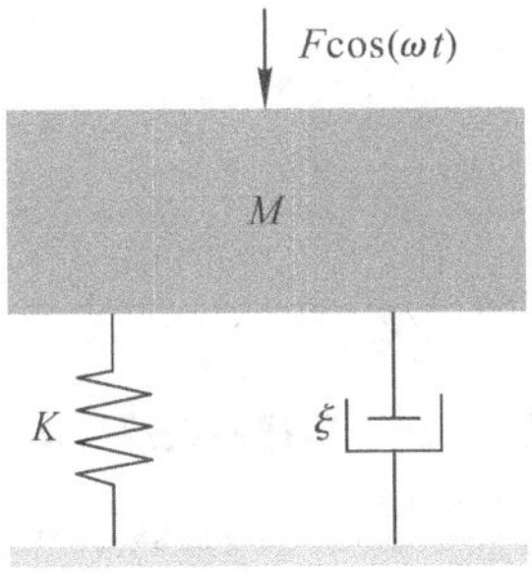

图6-8 线性系统有阻尼受迫振动原理图

2. 用多尺度法求解线性系统有阻尼受迫振动幅频响应方程。

3. 用平均法求解线性系统有阻尼受迫振动幅频响应方程。

4. 用多尺度法求 Van der Pol 自由振动方程$\ddot{x}+x=\varepsilon(1-x^2)\dot{x}$的一阶近似解，其初值条件为$x(0)=A_0$以及$\dot{x}(0)=0$。

5. 用谐波平衡法法求解方程$\ddot{x}+x+(1+cx)\dot{x}^2=0$的一阶近似解，其初值条件为$x(0)=A_0$以及$\dot{x}(0)=0$。

6. 用平均法求解 Van der Pol 自由振动方程的一阶近似解。

7. 使用谐波平衡法求解平方非线性方程$\ddot{x}+\omega_n^2x+\varepsilon x^2=0$，其初值条件为$x(0)=A_0$以及$\dot{x}(0)=0$。

8. 使用谐波平衡法求解位移相关的质量-弹簧-阻尼器系统$(1+\varepsilon x^2)\omega^2\ddot{x}+\varepsilon\omega^2x\dot{x}^2+x+\lambda x^3=0$，其初值条件为$x(0)=A_0$以及$\dot{x}(0)=0$。

9. 图6-9为一弹簧振子，若考虑阻尼，求：

(1)振子沿着x方向的运动微分方程；

(2)用谐波平衡法求解其幅频响应方程(可使用泰勒级数展开方法近似)。

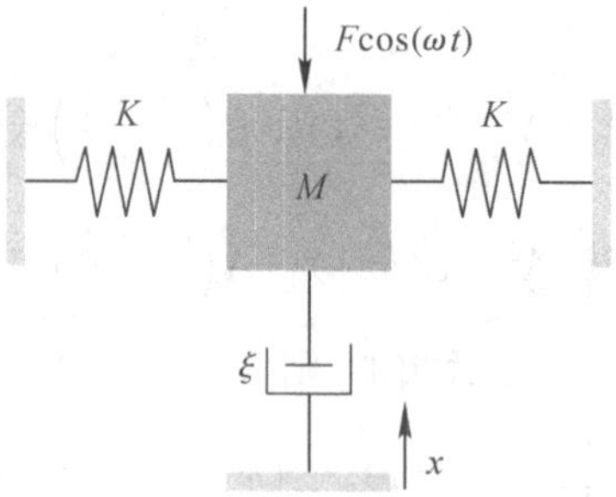

图 6-9　弹簧振子系统

10. 用平均法求非线性方程$\ddot{x}+\omega_n^2 x+2\varepsilon\omega_n \mathrm{sgn}\dot{x}=0$的一阶近似解，其初值条件为$x(0)=A_0$以及$\dot{x}(0)=0$。

11. 图 6-10 为一单摆系统，若不考虑摩擦，求：

(1)单摆运动的方程；

(2)用平均法求解单摆的运动微分方程的解，其初值条件为$\theta(0)=\theta_0$以及$\dot{\theta}(0)=0$。

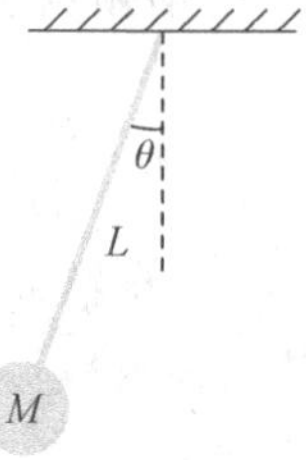

图 6-10　单摆系统原理图

12. 图 6-11 所示为一分段线性系统，其由质量为 M 的质量块、连接质量块的弹簧 1 和带有间隙的弹簧 2 组成。弹簧 1 的刚度为 k_1，弹簧 2 的刚度为 k_2，间隙宽度为 x_0，系统的刚度以分段函数的形式表示为：

$$k(x)=\begin{cases} k_1 x+(2k_2-k_1)(x+x_0), & x<-x_0 \\ k_1 x, & -x_0\leqslant x\leqslant x_0 \\ k_1 x+(2k_2-k_1)(x-x_0), & x>x_0 \end{cases}$$

运用平均法求解其幅频响应方程。

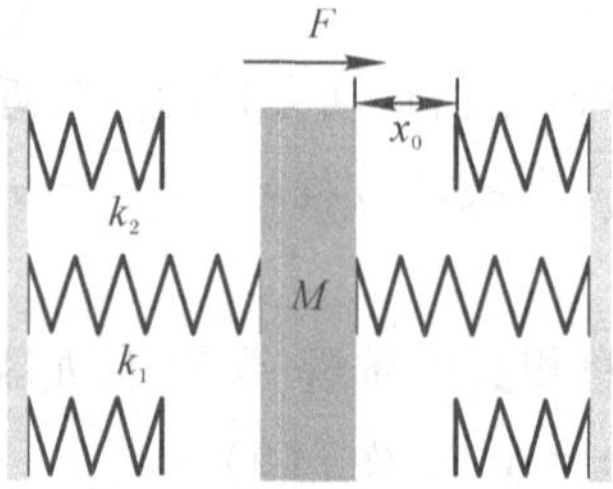

图 6-11　分段线性化系统

13. 使用多尺度法求解自激非线性系统$\ddot{x}+9x=\varepsilon[(1-x^3)\dot{x}+x^3]$的一阶近似解，其初值条件为$x(0)=1$以及$\dot{x}(0)=0$。

14. 使用多尺度法求解自激非线性系统$\ddot{x}+x+\varepsilon(x+\dot{x}^3)=0$的一阶近似解，其初值条件为$x(0)=1$以及$\dot{x}(0)=0$。

15. 使用多尺度法求解$\ddot{x}+\omega_n^2x+2\varepsilon\delta x^2\dot{x}+\varepsilon bx^3=0$，其中$\varepsilon$为小量。

16. 如图6－12所示，质量为m_1与m_2的质量块由长度为l、质量忽略不计的刚性杆连接，杆在竖直位置时弹簧为原长，建立系统运动微分方程，并按照x/l展开，保留二次项，求近似解。

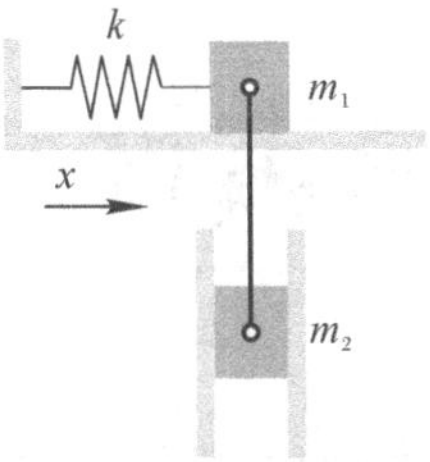

图6－12 弹簧连杆系统

参考文献

[1] MARINCA V, HERISANU N. Nonlinear dynamical systems in engineering[M]. Cham. Switzerland: Springer Nature, 2011.

[2] JAZAR R N. Perturbation methods in science and engineering[M]. Cham, Switzerland: Springer Nature, 2021.

[3] WAGG D, WATERLOO S N. Nonlinear vibration with control[M]. Cham, Switzerland: Springer Nature, 2015.

[4] 胡海岩. 应用非线性动力学[M]. 北京：航空工业出版社，2011.

[5] 刘延柱，陈立群. 非线性振动[M]. 北京：高等教育出版社，2001.

第7章 运动稳定性与分岔

运动的稳定与不稳定揭示了系统两种不同的性质。稳定的运动受到微小的干扰时，其运动状态改变非常小，代表能够实现的基本状态。不稳定的运动一旦受到干扰，其状态会发生根本性的变化，可能偏离原来的轨迹。例如一个小球放入由两个凹坑组成的凹槽中，如图 7-1 所示。很明显，在这个系统中，存在三个平衡位置：A、B 和 C。当球在点 B 时，对其增加一个很小的扰动，小球立刻开始移动并离开 B 点的相邻区域。因此，B 点的平衡是不稳定的。如果球最初在静止在 A 点或 C 点，在加入初始扰动后，由于摩擦力的作用，球的速度会逐渐减小，最终仍会在 A 点或 C 点静止，达到平衡状态。假设槽中的摩擦可以忽略不计。这种情况下，球体会在 A 点或 C 点附近进行周期运动，但此时系统的状态并没有发生实质性的变化，球体的这种周期运动仍可以称为稳定的。

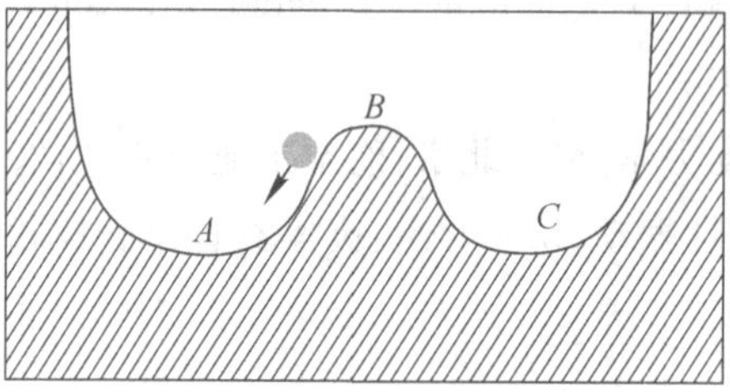

图 7-1 球体在凹槽中运动

在工程问题中，稳态运动也通常对应于机械系统的正常工作状态，因为只有稳定的运动才能够在实际中实现。早在 1892 年，俄国学者李雅普诺夫(Lyapunov)的博士论文《运动稳定性一般问题》建立了关于运动稳定的一般理论，这个理论已经成为稳定性研究方向的基础性理论。本章首先介绍李雅普诺夫稳定性理论的基本概念。非线性振动与运动稳定性问题有着不可分割的密切联系，很多定性分析方法便是通过运动微分方程展开来研究解性质进而判断运动稳定性的方法。在动力学系统中，如上述小球一样，稳态运动的直观表现就是该运动处于平衡状态或周期运动状态，而非线性振动定性方法中的相平面法就是直观地判断系统运动状态的方法，相平面法中相轨迹的奇点对应了系统的平衡状态或周期运动状态。分析奇点的性质，便可判断系统平衡状态或周期运动的稳定性。当平衡状态或周期运动的数目随着系统的参数变化而变化时，就出现了分岔现象。本章7.2节、7.3节将着重介绍周期运动的稳定性和分岔的相关概念。

7.1 Lyapunov稳定性理论

7.1.1 基本概念

动力学系统可以表示为一阶常微分方程组

$$\dot{y}_j = Y_j(y_1, y_2, \cdots, y_{2N}, t), \quad j=1,2,\cdots,2N \tag{7-1}$$

该微分方程组称为系统的状态方程，含有 $2N$ 个状态变量，其中前 N 个状态变量为广义坐标 $q_j(j=1,2,\cdots,N)$，决定系统的位移。后 N 个状态变量为广义速度 $\dot{q}_j(j=1,2,\cdots,N)$，决定系统的速度。这 $2N$ 个状态变量共同组成的 $2N$ 维空间 R^n 称为相空间或状态空间。相空间中的点称为相点，每一个相点都对应着相应的状态变量。随着时间的变化，相点在相空间中的位置不断变化，所经过的轨迹称为相轨迹。相点沿相轨迹运动的速度称为相速度。

7.1.2 稳态运动与扰动方程

引入一个动力学系统：

$$\frac{\mathrm{d}y}{\mathrm{d}t} = g(t, y) \tag{7-2}$$

式中：$y \in \mathbf{R}^n$，$g(t,y)=g(t,y_1,\cdots,y_n)$。式(7-2)在其定义域上有解，且满足解的唯一性条件。设 $y=\varphi(t)$ 是式(7-2)的一个特解，则称 $y=\varphi(t)$ 对应的运动为平衡状态或周期运动，也称未扰运动。其他一切解所对应的运动称作扰动运动或受扰运动。换句话说，只要系统的初始值满足 $y=\varphi(t)$，则系统的实际运动必为稳态运动，若初始状态不满足 $y=\varphi(t)$，则系统的运动将会偏离稳态运动。

为了进一步研究未扰运动，引入一个新的扰动变量 $x \in \mathbf{R}^n$，令

$$x = y - \varphi(t) \tag{7-3}$$

将式(7-3)代入式(7-2)后，可得

$$\frac{\mathrm{d}x}{\mathrm{d}t} = \frac{\mathrm{d}y}{\mathrm{d}t} - \frac{\mathrm{d}\varphi(t)}{\mathrm{d}t} = g(t,y) - g[t,\varphi(t)] = g[t, x+\varphi(t)] - g[t,\varphi(t)] = f(t,x) \tag{7-4}$$

对于未扰运动，有 $f(t,0)\equiv 0$，因此未扰运动的稳定性问题就转化为扰动变量 x 的稳定性问题。即式(7-2)转化为

$$\frac{\mathrm{d}x}{\mathrm{d}t} = f(t, x) \tag{7-5}$$

式(7-2)的特解 $y=\varphi(t)$ 转化为了式(7-5)的特解 $x=0$，式(7-5)也成为动力学系统的扰动方程。$f(t,0)\equiv 0$ 的解为 $x=0$，该解也被称为式(7-5)的平凡解或者零解，那么讨论原式(7-2)的稳定性就变成了讨论式(7-5)零解的稳定性，只需要用现有的技巧

分析零解的稳定性。

【例 7-1】 以单摆系统为例，研究单摆系统的稳定性。

解：单摆系统的微分方程为

$$ml^2\ddot{\theta}+mgl\sin\theta=0$$

式中：g 为重力加速度；l 为单摆摆长。易得其特解为

$$\theta_1=0,\quad \theta_2=\pi$$

这两个特解分别对应单摆在下平衡位置和上平衡位置，也对应两个未扰运动，对这两个未扰运动进行逐一分析。

首先对 $\theta_1=0$，扰动变量为

$$x=\theta-\theta_1=\theta$$

可得到扰动方程为

$$\ddot{x}=-\frac{g}{l}\sin x$$

在小角度下有 $\sin x\approx x$，故上式变为

$$\ddot{x}+\frac{g}{l}x=0$$

该式的解是简谐振动，故未扰运动 $\theta_1=0$ 是稳定的。

同理，对 $\theta_2=\pi$，其扰动变量为

$$x=\theta-\theta_2=\theta-\pi$$

代入微分方程可得

$$\ddot{x}=\ddot{\theta}-\ddot{\theta}_2=-\frac{g}{l}\sin\theta-\left(-\frac{g}{l}\sin\theta_2\right)=-\frac{g}{l}\sin(x+\pi)+\frac{g}{l}\sin\pi$$

将 $\sin(x+\pi)$ 在 $\theta_2=\pi$ 附近进行级数展开，变为

$$\ddot{x}=-\frac{g}{l}\sin x\approx\frac{g}{l}x$$

该式的解为指数函数，解 x 会随着时间的增加而无限增大，故零解 x 是不稳定的，未扰运动 $\theta_2=\pi$ 也就是不稳定的。

7.1.3 李雅普诺夫意义下的稳定性

考虑一个动力学系统：

$$\frac{\mathrm{d}x}{\mathrm{d}t}=f(t,x) \tag{7-6}$$

由 7.1.2 节内容可以知道，该系统的平衡是式 $f(t,x)=0$ 的解，令 $x=x^*$ 是式(7-6)的一个解。为了估计系统所受的扰动，引入欧氏范数 $\|\boldsymbol{x}\|=\left(\sum_{i=1}^{n}x_i^2\right)^{\frac{1}{2}}$，并给出李雅普诺夫意义下稳定性的严格定义。

定义一 对于任意给定的足够小的数 $\varepsilon>0$，存在一个扰动 $\delta(\varepsilon)>0$，使得当初始扰动 $\|x^*-x(t_0)\|<\delta$ 时，对一切 $t\geqslant t_0$，都满足 $\|x^*-x(t)\|<\varepsilon$，则称未扰运动 $x=x^*$ 是稳

定的。

定义二 若未扰运动 $x=x^*$ 是稳定的，并满足 $\lim_{t\to+\infty}\|x(t)-x^*\|=0$，则称未扰运动 $x=x^*$ 是渐进稳定的。

定义三 若存在数 $\varepsilon_0>0$，对任意扰动 $\delta(\varepsilon)>0$，使得当初始扰动 $\|x^*-x(t_0)\|<\delta$ 时，存在时刻 $t_1\geqslant t_0$，满足 $\|x^*-x(t)\|\geqslant\varepsilon$，则称未扰运动 $x=x^*$ 是不稳定的。

以上三个李雅普诺夫稳定性定义的几何解释为，在相空间中，以 $x=x^*$ 为中心，作 $\|x-x^*\|=\varepsilon$ 的球面 S_ε 和 $\|x-x^*\|=\delta$ 的球面 S_δ。若未扰运动是稳定的，则从 S_δ 内出发的每一条相轨迹都在 S_ε 内，如图 7-2 中的 a 曲线；若未扰运动是渐近稳定的，则从 S_δ 内出发的每一条相轨迹都逐渐向中心趋近，如图 7-2 中的 b 曲线；若未扰运动是不稳定的，则总有一条从 S_δ 内出发的相轨迹会到达 S_ε 的边界，如图 7-2 中的 c 曲线。

除此之外，稳定性可能有三种形式：在小范围内、在大范围内和整体上。如果在任何初值条件下定义二均成立，则称该未扰运动是整体上渐近稳定的。如果定义二仅对某些大范围内的初始条件成立，则称该未扰运动是大范围内渐近稳定的(只在该范围内)。最后，如果定义二仅对该未扰运动的任意小范围内的初始扰动成立，则称其在小范围内是渐近稳定的。对于同时具有多个平衡态的系统，还有全局渐近稳定性的概念。如果系统的每条轨迹渐近地趋向于某个平衡态，则称该系统在全局上是渐近稳定的。

以上定义是稳定性理论的基础，但许多非线性系统都难以求出解析解 $x(t)$，故很难使用定义直接判断系统的稳定性。因此需要引入其他方法来判断系统的稳定性。

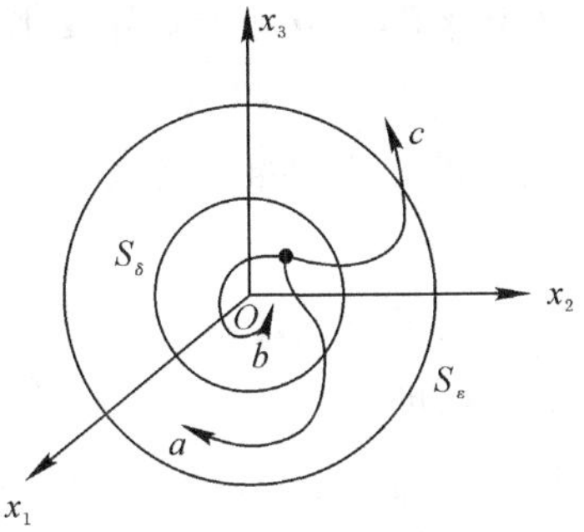

图 7-2 李雅普诺夫意义下的稳定性

7.1.4 李雅普诺夫第一法(间接法)

李雅普诺夫第一法是利用齐次方程组解的特性来判断系统的稳定性，多用于线性定常系统、线性时变系统、线性离散系统以及一些可线性化的非线性系统。

考虑以下非线性系统：

$$\dot{\boldsymbol{x}}=\boldsymbol{F}(\boldsymbol{x}) \tag{7-7}$$

式中：$\boldsymbol{x}\in\boldsymbol{R}^n$，$\boldsymbol{F}(\boldsymbol{x})$为一个平滑的非线性向量函数。假设式(7-7)有一个平衡点 $\boldsymbol{x}=\boldsymbol{x}^*$，引入一个小的扰动 $\boldsymbol{\delta}(t)=\boldsymbol{x}(t)-\boldsymbol{x}^*$，代入式(7-7)中，有

$$\dot{\boldsymbol{\delta}}=\boldsymbol{F}(\boldsymbol{x}^*+\boldsymbol{\delta}) \tag{7-8}$$

将等式右边展开为泰勒级数，略去二次以上的项，就可以得到原系统的一次近似方程，为线性方程组

$$\dot{\boldsymbol{\delta}}=\boldsymbol{A\delta} \tag{7-9}$$

式中：$n\times n$ 的系数矩阵 $\boldsymbol{A}=(a_{ij})$ 为 $\boldsymbol{x}=\boldsymbol{x}^*$ 处函数 $\boldsymbol{F}$ 相对于变量 $\boldsymbol{x}$ 的雅可比矩阵，即

$$a_{i\ j}=\left.\frac{\partial F_i}{\partial x_k}\right|_{\boldsymbol{x}=\boldsymbol{x}^*} \tag{7-10}$$

从非线性式(7－7)到线性式(7－9)的转变称为线性化，研究该线性系统的稳定性。系统的稳定性取决于特征方程的根。当式(7－9)的维度大于2时，也具有类似的性质。接下来寻找式(7－9)的解。

$$\boldsymbol{\delta}=\boldsymbol{C}\mathrm{e}^{\lambda t} \tag{7-11}$$

式中：$\boldsymbol{C}$ 是个常数矩阵，将式(7－11)代入式(7－9)得到一个线性齐次方程组

$$(\boldsymbol{A}-\lambda\boldsymbol{E})\boldsymbol{C}=0 \tag{7-12}$$

式中：$\boldsymbol{E}$ 是单位矩阵，如果方程组有非平凡解(非零解)，则意味着

$$\det(\boldsymbol{A}-\lambda\boldsymbol{E})=0 \tag{7-13}$$

式(7－12)等价于 n 次代数方程

$$a_0\lambda^n+a_1\lambda^{n-1}+\cdots+a_n=0 \tag{7-14}$$

式(7－13)被称为特征方程，其根 λ 是矩阵 $\boldsymbol{A}$ 的特征值，被称为平衡态 $\boldsymbol{x}=\boldsymbol{x}^*$ 的特征指数。设 $\boldsymbol{A}$ 有 m 个不同的特征值 $\lambda_1,\lambda_2,\cdots,\lambda_m$，每个根的重数分别为 $n_1,n_2,\cdots,n_m$，有 $n_1+n_2+\cdots+n_m\leqslant n$。

引入一个 $n\times n$ 的非奇异常矩阵 $\boldsymbol{P}$，对 $\boldsymbol{\delta}$ 作非奇异变化

$$\boldsymbol{\delta}=\boldsymbol{PY} \tag{7-15}$$

式中：$\boldsymbol{Y}=[y_1\quad y_2\quad \cdots\quad y_m]^{\mathrm{T}}$ 为新的 n 维向量。代入式(7－9)中，并左乘 $\boldsymbol{P}^{-1}$，则可化为柯西正则化方程

$$\dot{\boldsymbol{Y}}=\boldsymbol{P}^{-1}\boldsymbol{APY}=\boldsymbol{JY} \tag{7-16}$$

式中：$\boldsymbol{J}=\boldsymbol{P}^{-1}\boldsymbol{AP}$ 是若当标准型矩阵，即

$$\boldsymbol{J}=\begin{bmatrix}\boldsymbol{J}_1 & & & \\ & \boldsymbol{J}_2 & & \\ & & \ddots & \\ & & & \boldsymbol{J}_m\end{bmatrix} \tag{7-17}$$

为对角型分块矩阵，对角线上的 m 个非零子阵又都是 $n_i\times n_i(i=1,2,\cdots,m)$ 阶的对角线分块子阵，即

$$\boldsymbol{J}_i=\begin{bmatrix}\boldsymbol{J}_{i1} & & & \\ & \boldsymbol{J}_{i2} & & \\ & & \ddots & \\ & & & \boldsymbol{J}_{im}\end{bmatrix} \tag{7-18}$$

其中子阵

$$
\boldsymbol{J}_{ik}=\begin{bmatrix}\lambda_i & & & & \\ 1 & \lambda_i & & & \\ & 1 & \ddots & & \\ & & \ddots & \lambda_i & \\ & & & 1 & \lambda_i\end{bmatrix},\quad k=1,2,\cdots,m \tag{7-19}
$$

由于是相似变化，故 $\boldsymbol{J}$ 的特征值和 $\boldsymbol{A}$ 相同。分以下几种情况：

(1)若 $\boldsymbol{A}$ 没有重根，即有 n 个不同的根，$\boldsymbol{J}$ 为对角阵。则式(7-9)有基本解

$$
\delta_j=c_j\mathrm{e}^{\lambda_j t},\quad j=1,2,\cdots,n \tag{7-20}
$$

式(7-9)的通解可由基本解[式(7-20)]的线性组合构成。

(2)设 $\boldsymbol{A}$ 有重根 λ_k，重数为 n_k，则式(7-9)的基本解为

$$
\delta_k=f_k(t)\mathrm{e}^{\lambda_k t} \tag{7-21}
$$

式中：$f_k(t)$是 t 的 $n-1$ 次代数多项式。

由上述结果可以归纳以下定理：式(7-9)的零解的稳定性可以由特征值的实部符号决定。即如果根均为负实部，即 $\mathrm{Re}\lambda_i<0(i=1,2,\cdots,n)$，则其平衡态是渐近稳定的；如果式(7-17)的根中至少有一个正实部，则其平衡态是不稳定的。具有正实部的特征值的数目称为不稳定度；如果没有具有正实部的根，但存在一定数量的根的实部等于零，则其平衡态可以是稳定的(但不是渐近稳定的)也可以是不稳定的。若零实部根为单根，则是稳定的，但非渐近稳定，若为重根，则不稳定。

7.1.5 李雅普诺夫一次近似理论

从 7.4.4 节中可看到，非线性系统线性化时略去了二次以上的项，故线性式(7-9)已不同于非线性式(7-7)。因此，上述的稳定性准则只适用于一次近似方程。李雅普诺夫提出了一次近似理论，即在一定条件下，可以根据一次近似方程的稳定性推断原系统的稳定性。有以下定理：

定理一 如果一次近似方程的根均为负实部，则原系统的平衡态是渐近稳定的，与高次项无关。

定理二 如果一次近似方程的根中至少有一个正实部，则原系统的平衡态是不稳定的，与高次项无关。

定理三 如果一次近似方程没有具有正实部的根，但存在一定数量的根的实部等于零，则原系统的平衡态可以是稳定的(但不是渐近稳定的)也可以是不稳定的，其稳定性取决于高次项。

【例 7-2】 判断下述范德波尔(Van der Pol)方程零解的稳定性：

$$
\ddot{x}+\mu(x^2-1)\dot{x}+x=0
$$

解：设 $x=x_1$，$\dot{x}=x_2$，则式(7-30)转化为

$$
\begin{cases}\dot{x}_1=x_2\\ \dot{x}_2=-x_1-\mu x_2-\mu x_1^2 x_2\end{cases}
$$

其一阶近似方程为

$$\begin{cases}\dot{x}_1 = x_2 \\ \dot{x}_2 = -x_1 - \mu x_2\end{cases}$$

特征方程为

$$D(\lambda) = \begin{vmatrix} \lambda & -1 \\ 1 & \lambda - \mu \end{vmatrix} = \lambda^2 - \mu\lambda + 1 = 0$$

当 $\mu < 0$ 时，$\lambda_{1,2} = \dfrac{\mu \pm \sqrt{\mu^2 - 4}}{2}$，这两个特征根均为负实部，由定理一可知原系统的零解是渐进稳定的。

当 $\mu > 0$ 时，$\lambda_{1,2} = \dfrac{\mu \pm \sqrt{\mu^2 - 4}}{2}$，至少有一个特征根为正实部，由定理二可知原系统的零解是不稳定的。

当 $\mu = 0$ 时，$\lambda_{1,2} = \pm \mathrm{j}$，特征根实部等于零，则原系统的平衡态可以是稳定的（但不是渐近稳定的）也可以是不稳定的，其稳定性取决于高次项 $x_1^2 x_2$。

7.1.6 李雅普诺夫第二法（直接法）

李雅普诺夫提出了一种基于构造特殊函数的理论，如果这些函数存在，则可以判断平衡态的稳定性和不稳定性。这些函数被称为 Lyapunov 函数，基于它们的稳定性理论被称为李雅普诺夫第二法（第二 Lyapunov 方法），它可以在不直接找到特征指数的情况下确定平衡态稳定性的条件。扰动式(7-4)的右边不显含时间的系统称为自治系统，显含时间的称为非自治系统。

下面简要描述第二 Lyapunov 方法在自治系统中的应用，扰动方程为

$$\dot{\boldsymbol{x}} = \boldsymbol{F}(\boldsymbol{x}) \tag{7-22}$$

考虑在式(7-22)的相空间中定义一个标量函数 $V(x_1, x_2, \cdots, x_n)$ 或矢量形式的函数 $\boldsymbol{V}(\boldsymbol{x})$，它在定义域 D 中是连续的，并且包含平衡点 $x = x^*$。此外，设 $V(\boldsymbol{x})$ 在定义域 D 中具有连续的偏导数。第二 Lyapunov 方法就是基于函数 $V(\boldsymbol{x})$ 和其沿解的导数的符号性质来直接判断系统的稳定性。

定义一 如果函数 $V(\boldsymbol{x})$ 只在一个平衡点处取零，并且在定义域 D 中的所有其他点取相同的符号，则该函数被称为定号函数。定号函数可以分为两种类型：正定和负定。其数学表达为：在定义域 D 内，当且仅当 $\boldsymbol{x} = 0 (x_1 = x_2 = \cdots = x_n = 0)$ 时，$V(0) = 0$，且当 $\boldsymbol{x} \neq 0$ 时，$V(\boldsymbol{x}) > 0$［或 $V(\boldsymbol{x}) < 0$］，则称函数 $V(\boldsymbol{x})$ 是正定的（负定的）。

【例 7-3】 函数 $V_1(x_1, x_2, x_3) = x_1^2 + x_2^2 + x_3{}^2$ 是正定函数，因为当且仅当 $x_1 = x_2 = x_3 = 0$ 时，$V_1 = 0$，除此之外在定义域内其他点，都有 $V_1 > 0$。

定义二 如果函数 $V(\boldsymbol{x})$ 不仅在一个平衡点处取零，而且在定义域 D 的某些其他点处也取零，并且在定义域 D 的所有其他点上具有相同的符号，则该函数被称为常号函数。常号函数也可以分为两种类型：常正和常负。其数学表达为：在定义域 D 内，有 $V(x) \geqslant 0$

[或 $V(x)\leqslant 0$]，则称函数 $V(x)$ 是常正(或常负)。

【例 7-4】 函数 $V_2(x_1,x_2,x_3)=(x_1+x_2)^2+x_3{}^2$ 是常正函数，因为在 $x_1=x_2=x_3=0$ 时，$V_2=0$，除此之外在 $x_3=0$，$x_1=-x_2$ 等一系列点时，也有 $V_2=0$，在其余点，都有 $V_2>0$。

在第二 Lyapunov 方法中，可以通过研究函数 $V(\boldsymbol{x})$ 沿着式(7-22)的轨迹去判断平衡态的稳定性。

如果函数 $V(\boldsymbol{x})$ 是定号函数，那么存在一个正值 C^*，所有 $V(\boldsymbol{x})=C$(其中 $C<C^*$)的水平面相对于点 $x=x^*$ 都是封闭的。如果在连接点 $x=x^*$[见图 7-3(a)中原点]和定义域 D 边界上的点的任何连线上，与 $V(\boldsymbol{x})=C$ 的水平面存在至少一个交点，则 $V(\boldsymbol{x})=C$ 的表面被称为封闭。如图 7-3(b)所示，给出了一个双变量中最简单的正定函数的例子。这个例子展示了正定函数水平面的主要特性：

(1)当且仅当 $x_1=x_2=x_3=0$ 时，$V(0)=0$；

(2)$V(\boldsymbol{x})=C$ 为一个常数，其为包含原点的封闭曲面；

(3)当 $V(\boldsymbol{x})=C$ 取不同常数时，这些曲面层层嵌套且不相交；

(4)当 $V(\boldsymbol{x})=C$ 趋近于 0 时，曲面向原点收缩，最终归于原点，这就要求 $V(\boldsymbol{x})$ 函数单值连续。

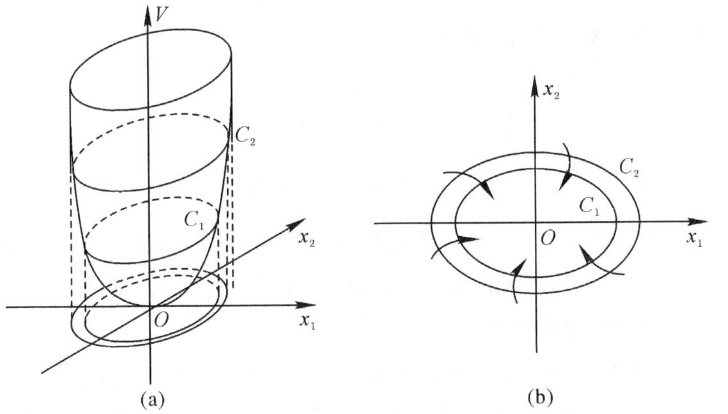

图 7-3 Lyapunov **第二方法**

(a)定号函数示意图；(b)正定函数示意图

若再结合 $V(\boldsymbol{x})$ 导数的符号特性，就可判断未扰运动的稳定性。可以通过以下方式得到 $V(\boldsymbol{x})$ 的全导数：

$$\dot{V}=\sum_{i=1}^{n}\frac{\partial V}{\partial x_i}\dot{x}_i=\sum_{i=1}^{n}\frac{\partial V}{\partial x_i}F_i=(\mathrm{grad}V\cdot\boldsymbol{F}) \tag{7-23}$$

式中：括号表示向量的数量积。请注意，据式(7-23)，当 $x=x^*$ 时，$\dot{V}(\boldsymbol{x})=0$。接下来阐述 Lyapunov 定理，它给出了平衡态稳定性的充分条件。

定理一 稳定性定理：如果对于式(7-22)在定义域 D 中存在一个可微的定号函数 $V(\boldsymbol{x})$，并且根据式(7-22)计算得到的全导数 $\dot{V}$ 是常号函数且与 $V(\boldsymbol{x})$ 的符号相反或恒等于零，则式(7-22)的平衡态 $x=x^*$ 是稳定的。

下面说明定理一的几何意义，以二维自治系统为例：

$$\left.\begin{aligned}\dot{x}_1=F_1(x_1,x_2)\\ \dot{x}_2=F_2(x_1,x_2)\end{aligned}\right\} \tag{7-24}$$

取函数 $V(x_1,x_2)$ 为正定函数，由定理一，其全导数 $\dot{V}$ 若满足 $\dot{V}\leqslant 0$ 或 $\dot{V}\equiv 0$，则其平衡点稳定。其全导数为

$$\dot{V}=\sum_{i=1}^{2}\frac{\partial V}{\partial x_i}\dot{x}_i=\frac{\partial V}{\partial x_1}\dot{x}_1+\frac{\partial V}{\partial x_2}\dot{x}_2 \tag{7-25}$$

设函数 $V(x_1,x_2)$ 和其全导数 $\dot{V}$ 满足定理一的相关条件，则 $V(x_1,x_2)=C$ 在定义域 D 中为包含原点的封闭曲面簇。而 $\dot{V}=\frac{\partial V}{\partial x_1}\dot{x}_1+\frac{\partial V}{\partial x_2}\dot{x}_2=(\mathrm{grad}V\cdot\boldsymbol{v}_{\mathrm{p}})$，$\mathrm{grad}V$ 是等高线 $V(x_1,x_2)=C$ 的梯度，$\boldsymbol{v}_{\mathrm{p}}$ 为相速度。若 $\dot{V}\equiv 0$，等价于 $\mathrm{grad}V\cdot\boldsymbol{v}_{\mathrm{p}}=0$，说明 $\boldsymbol{v}_{\mathrm{p}}$ 的方向与等高线梯度垂直，即相点沿等高线运动，相点不会远离原点，故平衡点稳定；若 $\dot{V}\leqslant 0$，等价于 $\mathrm{grad}V\cdot\boldsymbol{v}_{\mathrm{p}}\leqslant 0$，说明 $\boldsymbol{v}_{\mathrm{p}}$ 的方向与等高线梯度的方向夹角为钝角，由于函数 $V(x_1,x_2)$ 为正定函数，故等高线梯度的方向向外，因此 $\boldsymbol{v}_{\mathrm{p}}$ 的方向向内或沿等高线方向，原点依然是稳定的。

【例 7-5】 判断下面系统零解的稳定性：

$$\ddot{x}+\sin x=0$$

解： 设 $x=x_1$，$\dot{x}=x_2$，则该式化为

$$\begin{cases}\dot{x}_1=x_2\\ \dot{x}_2=-\sin x_1\end{cases}$$

取函数 $V(x_1,x_2)=\frac{1}{2}x_2^2+(1-\cos x_1)$，$-2\pi<x_1<2\pi$，当且仅当 $x_1=x_2=0$ 时，$V(0)=0$，其余点均有 $V(x_1,x_2)>0$，因此 $V(x_1,x_2)$ 为正定函数。其全导数 $\dot{V}$ 为

$$\dot{V}=x_2\dot{x}_2+\dot{x}_1\sin x_1=x_2(-\sin x_1)+x_2\sin x_1\equiv 0$$

由定理一，系统零解是稳定的。

定理二 渐近稳定性定理：如果对于式(7-22)存在一个定号函数 $V(\boldsymbol{x})$，并且根据式(7-22)计算得到的全导数 $\dot{V}$ 也是定号函数且与 $V(\boldsymbol{x})$ 的符号相反，则式(7-22)的平衡态 $x=x^*$ 是渐近稳定的。

下面说明定理二的几何意义。仍以定理一中的二维自治系统为例，为明确起见，假设 $V(x_1,x_2)$ 是一个正定函数，全导数 $\dot{V}$ 是负定函数。$\dot{V}<0$ 意味着 $\mathrm{grad}V\cdot\boldsymbol{v}_{\mathrm{p}}<0$，说明 $\boldsymbol{v}_{\mathrm{p}}$ 的方向与等高线梯度的方向夹角为钝角，由于函数 $V(x_1,x_2)$ 为正定函数，故等高线梯度的方向向外，因此 $\boldsymbol{v}_{\mathrm{p}}$ 的方向向内。当 C 趋近于 0 时，$V(x_1,x_2)=C$ 的平面会收缩到原点，由此得出系统的任何相轨迹将渐近地接近平衡点。

【例 7-6】 判断下面系统零解的稳定性：

$$\begin{cases}\dot{x}_1=x_2-x_1^3\\ \dot{x}_2=-x_1-x_2^3\end{cases}$$

解： 取 $V(x_1,x_2)=x_1^2+x_2^2$，$V(x_1,x_2)$ 为正定函数，则全导数

$$\dot{V}=2x_1\dot{x}_1+2x_2\dot{x}_2=2x_1(x_2-x_1^3)+2x_2(-x_1-x_2^3)=-2(x_1^4+x_2^4)$$

全导数 $\dot{V}<0$ 为负定函数。由定理二可得，系统的零解是渐进稳定的。

定理三 不稳定性定理：如果对于式(7-22)在定义域 D 中存在一个可微的函数 $V(\boldsymbol{x})$，并且根据式(7-22)计算得到的全导数 $\dot{V}$ 是定号函数，同时，适当选取 $x_i(i=1,2,\cdots,n)$，无论如何小，总可以使 $\dot{V}$ 与 $V(\boldsymbol{x})$ 的符号相同，则式(7-22)的平衡态 $x=x^*$ 是不稳定的。

下面说明定理三的几何意义。仍以定理一中的二维自治系统为例，为明确起见，假设 $V(x_1,x_2)$ 是一个正定函数，由定理三可知无论如何选取 x_1,x_2，全导数 $\dot{V}$ 都是正定函数，即 $\dot{V}>0$ 意味着 $\mathrm{grad}V\cdot\boldsymbol{v}_p>0$，说明 $\boldsymbol{v}_p$ 的方向与等高线梯度的方向夹角为锐角，由于函数 $V(x_1,x_2)$ 为正定函数，故等高线梯度的方向向外，因此 $\boldsymbol{v}_p$ 的方向也向外，说明相点在远离原点，由此得出系统是不稳定的。

【例 7-7】 判断下面瑞利方程零解的稳定性：

$$\ddot{x}+(\dot{x}^3-\dot{x})+x=0$$

解：设 $x=x_1,\dot{x}=x_2$，则上式化为

$$\begin{cases}\dot{x}_1=x_2\\ \dot{x}_2=-x_1+x_2-x_2^3\end{cases}$$

取 $V(x_1,x_2)=3x_1^2-2x_1x_2+2x_2^2=(x_1-x_2)^2+2x_1^2+x_2^2$，$V(x_1,x_2)$ 为正定函数，则全导数

$$\dot{V}=2(x_1^2+x_2^2)+2x_1x_2{}^3-4x_2^4$$

可以取到 $x_1=2x_2$，此时全导数 $\dot{V}>0$ 为正定函数，由定理三可知，系统的零解不稳定。

7.1.7 Routh-Hurwitz 稳定性准则

李雅普诺夫第二法相较李雅普诺夫第一法更加简便直接。对同一个系统的稳定性问题，选取不同的函数 $V(\boldsymbol{x})$ 并不会得出相反的结论。即若原问题是稳定的，不会因选取不同的 $V(\boldsymbol{x})$ 函数而得出不稳定的结论（反之亦然）。但若原问题是渐近稳定的，选取不同的 $V(\boldsymbol{x})$ 函数，结果可能是稳定的而不是渐近稳定的。因此，$V(\boldsymbol{x})$ 函数对于判断系统的稳定性是很重要的，但目前仍没有统一的选取方法，这也是李雅普诺夫第二法的局限性。

由李雅普诺夫第一法可知，关于非线性系统平衡点稳定性的问题可以简化为线性化后的线性方程的特征根在复平面中的定位问题，即简化为一个简单的代数问题。然而，当系统的维度大于 3 时，很难求出系统的特征根，这也是李雅普诺夫第一法的局限性。为此，许多学者进一步发展了允许在不直接求解特征方程的情况下判断平衡稳定性的方法。其中一个具有代表性的判断准则是 Routh-Hurwitz 稳定性准则。

Routh-Hurwitz 稳定性准则最初是为解决自动控制理论中的问题而提出的。由李雅普诺夫第一法可知，非线性系统可以线性化为线性齐次方程组，该方程组若有平凡解，就可以化为 n 次代数方程：

$$a_0\lambda^n+a_1\lambda^{n-1}+\cdots+a_n=0 \tag{7-26}$$

不失一般性，假设系数 a_0 为正。同时，通过式(7-26)的系数 $a_j(j=1,2,\cdots,n)$ 可以

生成一个 $n\times n$ 的矩阵，该矩阵满足以下条件：

(1)从 a_1 开始，该矩阵的第一行包含了下标是奇数的系数；

(2)每个接下来的行都是通过对前一行对应元素下标减 1 得到的，如第一行第一列元素为 a_1，则第二行对应列的元素就为 a_0；

(3)如果某个系数 a_k 的下标变成了负数，那么它就会被赋值为零，即 $a_k=0$。

这样就生成了如下的 $n\times n$ 的矩阵：

$$\boldsymbol{A}_{\mathrm{R}}=\begin{pmatrix} a_1 & a_3 & a_5 & \cdots & 0 & 0 \\ a_0 & a_2 & a_4 & \cdots & 0 & 0 \\ 0 & a_1 & a_3 & \cdots & 0 & 0 \\ 0 & a_0 & a_2 & \cdots & 0 & 0 \\ \vdots & \vdots & \vdots & \cdots & a_{n-1} & 0 \\ 0 & 0 & 0 & \cdots & a_{n-2} & a_n \end{pmatrix} \tag{7-27}$$

注意，在矩阵$\boldsymbol{A}_{\mathrm{R}}$的主对角线上，是从 a_1 开始的式的连续的系数。接下来写出矩阵$\boldsymbol{A}_{\mathrm{R}}$的所有主对角线子项

$$\Delta_1=a_1,\Delta_2=\begin{vmatrix} a_1 & a_3 \\ a_0 & a_2 \end{vmatrix},\cdots,\Delta_n=a_n\Delta_{n-1} \tag{7-28}$$

Routh-Hurwitz 稳定性准则指出，为了使式(7－26)的所有特征根都具有负实部，其充要条件为所有主对角线子项都为正，即

$$\Delta_n>0,\Delta_2>0,\cdots,\Delta_{n-1}>0,\Delta_n>0 \tag{7-29}$$

这样，条件式(7－29)就可以使式(7－26)的所有特征根都具有负实部，根据李雅普诺夫第一法，线性系统和原非线性系统的零解是渐进稳定的。为更好地理解，举例来说明 Routh-Hurwitz 稳定性准则。

【例 7－8】 有一 $n=3$ 的特征方程：

$$\lambda^3+a\lambda^2+b\lambda+c=0$$

式中：$a=\frac{a_1}{a_0}$，$b=\frac{a_2}{a_0}$，$c=\frac{a_3}{a_0}$。创建 Hurwitz 矩阵：

$$\boldsymbol{A}_{\mathrm{R}}=\begin{pmatrix} a & c & 0 \\ 1 & b & 0 \\ 0 & a & c \end{pmatrix}$$

对应于式(7－28)，该矩阵的主对角子阵为

$$\Delta_1=a,\Delta_2=ab-c,\Delta_3=c(ab-c)$$

由此，根据 Routh-Hurwitz 稳定性准则，如果该方程的参数满足下列不等式，则例中特征方程的所有根都具有负实部。

$$a>0,ab-c>0,c>0$$

当系统的维数很高时，可直接采用 Routh-Hurwitz 稳定性准则来判断特征方程是否全部具有负实部，从而根据李雅普诺夫第一法判断系统的稳定性，而不用求解全部特征根。

7.2 周期运动的稳定性

对于任意一个系统，往往尤为关心的是什么时候到达一个平衡或者说什么时候到达稳定，稳定的直观表现就是该运动处于平衡状态或周期运动状态。另外，也会关注这个平衡状态或周期运动状态是否能维持住，即平衡状态或周期运动的稳定性问题。相平面法是一种常用的定性方法。相平面法中相轨迹的奇点和极限环分别对应了系统的平衡状态或周期运动状态，通过分析奇点和极限环的性质，便可判断系统平衡状态或周期运动稳定性。

7.2.1 相平面和相轨迹

当 $2N$ 维空间的维数退化到 2 维时，相空间就退化为了相平面。如一个单自由度的振动系统：

$$\ddot{x}+f(x,\dot{x})=0 \tag{7-30}$$

引入变量 y 来表示速度 $\dot{x}$，这样该系统就化为

$$\dot{x}=y,\quad \dot{y}=-f(x,y) \tag{7-31}$$

此时系统含有 2 个状态变量，代表位移的变量 x 和代表速度的变量 y，二者共同构成的平面(x,y)平面称为系统的相平面。设状态变量的初始状态为

$$t=0,\ x(0)=x_0,\ y(0)=y_0 \tag{7-32}$$

根据初始状态式(7－32)、式(7－31)可求解出解 $x(t)$ 和 $y(t)$，这两个解共同确定了系统的运动过程。在某一时刻，系统的运动状态在相平面上对应的点称为系统的相点。相点随着时间的变化而移动的轨迹称为相轨迹，在相轨迹上会标有相应的箭头来代表相点移动的方向。如图 7－4 所示，相点沿相轨迹移动的速度称为相速度，相速度对应着式(7－31)。不同的初始条件对应的相轨迹组成了相轨迹族。画出系统的各相轨迹的图形称为系统的相平面图，简称相图。应该注意的是，相轨迹并非振子的实际运动轨迹，相速度也并非振子的实际运动速度。相平面法是定性方法，通过对相图的分析可以定性地知道系统运动的一些性质。

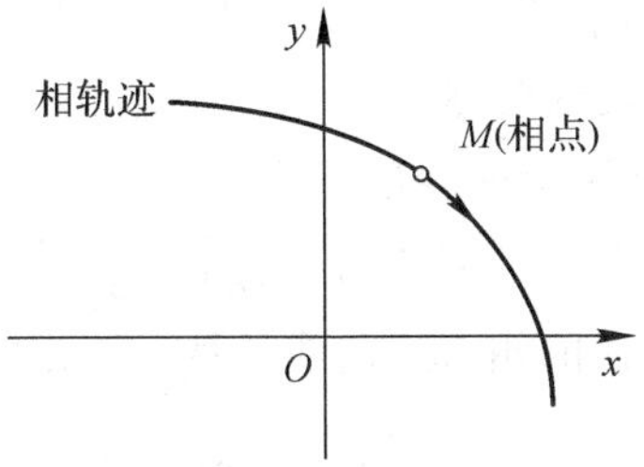

图 7－4 相轨迹与相点

7.2.2 保守系统相轨迹的性质

将保守系统式(7－31)的第二个方程除以第一个方程，并分离变量，可得

$$y\mathrm{d}y=-f(x)\mathrm{d}x \tag{7-33}$$

将式(7－33)从某个初始时刻 $t=t_0$ 积分到任意时刻 t，得到

$$\frac{y^2}{2}-\frac{y_0^2}{2}=-\int_{x_0}^{x} f(x)\mathrm{d}x \tag{7-74}$$

式中：$x_0=x(t_0)$，$y_0=y(t_0)$。将式(7－34)移项，可以得到

$$\frac{y^2}{2}+\int_0^x f(x)\mathrm{d}x=h \tag{7-35}$$

式中

$$h=\frac{y_0^2}{2}+\int_0^{x_0} f(x)\mathrm{d}x \tag{7-36}$$

据式(7－36)，h 为常数，是系统在时刻 $t=t_0$ 的总能量，而式(7－36)的左边表示系统在时刻 t 的总能量，它是由动能 E_K 和势能 E_P 组成的，其中

$$E_K=\frac{y^2}{2},\quad E_P=\int_0^x f(x)\mathrm{d}x \tag{7-37}$$

式(7－36)体现了保守系统的能量守恒定律，也以隐式形式给出了与给定 h 的系统对应的积分曲线。请注意，对于给定 h 的系统，只有当 $h\geqslant E_P$ 时，速度 y 才会有实数解。下面分析该保守系统的相轨迹的普遍性质。由式(7－33)可得

$$\frac{\mathrm{d}y}{\mathrm{d}x}=-\frac{f(x)}{y} \tag{7-38}$$

式中：$\mathrm{d}y/\mathrm{d}x$ 可以表示相轨迹曲线的斜率。当系统处于平衡点时，有

$$y=0,\quad f(x)=0 \tag{7-39}$$

此时，$\frac{\mathrm{d}y}{\mathrm{d}x}=0$，此时相轨迹曲线的斜率在该平衡点不能确定，则称这一点为奇点。奇点的速度和加速度都为 0，所以奇点代表了平衡点，这也是奇点可以代表系统平衡状态的原因。除奇点外，其余点的斜率都可确定，称这些点为常点，保守系统的相轨迹在常点是不相交的。常点中有两类特殊的点，一是 $y=0$ 的点，此时$\frac{\mathrm{d}y}{\mathrm{d}x}$趋近于无穷大，相轨迹有竖直切线；二是 $f(x)=0$ 的点，此时$\frac{\mathrm{d}y}{\mathrm{d}x}$趋近于 0，相轨迹有水平切线。也可看出，当 y 变为 $-y$ 时，斜率也相差一个符号，说明系统的相轨迹曲线关于水平轴对称，观察相轨迹曲线时，只需看上平面即可，下平面与之轴对称。

相轨迹方程实质上是保守系统的能量积分

$$y=\sqrt{2[h-E_p(x)]} \tag{7-40}$$

可通过势能 E_P 来探讨奇点附近的相轨迹曲线的性质。由式(7－37)可知

$$\frac{\mathrm{d}E_P}{\mathrm{d}x}=f(x) \tag{7-41}$$

在奇点附近时，$f(x)\to 0$，此时势能 E_P 要么达到极值(极大值或者极小值)，要么具有拐点。接下来分析系统与这三种情况对应的奇点附近的相轨迹的性质。

1. 势能 E_P 具有极小值

如图 7－5(a)所示，势能 E_P 在 $x=x_0$ 时具有极小值 h_0，在 $x=x_0$ 附近，势能 E_P 先单

调减再单调增，与之对应的速度 y 先单调增再单调减。

假设系统的总能量为 h_1，大于 h_0，当势能最大为 h_1 时与 E_P 曲线有两个交点，由于此时系统的能量全部转化为势能，故动能为 0，所以这两个交点在相平面上体现为 x 轴上两点（速度 $y=0$），在两交点的外侧，势能大于系统的总能量，速度 y 不存在实数解，所以没有相轨迹。势能逐渐从 h_1 减小时，速度 y 逐渐增大，当势能减小到最小值 h_0 时，速度 y 来到最大值，在这个过程中，相轨迹是上下对称的封闭曲线，对应于周期解，将式(7-31)代入式(7-40)，分离变量后沿相轨迹积分，可以得到其周期为

$$T = 2\int_{x_1}^{x_2} \frac{\mathrm{d}x}{\sqrt{2h - 2E_P(x)}} \tag{7-42}$$

式中：x_1，x_2 为系统初始总能量 h 与势能曲线的两个交点所对应的相平面上相轨迹与 x 轴对应的两个交点，周期 T 是系统初始总能量 h 的函数，也就是说系统解的周期也与振幅有关，这与线性振动系统有显著的差别。

假设系统的总能量为 h_0，此时相轨迹退化于相平面上轴线上一点，此时该奇点称为中心，中心是稳定的。假设系统的总能量小于 h_0，此时势能大于系统的总能量，速度 y 不存在实数解，所以没有相轨迹。

2. 势能 E_P 具有极大值

如图 7-5(b)所示，势能 E_P 在 $x=x_0$ 时具有极大值 h_0，在 $x=x_0$ 附近，势能 E_P 先单调增再单调减，与之对应的速度 y 先单调减再单调增。

假设系统的总能量为 h_1 大于 h_0 时，总能量与势能曲线没有交点，故相轨迹与 x 轴也无交点。相轨迹上下对称。

假设系统的总能量为等于 h_0 时，相轨迹变为相平面上轴线上一点 s，此时该奇点称为鞍点，鞍点是不稳定的。当势能逐渐从极大值 h_0 减小时，速度 y 逐渐增大，对应于相轨迹曲线显示为以鞍点为顶点左右开口的两条曲线，这两条曲线实质上由 4 条相轨迹线组成，两条趋近鞍点，两条远离鞍点，这四条曲线也是其余相轨迹线的渐进线。假设系统的总能量为 h_2 小于 h_0 时，对应的势能曲线一条单增一条单减，则对应的相轨迹线分别为开口向左和开口向右的曲线。值得一提的是，鞍点在物理上是不可实现的。

3. 势能 E_P 具有拐点

如图 7-5(c)所示，势能 E_P 在 $x=x_0$ 时具有拐点 h_0，此处的切线为水平切线，实质上，拐点是势能曲线的极大值与极小值的重合，故拐点左侧为鞍点，右侧为中心，是二者的结合，称为尖点，尖点也不稳定。

综上，当势能曲线含有极小值时，对应的奇点为中心，此时奇点是稳定的，即平衡点是稳定的；当势能曲线含有极大值时，对应的奇点为鞍点，此时奇点是不稳定的，即平衡点是不稳定的；当势能曲线含有拐点时，对应的奇点为尖点，此时奇点是不稳定的，即平衡点是不稳定的。

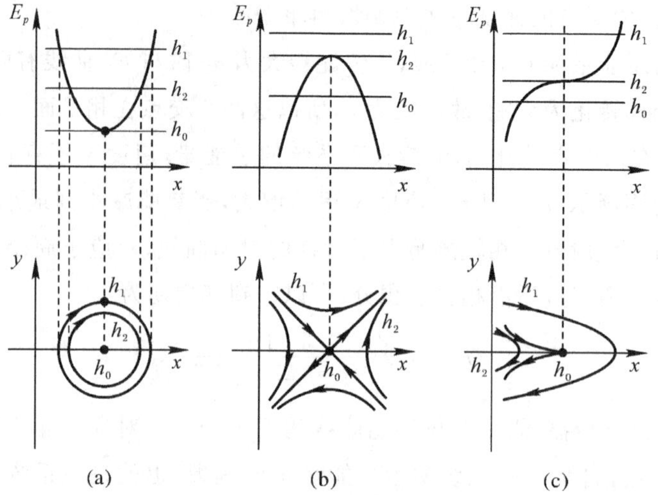

图 7－5　相轨迹的性质

(a)势能具有极小值；(b)势能具有极大值；(c)势能具有拐点

从整个相平面上来看，该保守系统的势能曲线如图 7－6 所示，可以由势能曲线对应的相轨迹来判断系统平衡点的稳定性。可以看到 $x=S_1$ 时，势能曲线含有极小值，即此时奇点为稳定的中心，故该平衡点是稳定的；$x=S_2$ 时，势能曲线含有极大值，即此时奇点为不稳定的鞍点，故该平衡点是不稳定的；$x=S_3$ 时，势能曲线含有拐点，即此时奇点为不稳定的尖点，故该平衡点是不稳定的。这给出了一个简便的判断周期运动或平衡状态稳定性的方法，即根据保守系统的势能曲线在平衡状态处的极值来判别平衡的稳定性，由拉格朗日(J. L. Lagrange)于 1788 年提出，狄利克雷(P. G. L. Dirichlet)于 1846 年给出证明。注意此条件是判断周期运动或平衡状态稳定性的充分条件。

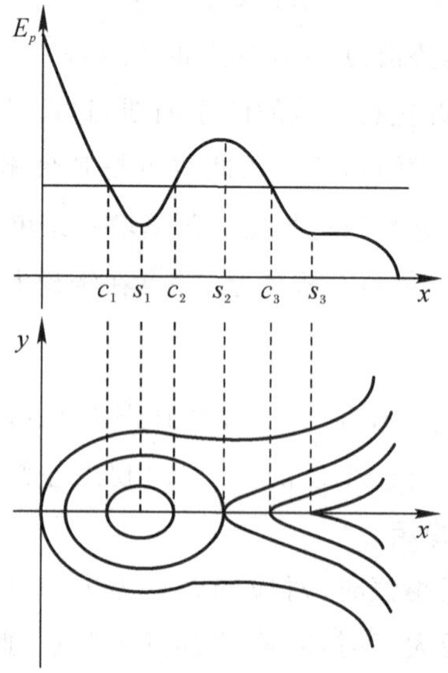

图 7－6　保守系统的势能曲线和相轨迹

【例 7－9】　考虑一个由长度为 l 的轻质绳和质量为 m 的小球组成的单摆动力学系

统,如图 7-7(a) 所示,小球在重力的作用下,可以绕悬挂点自由旋转。判断该系统平衡点的稳定性。

解: 设 φ 为摆锤与垂线的夹角,写出系统的运动方程为

$$J\frac{\mathrm{d}\omega}{\mathrm{d}t}=\sum_k M_k$$

式中:J 是小球的惯性矩,$J=ml^2$;$\omega=\dfrac{\mathrm{d}\varphi}{\mathrm{d}t}$为摆动的角速度;$M_k$ 是作用在小球上的力矩。此时有两个力作用在小球上,即重力和黏性摩擦力,摩擦力与速度成正比,为$-kl\dot{\varphi}$,$k>0$,得到力矩如下:

$$M_1=-mgl\sin\varphi,\quad M_2=-kl^2\frac{\mathrm{d}\varphi}{\mathrm{d}t}$$

代入得

$$ml^2\frac{\mathrm{d}^2\varphi}{\mathrm{d}t^2}=-mgl\sin\varphi-kl^2\frac{\mathrm{d}\varphi}{\mathrm{d}t}$$

无量纲化后得

$$\ddot{\varphi}+\lambda\dot{\varphi}+\frac{g}{l}\sin\varphi=0$$

式中:$\lambda=\dfrac{k}{m}\sqrt{\dfrac{l}{g}}$是表征系统耗散损耗的无量纲参数。若不考虑摩擦,则化为和例 7-1 一致的系统。令 $\lambda=0$,系统化为

$$\begin{cases}\dot{\varphi}=y\\ \dot{y}=-\dfrac{g}{l}\sin\varphi\end{cases}$$

系统的势能和相轨迹方程分别为

$$E_{\mathrm{P}}(\varphi)=\frac{g}{l}(1-\cos\varphi)$$

$$y^2+\frac{2g}{l}(1-\cos\varphi)=2h$$

式中:h 为系统初始总能量。画出势能曲线和相轨迹图分别如图 7-7(c)(d)所示。可以看到含有一个极小值点(0,0),为中心,是稳定的。含有一个极大值点(π,0),为鞍点,是不稳定的。这与例 7-1 所得结论一致。实际上,除这两个点以外相平面上还有无数个中心 $\varphi=\pm 2k\pi$ 和无数个鞍点 $\varphi=\pm(2k+1)\pi$。但这些中心和这些鞍点分别都在同一个位置,因此可以只取 $\varphi=\pi$ 和 $\varphi=-\pi$ 之间的区域,这两条边线实际也在同一个位置,故让这两条边线互相黏合卷成一个柱面,就形成了相柱面。在此柱面上,中心和鞍点各只有一个。过鞍点的分隔线分隔出两类曲线:一类可在柱面上缩为一点,另一类则不能[见图 7-7(e)]。它们对应两类运动:前者对应于单摆在平衡位置小范围的摆动[见图 7-7(a)],后者对应于单摆绕悬挂点大范围的旋转,旋转方向不变[见图 7-7(b)]。

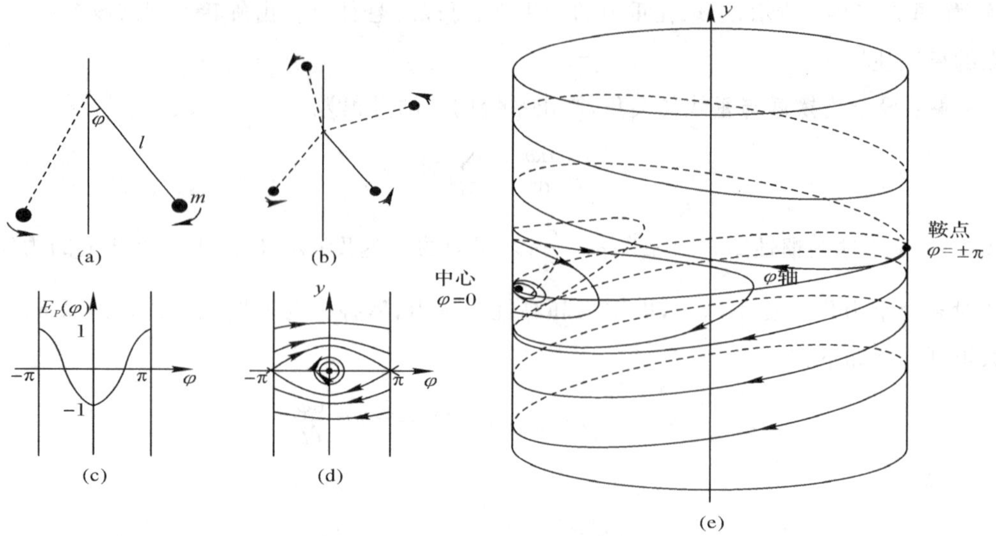

图 7-7　单摆的稳定性

(a)单摆小幅摆动；(b)单摆大幅摆动；(c)势能曲线；(d)相轨迹；(e)相柱面

7.2.3　奇点的性质

在讨论李雅普诺夫第一法时，是将非线性系统线性化，而利用线性系统特征值的性质来判断系统的稳定性。那么对于非线性系统，是否可以通过研究其线性化后的系统的奇点性质来研究其平衡状态的稳定性呢？下面对该问题进行讨论。

设单自由度非线性二维自治系统微分方程为

$$\left.\begin{aligned}\dot{x}_1&=f_1(x_1,x_2)\\\dot{x}_2&=f_2(x_1,x_2)\end{aligned}\right\}\tag{7-43}$$

式中：f_1 和 f_2 都是有偏导的非线性函数。将上述两式相除，得到

$$\frac{\mathrm{d}x_2}{\mathrm{d}x_1}=\frac{f_2(x_1,x_2)}{f_1(x_1,x_2)}\tag{7-44}$$

式(7-44)给出了相平面上除奇点外其余各点的斜率，称为方向场。而在奇点处，为平衡位置有 $\dot{x}_1=0,\dot{x}_2=0$，即

$$f_1(x_1,x_2)=0,f_2(x_1,x_2)=0\tag{7-45}$$

奇点处的斜率为 0，故奇点的斜率不能确定。奇点在相平面的位置也可由式(7-45)来确定。但由于 f_1 和 f_2 都是非线性函数，奇点可能不止一个。为了方便，探讨处于原点的奇点，其余奇点通过坐标转化可以转换到原点，不影响问题的普遍性。设式(7-43)奇点的位置为 $x_1=x_2=0$，将 f_1 和 f_2 在该奇点附近进行泰勒展开，有

$$\left.\begin{aligned}\dot{x}_1&=a_{11}x_1+a_{12}x_2+\varepsilon_1(x_1,x_2)\\\dot{x}_2&=a_{21}x_1+a_{22}x_2+\varepsilon_2(x_1,x_2)\end{aligned}\right\}\tag{7-46}$$

式中：$a_{ij}=\dfrac{\partial f_i}{\partial x_j}\Big|_{x_j=0}$，为泰勒展开的系数，而 ε_1 和 ε_2 为二次及以上的高次项。代入式(7-44)

可得

$$\frac{\mathrm{d}x_2}{\mathrm{d}x_1}=\frac{a_{21}x_1+a_{22}x_2+\varepsilon_2(x_1,x_2)}{a_{11}x_1+a_{12}x_2+\varepsilon_1(x_1,x_2)} \tag{7-47}$$

将其写为矩阵形式

$$\dot{\boldsymbol{X}}=\boldsymbol{a}\boldsymbol{X}+\boldsymbol{\varepsilon} \tag{7-48}$$

式中：$\boldsymbol{X}=(x_1,x_2)^{\mathrm{T}}$，$\boldsymbol{\varepsilon}=(\varepsilon_1,\varepsilon_2)^{\mathrm{T}}$，$\boldsymbol{a}=\begin{bmatrix}a_{11} & a_{12}\\ a_{21} & a_{22}\end{bmatrix}$。庞加莱线性化理论中提到，若行列式 $\det\boldsymbol{a}\neq 0$，那么 $\boldsymbol{X}$ 趋近于 0 时，高阶项 $\boldsymbol{\varepsilon}$ 也趋近于 0。故式(7-48)可以线性化为

$$\dot{\boldsymbol{X}}=\boldsymbol{a}\boldsymbol{X} \tag{7-49}$$

此时线性式(7-49)与原系统式(7-43)有相同的奇点。那么只需研究线性方程奇点的性质即可。为了更好地求解线性式(7-49)，对其作相似变换，找到一个非奇异常数矩阵 $\boldsymbol{b}$($\det\boldsymbol{b}\neq 0$)，令

$$\boldsymbol{X}=\boldsymbol{b}\boldsymbol{u} \tag{7-50}$$

将其代入式(7-49)，再两端乘以$\boldsymbol{b}^{-1}$，得到

$$\dot{\boldsymbol{u}}=\boldsymbol{c}\boldsymbol{u} \tag{7-51}$$

式中：$\boldsymbol{c}=\boldsymbol{b}^{-1}\boldsymbol{a}\boldsymbol{b}$。经过相似变换后，$\boldsymbol{c}$ 与 $\boldsymbol{a}$ 仍含有相同的特征值，且可以通过调整 $\boldsymbol{b}$ 的形式使 $\boldsymbol{c}$ 的形式更为简单，成为一个对角阵 $\begin{bmatrix}\lambda_1 & 0\\ 0 & \lambda_2\end{bmatrix}$，这样矩阵 $\boldsymbol{a}$ 的特征值就很容易求得，为 λ_1 和 λ_2。

特征值 λ_1 和 λ_2 为不同情况时，系统在平衡点附近的相轨迹也随之不同，此时奇点的性质也不同，下面对奇点的性质进行具体讨论。

1. λ_1 和 λ_2 同号且 $\lambda_1\neq\lambda_2$ 为实根

根据式(7-51)可得到

$$\dot{u}_1=\lambda_1 u_1,\quad \dot{u}_2=\lambda_2 u_2 \tag{7-52}$$

其解为

$$u_1=u_{10}\mathrm{e}^{\lambda_1 t},\quad u_2=u_{20}\mathrm{e}^{\lambda_2 t} \tag{7-53}$$

λ_1 和 λ_2 同号时，此时的奇点称为结点，分两种情况。当 λ_1 和 λ_2 同为负时，随着时间的增加，u_1 和 u_2 逐渐趋近于 0，此时的结点是稳定的。当 λ_1 和 λ_2 同为正时，随着时间的增加，u_1 和 u_2 逐渐趋近于无穷大，此时的结点是不稳定的。如图 7-8 所示为稳定的结点，不稳定的结点相轨迹分布和稳定的节点时相同，但箭头相反。

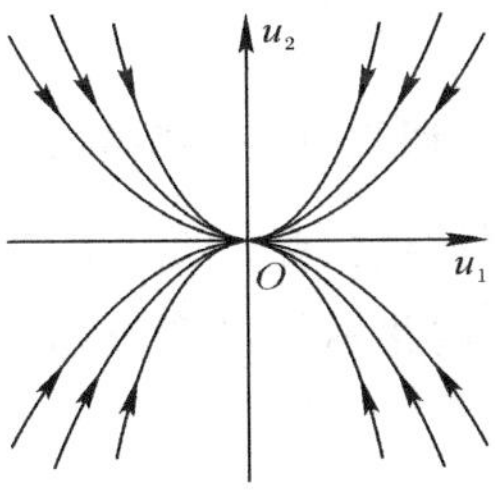

图 7-8　稳定的结点

2. λ_1 和 λ_2 异号且为实根

此时的解解依然是式(7－53)的形式，随着时间的增加，u_1 和 u_2 一个逐渐趋近于 0，一个逐渐趋近于∞，此时奇点是不稳定的鞍点，如图 7－9 所示。

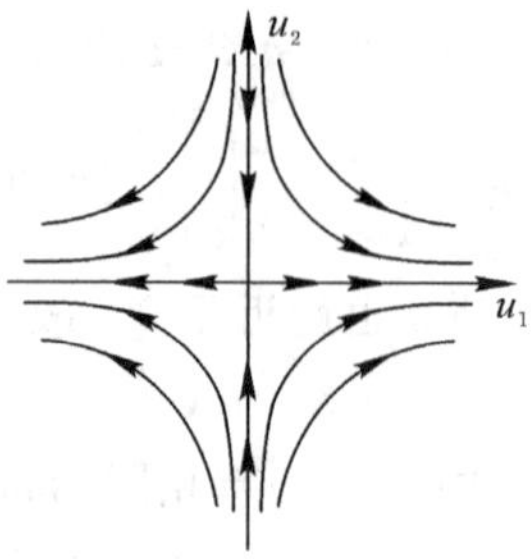

图 7－9 鞍点

3. $\lambda_1=\lambda_2$ 为实根

$\lambda_1=\lambda_2$ 说明 λ_1 和 λ_2 同号，此时奇点为结点。矩阵 $\boldsymbol{c}$ 可能有两种形式：

$$\boldsymbol{c}=\begin{bmatrix}\lambda & 0\\ 0 & \lambda\end{bmatrix} \tag{7-54}$$

或

$$\boldsymbol{c}=\begin{bmatrix}\lambda & 1\\ 0 & \lambda\end{bmatrix} \tag{7-55}$$

若为式(7－54)，其解为

$$u_1=u_{10}\mathrm{e}^{\lambda t},\quad u_2=u_{20}\mathrm{e}^{\lambda t} \tag{7-56}$$

当 $\lambda>0$ 时，奇点是不稳定结点；当 $\lambda<0$ 时，奇点是稳定结点。图 7－10 展示了稳定结点。

若为式(7－55)，则其解为

$$u_1=(u_{10}+u_{20}t)\mathrm{e}^{\lambda t},\quad u_2=u_{20}\mathrm{e}^{\lambda t} \tag{7-57}$$

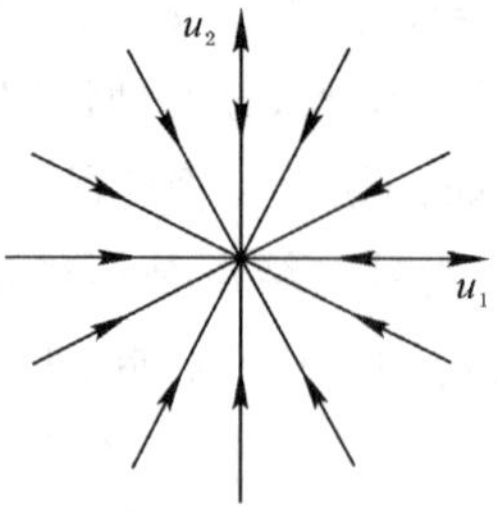

图 7－10 稳定结点

此时的奇点称为退化结点。同样地，当 $\lambda<0$ 时，奇点是稳定结点；当 $\lambda\geqslant0$ 时，奇点是不稳定结点。此情况出现得很少，在此不作过多叙述。

4. λ_1 和 λ_2 为共轭复根

此时奇点为焦点或中心，矩阵 $\boldsymbol{c}$ 的形式为

$$\boldsymbol{c}=\begin{bmatrix}\lambda & 0\\ 0 & \bar{\lambda}\end{bmatrix} \tag{7-58}$$

设 $\lambda=\alpha+\mathrm{i}\beta$，$\alpha$ 和 β 分别为实部和虚部。其解为

$$\left.\begin{aligned}u_1&=u_{10}\mathrm{e}^{\alpha t}\mathrm{e}^{\mathrm{i}\beta}=u_{10}\mathrm{e}^{\alpha t}(\cos\beta t+\mathrm{i}\sin\beta t)\\ u_2&=u_{20}\mathrm{e}^{\alpha t}\mathrm{e}^{-\mathrm{i}\beta}=u_{20}\mathrm{e}^{\alpha t}(\cos\beta t-\mathrm{i}\sin\beta t)\end{aligned}\right\} \tag{7-59}$$

当 $\alpha=0$ 时，λ_1 和 λ_2 为纯虚根，此时相轨迹为封闭的椭圆，奇点为中心，如图 7-11(a)所示。

当 $\alpha\neq0$ 时，方程称为对数螺线方程，此时奇点为焦点。当 $\alpha<0$ 时，奇点是稳定的焦点，当 $\alpha>0$ 时，奇点是不稳定的焦点，如图 7-11(b)所示。

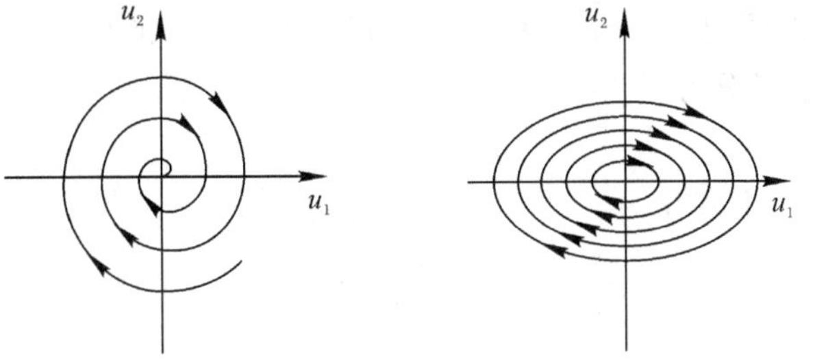

(a) (b)

图 7-11　中心和焦点

(a)中心；(b)焦点

综上所述，对线性式(7-49)，其平衡状态的稳定性取决于其特征值的性质，那么对其特征值进行求解：

$$\det(\boldsymbol{a}-\lambda\boldsymbol{I})=\begin{vmatrix}a_{11}-\lambda & a_{12}\\ a_{21} & a_{22}-\lambda\end{vmatrix}=\lambda^2-(a_{11}+a_{22})\lambda+(a_{11}a_{22}-a_{12}a_{21})=0 \tag{7-60}$$

令 $p=a_{11}+a_{22}$，$q=a_{11}a_{22}-a_{12}a_{21}$，则式(7-60)化为

$$\lambda^2-p\lambda+q=0 \tag{7-61}$$

两个根为

$$\lambda_{1,2}=\frac{1}{2}(p\pm\sqrt{p^2-4q}) \tag{7-62}$$

设 $\Delta=p^2-4q$，根据上述情况，可分为以下情况：

(1)$\Delta>0$，则此时存在两异根。当 $q<0$ 时，两根异号，此时奇点为不稳定的鞍点。当 $q>0$ 时，两根同号，$p<0$，奇点是稳定的结点，$p>0$，奇点是不稳定的结点。

(2)$\Delta=0$，两根相同且为实根。$p<0$，奇点是稳定的结点，$p>0$，奇点是不稳定的结点。

(3)$\Delta<0$，两根为共轭复根。$p<0$，奇点是稳定的焦点，$p>0$，奇点是不稳定的焦点。$p=0$ 为中心。

那么奇点的分布图如图 7-12 所示。

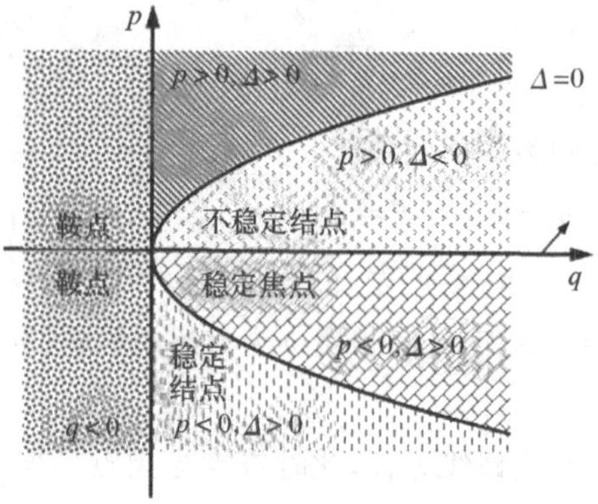

图 7-12 **奇点的分布**

【例 7-10】 以单摆系统为例，由该方法判断平衡位置的稳定性。

解：单摆系统的微分方程为

$$ml\ddot{\theta}=-F_{\mathrm{p}}\sin\theta$$

设 $\theta=x_1,\dot{\theta}=x_2$，上式化为

$$\frac{\mathrm{d}x_1}{\mathrm{d}t}=x_2,\quad \frac{\mathrm{d}x_2}{\mathrm{d}t}=-\frac{g}{l}\sin x_1$$

两个奇点为(0,0)和(π,0)。对于奇点(0,0)，振动方程线性化为

$$\dot{x}_1=x_2,\quad \dot{x}_2=-\frac{g}{l}x_1$$

系数矩阵 $\boldsymbol{a}$ 为

$$\boldsymbol{a}=\begin{bmatrix}0 & 1\\ -\frac{g}{l} & 0\end{bmatrix}$$

行列式为

$$\det(\boldsymbol{a}-\lambda\boldsymbol{I})=\begin{vmatrix}-\lambda & 1\\ -\frac{g}{l} & -\lambda\end{vmatrix}=\lambda^2+\frac{g}{l}=0$$

所以两个特征值为共轭复根，且 $p=0$，故奇点为稳定的中心。所以平衡位置(0,0)是稳定的。

对于奇点(π,0)，振动方程线性化为

$$\dot{x}_1=x_2,\quad \dot{x}_2=\frac{g}{l}x_1$$

系数矩阵 $\boldsymbol{a}$ 为

$$\boldsymbol{a}=\begin{bmatrix}0 & 1\\ \frac{g}{l} & 0\end{bmatrix}$$

行列式为

$$\det(\boldsymbol{a}-\lambda\boldsymbol{I})\begin{vmatrix}-\lambda & 1\\ \frac{g}{l} & -\lambda\end{vmatrix}=\lambda^2-\frac{g}{l}=0$$

两个特征值为 $\lambda_{1,2}=\mp\frac{g}{l}$，为异号。此时奇点为不稳定的鞍点，所以平衡位置$(\pi,0)$是不稳定的。这与之前的例子结果相同。

7.2.4 非保守系统相轨迹的性质

在实际工程中，系统往往是非保守的。如耗散系统在运动过程中存在能量消耗，因此耗散系统往往不可能有严格的周期运动。耗散系统一般由黏性阻尼、干摩擦和非弹性内阻等引起。相平面法也可用于判断非保守系统相轨迹的性质。

对于单自由度的非线性非保守系统，有

$$\ddot{x}+\varphi(x,\dot{x})+f(x)=0 \tag{7-63}$$

且满足条件

$$\dot{x}\varphi(x,\dot{x})\begin{cases}=0 & (\dot{x}=0)\\ >0 & (\dot{x}\neq 0)\end{cases} \tag{7-64}$$

注意在耗散系统中阻尼恒与速度反向。对式(7-63)两边乘以 $\mathrm{d}x=\dot{x}\mathrm{d}t$，有

$$\dot{x}\,\ddot{x}\,\mathrm{d}t+\varphi(x,\dot{x})\dot{x}\mathrm{d}t+f(x)\mathrm{d}x=0 \tag{7-65}$$

系统的初始条件为 $x(0)=x_0$，$\dot{x}(0)=\dot{x}_0$，积分得

$$\frac{1}{2}\dot{x}^2\Big|_{\dot{x}_0}^{\dot{x}}+\int_{x_0}^{x}f(x)\mathrm{d}x=-\int_0^t\dot{x}\varphi(x,\dot{x})\mathrm{d}t \tag{7-66}$$

式中：$T=\frac{1}{2}\dot{x}^2$ 表示系统的动能；$u(x)=\int f(x)\mathrm{d}x$ 表示系统的势能。则式(7-66)可表示为

$$T+u(x)=h_0-\int_0^t\dot{x}\varphi(x,\dot{x})\mathrm{d}t \tag{7-67}$$

式中：$h_0=T_0+u(x_0)$表示系统的初始能量，由初始条件决定。由式(7-64)可得

$$\int_0^t\dot{x}\varphi(x,\dot{x})\mathrm{d}t>0 \tag{7-68}$$

其表示系统阻尼耗散的能量始终为正，系统的总能量单调递减，故式(7-64)也可用于判断系统是否为耗散系统。

【例 7-11】 有阻尼单摆的运动性质。

解：设阻尼与速度成正比，即 $\varphi(x,\dot{x})=c\dot{x}$，$c$ 为阻尼耗散系数，是大于零的常数。单摆的振动方程为

$$\ddot{x}+b\dot{x}+\frac{g}{l}\sin x=0$$

有 $\dot{x}\varphi(x,\dot{x})=c\dot{x}^2>0$，故有阻尼的单摆运动为耗散系统。

下面探讨耗散系统的相轨迹性质。将上式化为

$$\begin{cases}\dot{x}=y\\ \dot{y}=-\varphi(x,y)-f(x)\end{cases}$$

其相轨迹方程为

$$\frac{\mathrm{d}y}{\mathrm{d}x}=\frac{-\varphi(x,y)-f(x)}{y}$$

对耗散系统有 $y=0$ 时，$\varphi(x,y)=0$，故其奇点的分布与其对应的保守系统[即 $\varphi(x,y)=0$ 的系统]一致为

$$\dot{x}=y,\quad \dot{y}=-f(x)$$

将上式积分，有

$$\frac{y^2}{2}+u(x)=h-\int_0^t\varphi(x,y)y\mathrm{d}t$$

由于耗散系统中 $y\varphi(x,y)\mathrm{d}t>0$，系统的能量沿着相轨迹单调递减，其对应的保守系统的相轨迹是等能量曲线。故随着时间的增大，耗散系统的相轨迹会穿越保守系统的相轨迹，从能量较高的曲线穿入能量较低的曲线。例如，若对应的保守系统的奇点为中心，等能量曲线为围绕中心的封闭曲线，则耗散系统的相轨迹可定性地画出，如图 7－13 所示。耗散系统的相轨迹并不封闭，且渐趋于奇点，此时耗散系统的奇点变为稳定焦点，或稳定结点。

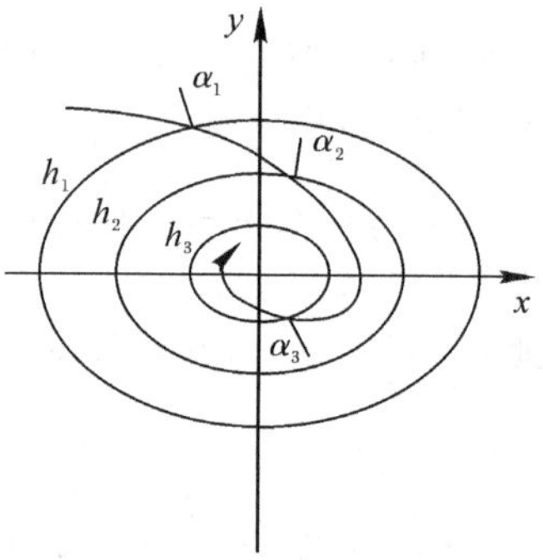

图 7－13　非保守系统相轨迹

综上所述可知，耗散系统的相轨迹性质如下：

(1)其奇点的分布与对应的保守系统相同，但奇点的性质可能不同；

(2)其相轨迹必穿过对应的保守系统的相迹(等能量曲线族)，且相轨迹上的相速度方向与等能量曲线的外法线方向之间的夹角恒为钝角，故必然由高能量曲线穿到低能量曲线。

7.3　周期运动的分岔

动力系统的分岔现象是指当系统某些参数发生变化时，系统的动态行为会发生质的变化。这种变化体现在系统的平衡状态稳定性发生改变或出现方程解的轨道分支。分岔现象在非线性动力学系统中普遍存在，例如高速列车的蛇行、汽车的前轮摇摆、压杆的动态屈曲现象，以及机翼和大跨度桥梁的颤振，都可能产生分岔现象。当平衡状态或周期运动的数目随着系统的参数变化而变化时，就出现了分岔现象。这种参数变化可能是极微小的，在一些系统运行中微小的结构参数变化可能就会导致动力失稳。如果不及时

控制，将导致重大的动力学结构破坏。同时，在理论分析中，由于某些复杂系统的力学模型的微分方程组数量可能非常庞大，需要进行降维，分岔现象中的敏感参数可以为降维提供一种思路：从引起分岔的敏感参数出发，忽略其他参数，从而降低模型的维数。同时，分岔理论也涉及许多尚未解决的深奥理论问题，分岔也是把平衡解和周期解的稳定性和混沌联系起来的一种机制。因此，研究分岔问题对理论和实际都具有重要意义。

分岔理论主要的研究内容为常微分方程对应的连续动力系统的分岔、由映射所定义的离散动力系统的分岔及方程的零解随参数变化而发生的分岔。本节主要介绍最后一个。

7.3.1 分岔的概念

分岔问题最早出现于18世纪，伯努利(D. I. Bernoulli)和欧拉(L. Euler)在研究力学的压杆稳定问题时发现了分岔现象。到20世纪，范德波尔等学者发现非线性振动中存在大量的分岔现象，并且分岔与稳定性有着密不可分的关系。到如今，分岔理论迅速发展，已有一套完整的理论体系。系统的某些参数发生任意小的变化时，其相轨迹拓扑结构会相应发生变化，称这种变化为分岔。下面介绍分岔的一些基本概念。

对于动力学系统

$$\dot{\boldsymbol{x}}=f(\boldsymbol{x},\boldsymbol{\mu}) \tag{7-69}$$

式中：$\boldsymbol{\mu}$ 为系统的分岔参数。当 $\boldsymbol{\mu}$ 变化时，系统的相轨迹也会变化。当 $\boldsymbol{\mu}=\boldsymbol{\mu}_0$ 时，系统相轨迹的拓扑结构即奇点的个数或类型会发生变化，称系统在 $\boldsymbol{\mu}=\boldsymbol{\mu}_0$ 处出现分岔，这个临界值 $\boldsymbol{\mu}_0$ 称为分岔值，$(\boldsymbol{x},\boldsymbol{\mu}_0)$ 称为分岔点。μ_0 的集合称为分岔集，在 $\boldsymbol{x}$ 和 $\boldsymbol{\mu}$ 组成的空间中，平衡点或极限环随 $\boldsymbol{\mu}$ 变化的图形称为分岔图。

【例 7-12】 如图 7-14 所示，以经典压杆失稳问题为例。杆长为 l，受到大小为 P 的轴向力，杆两端为铰接支座。

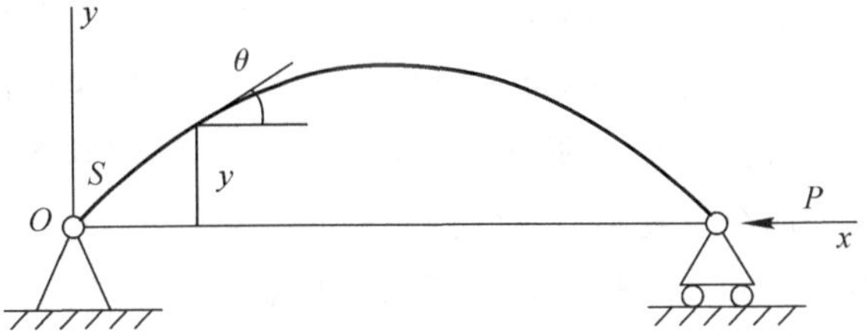

图 7-14 压杆稳定示意图

由材料力学的知识可列出其微分方程

$$\theta''+\mu\sin\theta=0$$

式中：θ 表示杆的切线与 x 轴的夹角，θ'' 表示 θ 对从杆弧长 S 的二阶导，$\mu=\dfrac{P}{EI}$，E 为杆的弹性模量，I 为杆的截面惯性矩。

将式(7-104)线性化可得

$$\theta''+\mu\theta=0$$

其通解为

$$\theta = a\sin\sqrt{\mu}s + b\cos\sqrt{\mu}s$$

有边界条件

$$\theta'(0)=0,\quad \theta'(l)=0$$

代入可得到 $a=\sin\sqrt{\mu}l=0$ 或 $\mu=\mu_c=\dfrac{\pi^2}{l^2}$。则通解变为 $\theta=b\cos\sqrt{\mu}s$，当 $\mu<\mu_c$ 时，只有一个解 $\theta=0$，此时杆未发生弯曲。当 $\mu>\mu_c$ 时，可以解出三个 θ 解。除零解外，剩下两个解分别代表向上弯曲和向下弯曲的两个状态。其中零解是不稳定的，上下两个解是稳定的。

以 θ 和 μ 分别为横纵坐标画出图像，如图 7－15 所示，实线和虚线分别代表稳定解和不稳定解。可以看到，$\mu<\mu_c$ 时，系统只有一个稳定的奇点，而 $\mu>\mu_c$ 时，系统有一个不稳定的奇点和两个稳定的奇点，奇点数量和类型都发生了改变。所以 μ_c 为分岔值，对应的 (θ,μ_c) 为分岔点。

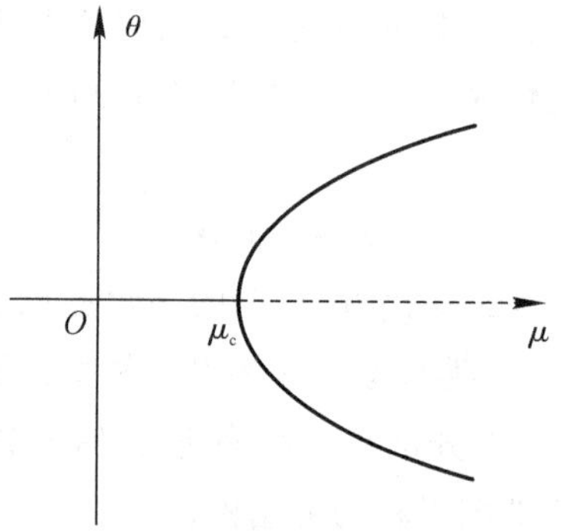

图 7－15　压杆稳定分岔图

在某些问题中，有时只需要研究系统在平衡点或闭轨迹附近相轨迹的变化，即在平衡点或闭轨迹的某个邻域内出现的分岔。这类问题被称为局部分岔。而如果需要考虑相空间中更广范围的分岔情况，则称为全局分岔。此外，分岔现象还可以被划分为静态分岔和动态分岔。静态分岔是指只研究平衡点数量或性质随参数变化的情况。而动态分岔则指静态分岔之外的分岔现象，最常见的是闭轨迹数量和稳定性的突然变化。局部分岔、全局分岔、静态分岔和动态分岔等问题都涉及系统动力学的分岔现象，对于理解系统行为和稳定性具有重要意义。下面重点介绍静态分岔，包括鞍结分岔、跨临界分岔、叉式分岔等。

7.3.2　静态分岔

首先探讨系统出现静态分岔的必要条件。对动力学系统

$$\dot{\boldsymbol{x}} = f(\boldsymbol{x},\boldsymbol{\mu}) \tag{7-70}$$

静态分岔是指当 $\boldsymbol{\mu}$ 变化时，系统相轨迹的拓扑结构即奇点的个数或类型会发生变化。也就是说式(7－70)的零解个数或零解性质会发生变化，即

$$f(\boldsymbol{x},\boldsymbol{\mu})=0 \tag{7-71}$$

式(7-71)称为静态方程，其解的个数或性质随$\boldsymbol{\mu}$变化。设$(\boldsymbol{x}_0,\boldsymbol{\mu}_0)$为系统的一个静态分岔点，则有

$$f(\boldsymbol{x}_0,\boldsymbol{\mu}_0)=0 \tag{7-72}$$

根据隐函数定理，若函数f在$(\boldsymbol{x}_0,\boldsymbol{\mu}_0)$点计算出的关于$x$的雅可比矩阵$D_xf(\boldsymbol{x}_0,\boldsymbol{\mu}_0)$可逆，则式(7-72)存在唯一解$\boldsymbol{x}=\varphi(\boldsymbol{\mu})$，使

$$f[\varphi(\boldsymbol{\mu}),\boldsymbol{\mu}]\equiv 0,\quad \boldsymbol{x}_0=\varphi(\boldsymbol{\mu}_0) \tag{7-73}$$

与$(\boldsymbol{x}_0,\boldsymbol{\mu}_0)$为系统的静态分岔点矛盾，所以$D_xf(\boldsymbol{x}_0,\boldsymbol{\mu}_0)$不可逆是该点为系统静态分岔点的必要条件，该点也称为奇异点。

雅可比矩阵$D_xf(\boldsymbol{x}_0,\boldsymbol{\mu}_0)$不可逆也等价于以下条件：

(1)雅可比矩阵$D_xf(\boldsymbol{x}_0,\boldsymbol{\mu}_0)$行列式为0；

(2)雅可比矩阵$D_xf(\boldsymbol{x}_0,\boldsymbol{\mu}_0)$的特征值至少有一个为0，满足该条件的点称为非双曲平衡点；

(3)雅可比矩阵$D_xf(\boldsymbol{x}_0,\boldsymbol{\mu}_0)$对应线性变化的零空间维数大于或等于1。

注意上述条件是系统出现静态分岔的必要条件，奇异点不一定是分岔点。以单自由度系统为例进行说明。

【例7-13】 证明系统

$$\dot{x}=x^3-\mu$$

的平衡点(0,0)不为分岔点。

证明：其静态方程为

$$f(x,\mu)=x^3-\mu$$

有

$$f(0,0)=0,D_xf(0,0)=3x^2|_{(0,0)}=0$$

故(0,0)为奇异点。但系统参数μ无论如何变化，都只有唯一平衡点$x=\sqrt[3]{\mu}$，故系统不存在静态分岔点。所以奇异点不一定是分岔点，只是系统出现静态分岔的必要条件。

下面讨论系统出现静态分岔的充分条件。对一个系统，若存在静态分岔，应同时满足以下条件：

(1)$f(\boldsymbol{x}_0,\boldsymbol{\mu}_0)=0$；

(2)雅可比矩阵$D_xf(\boldsymbol{x}_0,\boldsymbol{\mu}_0)$的特征值有且只有一个为0，且其他特征值具有非零实部。

静态分岔实质研究的是非双曲平衡点处的分岔，下面举例说明不同类型的平衡点静态分岔。

1. 叉式分岔

对二维动力学系统

$$\dot{x}=\mu x-x^3,\quad \dot{y}=-y \tag{7-74}$$

当$\mu\leqslant 0$时，有平衡点(0,0)，此时雅可比矩阵为

$$\boldsymbol{J}=\begin{bmatrix}\mu & 0\\ 0 & -1\end{bmatrix} \tag{7-75}$$

当 $\mu<0$ 时，其两个特征值都为负，故平衡点(0,0)为稳定的结点。当 $\mu=0$ 时，$\boldsymbol{J}$ 有且只有一个特征值为 0，且 $f(0,0)=0$，故该点为分岔点。$\mu>0$ 时，系统有三个平衡点，即 $x=0,\pm\sqrt{\mu}$，雅可比矩阵计算表达式为

$$\boldsymbol{J}=\mu-3x^2 \tag{7-76}$$

代入三个平衡点，可得雅可比矩阵在这三个平衡点为

$$\boldsymbol{J}_1=\begin{bmatrix}\mu & 0\\0 & -1\end{bmatrix},\quad \boldsymbol{J}_{2,3}=\begin{bmatrix}-\mu\sqrt{\mu} & 0\\0 & -1\end{bmatrix} \tag{7-77}$$

对 $\boldsymbol{J}_1$，平衡点为(0,0)，其特征值为异号实数，故(0,0)为不稳定的鞍点；对 $\boldsymbol{J}_{2,3}$，平衡点为 $(\pm\sqrt{\mu},0)$，其特征值为同号负实数，故 $(\pm\sqrt{\mu},0)$ 为稳定的结点。

在该系统随着分岔参数 μ 由负数变为正数的过程中，奇点由一个变为三个，奇点(0,0)的类型由稳定的结点变为了不稳定的鞍点，且分岔出了新的平衡点 $(\pm\sqrt{\mu},0)$，为稳定的结点。这种分岔称为叉式分岔，设分岔值为 μ_0，若新分岔出的平衡点在 $\mu>\mu_0$ 时出现则称为超临界叉式分岔，在 $\mu<\mu_0$ 时出现则称为亚临界叉式分岔。上述系统为超临界叉式分岔，其相轨迹变化及分岔图分别如图 7-16 和图 7-17 所示。

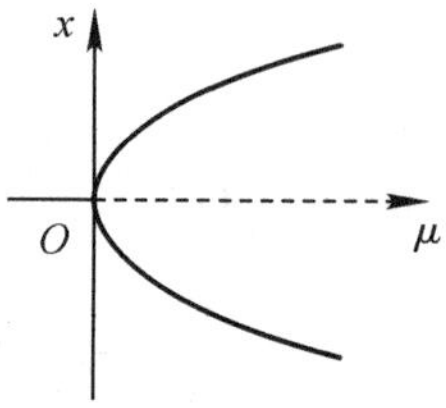

图 7-16　超临界叉式分岔相轨迹变化

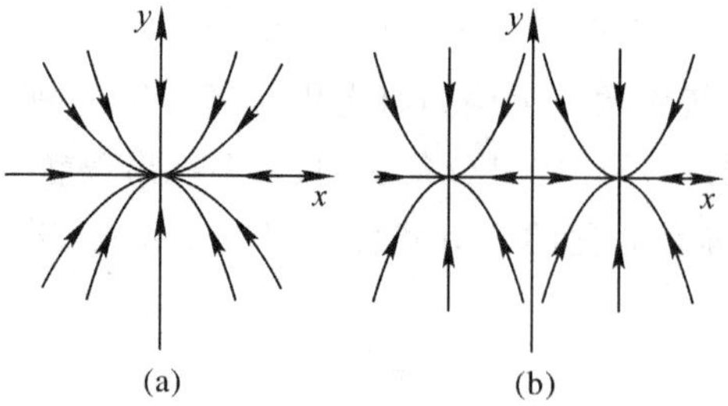

图 7-17　超临界叉式分岔图

(a)$\mu\leqslant 0$；(b)$\mu>0$

2. 鞍结分岔

对二维动力学系统

$$\dot{x}=\mu-x^2,\quad \dot{y}=-y \tag{7-78}$$

当 $\mu<0$ 时，系统没有平衡点。当 $\mu=0$ 时，平衡点为(0,0)，此时雅可比矩阵为

$$\boldsymbol{J}=\begin{bmatrix}0 & 0\\0 & -1\end{bmatrix} \tag{7-79}$$

$\boldsymbol{J}$ 有一个特征值为 0，另一个为 -1，且 $f(0,0)=0$，故该点为分岔点，该奇点类型比较特

殊，由半个鞍点和半个结点组成，故称为鞍结点。$\mu>0$ 时，系统有两个平衡点 $x=\pm\sqrt{\mu}$，雅可比矩阵计算表达式为

$$J=\mu-2x \tag{7-80}$$

分别代入两个平衡点，可得雅可比矩阵在这两个平衡点为

$$\boldsymbol{J}_1=\begin{pmatrix}-2\sqrt{\mu} & 0\\ 0 & -1\end{pmatrix},\quad \boldsymbol{J}_2=\begin{pmatrix}2\sqrt{\mu} & 0\\ 0 & -1\end{pmatrix} \tag{7-81}$$

对$\boldsymbol{J}_1$，平衡点为$(\sqrt{\mu},0)$，其特征值为同号负实数，故$(\sqrt{\mu},0)$为稳定的结点；对$\boldsymbol{J}_2$，平衡点为$(-\sqrt{\mu},0)$，其特征值为异号实数，故$(-\sqrt{\mu},0)$为不稳定的鞍点。

该系统随着分岔参数 μ 由负数变为正数的过程中，奇点数量由 0 逐渐增加为 1 个、3 个。奇点类型：在 $\mu=0$ 时奇点由结点和鞍点合并成了一个，为鞍结点；在 $\mu>0$ 时又分成了稳定的结点和不稳定的鞍点。这种分岔称为鞍结分岔，其相轨迹变化及分岔图分别如图 7-18 和图 7-19 所示。

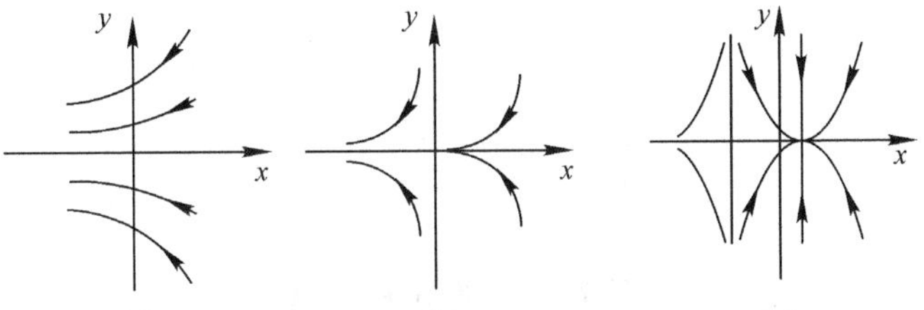

图 7-18　鞍结分岔相轨迹变化

(a)$\mu<0$；(b)$\mu=0$；(c)$\mu>0$

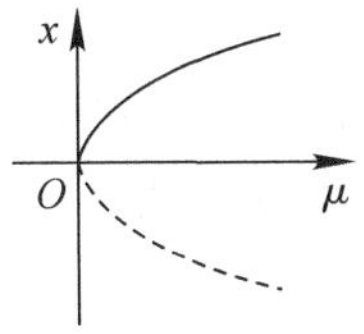

图 7-19　鞍结分岔图

3. 跨临界分岔

对二维动力学系统

$$\dot{x}=\mu x-x^2,\quad \dot{y}=-y \tag{7-82}$$

系统平衡点为$(0,0)$，$(\mu,0)$，雅可比矩阵计算表达式为

$$J=\mu-2x \tag{7-83}$$

分别代入两个平衡点，可得雅可比矩阵在这两个平衡点为

$$\boldsymbol{J}_1=\begin{bmatrix}\mu & 0\\ 0 & -1\end{bmatrix},\quad \boldsymbol{J}_2=\begin{bmatrix}-\mu & 0\\ 0 & -1\end{bmatrix} \tag{7-84}$$

当 $\mu<0$ 时，对$\boldsymbol{J}_1$，平衡点为$(0,0)$，其特征值为同号负实数，故$(0,0)$为稳定的结点；对$\boldsymbol{J}_2$，平衡点为$(\mu,0)$，其特征值为异号实数，故$(\mu,0)$为不稳定的鞍点。

当 $\mu=0$ 时，平衡点为$(0,0)$，此时，有两个特征值，一个为 0，另一个为-1，且 $f(0,0)=0$，

故该点为分岔点，且该奇点为鞍结点。

当 $\mu>0$ 时，对$\boldsymbol{J}_1$，平衡点为(0,0)，其特征值为异号实数，故(0,0)为不稳定的鞍点；对$\boldsymbol{J}_2$，平衡点为$(\mu,0)$，其特征值为同号负实数，故$(\mu,0)$为稳定的结点。

该系统随着分岔参数 μ 由负数变为正数的过程中，奇点类型在 $\mu=0$ 时两侧性质互换。这种分岔称为跨临界分岔，其相轨迹变化及分岔图分别如图 7-20 和图 7-21 所示。

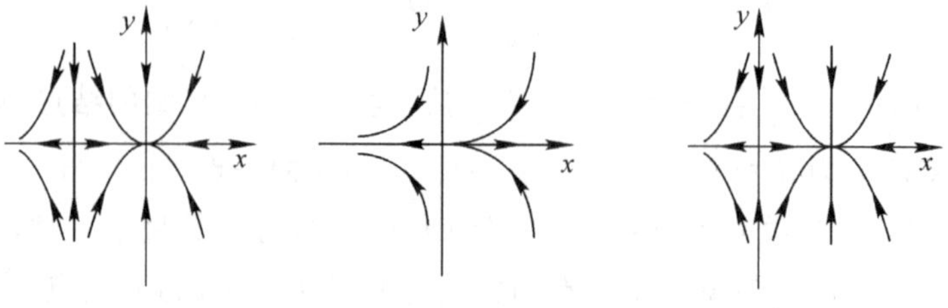

图 7-20　跨临界分岔相轨迹变化

(a)$\mu<0$；(b)$\mu=0$；(c)$\mu>0$

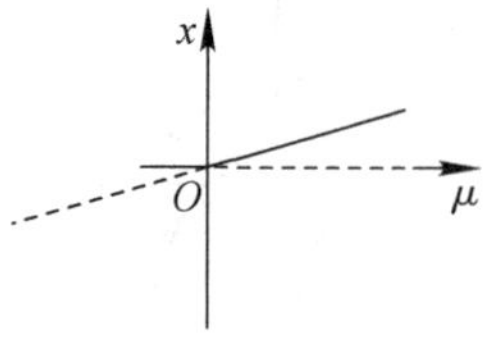

图 7-21　跨临界分岔图

以上三种分岔形式为静态分岔的基本形式，实际系统更为复杂，需要具体问题具体分析。此外以两个一维系统说明复杂的分岔现象。

【例 7-14】 有一维系统

$$\dot{x}=\mu x-x^3+\alpha$$

可以看到该系统有两个参数 μ,α，其中 α 为大于或等于 0 的小参数。该系统的静态方程为

$$x^3-\mu x-a=0$$

该系统是否有零解，可有三次方程的判别式来判断：

$$\Delta=-\frac{\mu^3}{27}+\frac{\alpha^2}{2}$$

当 $\Delta>0$ 时，系统有唯一实根，由于 α 为大于或等于 0 的小参数，此时 $\mu<0$，系统始终只有一个平衡点，所以不发生分岔，但有稳定的平衡点。当 $\Delta=0$ 时，系统有重根，对应的也是同一平衡点，所以系统也不发生分岔。当 $\Delta<0$ 时，系统有三个平衡点，其分岔图如图 7-22 所示。当 $\alpha=0$ 时，系统的三个平衡点为 $x_1=0$，$x_{2,3}=\pm\sqrt{\mu}$，其中 $x_1=0$ 是不稳定的奇点，$x_{2,3}=\pm\sqrt{\mu}$是稳定的奇点。现在，当 $\alpha>0$ 时，系统的分岔图发生变化，其中平衡点 $x_{2,3}=\pm\sqrt{\mu}$对应的分岔曲线随着 α 的增大而上移；而平衡点 $x_1=0$ 对应的分岔曲线要分两种情况：①$\mu<0$，该曲线随着 α 的增大而上移；②$\mu<0$，该曲线随着 α 的增大而下移。可以从分岔图中看到，$\alpha>0$ 时系统没有明显的分岔点，随着 μ 从负到正，分岔图分为两部

分，这种分岔称为有缺陷的分岔。

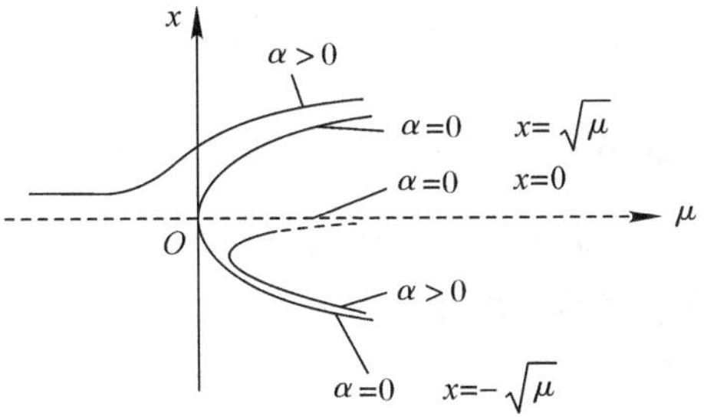

图 7-22 有缺陷的分岔图

【例 7-15】 有一维系统

$$\dot{x}=rx+x^3-x^5$$

其静态方程为

$$x(x^4-x^2-r)=0$$

易得，当 $r<r_s=-\frac{1}{4}$ 时，有稳定的平衡点 $x=0$；当 $r_s\leqslant r<0$ 时，有稳定的平衡点 $x=0$ 和 $x=\pm\sqrt{\frac{1}{2}(1+\sqrt{1+4r})}$，有不稳定的平衡点 $x=\pm\sqrt{\frac{1}{2}(1-\sqrt{1+4r})}$；当 $r\geqslant 0$ 时，有不稳定的平衡点 $x=0$，有稳定的平衡点 $x=\pm\sqrt{\frac{1}{2}(1+\sqrt{1+4r})}$。分岔图如图 7-23 所示。可知，在 $r<0$ 时，有稳定的平衡点(0,0)，当 $r=0$ 时，两支不稳定的平衡点分岔从原点产生，这类似于亚临界叉形分岔，而由于引进了五次项，不稳定的两支发生了翻转，在 $r=r_s$ 时变得稳定。这些稳定的高幅分支(图 7-23 所示中上下两实线)在 $r>r_s$ 时始终存在。

这个系统中，同时还有跳跃和滞后现象的存在。假设在 $x=0$ 处开始，缓慢增大参数 r 的值，平衡点 $x=0$ 会一直保持稳定性，直到 $r=0$ 时平衡点 $x=0$ 会变为不稳定。这时，轻微的参数 r 的增量也会导致状态变量 x 突跃到一个高幅分支，这就是跳跃现象。进一步增大参数 r，x 会始终沿着高幅分支移动。但如果此时减小参数 r，x 仍然会保持在高幅分支上，甚至在 $r<0$ 的一段区间内也是如此。只有当参数 r 降到 $r=r_s$ 时，x 才会跃回原点。这种逆转参数变化时发生的延后现象被称为滞后现象，实际上，系统在 $r=r_s$ 处发生了一个鞍结分岔。这种分岔被称为滞后的分岔。

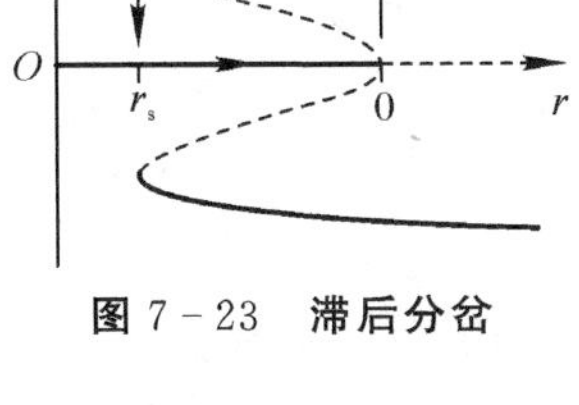

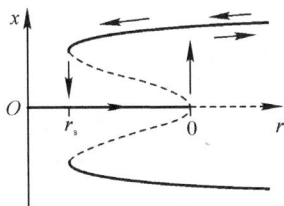

图 7-23 滞后分岔

习　　题

1. 证明非线性齐次线性方程

$$y^{(n)}+a_1y^{(n-1)}+\cdots+a_{n-1}y'+a_ny=f(t)$$

的任一组解的稳定性等价于线性齐次方程

$$y^{(n)}+a_1y^{(n-1)}+\cdots+a_{n-1}y'+a_ny=0$$

零解的稳定性。

2. 试用李雅普诺夫第二法判断以下解的稳定性：

(1) $\begin{cases}\dot{x}_1=-x_1-x_2+x_2(x_1+x_2)\\ \dot{x}_2=x_1-x_1(x_1+x_2)\end{cases}$；

(2) $\ddot{x}+\dot{x}+x=0$；

(3) $\dot{x}_1=mx_2$，$\dot{x}_2=-mx_1$；

(4) $\dot{x}_1=mx_2-ax_1^3$，$\dot{x}_2=-nx_1-bx_2^3$（m，n 为正，a，b 同号）；

(5) $\dot{x}_1=x_2-x_1^3$，$\dot{x}_2=-x_1-x_2$；

(6) $\dot{x}_1=-x_2-x_1(4-x_1^2-x_2^2)$，$\dot{x}_2=x_1-x_2(4-x_1^2-x_2^2)$；

(7) $\dot{x}_1=x_2+x_1x_2^2$，$\dot{x}_2=x_1-x_2^3$。

3. 试用一次近似理论判断以下非线性解的稳定性：

(1) $\dot{x}_1=x_2+x_1^2$，$\dot{x}_2=x_3+x_1x_2$，$\dot{x}_3=-x_1-2x_2-3x_3+x_3^2$；

(2) $\dot{x}_1=\mathrm{e}^{x_1}\sin x_2+\sin x_1+\mathrm{e}^{x_3}-1$，$\dot{x}_2=\sin(x_1+x_2)$，$\dot{x}_3=\ln(1+x_1+x_3)$；

(3) $\dot{x}_1=ax_1-x_2+x_1x_2^2$，$\dot{x}_2=ax_2-x_3+x_1x_2^2$，$\dot{x}_3=ax_3-x_1+x_1x_2$；

(4) $\begin{cases}\dot{x}_1=-2x_1+x_2-x_3+x_1^2\sin x_1,\ \dot{x}_2=x_1-x_2+(x_1^2x_2+x_3^2)e^{x_1}\\ \dot{x}_3=x_1+x_2-x_3-(x_2^2+x_3^2)\cos x_1\end{cases}$。

4. 设质量为 m 的小球挂在长为 l 的轻质绳上，绳挂悬挂在以角速度 ω 匀速旋转的旋转轴上，相对于旋转轴的夹角为 φ，如图 7 - 24 所示，讨论小球的平衡位置及其稳定性随转速 ω 的变化。

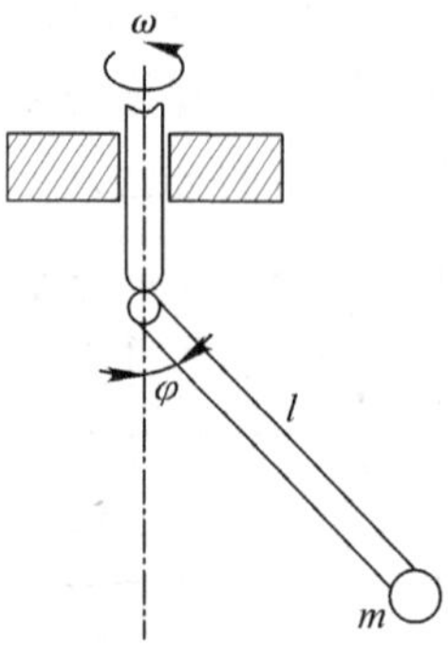

图 7 - 24　悬挂小球系统

5. 试判断下列平面线性系统奇点的类型：

(1)$\dot{x}_1=3x_1-2x_2$，$\dot{x}_2=2x_1+3x_2$；

(2)$\dot{x}_1=4x_1-x_2$，$\dot{x}_2=x_1+2x_2$；

(3)$\dot{x}_1=2x_1+x_2$，$\dot{x}_2=x_1+2x_2$；

(4)$\dot{x}_1=x_1-x_2$，$\dot{x}_2=2x_1-x_2$；

(5)$\dot{x}_1=-x_1$，$\dot{x}_2=-x_2$；

(6)$\dot{x}_1=x_1+3x_2$，$\dot{x}_2=5x_1-x_2$；

(7)$\dot{x}_1=-3x_1+x_2$，$\dot{x}_2=-x_1-x_2$；

(8)$\dot{x}_1=x_1+3x_2$，$\dot{x}_2=-6x_1-5x_2$。

6. 试判断下列二维非线性系统的奇点及其类型：

(1)$\dot{x}_1=(1+x_1)x_2$，$\dot{x}_2=x_1(1+x_2{}^3)$；

(2)$\dot{x}_1=x_1(1-x_1-x_2)$，$\dot{x}_2=\frac{1}{4}x_2(2-3x_1-x_2)$；

(3)$\dot{x}_1=9x_1-6x_2+4x_1x_2-5x_1^2$，$\dot{x}_2=6x_1-6x_2-5x_1x_2-4x_2^2$；

(4)$\dot{x}_1=5x_1^2+x_2^2-5$，$\dot{x}_2=x_1x_2-2$。

7. 试讨论下述二维非线性系统的静态分岔：

(1)$\dot{x}=\mu x-x^3+xy^2$，$\dot{y}=-y-y^3-x^2y$；

(2)$\dot{x}=\mu+x^2$，$\dot{y}=y$。

参考文献

[1] VLADIMIR I N. Introduction to nonlinear oscillations[M]. Beijing: Higher Education Press, 2015.

[2] ALEKSANDR M L. The general problem of the stablity of motion[J]. International Journal of Countrol, 1992, 55(3): 531-773.

[3] 陈予恕. 非线性振动[M]. 北京：高等教育出版社，2002.

[4] 刘延柱，陈立群. 非线性振动[M]. 北京：高等教育出版社，2001.

[5] ALI H N, DEAN T M. Nonlinear oscillations[M]. New York: John Wiley&Sons, 2015.

[6] 胡海岩. 应用非线性动力学[M]. 北京：航空工业出版社，2000.

[7] 周纪卿，朱因远. 非线性振动[M]. 西安：西安交通大学出版社，1998.

第8章 非线性振动实例及应用

8.1 故障转子非线性振动

转子-轴承系统是大型旋转机械的关键部件，它的运行状态是否正常往往直接影响到整台机器的性能。转子-轴承系统故障诊断研究，对现代工业发展具有重要的意义。转子振动故障的根源在于装配误差、热弯曲、连接件松动、变形不均、气动扰动及间隙不均等多种因素，并受到流场源、噪声源、结构源和不同载荷激励源的共同作用。这些故障不仅会降低系统性能、增加能耗和缩短设备寿命，更可能导致系统故障、停机和安全事故。因此，需对故障转子系统进行深入分析，监测系统运行状态，提前发现故障并及时采取维护和修复措施。对故障转子系统的振动分析有助于优化设计和改进制造过程，提高系统整体性能和可维护性，从而降低生产成本和风险。本节选取转子不对中、横向裂纹和转静子碰摩三种典型的非线性故障进行分析。

8.1.1 不对中故障

转子不对中可以分为联轴器不对中和轴承不对中两类。轴颈在轴承中偏斜称为轴承不对中，轴承不对中包括偏角不对中和标高不对中两种情况，其结果是在联轴器处产生附加弯矩。目前多使用自位轴承，因此轴承的偏角不对中容易消除。实际情况下更多的是轴承位置标高发生变化而使轴承载荷重新分配，从而影响整个轴系的稳定性。轴承标高不对中模型如图 8－1 所示。轴承不对中本身不会产生振动，它主要影响到油膜性能和阻尼。在转子不平衡情况下由于轴承不对中对不平衡力的反作用，会出现工频振动。

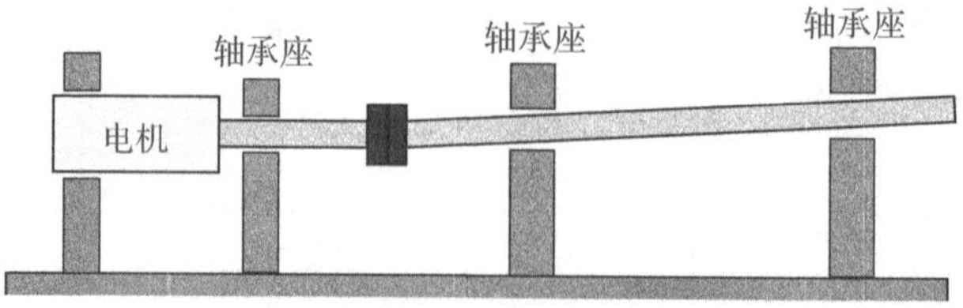

图 8－1 转子系统轴承标高不对中示意图

一个机组由多个转子组成，转子之间用联轴器连接时，如果轴线不在一条直线上，则称为联轴器不对中。联轴器不对中又可分为平行不对中、角度不对中和平行角度不对中三种情况，如图 8-2 所示。产生联轴器不对中故障的原因通常为支承轴架不均匀膨胀、管道力作用、安装误差、地基不均匀下沉及机壳膨胀等。这种故障导致转子在旋转时受力产生不均匀，引起异常振动和磨损，最终影响系统的性能。当转子不对中严重时，会造成轴承碰摩、油膜失稳、联轴节咬死、轴挠曲变形加剧等后果，也有可能导致严重的事故。

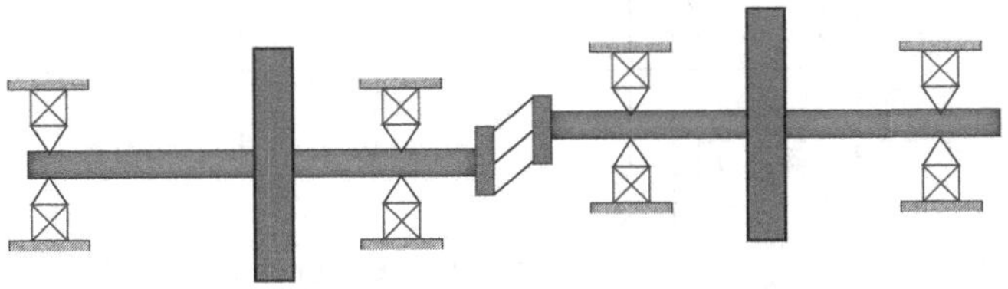

(a)

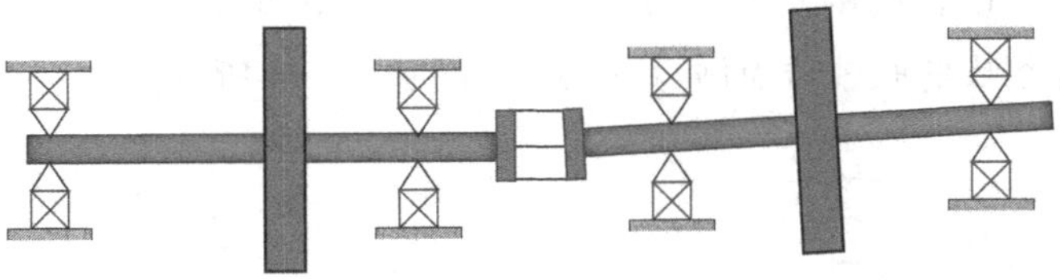

(b)

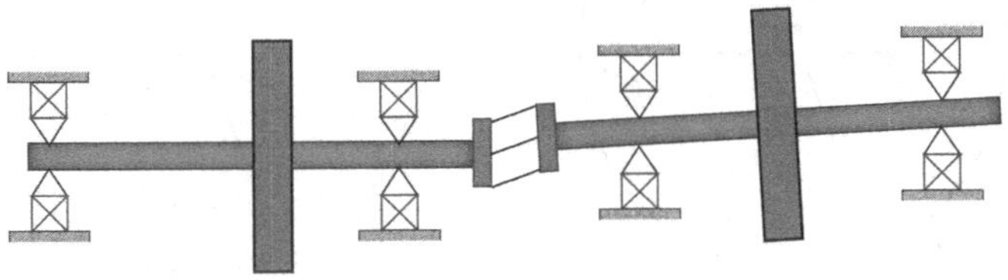

(c)

图 8-2 联轴器不对中示意图

(a)平行不对中；(b)角度不对中；(c)平行角度不对中

对于轴承不对中，反映在转子系统的有限元模型中为在联轴器上附加一个弯矩。对于双跨转子系统的联轴器不对中，不仅要在联轴器上附加弯矩，由于联轴器的刚度与转子轴段相比较小，还要用一个简单的当量轴段来模拟其刚度。

具有不对中故障的转子系统的动力学方程为

$$\boldsymbol{M}\ddot{\boldsymbol{u}}+\boldsymbol{C}\dot{\boldsymbol{u}}+(\boldsymbol{K}_z+\boldsymbol{K}_l)\boldsymbol{u}=\boldsymbol{q}(t)+\boldsymbol{f}_r+\boldsymbol{f}_g \tag{8-1}$$

式中：$\boldsymbol{u}$，$\dot{\boldsymbol{u}}$ 和$\ddot{\boldsymbol{u}}$分别为结构的节点位移、节点速度和节点加速度向量；$\boldsymbol{q}(t)$为不平衡力列阵；$\boldsymbol{f}_r$ 为广义不对中力列向量；$\boldsymbol{f}_g$ 为重力；$\boldsymbol{K}_z$ 为轴系的整体刚度矩阵，由各个单元刚度矩阵集合而成；$\boldsymbol{K}_l$ 为联轴器的等效刚度矩阵(该项在转子具有联轴器不对中时存在)；$\boldsymbol{C}$ 为结构的整体阻尼矩阵，由各个单元阻尼矩阵集合而成，包括阻尼矩阵、陀螺矩阵；$\boldsymbol{M}$ 为结构的整体质量矩阵，由各个单元质量矩阵组合而成。

1. 联轴器不对中

(1)平行不对中。

两个相对位移为 δ_p 的平行转子的联轴器由 N 个螺栓组成。在第一个转轴上，螺栓分布在半径为 r 的圆上；在第二个转子上，螺栓分布在同一个圆上，但与旋转轴的偏移量为 δ_p。这种结构如图 8-3 所示。

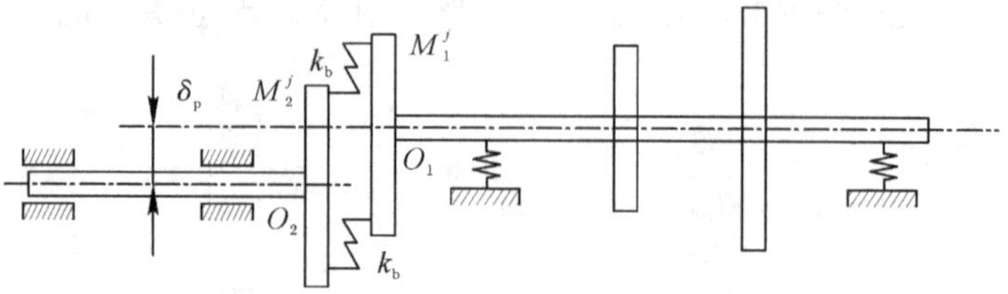

图 8-3　平行不对中模型

假设两个转子以相同的转速运转，因此不考虑扭转变形。相对位移只考虑垂直方向。以 3 个螺栓组成的联轴器为例，其初始配置如图 8-4 所示。

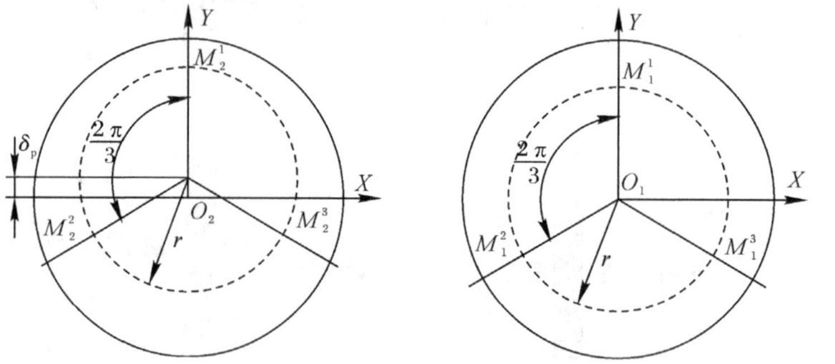

图 8-4　螺栓的初始位置示意图

根据联轴器的几何形状，每个螺栓的末端都有不同的轨迹。因此，在联轴器系统旋转过程中，每个螺栓中储存的能量都会发生变化。该能量可以通过螺栓末端的轨迹计算得出，并取决于螺栓在 x 方向和 y 方向的刚度 k_b。

对于第一个圆盘，第 j 个螺栓($j=1,2,3$)在旋转架中的轨迹$\overrightarrow{O_1M_1^j}$为

$$\overrightarrow{O_1M_1^j}=\begin{bmatrix}-r\sin(\varphi_j)\\ r\cos(\varphi_j)\\ 0\end{bmatrix}_R \tag{8-2}$$

式中：$\varphi_j=(j-1)2\pi/N$ 是两个连续螺栓之间的夹角(N 为螺栓数量)。

通过引入基础变化和轴端点的自由度$[\nu_c\quad w_c\quad \theta_c\quad \psi_c]^T$，这些轨迹可写为

$$\overrightarrow{OM_1^j}=\begin{bmatrix}\nu_c\\ w_c\\ 0\end{bmatrix}_{R_0}+\begin{bmatrix}-r\sin(\omega t+\varphi_j)\\ r\cos(\omega t+\varphi_j)\\ r\theta\cos(\omega t+\varphi_j)+r\psi\sin(\omega t+\varphi_j)\end{bmatrix}_{R_0} \tag{8-3}$$

对于第二个圆盘，第 j 个螺栓($j=1,2,3$)的轨迹在旋转架中定义为

$$\overrightarrow{O_2M_2^j}=\begin{bmatrix}-r\sin(\varphi_j)\\ \delta_p+r\cos(\varphi_j)\\ 0\end{bmatrix}_R \tag{8-4}$$

或在固定框架中为

$$\overrightarrow{O_2M_2^j}=P_{R\to R_0}\begin{bmatrix}-r\sin(\varphi_j)\\ \delta_p+r\cos(\varphi_j)\\ 0\end{bmatrix}_R=\begin{bmatrix}-r\sin(\omega t+\varphi_j)-\delta_p\sin(\omega t)\\ r\cos(\omega t+\varphi_j)+\delta_p\cos(\omega t)\\ 0\end{bmatrix}_{R_0} \tag{8-5}$$

并且

$$\overrightarrow{OM_2^j}=\begin{bmatrix}-r\sin(\omega t+\varphi_j)-\delta_p\sin(\omega t)\\ r\cos(\omega t+\varphi_j)-\delta_p[1-\cos(\omega t)]\\ 0\end{bmatrix}_{R_0} \tag{8-6}$$

其应变能可表示为

$$U_{m1}=\frac{1}{2}k_b\sum_{j=1}^{N}[(\overrightarrow{OM_1^j}-\overrightarrow{OM_2^j})\cdot\vec{x}]^2+[(\overrightarrow{OM_1^j}-\overrightarrow{OM_2^j})\cdot\vec{y}]^2=$$

$$\frac{1}{2}k_b\sum_{j=1}^{N}[\nu_c+\delta_p\sin(\omega t)]^2+\{w_c+\delta_p[1-\cos(\omega t)]\}^2 \tag{8-7}$$

对每个具有相同特性的螺栓求和后，平行不对中引起的总应变能可写为

$$U_{m1}=\frac{1}{2}Nk_b\{[\nu_c+\delta_p\sin(\omega t)]^2+[w_c+\delta_p(1-\cos(\omega t))]^2\} \tag{8-8}$$

最后，将拉格朗日方程应用于轴端自由度进行分析。结果表明具有平行不对中的联轴器会在之前的系统上增加一个刚度分量：

$$\boldsymbol{K}^{m_1}=Nk_b\begin{bmatrix}1&&&\\&1&&\\&&0&\\&&&0\end{bmatrix} \tag{8-9}$$

由不对中产生的同步力为

$$\boldsymbol{f}^{m_1}=Nk_b\delta_p\,[\sin(\omega t)\quad 1-\cos(\omega t)\quad 0\quad 0]^{\mathrm{T}} \tag{8-10}$$

(2)角度不对中。

角度不对中模型如图 8-5 所示。它由两个带角度故障 α_m 的圆盘和 $N=3$ 个螺栓组成。假设第一个螺栓在 z 方向的刚度为 $k+k'$，其他螺栓在方向的刚度为 k。

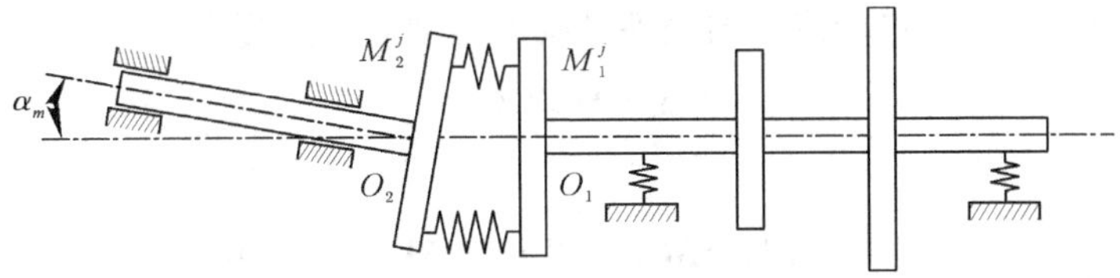

图 8-5 角度不对中模型

角度不对中类似于平行不对中情况下的方法。第 j 个螺栓($j=1,2,3$)的左端位置$\overrightarrow{OM_1^j}$的计算方法与式(8-3)相同。然后,如图 8-5 所示,第二根轴与 x 轴有一个角度故障 α_m。因此,位置$\overrightarrow{O_2M_2^j}$可表示为

$$\overrightarrow{O_2M_2^j}=r\begin{bmatrix}-\sin(\omega t+\varphi_j)\\ \cos(\omega t+\varphi_j)\cos(\alpha_m)\\ \cos(\omega t+\varphi_j)\sin(\alpha_m)\end{bmatrix}_{R_0} \tag{8-11}$$

假设角度 α_m 较小,可以进行如下近似,即 $\cos(\alpha_m)\approx 1$ 和 $\sin(\alpha_m)\approx\alpha_m$。因此,$\overrightarrow{O_2M_2^j}$可写成

$$\overrightarrow{O_2M_2^j}=r\begin{bmatrix}-\sin(\omega t+\varphi_j)\\ \cos(\omega t+\varphi_j)\\ \alpha_m\cos(\omega t+\varphi_j)\end{bmatrix}_{R_0} \tag{8-12}$$

因此,一个螺栓的应变能可写为

$$U_{m2}^j=\frac{1}{2}k_j\ [(\overrightarrow{OM_1^j}-\overrightarrow{OM_2^j})\boldsymbol{z}]^2 \tag{8-13}$$

$$U_{m2}^j=\frac{1}{2}k_jr^2\ [(\theta-\alpha_m)\cos(\omega t+\varphi_j)+\psi\sin(\omega t+\varphi_j)]^2 \tag{8-14}$$

所有螺栓的应变能定义为

$$U_{m2}=\sum_{i=j}^{N}U_j=\frac{1}{4}(3k+k')r^2[(\alpha_m-\theta)^2+\psi^2]+$$
$$\frac{1}{4}k'r^2\{[(\alpha_m-\theta)^2+\psi^2]\cos(2\omega t)-2\psi(\alpha_m-\theta)\sin(2\omega t)\} \tag{8-14}$$

利用拉格朗日方程,可以证明角度不对中故障可以用参数刚度和力分量来模拟。刚度矩阵的表达式与不对称轴的表达式类似。该刚度矩阵$\boldsymbol{K}^{m2}$的最终表达式定义如下:

$$\boldsymbol{K}^{m_2}=\frac{1}{2}(3k+k')r^2\begin{bmatrix}0&&&\\&0&&\\&&1&\\&&&1\end{bmatrix}+\frac{1}{2}k'r^2\begin{bmatrix}0&&&\\&0&&\\&&\cos(2\omega t)&\sin(2\omega t)\\&&\sin(2\omega t)&-\cos(2\omega t)\end{bmatrix} \tag{8-16}$$

角度不对中力的计算公式为

$$\boldsymbol{f}^{m_2}=-\frac{1}{2}\alpha_mr^2\ [0\quad 0\quad 3k+k'+k'\cos(2\omega t)\quad k'\sin(2\omega t)]^{\mathrm{T}} \tag{8-17}$$

最后,之前在式(8-1)中定义的完整系统的运动方程重写为

$$\boldsymbol{M}\ddot{\boldsymbol{x}}+\boldsymbol{D}\dot{\boldsymbol{x}}+\boldsymbol{K}\boldsymbol{x}=\boldsymbol{f} \tag{8-18}$$

式中

$$\boldsymbol{M}=\boldsymbol{M}_0+\boldsymbol{M}_{\mathrm{c}}\cos(2\omega t)+\boldsymbol{M}_{\mathrm{s}}\sin(2\omega t) \tag{8-19}$$

$$\boldsymbol{K}=\boldsymbol{K}_0+\boldsymbol{K}_{\mathrm{c}}\cos(2\omega t)+\boldsymbol{K}_{\mathrm{s}}\sin(2\omega t) \tag{8-20}$$

$$\boldsymbol{D}=\boldsymbol{C}+\omega\boldsymbol{G} \tag{8-21}$$

式中：$\boldsymbol{M}$、$\boldsymbol{K}$ 和 $\boldsymbol{D}$ 分别是是总体质量、刚度和阻尼矩阵。它们是通过轴单元质量矩阵$\boldsymbol{M}^e$、阻尼矩阵$\boldsymbol{C}^e$、陀螺矩阵$\boldsymbol{G}^e$、刚度矩阵$\boldsymbol{K}^e$、不对中刚度矩阵$\boldsymbol{K}^{m1}$和$\boldsymbol{K}^{m2}$组合确定的。$\boldsymbol{f}$ 是通过组合不同的外力来源(如不平衡、不对中反作用力和重力)确定的。

2. 轴承不对中

轴承不对中实际上反映的是轴承坐标高和左右位置的偏差。由于结构上的原因，轴承在水平方向和垂直方向上具有不同的刚度和阻尼，不对中的存在加大了这种差别。虽然油膜既有弹性又有阻尼，能够在一定程度上弥补不对中的影响。但不对中过大时，会使轴承的工作条件改变，在转子上产生附加的力和力矩，甚至使转子失稳或产生碰摩。轴承不对中可以等效表达为转子与电机连接处的不对中弯矩。在轴承不对中转子系统的有限元模型中，将在连接点上附加一个弯矩，具体如下。

轴承中心线的变化反映到转子系统中通常会造成转子转轴与电机驱动转轴之间出现一个倾斜角度，如图 8-6(a)所示。设转轴与电动机轴之间的不对中角为 α，将电动机轴投影到 xOy 平面后，投影轴与 x 轴的夹角为 β，如图 8-6(b)所示。

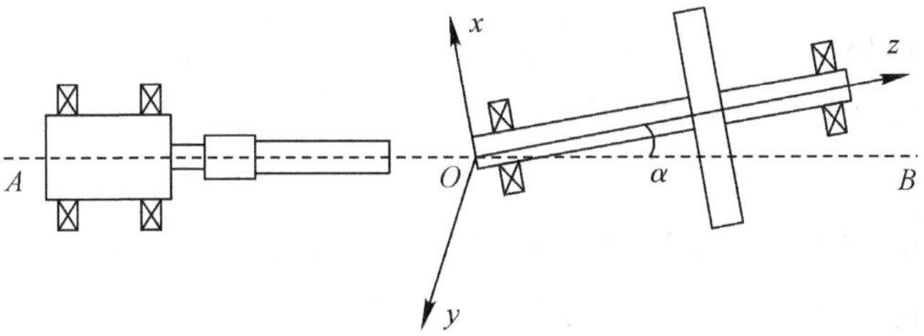

(a)

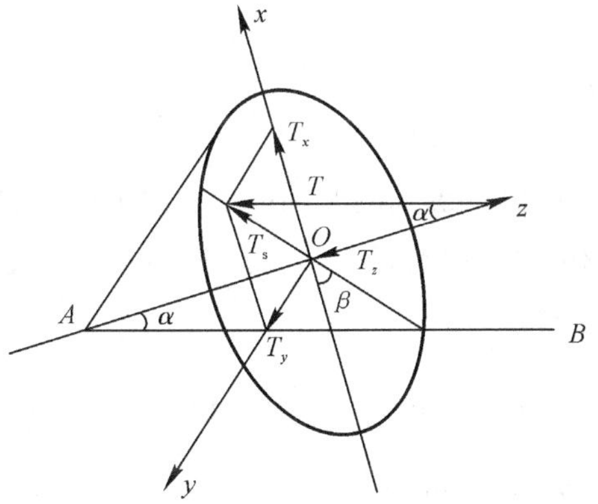

(b)

图 8-6　轴承不对中示意图

(a)转子转轴与电机驱动转轴不对中；(b)轴承不对中在 xOy 平面投影

电动机的转矩 T 经过弹性联轴器传递到转子之后可以分解为两部分：

$$T_z=T\cos\alpha,\quad T_s=T\sin\alpha \tag{8-22}$$

式中：T_z 是转矩；T_s 是垂直于转子方向的力矩，会引起转子的弯曲振动，故称为弯矩。如图 8-6(b)所示，T_s 可以进一步分解为沿 x 轴和 y 轴的两个弯矩：

$$T_x = T\sin\alpha\cos\beta, \quad T_y = T\sin\alpha\sin\beta \tag{8-23}$$

根据 Euler 运动方程，T_x、T_y 和 T_z 还可以分别表为

$$\left.\begin{aligned} T_x &= I_x\dot{\omega}_x + \omega_y\omega_z(I_z - I_y) \\ T_y &= I_y\dot{\omega}_y + \omega_z\omega_y(I_x - I_z) \\ T_z &= I_z\dot{\omega}_z + \omega_x\omega_y(I_y - I_x) \end{aligned}\right\} \tag{8-24}$$

式中：$\omega_i(i=x,y,z)$为转子的角速度；I_i 为转子绕轴 i 的转动惯量。由于转子仅有绕x 轴的转动，式(8-24)可以简化为

$$T\cos\alpha = I_R\varepsilon_R \tag{8-25}$$

式中：I_R 是转子的极转动惯量；ε_R 为转子的角加速度。对于具有夹角 α 的转子和电动机，其角速度满足以下关系：

$$\omega_R/\omega_M = C/(1+D\cos2\theta_M) \tag{8-26}$$

式中：ω_R 为转子的角速度；ω_M 为电动机的角速度；θ_m 为电动机轴的转角；$C=4\cos\alpha/(3+\cos2a)$；$D=(1-\cos a)/(3+\cos2\alpha)$。

式(8-26)可以展开为

$$\omega_R/\omega_M = A_0 - A_2\cos2\theta_M + A_4\cos4\theta_M - \cdots + (-1)^n A_{2n}\cos2n\theta_M + \cdots \tag{8-27}$$

式中

$$\left.\begin{aligned} &A_0 = C(1+D^2/2+3D^4/8+5D^6/16+35D^8/128+\cdots)=1 \\ &A_2 = C(D+3D^3/4+5D^5/8+35D^7/64+\cdots)n \\ &A_4 = C(D^2/2+D^4/2+15D^6/32+7D^8/16+\cdots)n \\ &\cdots \\ &n=1,2,3,\cdots \end{aligned}\right\} \tag{8-28}$$

对式(8-27)微分，得

$$\varepsilon_M/\omega_M^2 = B_2\sin2\theta_M - B_4\sin4\theta_M + \cdots + (-1)^{n+1}B_{2n}\sin2n\theta_M + \cdots \tag{8-29}$$

式中：$n=1,2,3,\cdots$；$B_2=2A_2$；$B_4=4A_4$；$B_6=6A_6$。将式(8-29)代入式(8-25)并令 $\theta_M=\Omega t$，可以得到输入转矩的表达式为

$$T = (I_R\Omega^2/\cos\alpha)\left[\sum_{n=1}^{\infty}(-1)^{n+1}B_{2n}\sin2n\Omega t\right] \tag{8-30}$$

将式(8-30)代入式(8-24)，可得

$$T_x = \sum_{n=1}^{\infty}E_{2n}\sin2n\Omega t, \quad T_y = \sum_{n=1}^{\infty}G_{2n}\sin2n\Omega t \tag{8-31}$$

式中

$$\left.\begin{aligned} E_{2n} &= (-1)^{n+1}I_R\Omega^2B_{2n}\tan\alpha\cos\beta \\ G_{2n} &= (-1)^{n+1}I_R\Omega^2B_{2n}\tan\alpha\sin\beta \end{aligned}\right\} \tag{8-32}$$

因此,可以通过式(8-31)求得不对中力:

$$\boldsymbol{F}_{\mathrm{r}}=\sum_{n=1}^{\infty}\boldsymbol{F}_{2n}\sin 2n\Omega t \tag{8-33}$$

式中:$\boldsymbol{F}_{2n}=[0 \quad \cdots \quad E_{2n} \quad G_{2n}]^{\mathrm{T}}$。

3. 不对中故障的特征

(1)转子径向振动出现二倍频,以一倍频和二倍频分量为主,轴系不对中越严重,二倍频所占的比例就越大,多数情况甚至出现二倍频能量超过一倍频能量。

(2)振动信号的原始时域波形呈畸变的谐波。

(3)联轴器两侧相邻两个轴承的油膜压力呈反方向变化,一个油膜压力变大,另一个变小。

(4)联轴器不对中时轴向振动较大,振动频率为一倍频,振动幅值和相位稳定。

(5)联轴器两侧的轴向振动基本上是180°反相的。

(6)典型的轴心轨迹为月牙形、香蕉形,严重对中不良时的轴心轨迹可能出现“8”字形,涡动成分为同步正进动。

(7)振动对负荷变化敏感。当负荷改变时,由联轴器传递的扭矩立即发生改变,如果联轴器不对中,则转子的振动状态也立即发生变化,一般振动幅值随着负荷的增加而升高。

(8)轴承不对中时径向振动较大,有可能出现高次谐波,振动不稳定。由轴承座的热膨胀不均匀而引起轴承的不对中,使转子的振动也发生变化。但由于热传导惯性,振动的变化在时间上要比负荷的改变滞后一段时间。

8.1.2 裂纹故障

裂纹故障是旋转机械中的常见故障。长期服役产生的周期性应力变化、疲劳等多种原因都会导致旋转轴出现裂纹,引起转子大幅异常振动。在裂纹萌生和扩展初期,难以从表面识别。待裂纹快速扩展时,可致使转子转轴断裂,引发灾难性事故。

按照裂纹的形态规律,一般将其分为常开裂纹和呼吸裂纹。常开裂纹表示其开裂始终保持张开状态,在旋转过程中张开闭合作用微弱。而呼吸裂纹则用来模拟在旋转中裂纹截面周期性的张开和闭合的类型,此类裂纹一般出现在重力占优的转子中。裂纹转轴的横截面发生了改变,相应的弯曲刚度会被削弱。对于呼吸裂纹,裂纹的时变特性通常由相应的呼吸函数来模拟。常见的呼吸函数有阶跃函数、方波函数和余弦函数等,此外还有一些改进的组合模型。

1. 裂纹单元建模

当转子系统产生裂纹时,对于不包含裂纹的单元其建模过程与常规的有限元方法相同。应重点关注的是如何准确描述开裂梁单元的刚度大小。假设裂纹位于第 j 个梁单元，则该梁单元的横截面几何可用图 8－7 表示。为方便描述，将初始裂纹角度设为 0。图 8－7 灰色区域为未开裂部分；ω 为转速，R 为转轴半径，O 代表没有裂纹时截面的形心，OX 和 OY 为不考虑裂纹时的参考坐标轴；α 为固定坐标系 OXY 内裂纹的张角，h 为裂纹深度，O' 代表新的截面形心，e 为新旧形心间的距离，OX' 和 OY' 为考虑裂纹后的参考坐标轴。旋转时，新的截面形心位置会随着裂纹的呼吸作用随时间变化。

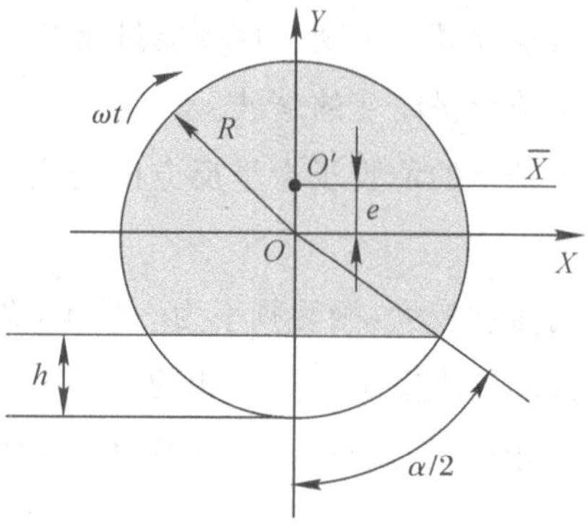

图 8－7　裂纹单元横截面示意图

为表达方便，定义无量纲裂纹深度 $\mu=h/R$。根据材料力学，该截面关于固定坐标系中参考轴 OX 和 OY 的截面二次矩可表示为

$$\left.\begin{aligned}I_X^O&=\frac{\pi R^4}{8}-\frac{R^4}{4}(1-\mu)(2\mu^2-4\mu+1)\gamma+\sin^{-1}(1-\mu)\\I_Y^O&=\frac{R^4}{12}(1-\mu)(2\mu^2-4\mu-3)\gamma+3\sin^{-1}(\gamma)\end{aligned}\right\}\tag{8-34}$$

式中：$\gamma=\sqrt{2\mu-\mu^2}$。截面关于考虑裂纹后的参考坐标轴 $O'\overline{X}$ 和 $O'\overline{Y}$ 的二次矩为

$$\left.\begin{aligned}I^{O'}{}_{\overline{X}}&=\tilde{I}-(I_X^O+A_{ce}e^2)\\I^{O'}{}_{Y}&=\tilde{I}-I_Y^O\end{aligned}\right\}\tag{8-36}$$

式中：$\tilde{I}=\pi R^4/4$ 代表不含裂纹时的截面矩，A_{ce} 和 e 分别为剩余面积大小和形心偏移大小。它们可由以下公式计算：

$$\left.\begin{aligned}A_{ce}&=R^2\left[\pi-\cos^{-1}(1-\mu)+(1-\mu)\gamma\right]\\e&=\frac{2R^3}{3A_{ce}}\gamma^3\end{aligned}\right\}\tag{8-36}$$

由此可知，存在裂纹时两个截面矩的损失大小可写成

$$\left.\begin{aligned}I_1&=I_X^O+A_{ce}e^2\\I_2&=I_Y^O\end{aligned}\right\}\tag{8-37}$$

根据材料力学，当裂纹完全张开时，包含裂纹的单元 j 的局部刚度矩阵削弱大小为

$$
\boldsymbol{k}_j^{\text{loss}}=\frac{E}{l^3}\begin{bmatrix}
12I_1\frac{1}{1+\varphi_1} & 0 & 0 & 6lI_1\frac{1}{1+\varphi_1}\\
-12I_1\frac{1}{1+\varphi_1} & 0 & 0 & 6lI_1\frac{1}{1+\varphi_1}\\
0 & 12I_2\frac{1}{1+\varphi_2} & -6lI_2\frac{1}{1+\varphi_2} & 0\\
0 & -12I_2\frac{1}{1+\varphi_2} & -6lI_2\frac{1}{1+\varphi_2} & 0\\
0 & -6lI_2\frac{1}{1+\varphi_2} & l^2I_2\frac{4+\varphi_2}{1+\varphi_2} & 0\\
0 & 6lI_2\frac{1}{1+\varphi_2} & l^2I_2\frac{2-\varphi_2}{1+\varphi_2} & 0\\
6lI_1\frac{1}{1+\varphi_1} & 0 & 0 & l^2I_1\frac{4+\varphi_1}{1+\varphi_1}\\
-6lI_1\frac{1}{1+\varphi_1} & 0 & 0 & l^2I_1\frac{2-\varphi_1}{1+\varphi_1}\\
-12I_1\frac{1}{1+\varphi_1} & 0 & 0 & -6lI_1\frac{1}{1+\varphi_1}\\
12I_1\frac{1}{1+\varphi_1} & 0 & 0 & -6lI_1\frac{1}{1+\varphi_1}\\
0 & -12I_2\frac{1}{1+\varphi_2} & 6lI_2\frac{1}{1+\varphi_2} & 0\\
0 & 12I_2\frac{1}{1+\varphi_2} & 6lI_2\frac{1}{1+\varphi_2} & 0\\
0 & -6lI_2\frac{1}{1+\varphi_2} & l^2I_2\frac{2-\varphi_1}{1+\varphi_2} & 0\\
0 & 6lI_2\frac{1}{1+\varphi_2} & l^2I_2\frac{4+\varphi_2}{1+\varphi_2} & 0\\
6lI_1\frac{1}{1+\varphi_1} & 0 & 0 & l^2I_1\frac{2-\varphi_1}{1+\varphi_1}\\
-6lI_1\frac{1}{1+\varphi_1} & 0 & 0 & l^2I_1\frac{4+\varphi_1}{1+\varphi_1}
\end{bmatrix} \tag{8-38}
$$

式中：$\varphi_1=\frac{12EI_1}{\varepsilon A_{\text{ce}}Gl^2}$；$\varphi_2=\frac{12EI_2}{\varepsilon A_{\text{ce}}Gl^2}$；$G=\frac{E}{2(1+\nu)}$为剪切模量。符号 E,l,ε 和 ν 分别代表弹性模量、裂纹单元长度、剪切系数和泊松比。采用余弦呼吸模型来模拟裂纹的时变特性，其表达式为

$$
f(t)=\frac{1\pm\cos(\omega t)}{2} \tag{8-39}
$$

式中的正负号由裂纹的初相位决定，位于转轴上表面则为正，下表面则为负。在转轴旋转一周的过程中，裂纹单元的横截面张开闭合可由式(8-39)完全定义，其变化如图 8-8 所示。

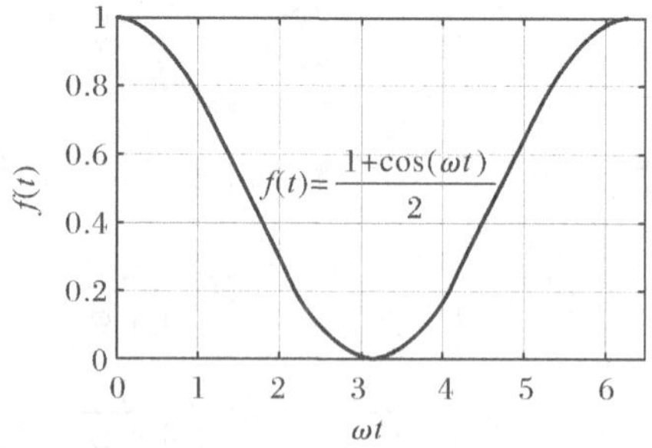

图 8－8　余弦呼吸函数模型

则裂纹单元的实时剩余刚度大小可由下式给出：

$$\boldsymbol{k}_j^{c}=\boldsymbol{k}_j-f(t)\boldsymbol{k}_j^{\text{loss}}=\boldsymbol{k}_j-\frac{1}{2}\boldsymbol{k}_j^{\text{loss}}-\frac{\cos(\omega t)}{2}\boldsymbol{k}_j^{\text{loss}} \tag{8-40}$$

式中：$\boldsymbol{k}_j$ 为不考虑裂纹时的完全刚度矩阵。获得裂纹单元的局部刚度矩阵之后，根据有限元方法的单元组装程序，可写出含呼吸裂纹的转子-支承-轮盘系统的一般运动微分方程为

$$\boldsymbol{M}\ddot{\boldsymbol{q}}(t)+\widetilde{\boldsymbol{C}}\dot{\boldsymbol{q}}(t)+\left[\boldsymbol{K}-\frac{1}{2}\boldsymbol{K}_c-\frac{\cos(\omega t)}{2}\boldsymbol{K}_c\right]\boldsymbol{q}(t)=\boldsymbol{F}(t) \tag{8-41}$$

式中：$\boldsymbol{M}$ 和 $\widetilde{\boldsymbol{C}}=\boldsymbol{C}+\omega\boldsymbol{G}$ 代表全局质量和全局广义阻尼矩阵；激励向量 $\boldsymbol{F}(t)=\boldsymbol{F}_g+\boldsymbol{F}_u(t)$ 包含不平衡离心力和重力；$\boldsymbol{K}$ 为不含裂纹时的全局刚度阵；$\boldsymbol{K}_c$ 为与 $\boldsymbol{K}$ 同维度的刚度损失矩阵。在裂纹单元，$\boldsymbol{K}_c$ 由 $\boldsymbol{K}_j^{\text{loss}}$ 组成，而在未开裂单元均为 0。$\boldsymbol{q}(t)$，$\dot{\boldsymbol{q}}(t)$ 和 $\ddot{\boldsymbol{q}}(t)$ 分别为转子系统的位移、速度和加速度向量。

从式(8－41)可以看到，呼吸裂纹对该系统的作用最终体现在一个时变刚度项上，它呈谐调形式。因此，此系统可视为参激系统。若把时变刚度和位移的乘积移到方程右边，则可视为一个等效非线性激励力。于是，含裂纹转子系统的动力特性整体是非线性的，这一点将在数值仿真中的超谐波共振现象中得到体现。

【例 8－1】　分析一个如图 8－9 所示的裂纹转子，轴的长度为 1.5 m，直径为 50 mm，其中心安装有一个直径为 350 mm、厚度为 70 mm 的圆盘。转子两端安装在柔性支架上，刚度为 100 kN/m，阻尼系数为 100 N · s/m。转子由 6 个单元建模。裂纹位于圆盘根部。圆盘处的不平衡量为 0.1 gm。研究无量纲裂纹深度为 0.25、0.5、1 时转子的响应。还要考虑裂纹单元的长度对响应的影响。转子速度为 2 000 r/min。假设 $E=211$ GPa，$\rho=7\ 810\ \text{kg/m}^3$。

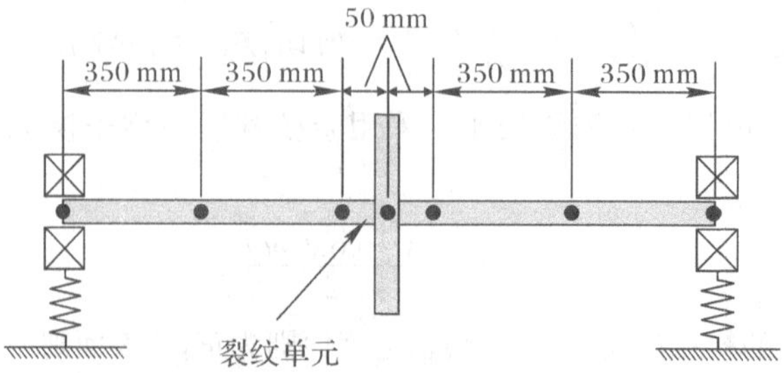

图 8－9　裂纹转子模型

解:由于轴承和支座是各向同性的,可在旋转坐标中分析,并在需要时转换到静止坐标系。图 8-9 所示为具有 6 个单元的转子。与圆盘相邻的单元的长度为 50 mm,而其他单元的长度为 350 mm。通过在裂纹位置处定义尺寸较小的单元使得裂纹可以被精确定位,从而分析的灵活性提高。表 8-1 中列出了使用 6 个单元建模的该转子的前 6 阶特征值,并将结果与由 30 个单元(每个单元长度为 50 mm)建模的结果进行了比较。显然,两种模型之间的误差很小。图 8-10 所示为不包含裂纹转子的坎贝尔图。

表 8-1 健康转子和裂纹转子在 2 000 r/min 时的特征值

模态阶数	无裂纹(6 个单元)	无裂纹(30 个单元)	裂纹($\mu=0.5$)
1	$-4.8320\pm47.427i$	$-4.8319\pm47.427i$	$-4.8035\pm47.355i$
2	$-4.8320\pm47.427i$	$-4.8319\pm47.427i$	$-4.7998\pm47.356i$
3	$-49.161\pm124.72i$	$-49.156\pm124.72i$	$-49.132\pm124.70i$
4	$-66.151\pm161.56i$	$-66.137\pm161.56i$	$-66.151\pm161.55i$
5	$-84.831\pm478.31i$	$-84.675\pm478.15i$	$-84.257\pm472.24i$
6	$-84.831\pm478.31i$	$-84.675\pm478.15i$	$-84.252\pm472.28i$

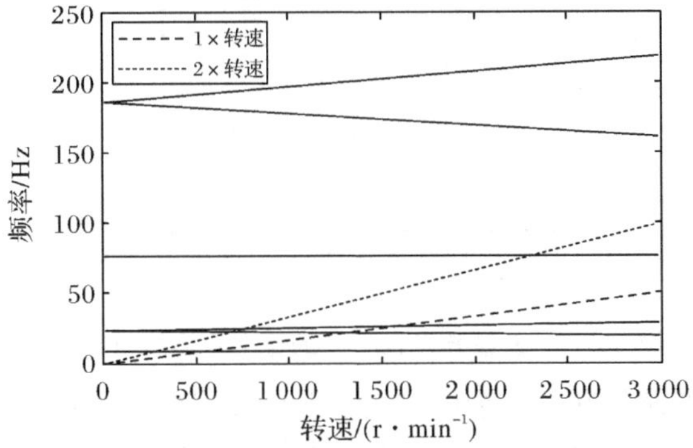

图 8-10 不包含裂纹转子的坎贝尔图

首先分析 $\mu=0.5$ 的呼吸裂纹转子,计算含裂纹单元的刚度。表 8-1 中列出了具有裂纹转子的 6 个单元模型的特征值。可以发现,深度为轴直径四分之一的裂纹对较低的固有频率的影响很小。

将重力建模为自然坐标系中的恒定垂直力,并利用质量矩阵获得力。将不平衡力建模为旋转坐标系中的恒定力。采用四阶龙格库塔方法对旋转坐标系中的运动方程进行数值积分,并将响应变换到静止自然坐标系中。图 8-11 给出了静止自然坐标系中圆盘处的稳态轨迹和圆盘处水平位移的频率响应。轨迹的原点是轴未开裂时机器的平衡位置。轨迹总是低于这个平衡位置,这是因为有裂纹的轴比无裂纹的轴更柔。频率响应突出表明,由于裂纹轴在两个方向上的刚度差异,在 2 倍转速和更高的谐波下存在显著响应。这种倍频响应在实践中经常用于诊断机器故障。

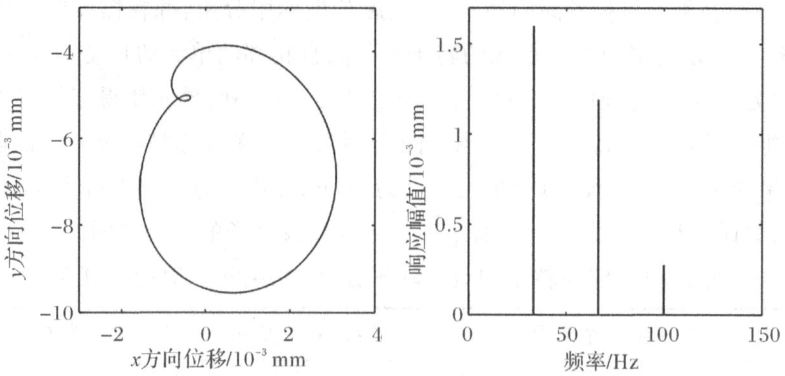

图 8-11　裂纹转子($\mu=0.5$)的稳态轨迹和频率响应

图 8-12 显示了当裂纹已到达转子中心($\mu=1.0$)时的稳态轨迹和频率响应，其中显示 2 倍频的振动有所减小。产生这一结果是因为裂纹轴在两个方向上的刚度相似(即在 $\tilde{x}$ 和 $\tilde{y}$ 方向上的单元刚度分别降低了 61%和 74%)。

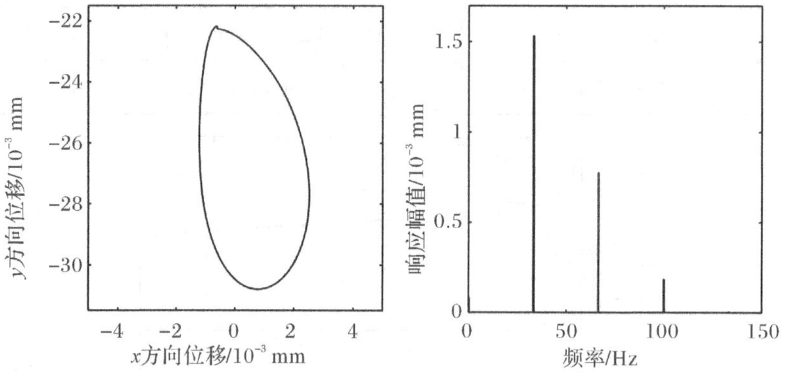

图 8-12　裂纹转子($\mu=1$)的稳态轨迹和频率响应

最后，分析开裂的裂纹转子($\mu=0.25$)。图 8-13 所示为稳态轨迹和频率响应，结果表明 2 倍频振动的相对水平较低。由于开口裂缝造成的刚度降低很小(即在 $\tilde{x}$ 和 $\tilde{y}$ 方向分别为 0.42%和 8.0%)，因此轨迹几乎是圆形的。这个例子突出表明，相对于 1 倍频响应，2 倍频振动水平与裂纹深度的关系更为复杂。

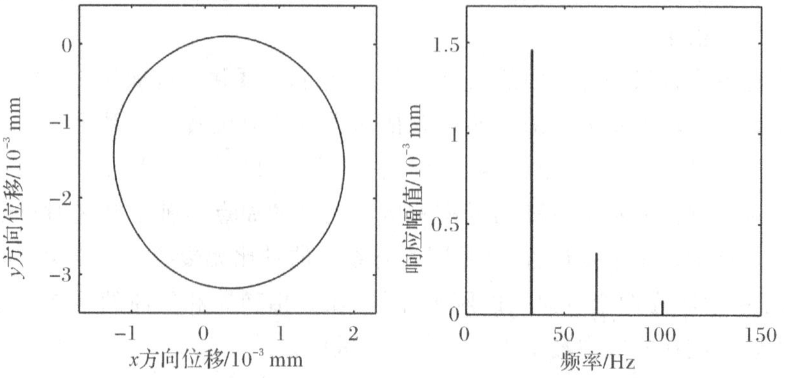

图 8-13　裂纹转子($\mu=0.25$)的稳态轨迹和频率响应

2.裂纹故障的特征

转子裂纹故障的动力学特征涉及旋转机械在运行时的振动频谱和响应变化。以下是一些与转子裂纹故障相关的动力学特征：

(1)多频率响应：裂纹引起的振动往往包含多个频率成分，这些频率成分可能是由裂纹的位置、形状和尺寸不同而产生的。

(2)特征频率：裂纹的存在会在振动频谱中产生特征频率，这些频率通常是转子的自然频率和裂纹的共振频率，这些频率通常以旋转速度的倍数呈现。

(3)相位变化：裂纹通常导致振动相位的变化，相位是振动信号中不同频率分量的相对时间关系，其变化可以用于检测裂纹引起的动态变化。

(4)变频现象：裂纹随着时间的推移可能会导致振动频率的变化，这种变频现象可以通过频谱分析来观察到，显示为频率成分在频谱中移动。

(5)非线性振动：裂纹引起的摩擦和碰撞可能导致振动信号中的非线性特征，如次谐波、和谐波和副谐波，这些非线性特征可以通过非线性动力学分析获得。

(6)频谱扭曲：裂纹引起的振动频谱可能会发生扭曲，表现为宽化或形状变化。

(7)振动幅值变化：裂纹的扩展通常伴随着振动幅值的变化，逐渐增大的裂纹可能导致振动幅值明显增加。

8.1.3 碰摩故障

碰摩故障一般是指在旋转部件与静子部件之间发生异常接触的一种故障类型。这种故障通常由多种原因引起，包括安装不良、不平衡过大及其他故障引起振幅增大等因素。碰摩故障的危害包括表面磨损和能量损失等，甚至可能导致机械结构失效断裂等严重损坏。因此，碰摩故障动力学分析具有重要的意义。通过监测润滑状态、轴承运行状况和环境条件，可以及时发现碰摩故障的迹象，采取维护措施，防止进一步损害系统，从而提升整个转子系统的可靠性和寿命。

1.碰摩转子建模与分析

以 Jeffcott 转子模型为例，假设转子安装在定子的间隙内，当转子与定子接触时会产生碰撞和摩擦现象，出现非光滑非线性。在接触过程中产生的摩擦力会产生一个力矩，该力矩与机器的旋转相反。假定转子速度保持不变，图 8-14(a)所示系统的运动方程为

$$\left.\begin{aligned} m\ddot{u}+c\dot{u}&=m\varepsilon\Omega^2\cos(\Omega t)+f_x \\ m\ddot{v}+c\dot{v}&=m\varepsilon\Omega^2\sin(\Omega t)+f_y \end{aligned}\right\} \tag{8-42}$$

式中：f_x 和 f_y 表示轴刚度和接触导致的 Ox 和 Oy 方向的力，$m\varepsilon$ 是不平衡度(即质量和偏心率的乘积)。如图 8-14(b)所示，轴中心线从定子中心线垂直向下偏移 δ。轴中心线代表轴的静止位置。如图 8-15 所示，转子的刚度由 k_s 表示，转子与定子的接触刚度由 k_c 表示。忽略接触产生的摩擦力 f_t。

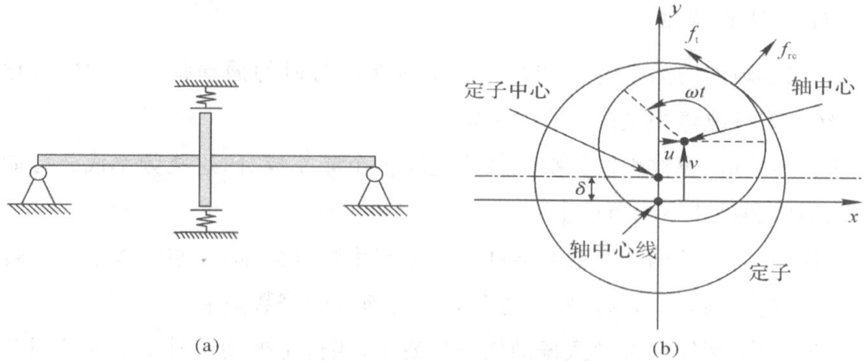

(a)　　(b)

图 8-14　碰摩转子-轴承系统力学模型

(a)Jeffcott 转子模型;(b)碰摩示意图

轴刚度引起的力可推导出 Ox 和 Oy 方向上的分量分别为 $-k_s u$ 和 $-k_s v$。转子与定子中心线的径向距离为

$$r=\sqrt{(v-\delta)^2+u^2} \tag{8-43}$$

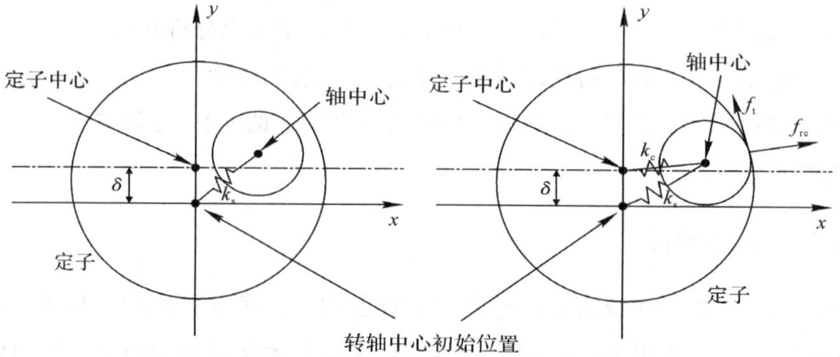

图 8-15　非线性转子-定子接触系统的等效弹簧模型

假设转子静止时与定子不接触(即 $\delta\leqslant r_0$)。当转子径向位移 r 超过定子内部的径向间隙 r_0 时,转、定子发生接触。此时,定子对转子的作用力大小为

$$f_{rc}=-k_c(r-r_0) \tag{8-44}$$

该力的方向是定子和转子接触面切线的法线(定子中心线)。因此,如图 8-16 所示,x 和 y方向的力分量分别为 $f_{rc}u/r$ 和 $f_{rc}(v-\delta)/r$。转子在 Ox 和 Oy 方向上受到的力分别为

$$f_x=\begin{cases}-k_s u, & r>r_0\\ -k_s u-k_c(r-r_0)u/r, & r\leqslant r_0\end{cases}$$

$$f_y=\begin{cases}-k_s v, & r\leqslant r_0\\ -k_s v-k_c(r-r_0)(v-\delta)/r, & r>r_0\end{cases} \tag{8-45}$$

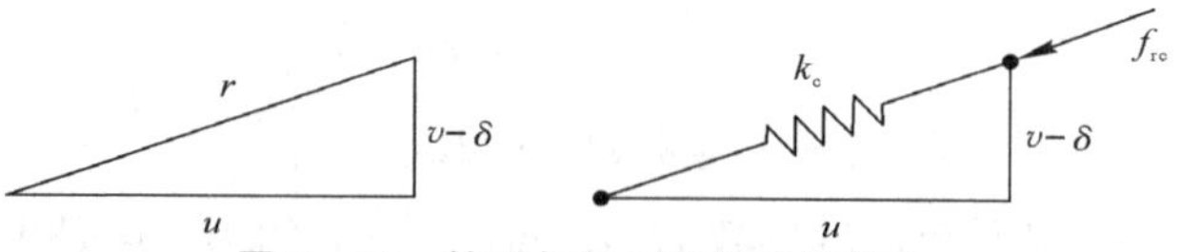

图 8-16　转子与定子接触产生的力

将力 f_r 定义为

$$f_r=\begin{cases}-k_s r & r\leqslant r_0\\ -k_s r_0-(r-r_0)(k_c+k_s) & r>r_0\end{cases} \tag{8-46}$$

使用质量偏心率 ε 对方程进行无量纲化处理，用符号(ˆ)表示无量纲量，则位移可表示为

$$\hat{u}=u/\varepsilon,\quad \hat{v}=v/\varepsilon,\quad \hat{\delta}=\delta/\varepsilon,\quad \hat{r}=r/\varepsilon,\quad \hat{r}_0=r_0/\varepsilon \tag{8-47}$$

由 $\omega_c^2=(k_s+k_c)/m$ 可得

$$\tau=\omega_c t,\quad \hat{f}_r=\frac{f_r}{(k_s+k_c)\varepsilon},\quad \hat{\zeta}=\frac{c}{2\sqrt{m(k_s+k_c)}},\quad \hat{\Omega}=\frac{\Omega}{\omega_c} \tag{8-48}$$

系统的运动方程变为

$$\left.\begin{aligned}\frac{d^2\hat{u}}{d\tau^2}+2\hat{\xi}\frac{d\hat{u}}{d\tau}=\hat{\Omega}^2\cos(\hat{\Omega}\tau)+\frac{\hat{u}}{\hat{r}}\hat{f}_r\\ \frac{d^2\hat{v}}{d\tau^2}+2\hat{\xi}\frac{d\hat{v}}{d\tau}=\hat{\Omega}^2\sin(\hat{\Omega}\tau)-\beta\hat{\delta}+\frac{\hat{v}-\hat{\delta}}{\hat{r}}\hat{f}_r\end{aligned}\right\} \tag{8-49}$$

式中

$$\hat{f}_r=\begin{cases}-\beta\hat{r}, & \hat{r}\leqslant\hat{r}_0\\ -\beta\hat{r}_0-(\hat{r}-\hat{r}_0), & \hat{r}>\hat{r}_0\end{cases} \tag{8-50}$$

式中

$$\hat{r}=\sqrt{(\hat{v}-\hat{\delta})^2+\hat{u}^2} \tag{8-51}$$

转子运行速度用参数 s 表示为

$$s=\frac{1}{2}\hat{\Omega}(1+\beta^{-1/2}) \tag{8-52}$$

【例 8-2】 在本例中用上述的运动方程来模拟转子-定子碰摩系统的非线性响应，研究对象为图 8-17 所示的 Jeffcott 转子，其中 $\beta=0.04$，$\hat{\zeta}=0.01$ 和 $\hat{\delta}=8$。

解：为了验证转子与定子相互作用的动力学模型，采用 Runge-Kutta 积分法求解方程式(8-49)在一系列运行速度下的数值解并获得了相应的稳态响应。每个不同的转速下的旋转时长为 1 000 个周期，为了消除瞬态响应的影响，选取最后 200 个周期内的响应进行分析。

图 8-17 所示为竖直位移随频率比变化的分岔图，其中 s 的增量为 0.01。此外，图 8-18中绘制了在四种速度比(s=1.2，1.7，2.6，2.8)时的轴心轨迹图。当 s=1.2 时，轴心轨迹几乎是一个圆形的周期轨迹，这对于在线性系统中以接近第一临界转速运行的转子来说是正常的。在 s=1.7 时，相应的轨迹在二次谐波上有一个重要的分量。而在 s=2.6 时，三次谐波占主导地位。在 s=2.8 时，响应显得混乱，没有明显的周期性运动。

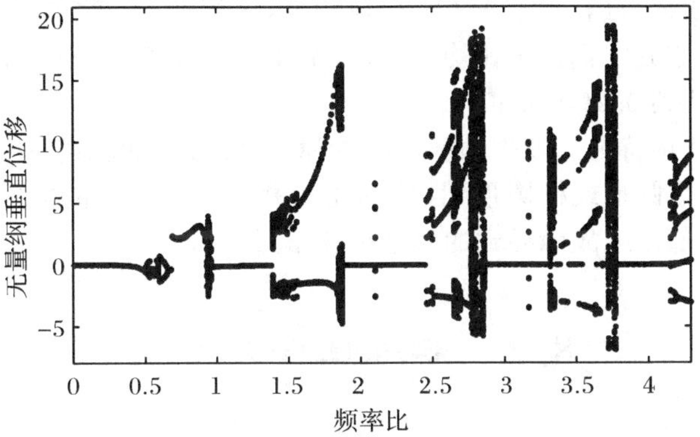

图 8-17 频率比变化时的分岔图

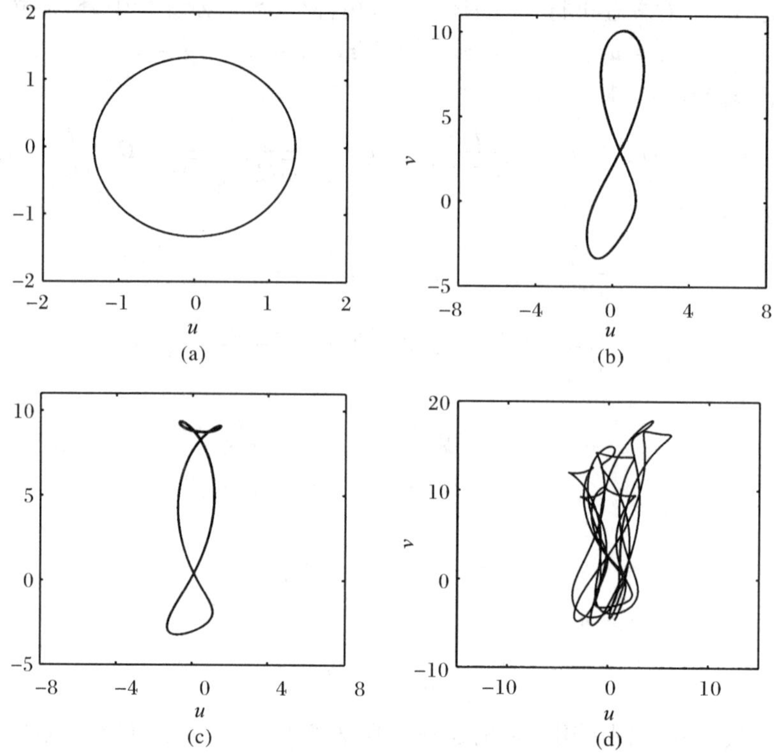

图 8-18　不同频率比下的稳态轴心轨迹

(a)$s=1.2$;(b)$s=1.7$;(c)$s=2.6$;(d)$s=2.8$

2. 碰摩故障的特征

在旋转机械中,由于转子的弯曲、不对中等原因,可能引起轴心严重变形、间隙不足和非旋转部件弯曲变形,从而导致转子与固定件接触发生碰摩。在大多数情况下,碰摩会引发旋转机械的不规则振动。碰摩可以分为全周碰摩和局部碰摩两种,其特征如下:

(1)时域波形特征。当转子发生碰摩故障时,时域波形发生畸变,理论上是基频信号上叠加了不同频率的高频信号。

(2)频谱特征。动静碰摩引起的振动频谱特征比较丰富。碰摩故障的频谱中有 1×、2×、3×、4×倍频成分,也有大于 5×的高频成分,还有低于 1×的低频成分。低频成分和高频成分与工频成分的幅值之比均很小。2 倍频和 3 倍频成分的幅值与工频成分幅值之比较大,一般可达到 0.20~0.50。

(3)轴心运动轨迹特征。发生动静碰摩故障时,轴心运动轨迹具有以下特征:整周碰摩故障导致的轨迹为圆形或椭圆形,且轨迹比较紊乱;单点局部碰摩故障导致的轨迹呈内"8"字形;多点局部碰摩故障导致的轨迹呈花瓣形。

8.2　非线性隔振技术

为了减小工程结构中振动带来的不利影响,非线性刚度、阻尼和惯性控制技术受到了广泛的关注,非线性的引入可以有效地拓宽频带。被动非线性控制技术主要包括几何非线性刚度、仿生非线性刚度、非线性阻尼和非线性惯性等。

8.2.1 准零刚度基本概念

在理想情况下，质量 m 由刚性基础上的线性刚度 k 支撑，频率达到 $\sqrt{\frac{2k}{m}}$ 时才会产生隔振效果。即刚度越小，隔振频率范围越宽。然而，较小的刚度会产生较大的质量静态位移。为了克服这一限制，非线性弹簧被用于获得高静刚度，从而获得小的静位移和小的动刚度，同时降低固有频率。通过优化系统参数，可以实现零动态刚度的隔离器，即所谓的准零刚度(Quasi-Zero Stiffness，QZS)机制。

准零刚度是一种非线性刚度特性，其恢复力对位移的切线斜率(即动刚度)在静平衡位置处一般为 0，在静平衡位置的邻域内动刚度很小，而从未加载位置到承载后的静平衡位置的割线斜率(即静刚度)较大。较小的动刚度可以降低系统的“固有频率”，从而有利于低频隔振，较大的静刚度可以保证隔振系统的承载能力。构造准零刚度隔振系统的关键点在于构造负刚度机制，将负刚度机制与常规的正刚度机制(比如弹簧)并联，通过合理的参数设计使得静平衡点处的正负刚度相互抵消即可获得准零刚度，如图 8－19 所示。

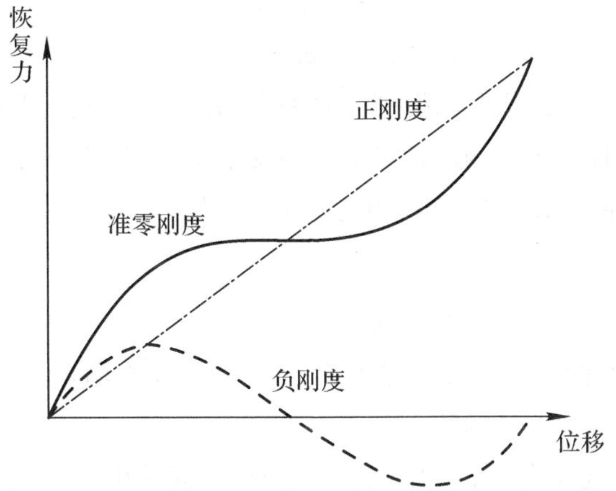

图 8－19　正负刚度并联得到准零刚度

准零刚度隔振器的工作原理是：正刚度单元在隔振器运动方向上提供静载荷支撑能力，负刚度结构与正刚度单元平行，使静平衡位置刚度为零，而其附近位置刚度接近零，从而实现高静、低动刚度。在准零刚度振动控制领域出现了各种非线性机构或结构，如斜线性弹簧、欧拉屈曲梁、凸轮-滚子-弹簧机构、磁体和摆锤等。

8.2.2 准零刚度隔振器

在所有的准零刚度隔振器中，三弹簧准零刚度隔离器是被研究得最广泛和最深入的一种，经常被作为分析一般准零刚度隔离器的经典例子。然而，即使是这样一个简单的准零刚度隔振器，在阻尼特性方面也没有得到精确的建模：阻尼力被粗略地看作是被隔离物体速度的线性函数，即线性黏性阻尼。本节中三弹簧模型使用非线性阻尼建模来进行分析。

1. 隔振器幅频响应和稳定性分析

如图 8-20 所示的经典准零刚度隔振器，它是两个相同的横向弹簧和一个垂直弹簧的平行组合。图 8-20 所示位置仅为横向弹簧变为水平且处于压缩状态的静力平衡位置。

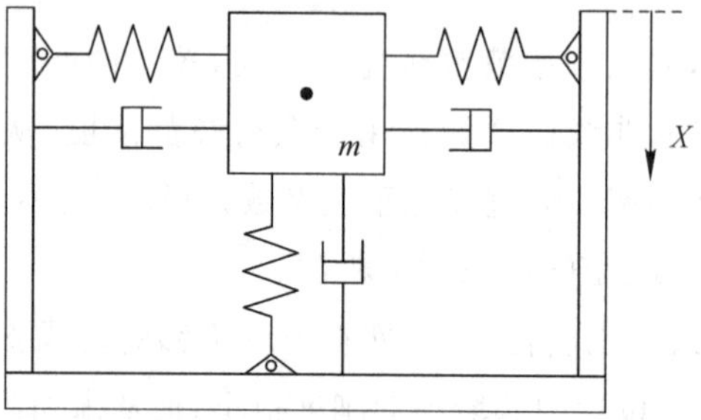

图 8-20　准零刚度型三弹簧隔振器原理图

不同阻尼对隔振器的动力性能和隔振性能有明显不同的影响。在实际工程中弹簧除了具有弹性外，还具有不可避免的阻尼，而且阻尼与变形速度有关。假设每个弹簧的阻尼与变形速度成正比，则竖向弹簧和横向弹簧所施加的力分别为

$$\left.\begin{aligned}F_s&=K_s\varepsilon_s+C_s\dot{\varepsilon}_s\\F_h&=K_h\varepsilon_h+C_h\dot{\varepsilon}_h\end{aligned}\right\}\tag{8-53}$$

式中：K_s、C_s 分别为竖直弹簧的刚度和阻尼系数；K_h、C_h 分别为侧向弹簧的刚度和阻尼系数；ε_s、ε_h 分别为竖直弹簧和侧向弹簧的压缩变形量。当被隔离物体从静力平衡位置经历垂直位移 x 时，垂直弹簧和侧向弹簧的变形分别为

$$\left.\begin{aligned}\varepsilon_s&=X+\varepsilon_{sh}\\\varepsilon_h&=L_0-\sqrt{D^2+X^2}\end{aligned}\right\}\tag{8-54}$$

式中：ε_{sh}为垂直弹簧在静平衡位置的静压缩量；L_0为未变形的横向弹簧的原始长度；D 为横向弹簧两端之间的水平距离。

横向弹簧始终围绕铰点旋转，由于摩擦等原因，横向弹簧两端会产生阻力矩。设阻力矩与角速度成正比，比例系数分别记为 R_1 和 R_2。横向弹簧的角速度为

$$\dot{\theta}=\frac{\dot{X}\cos\theta}{\sqrt{D^2+X^2}}=\frac{D\dot{X}}{D^2+X^2}\tag{8-55}$$

两端的阻力矩分别为

$$\left.\begin{aligned}M_{r1}&=R\dot{\theta}=\frac{R_1D\dot{X}}{D^2+X^2}\\M_{r2}&=R\dot{\theta}=\frac{R_2D\dot{X}}{D^2+X^2}\end{aligned}\right\}\tag{8-56}$$

横弹簧两端需附加力来维持力矩平衡，表示为

$$F_a=\frac{M_{r1}+M_{r2}}{\sqrt{D^2+X^2}}=\frac{(R_1+R_2)D\dot{X}}{(D^2+X^2)^{3/2}}\tag{8-57}$$

图 8-21 为被隔离物体的受力分析，可得

$$m\ddot{x}+F_v-2F_l\sin\theta+2F_a\cos\theta=F_e+mg \tag{8-58}$$

$$F_e(\tau)=F_0\cos(\Omega\tau) \tag{8-59}$$

式中：m 为被隔离物体的质量；g 为重力加速度；而 F_e 为激发力，F_0 为激励幅值，Ω 为激励频率，τ 为时间。通过将 F_v，F_l，F_a 和 F_e 的表达式[式(8-53)，式(8-57)和式(8-59)]代入式(8-58)中，并且注意 $\sin\theta=x/\sqrt{D^2+X^2}$，$\sin\theta=D/\sqrt{D^2+X^2}$ 和 $K_s\varepsilon_{sh}=mg$，运动方程可表示为

$$mX+\left[C_s+\frac{2C_hX^2}{D^2+X^2}+\frac{2(R_1+R_2)D^2}{(D^2+X^2)^2}\right]\dot{X}+\left(K_s+2K_h-\frac{2K_hL_0}{\sqrt{D^2+X^2}}\right)X=F_0\cos(\Omega\tau) \tag{8-60}$$

引入以下无量纲常量和变量：

$$\left.\begin{aligned}&\Omega_n=\sqrt{\frac{K_s}{m}},\quad \lambda=\frac{K_h}{K_s},\quad \mu=\frac{L_0}{D},\zeta_s=\frac{C_s}{2m\Omega_n},\quad \zeta_h=\frac{C_h}{2m\Omega_n}\\&\zeta_r=\frac{R_1+R_2}{2D^2m\Omega_n},\quad f_0=\frac{F_0}{K_sD}x=\frac{X}{D},\quad \omega=\frac{\Omega}{\Omega_n},t=\Omega_n\tau\end{aligned}\right\} \tag{8-61}$$

式中：Ω_n 为等效线性隔离器的无阻尼固有频率；ω 为无量纲激励频率；t 为无量纲时间。则动力学方程可以写成无量纲形式

$$x''+2\left[\zeta_s+\frac{2x^2}{1+x^2}\zeta_h+\frac{2}{(1+x^2)^2}\zeta_r\right]x'+\left(1+2\lambda-\frac{2\lambda\mu}{\sqrt{1+x^2}}\right)x=f_0\cos(\omega t) \tag{8-62}$$

无量纲动态方程式(8-62)的左侧可分为三部分。第一部分是无量纲惯性项；第二部分包含了在一个振荡周期内耗散能量的变量，即为无量纲阻尼项；第三部分为无量纲的恢复力项。可看出阻尼项是非线性的，与垂直弹簧的阻尼力、横向弹簧的阻尼力以及横向弹簧铰接处旋转引起的阻力有关；ζ_s，ζ_h 和 ζ_r 分别为三种阻尼对应的无量纲阻尼因子。刚度可通过将恢复力对位移 x 微分得到，为 $k(x)=1+2\lambda-2\lambda\mu/(1+x^2)^{3/2}$。最小刚度在静平衡点处：$k_{min}=k(0)=1+2\lambda(1-\mu)$。将 k_{min} 在平衡处设为零，得到保证准零刚度特征的参数关系为 $\mu=1+1/2\lambda$。

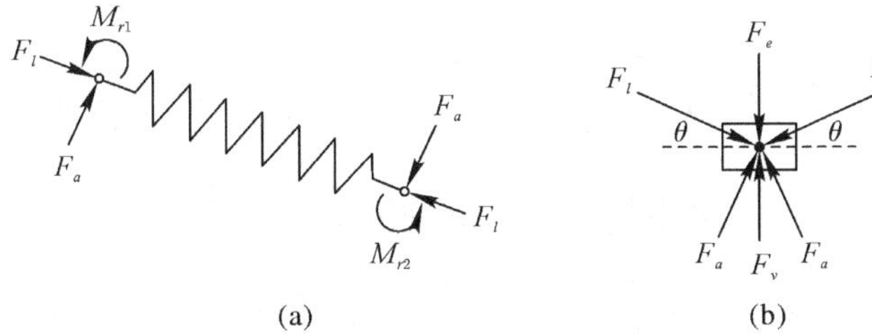

图 8-21 受力分析

(a)侧弹簧受力分析；(b)被隔离物体的受力分析，$X>0$，被隔离物体左右的反应力矩 M_{r2} 相互抵消

2. 准零刚度隔振器动力学分析

由于动力学方程的左边不是多项式形式，以往最广泛使用的非线性隔振器谐波平衡

法在这里不再适用。平均法是一种可以应用于该系统的技术，即使动力方程中存在非多项式项，也可以用于后续的动力学分析。设位移响应和速度响应为

$$\left.\begin{aligned} x(t) &= a\cos(\omega t+\varphi) \\ x'(t) &= -\omega\, a\cos(\omega t+\varphi) \end{aligned}\right\} \tag{8-63}$$

式中：振幅 a 和相位变量 φ 可以随 t 缓慢变化。式(8-63)中第一个表达式对 t 求导，并与第二个表达式的比较，可以得到

$$a'\cos(\omega t+\varphi)-\varphi' a\sin(\omega t+\varphi)=0 \tag{8-64}$$

通过对式(8-63)中的分式 $x'(t)$ 对时间求导，得到加速度为

$$x''(t)=-\omega\, a'\sin(\omega t+\varphi)-\omega\,\varphi' a\cos(\omega t+\varphi)-\omega^2 a\cos(\omega t+\varphi) \tag{8-65}$$

将式(8-63)和式(8-65)代入动态方程(8-62)，得到

$$\omega\, a'\sin(\omega t+\varphi)+\omega\,\varphi' a\cos(\omega t+\varphi)=H[a,\varphi,\beta(\varphi,t)] \tag{8-66}$$

式中

$$H[a,\varphi,\beta(\varphi,t)]=-\omega^2 a\cos\beta-2\left[\zeta_s+\frac{2\zeta_h a^2\cos2\beta}{1+a^2\cos2\beta}+\frac{2\zeta_r}{(1+a^2\cos2\beta)^2}\right]\omega a\sin\beta+$$

$$(1+2\lambda)\left(1-\frac{1}{\sqrt{1+a^2\cos2\beta}}\right)a\cos\beta-f_0\cos(\beta-\varphi) \tag{8-67}$$

$$\beta(\varphi,t)=\omega t+\varphi \tag{8-68}$$

结合式(8-64)和式(8-66)，可知响应振幅和相位对 t 的一阶导数不仅与 a 和 φ 变量有关，还与 t 有关。考虑到 a 和 φ 变量的变化缓慢，可以使用一个振荡周期内 a' 和 φ' 变量的平均值，其计算公式为

$$a'=\frac{\omega}{2\pi}\int_t^{t+\frac{\omega}{2\pi}}\frac{H[a,\varphi,\beta(\varphi,t)]\sin\beta(\varphi,t)}{\omega}\mathrm{d}t=\frac{1}{2\pi\omega}\int_0^{2\pi}H(a,\varphi,\beta)\sin\beta\mathrm{d}\beta \tag{8-69}$$

$$\varphi'=\frac{\omega}{2\pi}\int_t^{t+\frac{\omega}{2\pi}}\frac{H[a,\varphi,\beta(\varphi,t)]\cos\beta(\varphi,t)}{\omega\,\alpha}\mathrm{d}t=\frac{1}{2\pi\omega\alpha}\int_0^{2\pi}H(a,\varphi,\beta)\cos\beta\mathrm{d}\beta \tag{8-70}$$

在进行积分时，a 和 φ 变量被视为常数。通过设置 $a'=0$ 和变量 $\varphi'=0$，可写出稳态响应为

$$\left[\zeta_s+2\zeta_h\left(\frac{\sqrt{a^2+1}-1}{a}\right)^2+\frac{2\zeta_h}{\sqrt{a^2+1}}\right]a=-\frac{f_0}{2\omega}\sin\varphi \tag{8-71}$$

$$\left\{-\frac{\omega}{2}+\frac{1+2\lambda}{2\omega}[1-\psi(a^2)]\right\}a=-\frac{f_0}{2\omega}\cos\varphi \tag{8-72}$$

式中

$$\psi(a^2)=\frac{1}{\pi}\int_0^{2\pi}\frac{\cos2\beta}{\sqrt{1+a^2\cos2\beta}}\mathrm{d}\beta \tag{8-73}$$

从能量角度也可以推导出式(8-71)。注意用此方法时，动力系统的动能和势能在一个稳态振荡周期内保持不变，这意味着阻尼所消耗的能量应与激励力所输入的能量相

平衡，此处不再证明。

对式(8-71)取二次方后和式(8-72)相加，可以消去变量 φ，得到含有 a^2 的方程，求解该方程得到稳态响应振幅，并将其代入式(8-71)或式(8-72)，给出稳态响应相位。稳态响应的稳定性可以通过检查雅可比矩阵的特征值来评估。由式(8-69)和式(8-70)，雅可比矩阵计算为

$$\boldsymbol{R}=\begin{bmatrix} -\zeta_s-2\zeta_h\left(\dfrac{2}{a^2\sqrt{a^2+1}}-\dfrac{2}{a^2}+1\right)-\dfrac{2\zeta_r}{(a^2+1)^{3/2}} & -\dfrac{f_0}{2\omega}\cos\varphi \\ -\left(\dfrac{1+2\lambda}{2\omega}\right)\boldsymbol{S}(a)+\dfrac{f_0}{2\omega a^2}\cos\varphi & \dfrac{f_0}{2\omega a}\sin\varphi \end{bmatrix} \tag{8-74}$$

式中

$$\boldsymbol{S}(a)=\frac{\mathrm{d}\boldsymbol{\Psi}(a^2)}{\mathrm{d}x}=-\frac{1}{\pi}\int_0^{2\pi}\frac{a\cos4\beta}{(1+a^2\cos2\beta)^{3/2}}\mathrm{d}\beta \tag{8-75}$$

将式(8-71)和式(8-72)中的 $\sin\varphi$ 和 $\cos\varphi$ 替换为变量 a，代入(8-74)，特征值(记为 ρ)由下式进行求解：

$$\det\left(\begin{bmatrix} \rho-J_{11}(a) & -J_{12}(a,\omega) \\ -J_{21}(a,\omega) & \rho-J_{22}(a) \end{bmatrix}\right)=\rho^2-\mathrm{tr}(\boldsymbol{R})\rho+\det(\boldsymbol{R})=0 \tag{8-76}$$

可以确定的是，雅可比矩阵的迹 $\mathrm{tr}(\boldsymbol{R})=J_{11}(a)+J_{22}(a)$ 是负的，因此特征值是否带有负实部取决于 $\det(\boldsymbol{R})$ 的符号。若 $\det(\boldsymbol{R})>0$，则所有特征值实部均为负，稳态响应稳定；如果 $\det(\boldsymbol{R})<0$，则其中一个特征值的实部为正，此时 (a,φ) 是一个不稳定鞍点。因此，稳定区域与不稳定区域的边界为 $\det(\boldsymbol{R})=0$。重新排列后，稳定性边界可以写成如下形式：

$$\omega^4+S_1(a)\omega^2+S_2(a)=0 \tag{8-77}$$

$$\left.\begin{aligned} S_1(a)=&4\left[\zeta_s+2\zeta_h\left(\frac{2}{a^2\sqrt{a^2+1}}-\frac{2}{a^2}+1\right)+\frac{2\zeta_r}{(a^2+1)^{3/2}}\right]\times \\ &\left[\zeta_s+2\zeta_h\left(\frac{\sqrt{a^2+1}-1}{a}\right)^2+\frac{2\zeta_r}{\sqrt{a^2+1}}\right]+ \\ &(1+2\lambda)\left[2\boldsymbol{\Psi}(a^2)+aS(a)-2\right] \\ S_2(a)=&(1+2\lambda)^2\left[1-\boldsymbol{\Psi}(a^2)\right]\left[1-\boldsymbol{\Psi}(a^2)-aS(a)\right] \end{aligned}\right\} \tag{8-78}$$

图8-22为不同激励幅值和不稳定区域下的频率响应曲线族。可以看出，频率响应曲线具有向右弯曲的潜在趋势，激励幅值的增加会加剧弯曲趋势，这是由刚度硬化造成的。刚度硬化是指动刚度随着位移的增大而增大，刚度软化是指动刚度随着位移的增大而减小。频率响应曲线的弯曲可能导致三种可能解共存的频率范围，从而在激励频率从左到右或从右到左扫时引起幅度的跳跃(称为跳变现象)，这种情况下的跳变频率是激励频率的分岔点。

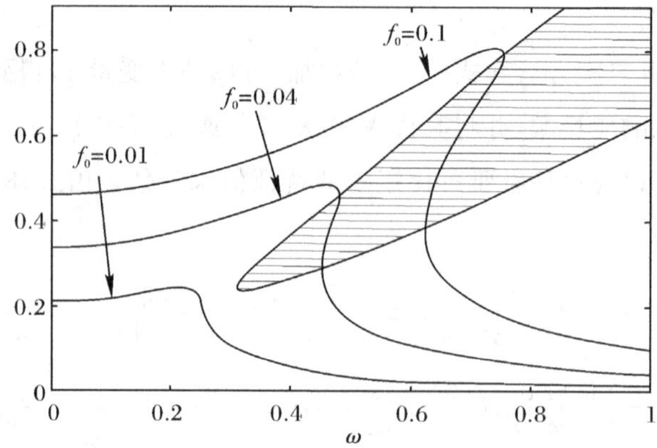

图 8-22　不同激励幅值及不稳定区域的频率响应曲线($\zeta_s=\zeta_h=\zeta_r=0.03,\lambda=1$)

3. 力传递率

隔振性能用力传递率来量化，力传递率定义为传至基座的力幅值与激振力幅值之比为

$$T=\frac{\mathrm{amp}[F_{\mathrm{T}}(\tau)]}{\mathrm{amp}[F_{\mathrm{e}}(\tau)]} \tag{8-79}$$

式中：amp[·]表示谐波的振幅，而 $F_T(\tau)$是传递到基座上的力(省略恒定力 $K_v\delta_{vs}$)，即

$$\begin{aligned}F_{\mathrm{T}}&=F_v-2F_1\sin\theta+2F_a\cos\theta=\\&\left[C_s+\frac{2C_hX^2}{D^2+X^2}+\frac{2(R_1+R_2)D^2}{(D^2+X^2)^2}\right]\dot{X}+\left(K_s+2K_h-\frac{2K_hL_0}{\sqrt{D^2+X^2}}\right)X=\\&F_0\cos(\Omega\tau)-m\ddot{X}\end{aligned} \tag{8-80}$$

因此，力传递率的表达式可写为

$$\begin{aligned}T&=\frac{\mathrm{amp}[F_0\cos(\Omega\tau)-m\ddot{X}]}{\mathrm{amp}[F_0\cos(\Omega\tau)]}=\frac{\mathrm{amp}[f_0\cos(\omega\tau)-x'']}{\mathrm{amp}[f_0\cos(\omega\tau)]}\\&=\frac{\sqrt{f_0^2+\omega^4a^2+2f_0\omega^2a\cos\varphi}}{f_0}=\sqrt{\frac{2(1+2\lambda)(1-\Psi(a^2))\omega^2a^2}{f_0^2}-\left(\frac{\omega^2a}{f_0}\right)^2+1}\end{aligned} \tag{8-81}$$

选择参数 $\lambda=1$，$f_0=0.1$，$\zeta_s=0.03$，$\zeta_h=0.04$ 和 $\zeta_r=0.04$ 可得到图 8-23 所示的传递率-频率曲线。

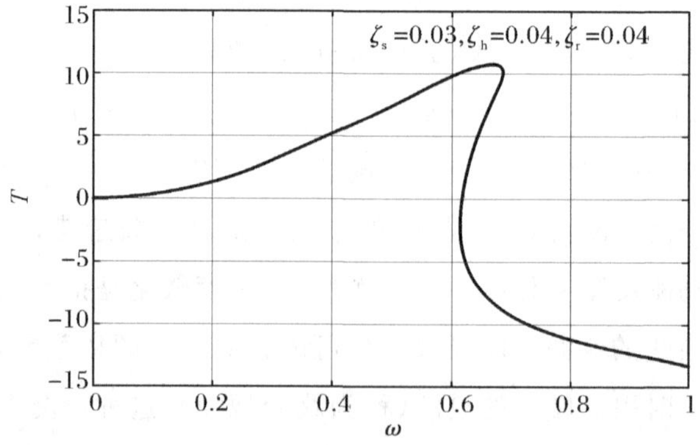

图 8-23　传递率-频率曲线

8.2.3 高次准零刚度隔振器

受仿生肢结构和双翅虫飞行机制的启发，构建一种创新的仿生非线性隔振器，其中弹簧的两种不同分布形式如图 8-24(a)(c)所示。此系统由两对斜弹簧(自由长度为 l，刚度为 k)和一对刚性连杆(长度为 c)组成。a 为弹簧铰点与滑块之间的距离，滑块位移以向左为正。B 是弹簧的垂直高度。d 为斜弹簧处于自然长度时，滑块与集中质量 M 之间的距离。仿生非线性隔振器的变形如图 8-24(b)(d)所示。

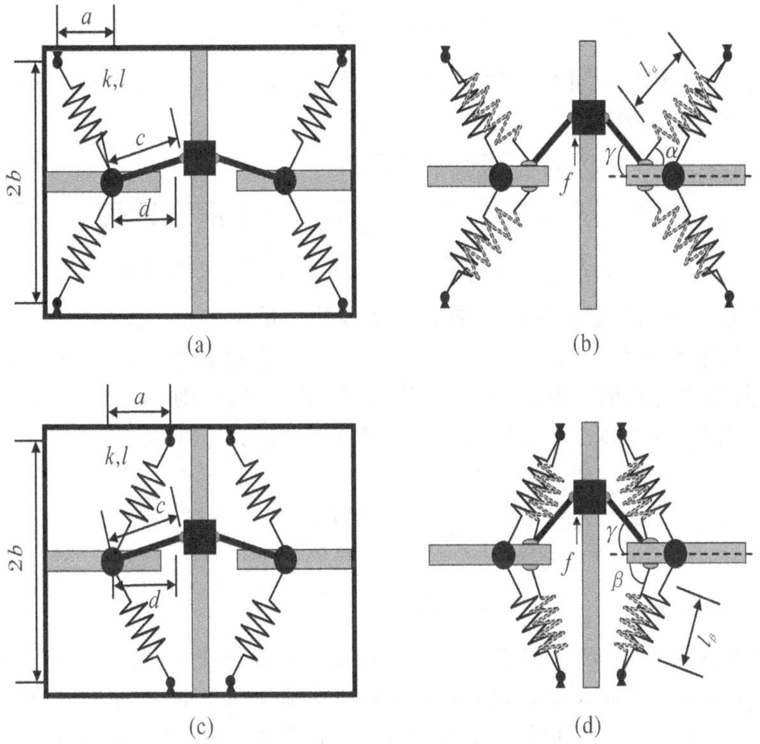

图 8-24 仿生非线性隔振器及其参数关系

(a)(c)弹簧的两种不同分布形式；(b)(d)仿生非线性隔振器的变形

如图 8-24(b)(d)所示，对于轴向力 f 方向作用于集中质量 M 的位移 y，则得到 $f_r(y)$ 的合成等效恢复力可写为

$$f_r(y)=4ky\left(1-\frac{l}{\sqrt{(d-\sqrt{c^2-y^2}+a)^2+b^2}}\right)\left(\frac{d+a}{\sqrt{c^2-y^2}}-1\right),\quad |y|<c \tag{8-82}$$

即使弹簧的刚度是线性的，由于几何结构的原因，所得到的等效恢复力 $f_r(y)$ 也是非线性的。确定性势能 $U_r(y)$ 以及轴向等效刚度 $K_r(y)$ 可分别写成

$$U_r(y)=2k\Big[-2l\sqrt{a+b(a-2\sqrt{c^2-y^2}+d)+b^2+c^2-y^2}-2(a+d)\sqrt{c^2-y^2}+c^2-y^2\Big] \tag{8-83}$$

$$K_r(y)=\frac{4kly^2\left(\dfrac{a+d}{\sqrt{c^2-y^2}}-1\right)(a-\sqrt{c^2-y^2}+d)}{\sqrt{c^2-y^2}\left[(a-\sqrt{c^2-y^2}+d)^2+b^2\right]}+\frac{4ky^2(a+d)\left[1-\dfrac{l}{(a-\sqrt{c^2-y^2}+d)^2+b^2}\right]}{(c^2-y^2)^{3/2}}+4k\left(\frac{a+d}{\sqrt{c^2-y^2}}-1\right)\left[1-\frac{l}{(a-\sqrt{c^2-y^2}+d)^2+b^2}\right] \tag{8-84}$$

仿生非线性隔振器的哈密顿函数

$$H(y,\dot{y})=\frac{1}{2}\dot{y}^2+U_r(y) \tag{8-85}$$

设 $f_r(y)=0$，则仿生非线性隔振器的平衡点 $(y_i,\dot{y}_i)|_{i=1,2,3,\cdots,7}$ 可表示为

$$\left.\begin{aligned}&(y_1,\dot{y}_1)=(0,0)\\&(y_{2,3},\dot{y}_{2,3})=(\pm\sqrt{-a^2-2ad+c^2-d^2},0)\\&(y_{4,5},\dot{y}_{4,5})=\left[\pm\sqrt{-a^2-2ad+c^2-d^2-2\sqrt{-(a+d)^2(b^2-l^2)}+b^2+l^2},0\right]\\&(y_{6,7},\dot{y}_{6,7})=\left[\pm\sqrt{-a^2-2ad+c^2-d^2+2\sqrt{-(a+d)^2(b^2-l^2)}+b^2+l^2},0\right]\end{aligned}\right\} \tag{8-86}$$

设仿生非线性隔振器的几何参数和弹簧参数满足条件 $a=0$，$b=l$ 和 $d=c$，则仿生非线性隔振器的平衡点为 $(y_{1,2,\cdots,7},\dot{y}_{1,2,\cdots,7})=(0,0)$，它也是振子的唯一平衡点。平衡点 $(0,0)$ 为高阶退化得到的平衡点，当系统满足准零刚度特征时，称之为高次准零刚度。在泰勒展开形式下，得到高次准零刚度系统的等效恢复力 $f_r(y)$ 和总轴向等效刚度 $K_r(y)$ 可表示为

$$f_r(y)=\frac{k}{4b^2d^4}y^7 \tag{8-87}$$

$$K_r(y)=\frac{7k}{4b^2d^4}y^6 \tag{8-88}$$

当参数条件为 $a=0$，$b=0.6$ 和 $d=0.5$ 时，高阶系统的恢复力、势能、相图和刚度曲线在零点附近具有较大的平滑区间，如图 8-25 所示，即通过几何非线性参数设计，在平衡位置附近的高阶退化隔振器的刚度既可以实现任意小的刚度，又可以实现大振幅之间的运动。

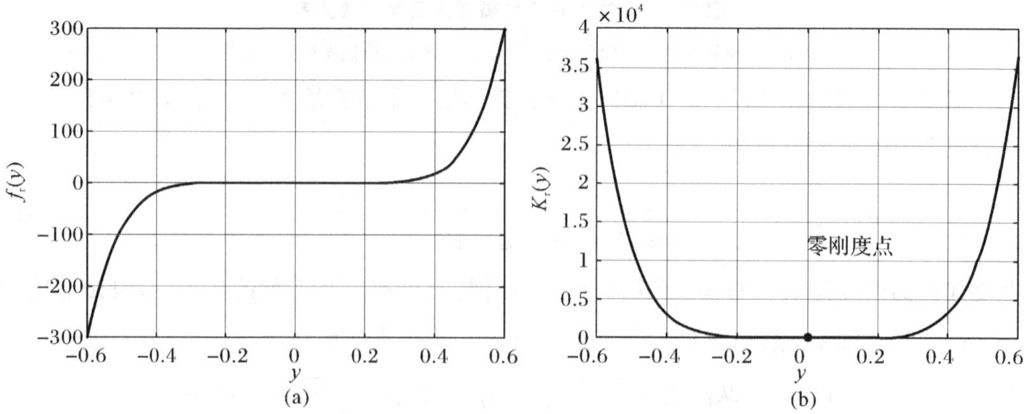

图 8-25　高阶准零刚度特征

(a)恢复力曲线；(b)刚度曲线

8.3 环境振动能量俘获

自然界中能源以机械动能、风能、热能、水能、太阳能和核能等多种多样的形式存在，目前环境能量俘获的主要来源有机械动能、太阳能、射频能和水能等。机械能量俘获是振动、动能或形变能量转化为电能的过程，环境机械能有不同的形式，如结构振动、旋转运动、拉拨和不规则的人类运动等，图 8－26 所示为典型的振动能量俘获。一方面，振动能量俘获器的主要限制之一是其较窄的工作频率带宽，这意味着它们只对窄频带有效；另一方面，环境振动频率大部分处于低频且是随机的，不一定位于特定范围内。目前多采用力或运动的放大、频率上转换、磁力非线性和多自由度系统等机械调制方式提高能量转换效率，以改善能量俘获装置的整体性能。同时对升压转换器和能量存储进行了研究。压电、电磁和摩擦电机制是三种将环境机械动能转化为电能的主要能量转换机理。

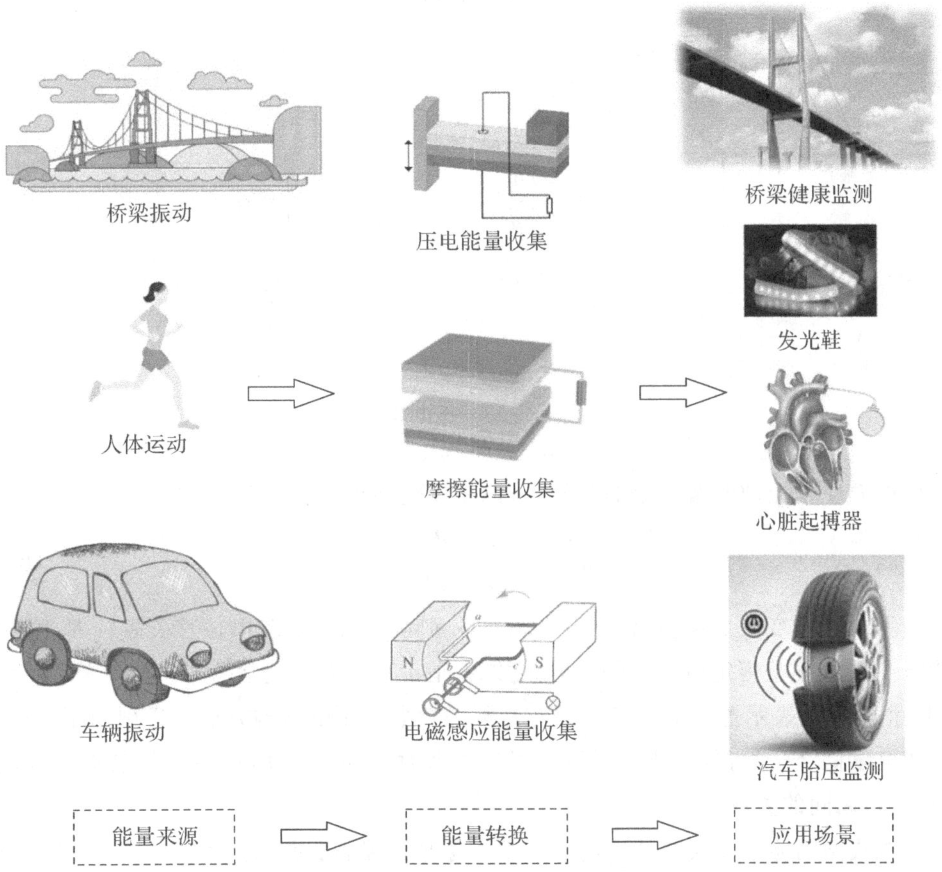

图 8－26 典型的振动能量俘获

针对小型化和超低功耗电子设备供电的能量俘获有多种实现方式，占主导地位的有压电式、电磁式及静电式，其次还有摩擦电纳米发电机以及混合式能量俘获等。

8.3.1 非线性压电振动能量俘获

压电效应是在 α 石英晶体上被首次发现的，反映了压电材料弹性和介电性之间的相互耦合作用，包括正压电效应和逆压电效应两种。当压电元件在外力作用下产生形变时，会引起材料内部正负电荷中心发生相对移动而产生电的极化，从而导致压电元件两个表面上出现异号束缚电荷，这种没有电场作用仅由形变产生的极化现象称为正压电效应。当应力不太大时，正压电效应产生的极化强度与应力呈线性关系，即

$$P=d\times T \tag{8-89}$$

式中：P 为极化强度；d 为压电应变常数；T 为应力。

逆压电效应指的是材料在暴露于电场时产生机械应变的现象，即在压电元件两个表面施加一个外部电场时，压电元件不仅产生了极化，同时还产生了形变，这种由电场产生形变的现象称为逆压电效应，如图 8-27 所示。特别地，当电场不是很强时，应变与外电场呈线性关系，即

$$\lambda=d\times E \tag{8-90}$$

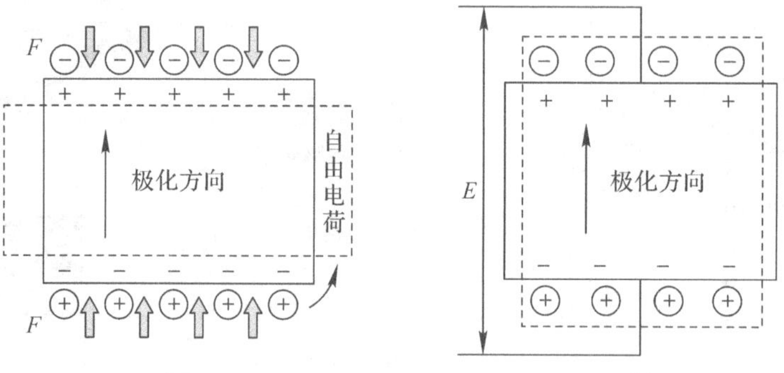

图 8-27 压电效应

(a)正压电效应；(b)逆压电效应

压电效应是振动能量俘获的基础，可以用压电本构方程表示为

$$\begin{bmatrix}\delta\\ \boldsymbol{D}\end{bmatrix}=\begin{bmatrix}s^E & \boldsymbol{d}^{\mathrm{T}}\\ \boldsymbol{d} & \varepsilon^{\mathrm{T}}\end{bmatrix}\begin{bmatrix}\sigma\\ \boldsymbol{E}\end{bmatrix} \tag{8-91}$$

式中：σ 和 δ 是应变矢量和应力矢量；E 和 D 分别是电场矢量和电位移矢量；s 是恒定电场下的弹性系数；ε 是恒定应力下的介电系数；d 是正逆压电效应常力矩阵。上标 T 代表转置，上标 E 和 T 表示恒定电场和恒定应力下的常数。压电本构方程用于刻画压电材料的力学和电学耦合行为，具体描述了压电材料的弹性变量（应力和应变）与电学变量（电场和电位移）之间的关系。

压电式振动能量俘获是从压电效应基本原理出发，通过环境振动对压电材料施加压力，使得压电层产生应变，导致压电材料内部产生分离的正负电荷，继而影响压电材料表面的电荷走向而形成电流，最终产生电能。一个典型的压电式振动能量俘获系统通常由两大部分组成，如图 8-28 所示，压电发电机通常采用悬臂梁形式，由弹性基体和压电材

料组成。为了减小压电发电机的共振频率，通常需要在悬臂梁的自由端放置质量块。压电能量俘获电路主要由能量俘获接口模块和能量管理模块构成。压电发电机的主要功能是通过压电效应将环境中的振动能量转化为电能，而压电能量俘获电路则负责将压电发电机生成的交流电转换为直流电，并将其存储在储能装置中，以供电负载时进行控制。可见压电式振动能量俘获系统的整体电能转换效率与这两个组成部分密切相关。

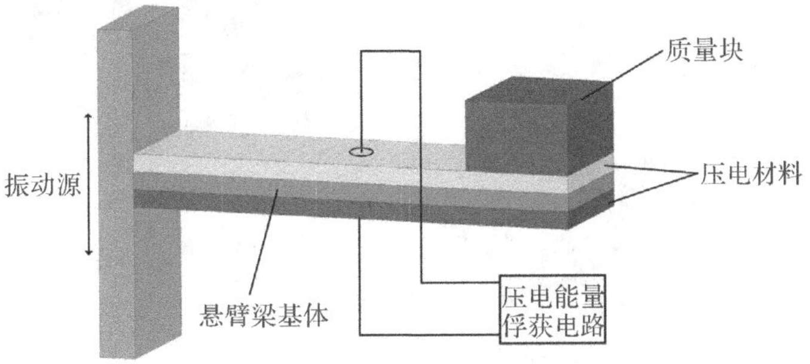

图 8-28　压电式振动能量俘获系统基本结构

基于压电式振动能量俘获供电的无线传感器节点的基本组成如图 8-29 所示，主要包括压电发电机、压电能量俘获电路和无线传感器(负载)三个组件。压电发电机利用压电效应将周围环境中的振动能量转化为电能，输出的是大电压、小电流的交流电，因此需要进行交流到直流的转换。然而，由于压电发电机的输出阻抗较高，使得与其实现阻抗匹配的转换电路变得困难。同时，压电发电机本身的输出功率通常较小，这导致压电式振动能量俘获系统通常无法直接为无线传感器节点供电，必须经过电能的转换和积累过程。因此，在压电发电机和电负载之间引入能量俘获电路，以将压电发电机产生的交流电压转换为直流电压，并储存于储能单元中，例如电容或充电电池等。当储存的电能满足无线传感器(负载)的功耗需求时，通过能量管理单元为其提供电源。

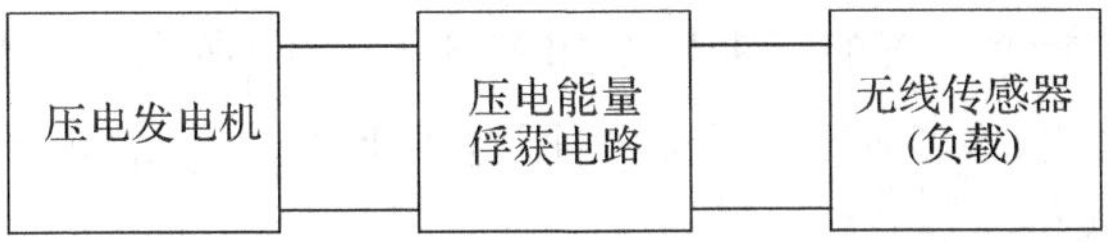

图 8-29　基于压电式振动能量俘获供电的无线传感器节点基本构成

对压电式振动能量俘获而言，提高振动到电能的整体系统转换效率是其核心问题。从图 8-28 中可以明显看出，压电式振动能量俘获系统的转换效率与其结构中各个组成要素密切相关，包括压电材料、压电发电机结构、压电能量俘获电路等。因此，压电式振动能量俘获的关键技术主要涉及新型压电材料结构的设计与制备、高效的机电耦合模态研究、压电发电机结构的优化设计、系统共振频率调整方法的研究以及高效的能量俘获电路设计等。

水母在海洋中通过伞上密集的肌肉神经挤压收缩内腔排水产生运动，运动过程中伞的形状变化可抽象为一个振子，伞部的肌肉简化为弹簧和连杆。受水母启发的仿生几何非线性结构如图 8-30(a)所示，该仿生几何非线性结构的物理模型由中心质量、悬臂梁和弹簧构成，其中 K 为弹簧刚度，K_1 为悬臂等效刚度，L 为连杆的长度，B 为弹簧端点距悬臂梁固定端的 x 轴方向上的距离，如图 8-30(c)(d)所示。

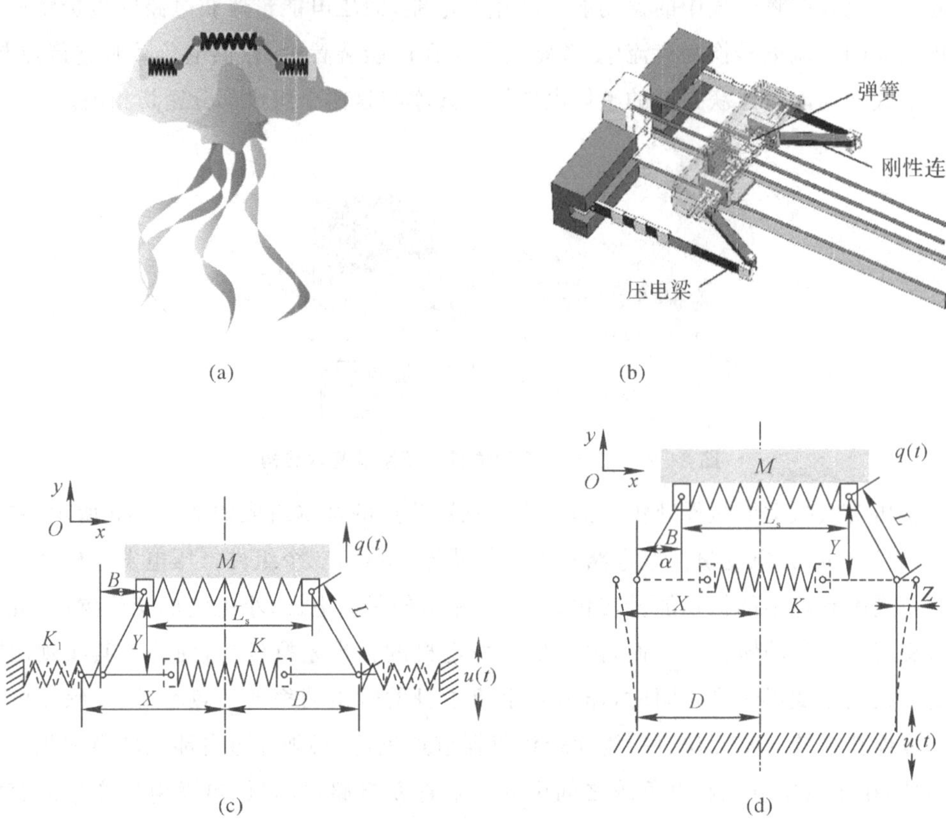

图 8-30 仿生水母几何非线性结构

(a)水母的伞部结构；(b)仿生几何非线性结构三维建模；(c)(d)仿生几何非线性结构物理模型

仿生水母压电俘能器装置的三维模型如图 8-30(b)所示，主要由底座、水平弹簧连接机构、滑轨、辅助框架、中心质量块及柔性压电梁组成。Δy 表示弹簧的变形量，恢复力 F_U、刚度以及势能分别为

$$F_U=\frac{2K(4K+K_1)}{2K+K_1}Y\left(1-\frac{B}{\sqrt{L^2-Y^2}}\right) \tag{8-92}$$

$$K_S=\frac{dF_U}{dY}=-\frac{2K(4K+K_1)}{2K+K_1}\left(1-\frac{BL^2}{(L^2-Y^2)^{\frac{3}{2}}}\right) \tag{8-93}$$

$$U_S=2K\left[\frac{4K+K_1}{2K+K_1}\left(-B+\sqrt{L^2-Y^2}\right)\right]^2 \tag{8-94}$$

图 8-31(a)所示为回复力按泰勒级数展开前后的对比图形，可看出泰勒展开后的回复力能够较好地模拟真实力。图 8-31(b)展示了模型在不同连杆长度 L 下的回复力。可明显看出当 $B>L$ 时，模型具有双稳态特征，当 $B=L$ 时，模型具有准零刚度特征，当 $B<L$ 时，模型具有单稳态特征。

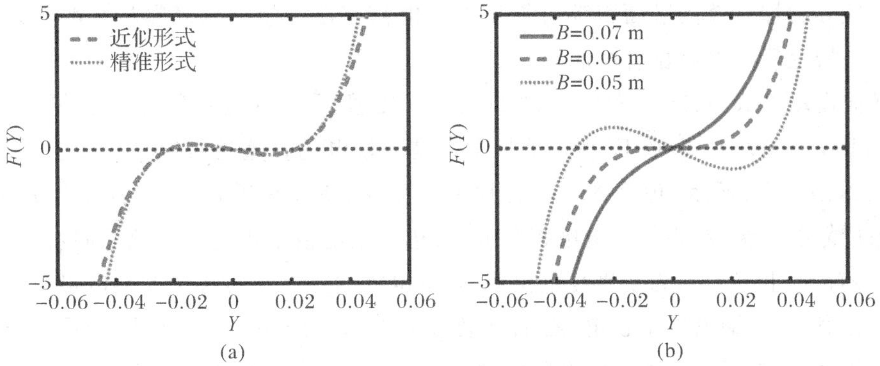

图 8-31　恢复力对比示意图

(a)泰勒展开前后的回复力;(b)不同连杆长度 L 下的的回复力

在基础激励力 $F\cos(\Omega t)$ 作用下,中心质量沿着 Y 方向振荡,当主弹簧被滑块压缩,按经典弹簧质量块阻尼系统进行研究,水平方向的动力学方程可被描述为

$$M\ddot{Y}+F_f+F_U=F\cos(\Omega t) \tag{8-95}$$

式中:F_f 表示摩擦力。考虑有阻尼受迫振动条件下的系统,其无量纲动力学方程以及无量纲恢复力可表示为

$$\ddot{y}+2\xi\omega_0\dot{y}+2\omega_0{}^2\left[\frac{4+a}{2+a}\left(1-\frac{b}{\sqrt{1-y^2}}\right)\right]y=f\cos(\omega t) \tag{8-96}$$

$$f_u=2\omega_0{}^2\left[\frac{4+a}{2+a}\left(1-\frac{b}{\sqrt{1-y^2}}\right)\right]y \tag{8-97}$$

8.3.2　非线性摩擦纳米发电机

摩擦起电效应在日常生活中无处不在,而工业上通常认为这是一种负面影响。因为从中感应出的静电荷可能会导致点火、灰尘爆炸、介电击穿和电子损坏等。从能量的角度来看,当两个摩擦材料表面分离时,这些静电荷便构成了电容能量装置,通过这种摩擦起电效应和静电感应相结合。摩擦纳米发电机(Triboelectric Nanogenerator,TENG),可用于收集振动产生的机械能。摩擦带电和接触带电是在接触的材料表面上提供静态极化电荷,而静电感应是通过机械分离引起的电势变化来驱动机械能向电的转换。TENG 的概念已扩展到不同的工作模式以实现广泛的应用场景,如机械振动、人体运动、风和水波等。

TENG 是基于摩擦起电效应和静电感应的结合。摩擦起电即一种材料在与另一种材料发生物理接触后,由于它们失去或获得电子的能力不同而带电。后者涉及由两种具有相反静电荷的材料表面之间的机械分离所引起的电场引起的外电路中的电荷流。基本上根据两种材料之间的运动和俘获器的结构,TENG 的工作模式主要分为四种类型,即垂直接触分离模式、横向滑动模式、单电极模式和独立层模式。几乎所有材料都具有摩擦电效应,因此广泛的材料可以作为摩擦电能量俘获的候选材料。由于 TENG 的效率高度依赖于两种材料接触面之间的摩擦电效应,从而影响表面电荷密度,因此改善聚合物电极性和增加有效接触面积都可提高表面电荷密度。使用纳米颗粒来改善表面粗糙度可使电极上静电电荷显著增加。

横向滑动模式 TENG 发电原理如图 8－32 所示。兔毛和聚四氟乙烯薄膜(Poly Tetra Fluoroethylene,PTFE)在初始状态下是不带电的。兔毛与 PTFE 接触后带电,如图 8－32(a)-(Ⅰ)所示,兔毛的电负性比 PTFE 小,所以兔毛带正电,而 PTFE 带负电。为了保持静电平衡,左边的铜电极带负电,右边的铜电极带正电。当兔毛向右滑动时,如图 8－32(a)-(Ⅱ)所示,为了平衡电位差,右铜电极的正电荷转移到左铜电极。随着兔毛逐渐向右滑动,左铜电极带正电,右铜电极带负电,如图 8－32(a)-(Ⅲ)所示。当兔毛从右向左滑动时,为了平衡铜电极之间的电位差,正电荷从左铜电极转移到右铜电极,如图 8－32(a)-(Ⅳ)所示。当左铜电极仅带负电、右铜电极仅带正电时,兔毛恢复到图 8－32(a)-(Ⅰ)所示的左接触状态,完成一个运动循环。为了进一步说明其工作原理,图 8－32(b)给出了不同距离的电位分布。随着兔毛与 PTFE 分离距离的增加,左右铜电极之间的电势明显增大。因此,更大的分离距离将导致 TENG 的输出电压更高。

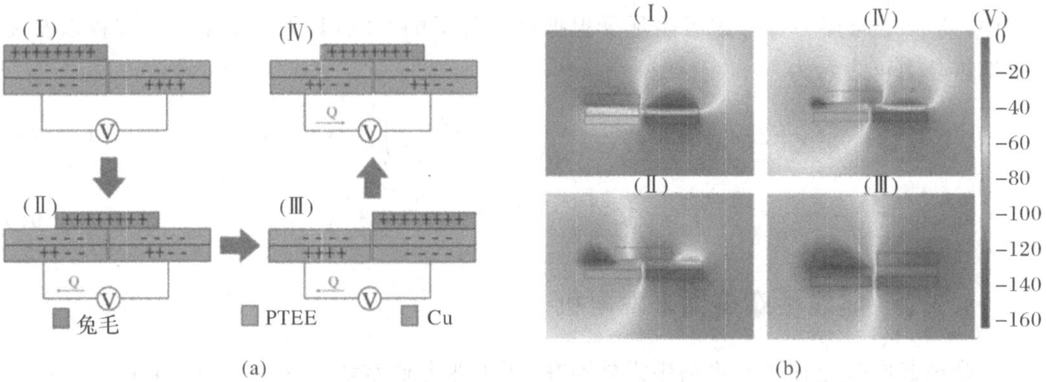

图 8－32　TENG 工作原理示意图

(a)TENG 发电示意图;(b)不同分离距离下 TENG 的电势分布

TENG 工作原理是两种常见现象的耦合,即接触通电和静电感应。前者在材料表面提供静态极化电荷,后者通过机械触发的电势变化驱动机械能转化为电能。这种定性描述提供了对接触分离 TENG 的直接理解,麦克斯韦位移电流定义为

$$\boldsymbol{J}_{\mathrm{D}}=\frac{\partial \boldsymbol{D}}{\partial t}=\varepsilon\frac{\partial \boldsymbol{E}}{\partial t}+\frac{\partial \boldsymbol{P}_{\mathrm{S}}}{\partial t} \tag{8-98}$$

式中:D 为位移场;ε 为介质介电常数;$\boldsymbol{E}$ 为电场;$\boldsymbol{P}_{\mathrm{S}}$ 为由压电和摩擦电效应产生的表面极化电荷所产生的极化。式(8－98)右边第一项是时变电场,第二项是表面极化。在 TENG 中,当接触的两种材料发生相对位移时,摩擦带电引起的外部静电荷会形成时变的表面极化。摩擦电荷形成静电场,驱动自由电子流过外部负载并在电极之间转移。电极上积累的转移电荷量$\pm\sigma_{\mathrm{tr}}$是关于 z 的函数,引起 z 变化的机械能转化为电能。相应的位移电流可计算为

$$J_{\mathrm{D}}=\frac{\partial D_z}{\partial t}=\frac{\partial \sigma_{\mathrm{tr}}(z,t)}{\partial t} \tag{8-99}$$

这种位移电流是电容传导中电力传输的唯一传导机制，从而使 TENG 产生输出电流。具有变化的间隙距离的带相反电荷的表面，可以看作是具有变化电容的电容器，其电流表示为

$$I=\frac{\mathrm{d}Q}{\mathrm{d}t}=A\frac{\mathrm{d}\sigma_{tr}}{\mathrm{d}t} \tag{8-100}$$

双翅飞行启发的双稳态 TENG，解决了传统 TENG 输出带宽限制的问题。与传统的 TENG 不同，双稳态 TENG 的滑动部分是具有非线性刚度的振子。双稳态 TENG 的输出能够实现高能量的轨道运动，从而实现接触面的增大，使得发电机的整体输出增大。双稳态 TENG 装置的原理图如图 8-33(a)所示，其主要由弹簧连杆机构、导轨、上下滑块组成，弹簧连杆机构旨在模拟鸟类的飞行状态，以合理地衔接生物学和工程学。双稳态 TENG 的三种运动状态如图 8-33(b)所示，装置处于水平位置，对应于鸟类飞行的滑翔状态。同理上拱状态对应于鸟类的扑翼状态，下拱状态对应于鸟类飞行的翱翔状态。

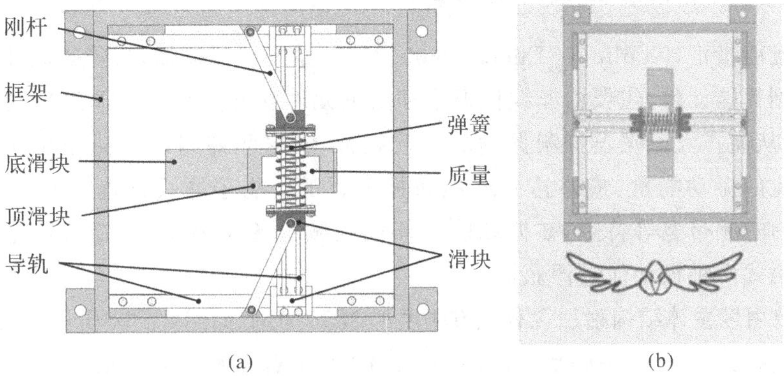

图 8-33 双稳态 TENG 结构示意图

(a)双稳态 TENG 的器件框图；(b)发电机对应于鸟类的滑翔飞行

双稳态 TENG 模型由集中的质量 M、一对长度为 L 的刚性连杆和一个刚度为 K 的弹簧组成。质量 M 只能在 X 方向上平移。基于上述物理模型，双稳态 TENG 的等效恢复力和势能可由下式给出：

$$F=-4KX\left(1-\frac{B}{\sqrt{L^2-X^2}}\right) \tag{8-101}$$

$$U_S=-4K\left(-B+\sqrt{L^2-X^2}\right)^2 \tag{8-102}$$

式中：X 为集中质量的相对位移；B 为弹簧处于原始长度时连杆两端之间的距离。

对于双稳态 TENG，静电力为

$$F_e=(-1)^{\lfloor X/l+1\rfloor}\sigma w_{id}\frac{q_{sc}(X)-q}{C_{ap}} \tag{8-103}$$

式中：l 为各电极长度；σ 为表面电荷密度；w_{id} 为电极宽度；C_{ap} 为 TENG 电极间电容；$q_{sc}(X)$ 和 q 分别为短路电荷转移和瞬时电荷转移。

根据库仑摩擦定律，动摩擦力 f 可表示为

$$f=\mu F_N\mathrm{sgn}(\dot{x})=\xi\dot{X} \tag{8-104}$$

式中：μ 为 PTFE 与 Cu 膜摩擦的动力学系数；F_N 为法向压力；ξ 为库仑摩擦模型的等效阻尼系数。sgn($\dot{X}$)是 sgn 函数，因此双稳态 TENG 的欧拉-拉格朗日方程为

$$\frac{\mathrm{d}}{\mathrm{d}t}\left(\frac{\partial(T_M-U_s)}{\partial\dot{X}}\right)-\frac{\partial(T_M-U_s)}{\partial X}=-\xi\dot{X} \tag{8-105}$$

式中：T_M-U_s 是拉格朗日函数；T_M 是集中质量的动能。$\xi\dot{X}$ 是阻尼力。则双稳态 TENG 的动力学方程为

$$MX+\xi\dot{X}+F=M\ddot{z} \tag{8-106}$$

式中："z"为激励。

8.4 非线性能量汇

8.4.1 非线性能量汇减振机理

非线性能量汇(Nonlinear Energy Sink，NES)是一种吸振器，可将振动能量从主结构单向传递到耗能元件，主要由非线性振子和阻尼元件两部分组成。非线性振子提供非线性恢复力，从而扩大减振器抑制振动的有效频带，阻尼元件用以消耗非线性能量汇从主体结构吸收的振动能量，最终达到耗能减振的目的。由于非线性能量汇结构具有重量轻、鲁棒性强、频带宽等特点，在振动能量俘获领域也备受关注，其应用研究主要集中于压电和电磁式两种振动能量俘获器。

以单自由度主体结构附加含有立方刚度的 NES 为例，如图 8-34 所示。其系统方程为

$$\left.\begin{aligned}&m_1\ddot{X}_1+c_1\dot{X}_1+k_1X_1+c_2(\dot{X}_1-\dot{X}_2)+k_2(X_1-X_2)^3=k_1X_g+c_1\dot{X}_g\\&m_2\ddot{X}_2+c_2(\dot{X}_2-\dot{X}_1)+k_2(X_2-X_1)^3=0\end{aligned}\right\} \tag{8-107}$$

式中：m_1，m_2分别为主体结构和 NES 的质量；c_1，k_1分别为主体结构的阻尼系数和刚度系数；c_2，k_2分别为 NES 的阻尼系数和刚度系数；x_1，x_2分别为主体结构和 NES 的绝对位移；x_g为外界激励位移。将式(8-107)写成无量纲的形式为

$$\left.\begin{aligned}&\ddot{x}_1+\varepsilon\lambda_1\dot{x}_1+\omega_0^2x_1+\varepsilon\lambda_2(\dot{x}_1-\dot{x}_2)+k_n(x_1-x_2)^3=0\\&\varepsilon\ddot{x}_2+\varepsilon\lambda_2(\dot{x}_2-\dot{x}_1)+k_n(x_2-x_1)^3=0\end{aligned}\right\} \tag{8-108}$$

式中

$$\varepsilon=\frac{m_1}{m_2},\quad \omega_0^2=\frac{k_1}{m_1},\quad \lambda_1=\frac{c_1}{\varepsilon m_1},\quad \lambda_1=\frac{c_2}{\varepsilon m_1},\quad k_n=\frac{k_2}{m_1} \tag{8-109}$$

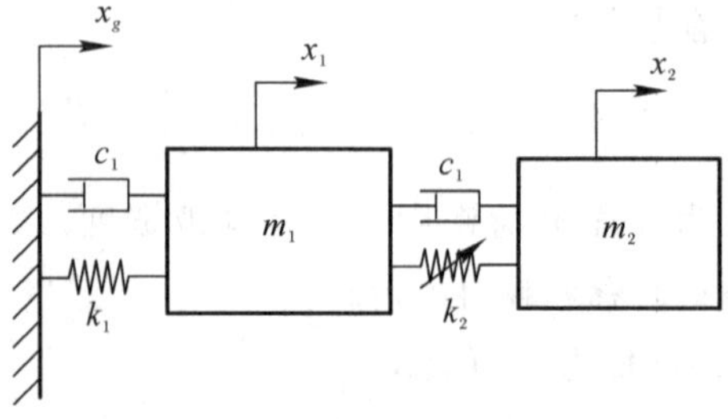

图 8-34 单自由度主体结构附加 NES 结构示意图

NES 是一种被动控制技术，其主要由三部分组成，即较轻的附加质量、强非线性刚度和阻尼元件。其中非线性刚度可以提供非线性的恢复力，使得 NES 具有一个不恒定的自振频率，因此 NES 可以与主体结构的一系列模态发生瞬时共振俘获，从而扩大其减振频带，此外阻尼元件可以消耗 NES 从主体结构吸收过来的振动能量，最终达到消能减振的目的。NES 与主体结构之间能量传递的机制即为靶向能量传递，这种传递具有传递速度快、单向(不可逆)的特点，因此 NES 能够高效地俘获主体结构的振动能量，并将其传递到自身，最终通过阻尼元件进行耗散。

如图 8－35 所示，由于刚度存在强非线性，NES 没有固定的共振频率。当共振俘获发生时，振动能量迅速从主体结构传递到 NES，并通过 NES 的阻尼元件被消耗。振动能量的减少会使系统不断从一个共振状态逃逸并被俘获到另一个新的状态，当振动能量减少到某个临界值后，系统无法再被下一个新的共振状态所俘获，此时系统不再满足共振俘获的条件，即打破了振动能量在主体结构与 NES 之间完全传递的基本条件。因此大部分振动能量会在 NES 内被消耗，不会返回主体结构，从而实现了能量的单向传递。

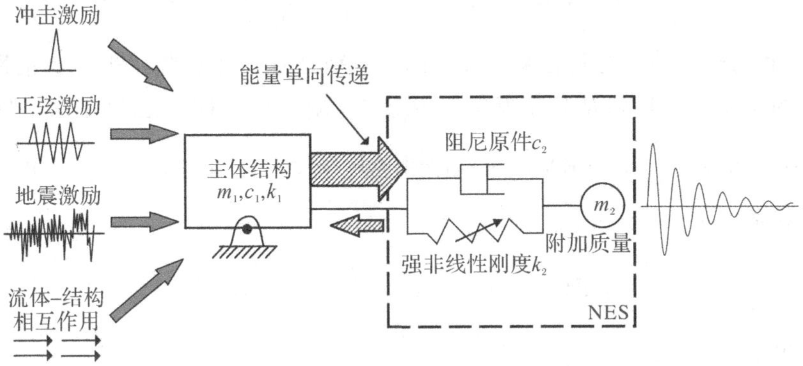

图 8－35　NES **能量单向流动原理示意图**

由于 NES 是强非线性系统，其产生的混沌振动也是对 NES 减振机理研究的重要一部分。随着初始条件的不同，系统在共振区域附近可能同时出现三种响应类型，分别是周期响应、准周期响应和混沌响应。对于低阻尼系统，伴随着振动能量的下降，系统会由规则运动转变为混沌运动。混沌响应幅值要比周期响应幅值小，因此在主共振频率附近避免周期响应，可以提高 NES 的减振效果。

8.4.2　非线性能量汇结构设计

为了抑制主系统的振动，通常使用由质量、阻尼器和线性弹簧组成的传统线性动态吸振器将能量从一次系统泵送到动态吸振器中。如图 8－36 所示，所提出的准零刚度动态吸振器，由准零刚度机构、质量和阻尼器组成。准零刚度机构由一个垂直弹簧 K_v 和一个水平弹簧 K_h 组合而成，通过改变长度为 L 的刚性连杆的长度，振子可以表现出准零刚度非线性特性。在水平弹簧上放置质量为 m 的质量块。弹簧连杆机构提供负刚度，垂直弹簧支撑集中质量提供正刚度，中间水平弹簧的弹性模拟角质层的弹性和胸骨肌的作用，两侧的刚性连接模拟骨骼传递力。准零刚度机构由刚度为 K 的弹簧支撑，框架质量

为 M。

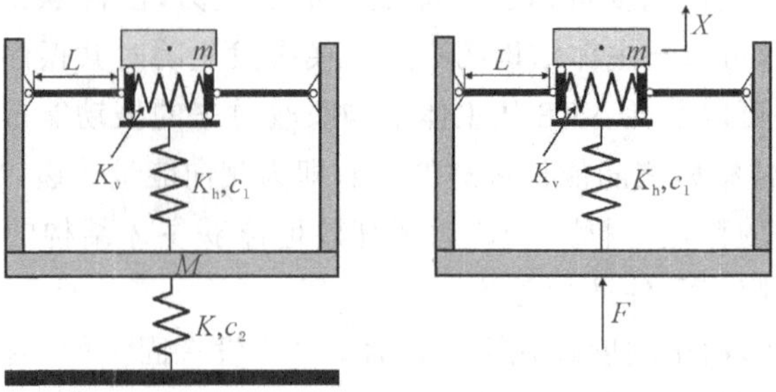

图 8-36　非线性能量汇结构设计实例

(a)二自由度集中质量吸振系统;(b)准零刚度动态吸振器

当对主系统施加外力 F 时,质量 m 相对于静力平衡位置发生位移 X,如图 8-36(b)所示。基于物理模型,可以得到准零刚度动态吸振器的等效恢复力为

$$F(X)=K_vX-4K_hX\left(1-\frac{D}{\sqrt{L^2-X^2}}\right),\quad |X|<L \tag{8-110}$$

式中:X 是相对于起始位置的位移。K_v 和 K_h 分别是垂直弹簧和水平弹簧的刚度。L 是刚性连杆的长度。D 是弹簧处于其原始长度时,刚性连杆端部之间在水平轴向上的距离。设 $x=\dfrac{X}{L}$ 和 $b=\dfrac{D}{L}$(b 是水平距离和刚性连杆长度的比值),式(8-110)可以方便地以无量纲形式重写为

$$F(x)=K_vx-4K_hx\left(1-\frac{b}{\sqrt{1-x^2}}\right) \tag{8-111}$$

势能可以由下式给出:

$$U(x)=\frac{1}{2}(4K_h-K_v)(1-x^2)-4bK_h\sqrt{1-x^2}-\frac{1}{2}(4K_h-K_v)+4bK_h \tag{8-112}$$

式(8-111)对 x 求导,可得到准零刚度动态吸振器的等效刚度

$$K(x)=K_v+\frac{4K_hbx^2}{(1-x^2)^{3/2}}-4K_h\left(1-\frac{b}{\sqrt{1-x^2}}\right) \tag{8-113}$$

设 $K_v=K_h$,并使等效刚度 $K(x=0)=0$,得到动态吸振器准零刚度条件为 $b=0.75$。考虑一个准零刚度动态吸振器附着在一个受谐波力激励的单自由度主系统上,该系统可以建模为二自由度集中质量系统,如图 8-36(a)所示,此处只考虑沿垂直方向的运动。

引入无量纲比例参数 $k_1=\dfrac{K_v}{m}$,$k_2=\dfrac{K_h}{m}$,将静力位移关系的特性纳入动力运动方程中进行近似分析,准零刚度动态吸振器的无量纲等效恢复力通过泰勒展开,可近似为

$$f(x)=(k_1+4bk_2-4k_2)x+2bk_2x^3+\frac{3}{2}bk_2x^5+\frac{5}{4}bk_2x^7 \tag{8-114}$$

运动方程可以写成

$$\left.\begin{aligned}&m\ddot{x}_1+c_1(\dot{x}_1-\dot{x}_2)+f(x_1-x_2)=0\\&M\ddot{x}_2+c_1(\dot{x}_2-\dot{x}_1)+kx_2+f(x_2-x_1)+c_2\dot{x}_2=\Phi(t)\end{aligned}\right\} \tag{8-115}$$

式中：M、k 和 c_2 分别为主系统的质量、刚度和阻尼。m 和 c_1 分别为准零刚度动态吸振器的质量和阻尼系数。x_2 和 x_1 分别为主系统和准零刚度动态吸振器的相对位移。$\Phi(t)=A\sin\omega t$ 为外激励，其中 A 和 ω 分别为振幅和激励频率。

位移响应设为

$$\left.\begin{aligned}x_1&=z_{11}\cos\omega t+z_{12}\sin\omega t\\x_2&=z_{21}\cos\omega t+z_{22}\sin\omega t\end{aligned}\right\}\tag{8-116}$$

将式(8－116)代入式(8－115)，忽略高次谐波项，使 $\cos\omega t$ 和 $\sin\omega t$ 的系数相等，可以得到基频响应的幅值与激励频率的关系如下：

$$\left.\begin{aligned}&z_{12}(4bk_2+k_1-4k_2)+z_{22}(-4bk_2-k_1+4k_2)+c_1\omega z_{21}-c_1\omega z_{11}-m\omega^2 z_{12}=0\\&z_{11}(4bk_2+k_1-4k_2)+z_{21}(-4bk_2-k_1+4k_2)+c_1\omega z_{12}-c_1\omega z_{22}-m\omega^2 z_{11}=0\\&z_{12}(4bk_2+k_1-4k_2)+z_{22}(-4bk_2-k_1+4k_2)+c_1\omega z_{11}-c_1\omega z_{21}-c_2\omega z_{21}+kz_{22}-M\omega^2 z_{22}=A\\&z_{11}(4bk_2+k_1-4k_2)+z_{21}(-4bk_2-k_1+4k_2)-c_1\omega z_{12}+c_1\omega z_{22}+c_2\omega z_{22}+kz_{21}-M\omega^2 z_{21}=0\end{aligned}\right\}\tag{8-117}$$

通过求解式(8－117)，主系统的位移响应可写为

$$x=(z_{21}-z_{11})\cos\omega t+(z_{22}-z_{12})\sin\omega t\tag{8-118}$$

无量纲位移传递率为

$$\widetilde{X}=\frac{\sqrt{(z_{21}-z_{11})^2+(z_{22}-z_{12})^2}}{X_0}\tag{8-119}$$

式中：$X_0=\dfrac{A}{k}$。

习 题

1. 简述在工程实际中是如何监测转子不对中并矫正的。
2. 转子系统中裂纹通常出现在什么地方？为什么？
3. 讨论转子碰摩有哪几种类型及各自有什么特点。
4. 简述准零刚度的定义和特点。
5. 非线性隔振器与线性隔振器相比，有什么特点和优势？
6. 简述阻尼在隔振器中的作用。阻尼是否越大越好？为什么？
7. 简述振动能量俘获的方法以及各自的特点和优势。
8. 简述适用于压电能量俘获的场景。
9. 简述 TENG 的结构组成和发电原理。
10. 简述 NES 的概念和特点。
11. 叙述非线性吸振器与线性吸振器相比的优势有哪些并说明理由。
12. 隔振器和吸振器有什么区别？各自的优缺点有什么？
13. 将电磁和摩擦能量俘获结合起来设计俘能装置，可行吗？请说说你的看法。
14. 基于经典的三弹簧隔振器模型，试着设计一款新型的非线性隔振器模型。

参考文献

[1] 韩清凯，董霄，孙伟，等. 两类不对中转子系统的有限元建模及其振动分析[C]//第9届全国转子动力学学术讨论会ROTDYN'2010论文集. 中国振动工程学会转子动力学专业委员会，2010，29(5)：168－172.

[2] 韩清凯，于涛，王德友，等. 故障转子系统的非线性振动分析与诊断方法[M]. 北京：科学出版社，2010.

[3] LEES A W. Misalignment in rigidly coupled rotors[J]. Journal of Sound and Vibration，2007，305(1/2)：261－271.

[4] 闻邦椿，顾家柳，夏松波，等. 高等转子动力学：理论、技术及应用[M]. 北京：机械工业出版社，1999.

[5] 杨永锋. 机动飞行下裂纹转子的非线性特性研究[D]. 西安：西北工业大学，2006.

[6] ISHIDA Y，YAMAMOTO T. Linear and nonlinear rotordynamics：a modern treatment with applications[M]. New York：John Wiley & Sons，2012.

[7] FRISWELL M I，PENNY JET，GARVEY S D，et al. Dynamics of rotating machines[M]. Cambridge：Cambridge University Press，2010.

[8] 户彩凤. 碰摩转子振动特征的研究[D]. 南京：东南大学，2005.

[9] MAH，ZHAO Q，ZHAO X，et al. Dynamic characteristics analysis of a rotor-stator system under different rubbing forms[J]. Applied Mathematical Modelling，2015，39(8)：2392－2408.

[10] ROQUES S，LEGRAND M，CARTRAUD P，et al. Modeling of a rotor speed transient response with radial rubbing[J]. Journal of Sound and Vibration，2010，329(5)：527－546.

[11] SINOU J J. Detection of cracks in rotor based on the 2× and 3× super-harmonic frequency components and the crack-unbalance interactions[J]. Communications in Nonlinear Science and Numerical Simulation，2008，13(9)：2024－2040.

[12] SINOU J J，LEES A W. The influence of cracks in rotating shafts[J]. Journal of Sound and Vibration，2005，285(4)：1015－1037.

[13] HAO Z，CAO Q. The isolation characteristics of an archetypal dynamical model with stable-quasi-zero-stiffness[J]. Journal of Sound and Vibration，2015，340：61－79.

[14] LIU C，YU K，TANG J. New insights into the damping characteristics of a typical quasi-zero-stiffness vibration isolator[J]. International Journal of Non-Linear Mechanics，2020，124：103511.

[15] YANG T，XU H T，TANG J，et al. Exploring nonlinear degradation benefit of bioinspired oscillator for engineering applications[J]. Applied Mathematical Modelling，2023，119：736－762.

[16] YANG T，ZHANG Y Q，ZHOU S X. Multistage oscillators for ultra-low frequency

vibration isolation and energy harvesting[J]. Science China Technological Sciences, 2022, 65(3): 1-15.

[17] 王彪. 宽频带非线性振动能量收集器的研究[D]. 西安：西安电子科技大学，2021.

[18] WU C, WANG C A, DING W, et al. Triboelectric nanogenerator: a foundation of the energy for the new era[J]. Advanced Energy Materials, 2019, 9(1): 1802906.

[19] 杨涛，周生喜，曹庆杰，等. 非线性振动能量俘获技术的若干进展[J]. 力学学报，2021, 53(11): 2894-2909.

[20] 鲁正，王自欣，吕西林. 非线性能量阱技术研究综述[J]. 振动与冲击，2020, 39(4): 1-16.

[21] YANG T, ZHANG H Q, ZHOU S X, et al. Wideband energy harvesting using nonlinear energy sink with bio-inspired hexagonal skeleton structure[J]. Communications in Nonlinear Science and Numerical Simulation, 2022, 111: 106465.

[22] LUO H C, LIU J Y, YANG T, et al. Dipteran flight-inspired bistable triboelectric nanogenerator for harvesting low frequency vibration[J]. Nano Energy, 2022, 103: 107755.

[23] YANG T, ZHOU S, LITAK G, et al. Recent advances in correlation and integration between vibration control, energy harvesting and monitoring[J]. Nonlinear Dynamics, 2023, 111(22): 20525-20562.

[24] YANG T, CAO Q. Delay-controlled primary and stochastic resonances of the SD oscillator with stiffness nonlinearities[J]. Mechanical Systems and Signal Processing, 2018, 103: 216-235.

[25] 张其昌，韩建鑫，竺致文，等. 非线性动力学理论及应用[M]. 天津：天津大学出版社，2021.

[26] 陈仲生. 压电式振动能量俘获理论与方法[M]. 北京：国防工业出版社，2017.